**Markus Gmür, Hans Lichtsteiner,
Karin Stuhlmann, Philipp Erpf, René Andeßner**

# Das Freiburger Management-Modell

**Markus Gmür, Hans Lichtsteiner,**
**Karin Stuhlmann, Philipp Erpf, René Andeßner**

# Das Freiburger Management-Modell

## für Nonprofit-Organisationen

**10., neu bearbeitete Auflage**

**Unter Mitarbeit von:**

**Peter Schwarz †, Robert Purtschert, Charles Giroud, Reinbert Schauer, Urs Bumbacher, Marco Buser, Claus Philippi, Michael Zurkinden, Thomas Zurkinden**

**Haupt Verlag**

10. Auflage: 2023
9. Auflage: 2020
8. Auflage: 2015
7. Auflage: 2013
6. Auflage: 2009
5. Auflage: 2005
4. Auflage: 2002
3. Auflage: 1999
2. Auflage: 1996
1. Auflage: 1995

ISBN 978-3-258-08335-3

Gestaltung und Satz: Markus Gmür nach einem Konzept von Katarina Lang, Zürich



Wir verwenden FSC®-zertifiziertes Papier. FSC® sichert die Nutzung der Wälder gemäss sozialen, ökonomischen und ökologischen Kriterien.
Gedruckt in Slowenien

Diese Publikation ist in der Deutschen Nationalbibliografie verzeichnet. Mehr Informationen dazu finden Sie unter http://dnb.dnb.de.

Der Haupt Verlag wird vom Bundesamt für Kultur für die Jahre 2021–2024 unterstützt.

# Vorwort

Das Freiburger Management-Modell (FMM) wurde in den 1980er Jahren als Referenzrahmen für die Management-Praxis von Verbänden und weiteren Nonprofit-Organisationen entwickelt. Es integriert Grundsätze und Erfahrungswerte der allgemeinen Managementlehre mit den Spezifika von Organisationen, in denen die Verfolgung einer zivilgesellschaftlichen Mission und eines ideellen Sachziels grundsätzlich Vorrang gegenüber wirtschaftlichen Zielsetzungen haben. Damit hat es sich von Beginn an gegenüber anderen Managementmodellen für die erwerbswirtschaftliche Praxis abgegrenzt.

Seit der Erstausgabe in Buchform aus dem Jahr 1995 hat das Modell mehrere Erweiterungen und Überarbeitungen erfahren, wobei die Grundstruktur mit den drei Hauptaufgaben System-, Marketing- und Ressourcenmanagement beibehalten wurde. Verändert haben sich in der bald 30-jährigen Entwicklungsgeschichte bis zur nun vorliegenden 10. Auflage Begriffe, theoretische Zugänge und Sichtweisen der Organisation ebenso wie die Herangehensweisen und bevorzugten Management-Instrumente als Antworten auf Herausforderungen, die das Management von Nonprofit-Organisationen mit sich bringt. Verändert hat sich auch der Kreis der Hauptautoren aus Wissenschaft und Beratungspraxis, die das Modell immer wieder hinterfragt und weiterentwickelt haben. Der Generationenwechsel in der Autorenschaft ist inzwischen komplett vollzogen, nachdem sämtliche Autoren der Erstauflage nacheinander ihre Staffelstäbe weitergereicht haben.

Die vorliegende Neubearbeitung ist das Ergebnis eines zweijährigen Arbeitsprozesses, in dem sich zwei bisherige Autoren und drei neue – eine Autorin und zwei Autoren – zusammengefunden haben. In dieser Konstellation haben wir uns darum bemüht, Bewährtes und Neues in einem weiteren Entwicklungsschritt zusammenzubringen und das in Auseinandersetzung mit einer Reihe grundlegender Veränderungen, die den Dritten Sektor zwischen Markt und Staat aktuell stark prägen: die Auswirkungen der fortschreitenden Individualisierung und Digitalisierung, die Erprobung selbstorganisierter Arbeits- und Leitungsstrukturen, die umfassende Forderung der Nachhaltigkeit in sozialer, ökonomischer und ökologischer Hinsicht, um nur die markantesten dieser Veränderungen herauszugreifen. Dafür liefert das Freiburger Management-Modell ebenso bewährte wie vorausschauende Ansätze und Lösungen, und die wesentlichen sind im vorliegenden Modellband zusammengestellt und ausgeführt.

Ein Buch mit einer so langen und verzweigten Entstehungsgeschichte ist unter Beteiligung vieler Menschen über den Autorenkreis hinaus entstanden: Zahlreiche Diskussionen in VMI-Lehrgängen und anderen Begegnungen an den Schnittstellen zwischen Forschung, Organisationsberatung und Managementpraxis haben konzeptionelle Überlegungen in Gang gebracht und immer wieder auf die Probe gestellt. Für die vielen Inspirationen und Hinweise sind wir überaus dankbar und hoffen, ihnen mit dieser Veröffentlichung auch gerecht werden zu können.

Eine dankbare Verbundenheit besteht weiterhin mit dem Haupt Verlag, der die Buchreihe zum Freiburger Management-Modell von Beginn an veröffentlicht und in einer engen kooperativen Beziehung einen wesentlichen Beitrag zu ihrer Verbreitung geleistet hat. Schliesslich gebührt ein besonderer Dank Melchior Etlin, Luzia Honeder und Lena Ivana Gusner, die dem Text mit ihren Lektoraten den letzten Schliff gegeben haben.

Wir hoffen, dass das Buch die erhoffte Aufnahme erfährt und das Freiburger Management-Modell auch weiterhin als Standardwerk zum Verbands- und NPO-Management Bestand hat.

Markus Gmür,
Hans Lichtsteiner,
Karin Stuhlmann,
Philipp Erpf und
René Andeßner

im April 2023

# Inhalt

# 1 Die Nonprofit-Organisation

## 1.1 Der Dritte Sektor und seine Organisationen

Branchen-, Fach- und Berufsverbände, Gewerkschaften, Gesundheitsligen, Hilfswerke, Selbsthilfegruppen, Sport- und Freizeitorganisationen, Umwelt- und Bürgerrechtsverbände, Entwicklungshilfe- und Menschenrechtsorganisationen, politische Parteien, Wohnbaugenossenschaften, Kirchen, Sozialunternehmen, Wirtschaftskammern, Verbände, Vereine, Stiftungen, Genossenschaften oder gemeinnützige Kapitalgesellschaften: Zusammen bilden sie den sogenannten Dritten Sektor neben dem Staat als erstem und der Wirtschaft als zweitem Sektor. Entstanden sind sie zumeist aus einer bürger- oder zivilgesellschaftlichen Initiative, die sich bisher nicht bearbeiteten – aber doch gestaltbar erscheinenden – Anliegen oder Problemstellungen angenommen hat. Gemeinschaftliches Engagement einer Gruppe von Menschen mit spezifischen Interessen und/oder freies ökonomisches Kapital, das einem philanthropischen Anliegen gewidmet wird, bilden den Ausgangspunkt. Seltener geht die Gründung auf eine formelle Delegation staatlicher Aufgaben an private Trägerschaften zurück, was aber im Zuge des veränderten Staatsverständnisses in den 1980er Jahren unter dem Begriff New Public Management häufiger aufgetreten ist. Und schliesslich gibt es auch den Auslöser verlassener Märkte aufgrund unzureichender Renditen, wenn etwa eine Dorfgenossenschaft den Betrieb eines Einzelhandelsgeschäfts übernimmt, um die örtliche Grundversorgung aufrecht zu erhalten. Bei aller Vielfalt sind die meisten Organisationen des Dritten Sektors durch sechs Merkmale gekennzeichnet:

1) NPO bestehen unabhängig von einer Gewinnerzielungsabsicht. Wenn finanzielle Überschüsse aus der Geschäftstätigkeit anfallen, können sie nicht an die Träger der Organisation ausgeschüttet werden, sondern sie müssen dem Organisationszweck zugeführt werden. Demzufolge stehen ideelle Sachziele und Werthaltungen für die Festlegungen des Leistungsprogramms im Vordergrund.

2) NPO erbringen Leistungen, die sich dem marktwirtschaftlichen Preisbildungsmechanismus entziehen: Das können Kollektivleistungen für ihre Mitglieder (Clubgüter) sein, die von diesen über solidarische Mitgliederbeiträge ermöglicht werden. Noch häufiger handelt es sich aber um unentgeltliche Leistungen für Hilfsbedürftige oder die breite Öffentlichkeit, die staatlich subventioniert oder mit privaten Spenden und Freiwilligenleistungen realisiert werden. Darüber hinaus können sie am Marktwettbewerb teilnehmen, tun dies aber allenfalls im Nebenerwerb. Gelegentlich sind die Leistungen zwar prinzipiell marktfähig, werden aber auf eine Art und Weise erbracht, die dem ökonomischen Primat entgegensteht, weshalb die NPO als Anbieterin einen Vertrauensvorschuss geniessen (Hansmann 1980).
3) NPO erbringen ihre Leistungen häufig monopolistisch oder unter nur geringem Wettbewerbsdruck. Es gibt keinen wirtschaftlichen Anlass für eine andere NPO, in Konkurrenz zu einer bereits etablierten Organisation zu treten. Konkurrierende Verbände entstehen allenfalls dort, wo sich eine NPO schleichend zu einem gewinnorientierten Unternehmen entwickelt hat, obwohl sie immer noch als Verein firmiert (z. B. im Sportbereich). Eine weitere Ausnahme sind NPO im weltanschaulichen Wettbewerb (z. B. zwischen politischen Parteien, sozialistischen und christlichen Gewerkschaften, zwischen Kirchen und Wohlfahrtsverbänden unterschiedlicher religiöser Bekenntnisse). Auf der anderen Seite bestehen ebenso häufig Konkurrenzbedingungen auf der Ressourcenbeschaffungsseite im Wettbewerb um staatliche Subventionierung, um private Spenden sowie um freiwilliges und ehrenamtliches Engagement.
4) NPO sind aufgrund des oft gemeinwohlorientierten Charakters ihrer Leistungen dazu in der Lage, Beiträge ohne Gegenleistung zu mobilisieren. Sie finanzieren sich über einen Mix von Leistungsentgelten (Mitgliederbeiträge oder Serviceentgelte), staatliche Subventionen, Spenden von Privatpersonen oder Förderinstitutionen und, insbesondere bei Förderstiftungen, über Kapitalerträge. Arbeitsleistungen werden entsprechend nicht nur von angestellten Mitarbeitenden, sondern darüber hinaus von Ehrenamtlichen und freiwillig Engagierten erbracht.
5) NPO sind in den meisten Fällen Personengemeinschaften, in denen die Mitglieder unabhängig von ihrem finanziellen Beitrag an der Entscheidungsfindung teilhaben. Die Beteiligung erfolgt basis- oder repräsentativ-demokratisch, auch wenn die Organisationen eine ausgeprägte Tendenz zur Oligarchiebildung zeigen (Michels 1911; Leach 2005).
6) NPO organisieren sich mit fortschreitendem Wachstum föderal. Entweder bilden sich aus nationalen NPO sektorale oder regionale Teilorganisationen, oder Einzelorganisationen schliessen sich zu Verbänden

zusammen. In der Regel erhalten sich die Teilorganisationen gegenüber dem Dachverband eine hohe Eigenständigkeit. Selbst grosse und weit verzweigte NPO, wie beispielsweise in Deutschland die Spitzenverbände der freigemeinnützigen Wohlfahrtspflege mit jeweils über 100'000 Beschäftigten, erscheinen zwar auf den ersten Blick Konzernen der Wirtschaft ähnlich. Ihre Teilorganisationen sind aber rechtlich selbstständig, eine kapitalbasierte Kontrolle durch die Zentrale ist nicht möglich, und eine entsprechende Einflussnahme durch die Dachorganisation in den Gremien der Teilorganisation ist unüblich. Viel eher wird die Leitung der Dachorganisation durch die Teilorganisationen kontrolliert. Gemeinsame Strategien in mehrstufigen Verbänden sind das Ergebnis von Verhandlungsprozessen unter Gleichgestellten.

Die genannten sechs Charakteristika müssen nicht in jedem Einzelfall zutreffen, aber sie kennzeichnen jeweils die überwiegende Mehrheit der Organisationen in der jeweiligen Branche. Daraus ergeben sich betriebswirtschaftliche Fragestellungen, die für NPO eine ganz andere Bedeutung besitzen, als dies für Wirtschaftsbetriebe der Fall ist.

Die Bezeichnung *Nonprofit* unterstreicht die zentrale Bedeutung der Bedarfsdeckung bzw. des Förderungsgedankens für die Organisationen, dies in Abgrenzung zu den Rentabilitätszielsetzungen bei Unternehmen. Das schliesst nicht aus, dass auch NPO einen Gewinn erzielen können. Ein solcher Einnahmenüberschuss ist aber nur Mittel zur Zweckerfüllung und nicht Selbstzweck. Deshalb bezieht sich Nonprofit (oder präziser: *not for profit*) vor allem auf das Verbot der Gewinnausschüttung (*non-distribution constraint*): Gewinne sind zum Vorteil der Leistungsadressaten zu nutzen, sei es durch interne Investitionen in die Entwicklung von Leistungsangebot und -qualität, durch Weitergabe an die Mitglieder oder an den Nutzerkreis in Form von Beitragsermässigungen oder Rückvergütungen (z. B. in Genossenschaften), sei es durch interne Subventionierung im Sinne der Finanzierung von nicht selbsttragenden Leistungsbereichen (etwa karitative Leistungen, Interessenvertretung). Auch NPO müssen ein Gleichgewicht von Einnahmen und Ausgaben anstreben, da die Zweckverfolgung auch nur im Rahmen der beschaffbaren Finanzmittel möglich ist.

Die volkswirtschaftliche Drei-Sektoren-Betrachtung bedarf aus zivilgesellschaftlicher Perspektive einer Ergänzung durch die Sphäre gemeinschaftlicher Organisationsformen: von Familien und Clans. Denn die Frage, ob, wo und in welchem Umfang in einer Gesellschaft NPO entstehen, lässt sich nicht nur ökonomisch von zwei, sondern ist von mindestens drei Perspektiven aus zu beantworten, wodurch man zu einer Vier-Sektoren-Betrachtung gelangt, wie sie die nachfolgende Abbildung zeigt.

- Die Rolle des Staats und seiner Körperschaften: Je weniger gesellschaftliche Aufgaben der Staat übernimmt, umso grösser ist der Bedarf an NPO, die weitere, zum Staat komplementäre Leistungen erbringen. Der Umfang staatlicher Leistungen beruht in demokratischen Staatswesen auf politischem Willen durch Mehrheitsentscheidungen und auf der Budgetrestriktion des Steueraufkommens. Schliesslich ist ein permissives (im Gegensatz zu einem autoritären) Staatswesen eine unabdingbare Voraussetzung dafür, dass sich zivilgesellschaftliche Organisationen in legalen Rechtsformen entfalten können.

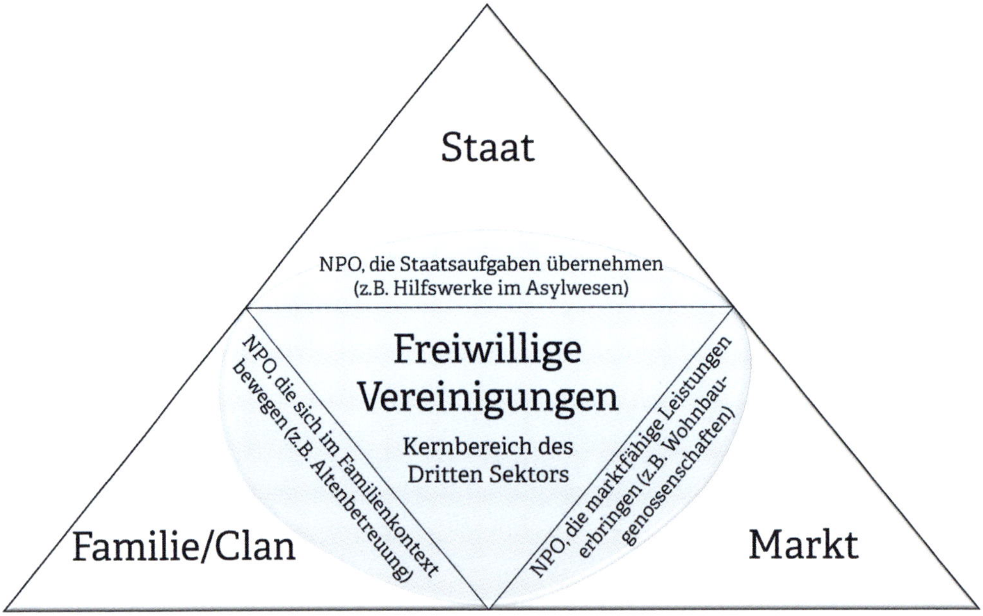


**Abb. 1** – Das Vier-Sektoren-Modell nach Evers & Laville (2004)

- Merkmale des Markts als Mechanismus des Wirtschaftssystems: Dieses wirkt sich sowohl auf der Seite des Ressourcenangebots als auch der Seite der Leistungsnachfrage auf den Dritten Sektor aus. Angebotsseitig ist ein gewisses Mass an Wohlstand in einer Gesellschaft Voraussetzung dafür, dass die zeitlichen wie finanziellen Ressourcen für ein zivilgesellschaftliches Engagement vorhanden sind. Zudem braucht es die Freiheit, über den Einsatz von Zeit und Geld selbst bestimmen zu können. Auf der Leistungsabgabeseite besteht vielfach ein Substitutionsverhältnis zwischen kommerziell und zivilgesellschaftlich erzeugten Leistungen, wie z. B. in der Konkurrenz von Fitness-Centern und Sportvereinen. In anderen Bereichen sind Leistungen privater NPO eine Reaktion auf wirtschaftliche Aktivität mit negativen gesellschaftlichen Folgen; Beispiele dafür sind Gewerkschaften oder Umwelt- und Konsumentenschutzorganisationen.

- Der Einfluss von Familien- oder lokalen Clanstrukturen: In den modernen Gesellschaften treten an die Stelle der gemeinschaftlichen Strukturen von Familien und Clans mit ihren meist lokalen Netzwerken private NPO. Sie prägen und verändern das soziale Miteinander und ersetzen oder ergänzen dadurch traditionelle Solidargemeinschaften.

Für alle drei Austauschbeziehungen gilt, dass sie sowohl die Versorgung der NPO mit Ressourcen (vor allem finanzielle Mittel und Arbeitsleistungen) als auch die Nachfrage nach ihren Leistungen entscheidend beeinflussen.

Die Grenzen zu den drei Bereichen Staat, Markt und Familie/Clan sind oft fliessend. Der Staat übernimmt beispielsweise Leistungen von NPO in Eigenregie, überträgt seinerseits ihm zugedachte Leistungen über Leistungsverträge an private NPO oder gründet öffentlich-rechtliche Stiftungen, in die eine zuvor staatliche Aufgabe ausgelagert wird. Sonderfälle sind die staatlich anerkannten Kirchen, für die der Staat in Deutschland und in weiten Teilen der Schweiz Steuern erhebt, oder Wirtschafts- und Arbeiterkammern in Österreich bzw. Industrie- und Handelskammern in Deutschland, die auf einer speziellen gesetzlichen Grundlage agieren. Auf der einen Seite werden ihnen vom Staat Aufgaben verordnet oder fest umrissene Freiräume gewährt, auf der anderen Seite organisieren sie gemeinschaftliche Aktivitäten und erzeugen Kollektivgüter für ihre Mitglieder oder die Öffentlichkeit, was sie den privaten NPO ähnlich macht. Marktwirtschaftliche Unternehmen dringen in historisch durch NPO erbrachte Tätigkeitsbereiche wie die Flüchtlings- oder Pflegebetreuung vor, während die NPO ihrerseits klassische Individualleistungen wie Beratung oder Reisen anbieten. Schliesslich entstehen im Familienbereich oder in abgegrenzten ethnischen Milieus clubähnliche Strukturen von Nachbarschaftshilfe bis hin zu Alternativligen im Sport.

Diese fliessenden Grenzen machen es schwierig, den NPO-Sektor in der Praxis klar zu fassen und eindeutig abzugrenzen. Die Abbildung auf der folgenden Seite zeigt die wichtigsten Bereiche, in denen in den meisten Ländern private NPO eine wesentliche Rolle spielen.

Ein Kriterium, das grossen Einfluss auf die Herausforderungen des Managements hat, ist die Frage, wer primärer Nutzniesser einer NPO ist. Die nachfolgende Tabelle zeigt eine Aufteilung der NPO nach den Hauptleistungsempfängern bzw. primären Nutzniessern und führt als wesentliches Differenzierungsmerkmal auf, ob die Mitglieder gleichzeitig auch die Kunden und Leistungsbezüger sind (Eigenleistung) oder ob die Leistungen an Dritte abgegeben werden (Drittleistung).

**Abb. 2** – Die Vielfalt des Dritten Sektors

Viele der Eigenleistungs-NPO werden auch als Selbsthilfe-Organisationen aufgefasst, was typischerweise auf Genossenschaften sowie Verbände zutrifft: Personen oder Organisationen schliessen sich zusammen, um gemeinsam als Kooperation und durch die Leistungen der Kooperation eine Aufgabe zu erfüllen. Der Hilfsaspekt liegt darin, dass nur die Vereinigung der Partner als neues Gebilde, nicht aber der Einzelne in der Lage ist, die Aufgabe überhaupt oder effizient und wirkungsvoll zu erfüllen. Der Zusammenschluss verschafft den Mitgliedern Macht, sei es gegenüber Lieferanten auf dem Beschaffungsmarkt (z. B. Einkaufsgenossenschaft), gegenüber Konkurrenten oder im politischen Bereich (z. B. Interessenvertretungsverband oder Partei). Der letzte Fall liegt vor, wenn erst das Zusammenwirken der Mitglieder kollektive Aktionen zur Bedürfnisdeckung zulässt wie etwa in Vereinen des Sport- oder Kulturbereichs. Diese Überlappung von den Trägern mit den primären Nutzniessern und Leistungsbezügern der NPO führt dazu, dass die Kundenbedürfnisse und Ansprüche an die NPO über die Träger direkt in die Management-Prozesse einfliessen.

Dies steht im Gegensatz zu Drittleistungs-NPO, wo die Nutzniesser in der Regel ausserhalb der NPO sind und Leistungen unentgeltlich oder zu Konditionen unterhalb des Marktüblichen erhalten. Die Nutzniesser können ihre Wünsche und Anliegen an das Management nur indirekt und auch nur zurückhaltend vorbringen, um keinen Verlust der ihnen gewährten Vorteile zu riskieren. Entsprechend verzögert und weniger bestimmt erfolgt die Intervention der Leistungsbezüger, erfüllt eine NPO ihren Auftrag wenig effektiv oder ineffizient. Deshalb kommen in Drittleistungs-NPO oftmals andere und vielfach detailliertere Steuerungsmechanismen zum Einsatz als in den meisten Eigenleistungs-NPO.

| Strukturmerkmale | Private Drittleistungs-NPO | Private Eigenleistungs-NPO | Privatunternehmen |
|---|---|---|---|
| Hauptzweck | Leistungen für Dritte dominieren als Sachziel über die ökonomischen Ziele | Leistungen für die Mitglieder dominieren als Sachziel über die ökonomischen Zielen | Erträge für investiertes Kapital als Formalziel über der Marktleistung stehend |
| Bedarfsdeckung, Zielgruppen | Bedarf der Klientel und Vertretung ihrer Interessen; ggf. gemeinnützige Leistungen für die Allgemeinheit | Bedarf der eigenen Mitglieder und Vertretung ihrer Interessen in Politik und Öffentlichkeit | Bedarf von zahlungsbereiten Nachfragern |
| Güterproduktion | Vorrangig öffentliche Güter oder meritorische Privatgüter | Vorrangig Clubgüter, ggf. auch öffentliche und Privatgüter | Privatgüter |
| Marktbeziehung | Leistungsbezüger/innen sind in der Regel nicht identisch mit den Finanzgeber/innen | Individuell differenzierter Leistungsbezug steht einer solidarischen Finanzierung durch die Mitglieder gegenüber | Leistungsbezug und Entgelt stehen in direkter Beziehung |
| Typische finanzielle Ressourcen | Private Spenden oder staatliche Zuwendungen, ggf. Mitgliedsbeiträge oder Kapitalerträge | Mitgliederbeiträge, ggf. Leistungsentgelte bei Privatgüterverkauf | Kapitaleinlagen und Leistungsentgelte aus Güterverkauf |
| Personelle Ressourcen | Ehrenamtlich und freiwillig Engagierte und ggf. Angestellte | Ehrenamtlich und freiwillig Engagierte aus dem Mitgliederkreis und ggf. Angestellte | Mitarbeitende im Angestelltenverhältnis |
| Primäre Relevanz für Entscheidungen | Mitgliederinteressen oder Stiftungszweck mit Bezug auf die Interessen der Zielgruppen, staatliche Einflussnahme über Leistungsverträge | Mitgliederinteressen (Member Value), die basis- oder repräsentativ-demokratisch durchgesetzt werden | Gewinnchancen, Kundennachfrage und Wettbewerberverhalten |
| Erfolgskontrolle | Operationalisierte Sachziele und Wirkungsmessung, ggf. Fundraising- oder andere ökonomische Kriterien | Member Value und weitere operationalisierte Sachziele, ggf. Organisationsgrad oder ökonomische Kriterien | Kapitalrendite, davon abgeleitet: Markterfolgs-, Effizienz- und Innovationsziele |

**Tab. 1** – Organisationstypen im Vergleich

Neben der Unterscheidung zwischen Eigenleistungs- und Drittleistungs-NPO spielt auch der Funktionsmix eine charakterisierende Rolle. Dabei sind drei *Hauptfunktionen* zu unterscheiden:

- *Versorgung*: Organisationen erzeugen für ihre Mitglieder, ihre Zielgruppen oder die breite Öffentlichkeit Produkte oder Dienstleistungen. Das können Privat-, Club- oder öffentliche Güter sein. In dieser Funktion gleichen NPO den Wirtschaftsunternehmen, unterscheiden sich aber in der Art und Weise, wie sie die Versorgung gestalten: Je stärker diese Funktion betont wird, umso deutlicher tritt der Charakter eines Dienstleistungsverbands oder einer entsprechenden Stiftung hervor.
- *Interessenvertretung*: Organisationen vertreten die Interessen ihrer Mitglieder bzw. Klientinnen und Klienten in der Politik und der Öffent-

lichkeit. Das ist eine ureigene Funktion von Verbänden und anderen zivilgesellschaftlichen Organisationen. Interessen von Personengruppen werden aufgegriffen, aufbereitet und in einen formalen Rahmen gebracht, auf die politische Agenda gesetzt und in Auseinandersetzung mit konkurrierenden Interessen durchgesetzt. Wird diese Funktion vorrangig betont, hat die NPO den Charakter eines Interessenverbands, seltener in der Rechtsform einer Stiftung.

- *Gemeinschaftsbildung*: NPO schaffen Sozialkapital (Putnam 2000), indem sie Menschen in soziale Gemeinschaften integrieren und soziale Bindungen schaffen (bonding) oder Menschen aus unterschiedlichen sozialen Milieus miteinander in Verbindung bringen und somit Brücken bilden (bridging). Wenn diese Funktion im Vordergrund steht, kann man von einem Gemeinschaftsverband sprechen (wiederum seltener einer gemeinschaftsbildenden Stiftung).

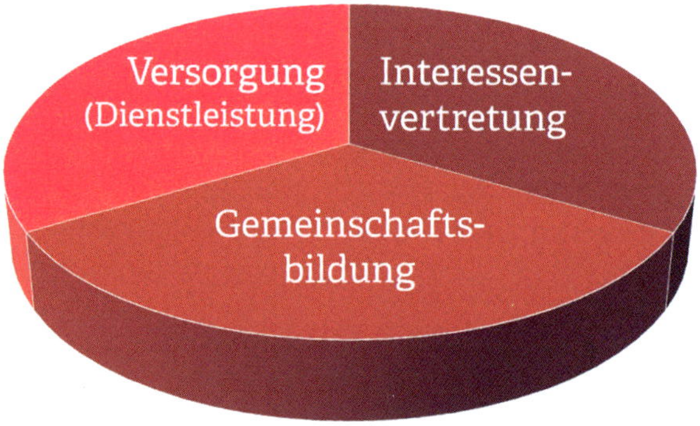


**Abb. 3** – Funktionsmix von NPO

Konkrete Leistungen oder Aktivitäten von NPO können gleich mehrere Funktionen erfüllen. So kann die Organisation eines Kongresses sowohl die Teilnehmenden mit Informationen versorgen, als auch nach aussen eine politische Position manifestieren und die Vernetzung der Mitglieder und die Begegnung mit Nicht-Mitgliedern fördern. Je nachdem, welche Funktion die vorrangige Bedeutung hat, prägt das aber den Charakter der Leistung oder Aktivität.

Schliesslich sind NPO auch durch ihre Rechtsform geprägt. In den meisten Rechtsordnungen sind Verein und Stiftung die vorherrschenden Rechtsformen von Organisationen des Dritten Sektors. Daneben spielen gemeinnützige Genossenschaften, Aktiengesellschaften oder Gesellschaften mit beschränkter Haftung (GmbH) eine zunehmende Rolle. Das ist insbesondere da der Fall, wo der wirtschaftliche Charakter trotz fehlender erwerbswirtschaftlicher Orientierung in den Vordergrund rückt. Die Wahl der Rechtsform hat Konsequenzen für das Management einer NPO, insbesondere die Strukturen und Prozesse der Entscheidungsfindung.

| | Stiftung | Verein / Verband | Genossenschaft | Kapitalgesellschaft (AG, GmbH) |
|---|---|---|---|---|
| **Oberste Instanz für Entscheidungen** | Stiftungsurkunde | Mitgliederbasis | Genossenschafter-basis | Kapitaleigner |
| **Einflussnahme durch Mitglieder** | Hat keine Mitglieder | Prinzipiell für alle gleich | Prinzipiell für alle gleich | Abhängig vom finanziellen Engagement |
| **Strategisches Organ** | Stiftungsrat | Vorstand | Verwaltung(-srat) | Verwaltungsrat |
| **Organisationaler Herrschaftstyp** | Oligarchie | Demokratie | Demokratie | Plutokratie |
| **Vorrangige Anwendungs-bereiche** | Elitäre oder perso-nenunabhängige Philanthropie | Kollektive Philanth-ropie, solidarische Idealzweckverfol-gung | Solidarische Erwerbswirtschaft, Alternativökonomie | Wirtschaftliche Tätigkeit dominiert, Einflussnahme soll nach wirtschaftli-chem Engagement differenziert werden |

**Tab. 2** – Rechtsformen im Vergleich

Innerhalb des Stiftungssektors ist zu unterscheiden zwischen operativen Stiftungen, die eigene Aktivitäten verfolgen, und Förderstiftungen, die andere NPO finanziell oder beratend darin unterstützen, die Ziele der Stiftung umzusetzen. Schliesslich treten auch zunehmend Dachstiftungen auf, welche die Aktivitäten untergeordneter, aber rechtlich und finanziell unabhängiger Stiftungen koordinieren und unterstützen.

Unter den Organisationen in der Rechtsform des Vereins werden Vereine i.e.S. als Verbindungen von Personen gegenüber Verbänden als Verbindungen von Organisationen jeglicher Rechtsform abgegrenzt. Dachverbände koordinieren wiederum die Aktivitäten ihrer rechtlich selbstständigen Mitgliedsverbände oder -vereine; letztere werden vor allem in der Schweiz oft als Sektionen bezeichnet.

Genossenschaften sind gelegentlich unter dem Dach von Genossenschaftsverbänden zusammengefasst. Anders als bei Konzernstrukturen von Kapitalgesellschaften, aber genauso wie in mehrstufigen Verbänden, gibt es hier keine Kontrolle der untergeordneten Genossenschaft durch den übergeordneten Verband über Kapitalbesitz.

Weiterführende Literatur

https://www.vmi.ch/de/npo-wissen/npo-themen/der-dritte-sektor-im-wandel-der-zeit/

## 1.2 Sichtweisen und Facetten der Nonprofit-Organisation

Organisationen sind mehrdeutige Phänomene. Sie haben eine Rechtsform, geben sich eine Mission, definieren Ziele und legen Arbeitsweisen fest; sie errichten oder besetzen Räumlichkeiten, beschäftigen Menschen als Angestellte, Ehrenamtliche oder freiwillig Engagierte, manifestieren sich über ihre Aktivitäten und Leistungen; sie beschaffen die dazu notwendigen Ressourcen, veröffentlichen Berichte und Jahresrechnungen, und sie legitimieren Äusserungen ihrer Repräsentanten. Damit werden Organisationen wahrnehmbar.

Der Wesenskern einer Organisation ist damit aber noch nicht klar bestimmt, und bei näherer Betrachtung zeigt sich, dass er gleich mehrere Facetten aufweist, die abhängig von Organisationsmerkmalen und Standpunkt einer Betrachterin mehr oder weniger deutlich hervortreten können (vgl. Morgan 2006). Im Freiburger Management-Modell werden fünf Sichtweisen oder Facetten der NPO unterschieden.

**Abb. 4** – Sichtweisen und Facetten der NPO

Jede NPO hat ihre Entstehungs- und Entwicklungsgeschichte, und meistens ist sie aus einem zivilgesellschaftlichen Anliegen entstanden: Eine Gruppe von Menschen oder Organisationen sieht sich durch soziale oder ökologische, politische oder rechtliche, wirtschaftliche oder kulturelle Umstände herausgefordert, diese zu verändern. Die Gruppe folgt einer gesellschaftlichen Vision, gründet dazu eine Organisation und stattet diese mit einer Mission und einem Anliegen aus, die dazu geeignet erscheinen, an der Realisierung der Vision mitzuwirken oder diese gar vollumfänglich zu verwirklichen. Während die finanziellen Ressourcen, mit der eine NPO bei ihrer Gründung ausgestattet wird, stark variieren können – angefangen vom Verein, der seine Tätigkeit ohne jegliche Mittel aufnimmt, bis zur Stiftung, die mit einem Millionenvermögen aus einem Nachlass startet – dürfte fast allen NPO gemeinsam sein, dass sie von einem Personenkreis und mit einer Bereitschaft zu gemeinschaftlichem und solidarischem Engagement getragen werden.

Der Organisationsgründung liegen darüber hinaus spezifische Werthaltungen zugrunde, welche die Zweckformulierung, die Mission und das Anliegen prägen und der Organisation im Vergleich zu anderen im selben Feld und auf dieselbe Vision bezogen ein besonderes Profil verleihen. Das zeigt sich beispielsweise im Nebeneinander christlicher und sozialistischer Gewerkschaften, im Wohlfahrtssektor, in der Bürgerrechtsbewegung oder in der internationalen Entwicklungszusammenarbeit mit ähnlichen Ausdifferenzierungen der Leistungsanbieter. Diese Werthaltungen werden von jenen mitgetragen, die als Mitglieder und Mitarbeitende den Organisationen beitreten und auch weiter nach diesen Werthaltungen handeln.

**Abb. 5** – Die Organisation als Missions- und Wertegemeinschaft

Die NPO wird somit als Missions- und Wertegemeinschaft durch einen Grundstock von kollektiv geteilten Überzeugungen getragen, die ihren Ursprung in gesellschaftlichen, organisationsübergreifenden Religionen, Ideologien oder Ethiken haben. Sie gehören als Bausteine zum Konstrukt der Organisationskultur, ergänzend zu internen Faktoren wie Normen, Einstellungen oder Verhaltenskodizes, die sich individuell in jeder NPO entwickeln und ebenfalls ihren Niederschlag im Handeln und Verhalten der Organisationsteilnehmer und damit der gesamten Organisation finden. Die geteilten Werte beeinflussen die Art und Weise, wie die Menschen in der Organisation miteinander umgehen (in der Führung und Zusammenarbeit), wie sie auf ihre Mitglieder oder Klienten eingehen, wie sie auf Verhandlungspartner zugehen oder sich am öffentlichen Interesse (Gemeinwohl) orientieren. Erfassbar und verständlich werden die geteilten Werte, wenn sie kodifiziert, in Dokumenten festgehalten und damit explizit als Verhaltensnormen formuliert werden. Neben dem genannten Zweckartikel in Statuten oder Satzung finden sie sich vor allem in Leitbildern, Standesregeln, können als Selektionskriterien in die Personalrekrutierung eingehen, kommen in Entscheidungsprozessen offiziell zum Tragen, geben Anweisungen, wie mit Konflikten umzugehen ist usw. und können bei Nichtbeachtung zu Sanktionen führen. Im expliziten Wertebereich ist deshalb auch eine gezielte Pflege dieser Kultur möglich und sinnvoll, während die impliziten Werte eher im Verborgenen wirken, spontan einfliessen und sich auch ohne Leitungseingriffe verändern.

Die organisationale Mission und die Werthaltungen sind selten auf ewig vorgegeben, sondern sie wandeln sich oftmals in Auseinandersetzung mit gesellschaftlichen Veränderungen oder internen Gegebenheiten. Spannungen bauen sich auf, wenn solche Wertesysteme zu starren Traditionen, zu unabänderlichen Doktrinen geworden sind, die in Zeiten gesellschaftlichen Umbruchs zu Diskrepanzen und Störungen führen, die geteilten Werte also nicht mehr von allen mitgetragen werden.

Als Missions- und Wertegemeinschaft erscheint eine NPO als in sich geschlossene Einheit, die sich eine zivilgesellschaftliche Vision zu eigen gemacht hat und sie in einer ihr eigenen Weise interpretiert und bearbeitet. Gleichzeitig wird die NPO durch ihr Umfeld ständig beeinflusst, und sie wirkt auf dieses Umfeld mit ihren Aktivitäten ein; sie bezieht Ressourcen und erbringt Leistungen, und dabei nutzt sie institutionell bereitstehende Möglichkeiten und muss ebeno institutionell verankerte Beschränkungen von politischer, sozio-kultureller, wirtschaftlicher, rechtlicher, technologischer und indirekt auch ökologischer Seite respektieren.

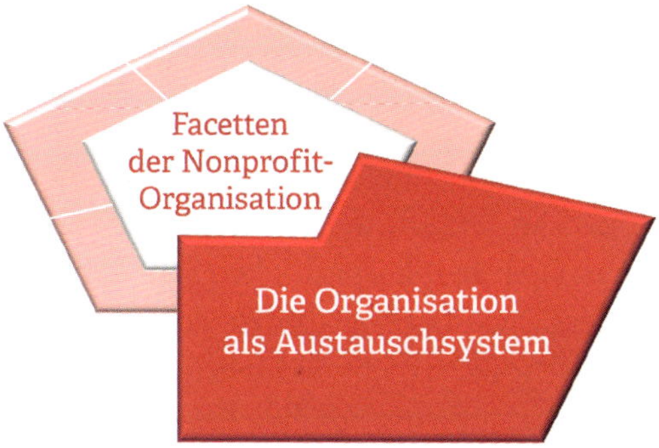


Eine Organisation ist in dieser Sichtweise ein sowohl gegenüber ihrem Umfeld offenes, als auch operationell geschlossenes System. Da Organisationen umfeldabhängig sind und nicht autark oder isoliert bestehen können, haben sie vielfältige Beziehungen nach aussen aufrecht zu erhalten. Diese System-Umfeld-Verknüpfungen werden im Input-Output-Modell dargestellt.

Das Modell zeigt, dass die NPO nicht nur auf der Leistungsabgabeseite, sondern ebenso auf der Beschaffungsseite mit dem Umfeld verflochten ist. Um ihre Dienstleistungsbereitschaft erstellen und anschliessend Leistungen erbringen zu können, muss sich die NPO die erforderlichen Ressourcen beschaffen, so z.B. auf dem Spenden- oder Arbeitsmarkt. Das dienstleistungsorientierte Input-Output-Modell ist durch eine weitere Umfeldschicht, das Orientierungsumfeld, zu ergänzen und gegenüber dem Austauschumfeld (mit Beschaffungs- und Leistungsabgabeumfeld) abzugrenzen. Wie die Abbildung zeigt, sind für die NPO neben den Partnerinnen des Austauschumfeldes auch weitere Umfelder relevant, an denen sich die NPO zu orientieren hat. Orientierung bedeutet, dass die Geschehnisse und Entwicklungen in den gesellschaftlichen Subsystemen beziehungsweise die Handlungen der diesen Subsystemen zugeordneten Organisationen direkte oder indirekte Auswirkungen auf die NPO haben können.

**Abb. 6** – Die Organisation als Austauschsystem

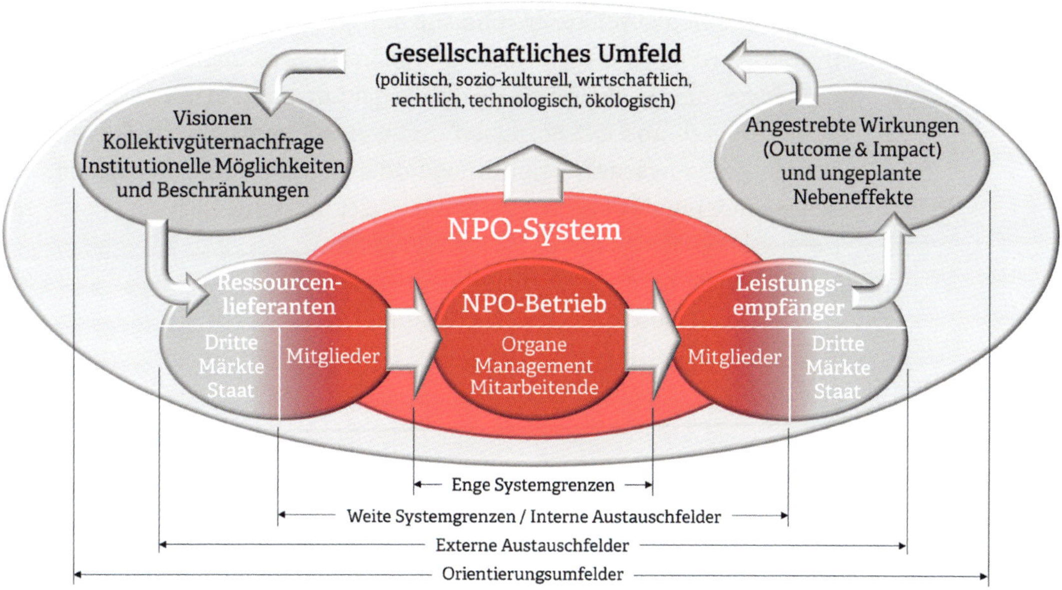

Im Orientierungsumfeld entstehen Situationen, über die eine NPO informiert sein muss, weil sie über kurz oder lang für Entscheidungen und Aktivitäten bedeutungsvoll werden können oder Vorschriften enthalten, die in den Handlungen der NPO mit zu berücksichtigen sind. Ein Beispiel dafür sind gesellschaftliche Erwartungen an Organisationen, sich ökologisch nachhaltig oder rücksichtsvoll gegenüber gesellschaftlichen Minderheiten zu verhalten. Eine NPO kann aus dem Orientierungsumfeld auch Werte als für sich verbindlich übernehmen, welche noch nicht als konkrete Forderungen an sie gestellt werden, die sie jedoch bewusst in ihre Entscheidungen und in ihr Verhalten einbeziehen will. Systeme haben Grenzen, die das Innen vom Aussen trennen. Diese Grenzziehung ist aber nicht zwangsläufig gegeben, sondern sie folgt Zweckmässigkeitsüberlegungen.

In einem Verband wird die weite Systemgrenze so gezogen, dass die Mitglieder in ihren Rollen als Lieferanten von Inputs in den Verbandsbetrieb als Teile oder Elemente des Systems betrachtet werden. Ebenso wird die Leistungsabgabe an die Mitglieder als systeminterne Transaktion aufgefasst. Die Mitgliedschaft wird als besonders enge Beziehung definiert, die eine andere Qualität und Intensität aufweist als Transaktionsbeziehungen zu systemexternen Partnern (z. B. Nicht-Mitglieder). Wird hingegen das dienstleistungsorientierte Input-Output-Modell verwendet, so scheint eine enge Systemgrenze zweckmässiger. Mitglieder, Klienten oder Dritte gehören dann zum Aussen-, zum Beschaffungs- oder Leistungsabgabeumfeld.

In ihren Austauschbeziehungen sind Organisationen als offene Systeme anzusehen, in ihrer Informationsverarbeitung sind sie jedoch gleichzeitig operationell geschlossen. Entscheidungen, die in der Organisation getroffen werden, sind nicht als ein Ergebnis eines Austauschs mit ihrem Umfeld zu verstehen; sie sind ein Abbild der Logik, der die Organisation aus ihrem Inneren und mit Bezug auf ihre eigene Identität folgt. Dies erklärt beispielsweise, warum Organisationen, die mit derselben Veränderung auf dem Spendenmarkt konfrontiert sind, ganz unterschiedlich auf eine solche Herausforderung reagieren.

Mit der Institutionalisierung einer NPO und der Ausbreitung ihrer Aktivitäten entstehen Erwartungen von Personen oder Organisationen, die über den ursprünglichen Kreis der Gründerinnen und Gründer hinausgehen: Mitglieder, staatliche oder philanthropisch motivierte private Geldgeber, hauptamtlich Mitarbeitende und freiwillig Engagierte, konkurrierende Organisationen und Kooperationspartner, Politik und Verwaltung, Medien und die breite Öffentlichkeit. Sie alle werden als Anspruchsgruppen oder Stakeholder bezeichnet, und eine NPO tritt mit ihrer Gründung in einen Austausch mit ihnen, den sie bewusst gestalten kann oder andernfalls ertragen muss.

Anspruchsgruppen einer Organisation verfolgen ihre eigenen Interessen und stellen mehr oder weniger deutlich artikulierte Forderungen. Damit wird die NPO zum Mittel der Interessendurchsetzung, je mehr sie sich in ein Anpassungs- und Abhängigkeitsverhältnis gegenüber solchen Anspruchsgruppen begibt. Im Einfluss bestimmter Anspruchsgruppen spiegelt sich die Durchsetzung ebenso bestimmter Interessen wider. Besonders stark ist der Einfluss von Anspruchsgruppen, die kritische Ressourcen der Organisation kontrollieren. Ressourcen sind in dem Masse kritisch, wie sie bedeutsam für die Leistungserbringung oder den Erhalt der Organisation sind und wie die Ressourcenquelle nicht substituierbar erscheint. Zusätzliche Herausforderungen ergeben sich, wenn die Anspruchsgruppen nicht nur sehr unterschiedliche, sondern sogar konkurrierende Interessen verfolgen (vgl. dazu auch Pfeffer & Salancik 1978).

**Abb. 7** – Die Organisation als Mittel zur Interessendurchsetzung

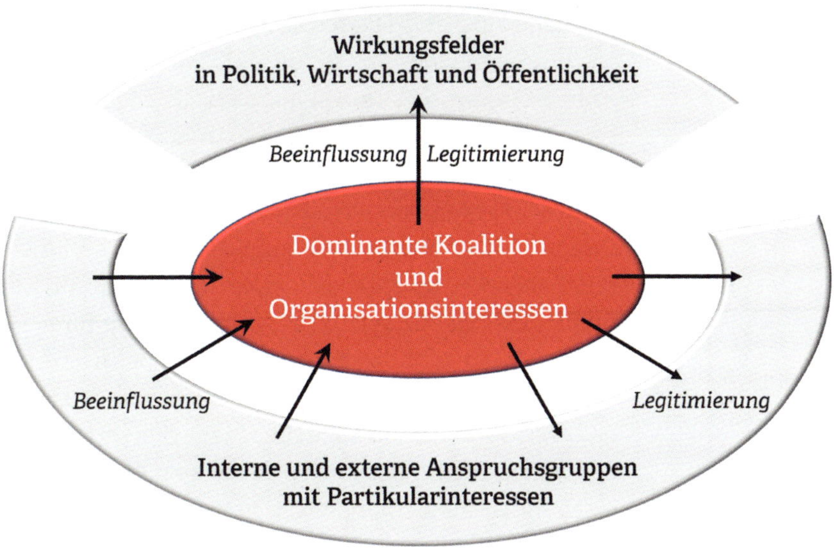

Legitimierung ist die Zustimmung einer Bezugsgruppe zu den Leistungen oder Aktivitäten einer NPO (vgl. Kapitel 5.5). Jede Organisation verfügt über einen beschränkten Spielraum, wie sie sich gegenüber den einzelnen Anspruchsgruppen legitimieren will, um sich kurz- und längerfristig zu behaupten. Die Notwendigkeit der Legitimierung bedeutet, dass die NPO auf das Handeln und Verhalten der interessengeleiteten Anspruchsgruppen angewiesen ist, um handlungs- und überlebensfähig zu sein. Diese Abhängigkeit lässt sich als Anreiz-Beitrags-Verhältnis beschreiben. Diese Sichtweise beruht im Wesentlichen auf dem Gedanken, dass die Organisation ihren Mitgliedern und weiteren internen und externen Anspruchsgruppen etwas anbieten muss, das dieselben als positiv bewerteten Anreiz empfinden, damit sie im Gegenzug die notwendigen Beiträge an die Organisation leisten. Der Beitragsbegriff im Sinne der Gegenleistung ist dabei umfassend zu verstehen und bezeichnet jegliches von der Organisation als positiv bewertetes Verhalten oder jegliche Leistung von Seiten des Gegenübers. Nur wenn es der NPO gelingt, immer wieder aufs Neue attraktive Anreize für ihre Beziehungspartner zu schaffen, ist sie in der Lage, die von ihr benötigten vielfältigen Beiträge, die stets an spezifische Eigeninteressen geknüpft sind, zu erhalten. Das anzustrebende Austauschgleichgewicht bedeutet demnach auch ein Ausbalancieren der Anreize innerhalb der Vielfalt der Anspruchsgruppeninteressen.

Offenheit, Umfeldabhängigkeit und Austauschbeziehungen zu den Beziehungspartnern weisen auf einen weiteren Aspekt hin, der für das Management von NPO von hoher Relevanz ist, nämlich die hohe Sensitivität der NPO auf Veränderungen im Umfel:. Die Interessen und Bedürfnisse der Anspruchsgruppen sind einem ständigen Wandel unterworfen, denn Wirtschaft, Politik und Gesellschaft generieren immer wieder neue Werte, Normen und Ausgangslagen. Diese Veränderungen fordern der NPO Anpassungshandlungen ab, denn der Wandel kann die Austausch- bzw. Anreiz-Beitrags-Relationen aus dem Gleichgewicht bringen. Dieses Gleichgewicht muss immer wieder angestrebt und erhalten werden.

Eine NPO ist aber nicht nur ein Objekt der Interessen vielfältiger Anspruchsgruppen, sondern sie ist auch eine Akteurin, die ihre eigenen Interessen in ihrem politischen Umfeld verfolgt. Damit ist sie auch als Instrument ihrer Mitgliederbasis oder anderer einflussreicher Gruppen zur Bündelung, Stärkung und ggf. Durchsetzung ihrer Interessen anzusehen. Welche Interessen aus dem gesamten Spektrum der Anspruchsgruppen weitergetragen werden, hängt wesentlich von der Machtverteilung innerhalb der Organisation ab. In der Managementlehre spricht man dabei von der dominanten Koalition als derjenigen Anspruchsgruppe, die ihre Interessen innerhalb der Organisation und damit auch weiter nach aussen am besten realisieren kann (Cyert & March 1963).

So wie eine Organisation als Mittel zur Interessendurchsetzung in ihrem politischen Umfeld und im Wettbewerb mit anderen Interessenträgern agiert, so ist sie auch im Inneren oftmals durch eine Vielfalt von Interessen geprägt. In einer Stiftungsurkunde, in den Statuten oder Satzungen eines Verbands oder in einem Organisationsleitbild mag die Zielsetzung einer NPO formuliert sein. Ihre Konkretisierung ist Gegenstand von Aushandlungsprozessen, an denen unterschiedliche interne oder externe Stakeholder beteiligt sind. Da jede Stakeholdergruppe einen bestimmten Standpunkt vertritt und die verschiedenen Standpunkte selten deckungsgleich sind, sind solche mikropolitischen Prozesse in NPO an der Tagesordnung. Wesentliche Akteure in einer mikropolitischen Arena, wie sie sich in vielen NPO findet, sind die Mitglieder oder Mitgliedergruppen der Organisation und ihre Delegierten, die Organisationsleitung im Ehrenamt, das hauptamtliche Management, die angestellt Mitarbeitenden und die freiwillig Engagierten. Diese Akteure können ihrerseits homogene oder heterogene Interessen verfolgen.

Zur Durchsetzung ihrer Interessen können sich die Akteure ihrer Macht bedienen. Macht wird als die Chance einer Person (oder auch einer Gruppe bzw. einer ganzen Organisation) angesehen, ihre Ziele und Interessen auch gegen Widerstand durchzusetzen (Weber 1922). Macht ist eine Einflussmöglichkeit, und tatsächlicher Einfluss ist das Ergebnis von Machtnutzung. Es lassen sich eine ganze Reihe von *Machtquellen* unterscheiden:

- *Macht durch Position*: Sobald eine NPO soweit organisiert ist, dass einzelne Personen bestimmte Aufgaben, Kompetenzen und Verantwortlichkeiten zugewiesen bekommen, erhalten diese Personen auch entsprechende Möglichkeiten, ihre Vorstellungen kraft ihres Amtes durchzusetzen: Führungskräfte können gegenüber ihren Mitarbeitern ihren Willen durchsetzen, da diese andernfalls befürchten müssten, negative Beurteilungen zu erhalten, keine Unterstützung in ihrer beruflichen Weiterentwicklung zu bekommen oder gar die Anstellung zu verlieren. Auf gleichem Weg kann sich der Vorstand gegenüber der von ihm eingesetzten Geschäftsleitung durchsetzen. Schliesslich verschaffen Positionen unter Umständen auch Einflussmöglichkeiten auf Entscheidungsprozesse: Wer kontrolliert den Zugang zur Geschäftsleitung? Wer bestimmt, welche Geschäfte auf die Tagungsordnung kommen und in welcher Reihenfolge diese behandelt werden? Wer entscheidet darüber, was gar nicht behandelt wird?

- *Macht durch Ressourcenkontrolle*: NPO benötigen zur Realisierung ihrer Ziele eine Vielzahl von Ressourcen, und diese sind oftmals nicht ohne weiteres zu erlangen bzw. langfristig abzusichern. Wer gewährleisten kann, dass die NPO die für sie erfolgs- oder überlebenskritischen Ressourcen bekommt, kann damit seine eigenen Ziele oder Interessen leichter durchsetzen. Beispiele dafür sind einflussreiche Geldgeber und ihre Vertretung in den Leitungsgremien oder Personen mit engen Kontakten zu Entscheidungsträgern in Politik, Verwaltung oder Medien.
- *Macht durch Information*: Informationen sind eine besondere Art von Ressourcen. Sie können auf sozialen Kontakten, aber auch auf erworbenen Qualifikationen beruhen. Kontakte ergeben sich formell über Positionen und Strukturen, die in jeder Organisation existieren, aber immer auch informelle Kontakte und Kanäle, die für die Informationsverbreitung sorgen. Wer einerseits Zugang zur Information hat und andererseits auch die Möglichkeit besitzt, über formelle wie informelle Kanäle den Zugang Einzelner zur Information zu steuern, hat die Möglichkeit, Prozesse der Entscheidungsfindung zu beeinflussen. Eine zweite Quelle der Informationsmacht resultiert aus der Expertise. Sie kann neben einer formalen Qualifikation (z.B. ein Fachausweis oder ein akademischer Abschluss) auch das Ergebnis langjähriger Erfahrungen in der Organisation oder in einem Arbeitsfeld sein.
- *Macht durch persönliche Überzeugungskraft*: Diese Quelle der Macht ist am engsten mit der Persönlichkeit und der damit einhergehenden Ausstrahlungswirkung verbunden. In ihrer stärksten Ausprägung wird sie auch als Charisma bezeichnet. Aber auch schwächere Ausprägungen der Überzeugungskraft durch zugesprochene Vertrauenswürdigkeit oder besondere rhetorische Fähigkeiten wären hier zuzuordnen.

**Abb. 8** – Die Organisation als mikropolitische Arena

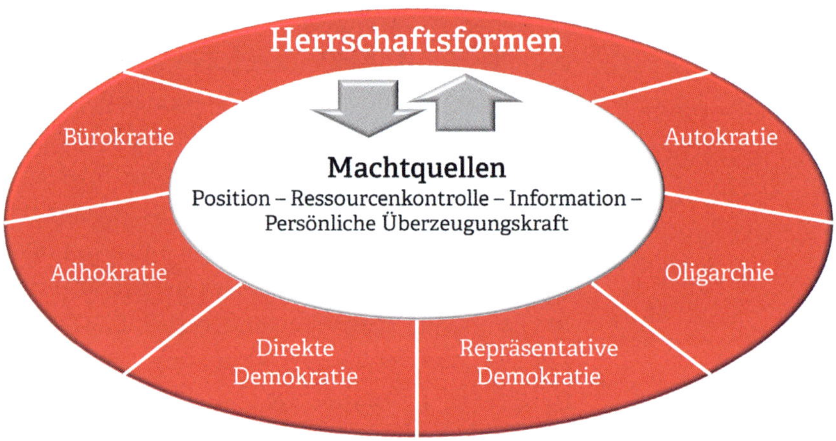

Diese Machtquellen sind weitgehend unabhängig voneinander. Im Einzelfall kann eine Person über einzelne oder gleich mehrere Quellen verfügen. Der Präsident eines Verbands beispielsweise nutzt seine Einflussmöglichkeiten, die ihm durch Statuten oder Satzungen und Geschäftsordnung gegeben sind, konsequent aus, verfügt über wichtige Kontakte in die Politik, gilt anerkanntermassen als Experte im Tätigkeitsbereich der Organisation und ist zudem in der Lage, in seinen Reden und im persönlichen Gespräch kraft seiner Persönlichkeit zu überzeugen.

In einem mikropolitischen Aushandlungsprozess treffen nicht nur verschiedene Interessen aufeinander, sondern ihre Vertreter und Vertreterinnen setzen dazu möglicherweise auch ganz unterschiedliche Machtmittel zu ihrer Durchsetzung ein. Welche Akteure sich mit welchen Anliegen und auf welche Machtgrundlage am Ende durchsetzen, ist eine Frage, die sich nur bei genauer Kenntnis der Ausgangsbedingungen beantworten lässt und auch dann noch den Zufällen eines komplexen Aushandlungsprozesses unterworfen ist.

Einen äusseren Rahmen für den Einsatz von Machtmitteln setzen auf der operativen Ebene die Organisationsstruktur und auf der strategischen Ebene die Strukturen der organisationalen Governance (vgl. Kapitel 3.1.2). Mit diesem Begriff wird aus mikropolitischer Perspektive die Gesamtheit aller Regelungen bezeichnet, mit denen das Verhalten der Akteure in der Leitung und das Zustandekommen von Leitungsentscheidungen in Bahnen gelenkt werden. Die Ausprägungen der Governance sind aus dieser Perspektive ähnlich wie Regierungsformen auf der Ebene der Gesellschaftspolitik zu verstehen. Sie werden auch als Herrschaftsformen bezeichnet. Die wichtigsten Ausprägungen sind die folgenden:

- In der *direkten Demokratie* ist die letztentscheidende Instanz die Mitgliederbasis, während die gewählten Leitungsgremien nur eingeschränkte Entscheidungsgewalt haben. Ein solches System ist im Dritten Sektor vor allem bei kleinen und jungen Vereinen anzutreffen, kann aber auch vorübergehend zur Anwendung kommen, wenn sich die Organisation und insbesondere ihre Führung in einer Vertrauenskrise befinden.
- In der *repräsentativen Demokratie* wird zwischen der Mitgliedsbasis und der Leitung eine Zwischenebene eingezogen. Dadurch werden Anliegen der Basis gebündelt, und es bildet sich mit den Delegierten ein eigenständig handelnder Akteur heraus. Den Typus der repräsentativen Demokratie findet man häufig in den föderalistischen Strukturen von Dachverbänden, die aus einer grösseren Zahl regionaler oder spezialisierter Teilorganisationen gebildet werden.
- Von einer *Autokratie* spricht man, wenn die Organisation durch eine einzige Person und ggf. eine ihr eng verbundene Leitungsgruppe domi-

niert wird. Die Grundlage dafür kann auf ganz unterschiedliche Machtquellen zurückgehen, ist aber häufig mit der persönlichen Überzeugungskraft der dominanten Person verbunden.

- Der Autokratie verwandt ist die *Oligarchie*. Sie ist durch die Dominanz einer relativ kleinen Gruppe charakterisiert, ohne dass einzelne Führungspersönlichkeiten wesentliches Gewicht haben müssen. Der Gruppenzusammenhalt kann auf persönlichen Verbindungen, auf Zugehörigkeit zu einem gemeinsamen Wertesystem oder einfach auf einem restriktiven Auswahlprozess beruhen. Aufgrund der fehlenden Mitgliederbasis neigen Stiftungen grundsätzlich eher zu oligarchischen Strukturen als Vereine, Verbände oder Genossenschaften. Dass schliesst aber oligarchische Tendenzen auch in mitgliedschaftlichen NPO nicht aus (Michels 1911).
- Mit zunehmender Grösse und wachsendem Professionalisierungsdruck verlagert sich in NPO für gewöhnlich das Einflussgewicht von der ehrenamtlichen zur hauptamtlichen Leitung und von einem Engagement, das in erster Linie auf der Identifikation mit dem Organisationszweck beruht, zu erwerbstätiger Aufgabenerfüllung. Am Ende einer solchen Entwicklung entsteht die *Bürokratie* als Herrschaftsform der Expertinnen und Experten über die Engagierten.
- Während die oben genannten Herrschaftsformen durch eine Verfestigung des Einflusses zugunsten eines bestimmten Personenkreises gekennzeichnet sind, ist eine *Adhokratie* gerade durch die Abwesenheit von Machtkonzentration gekennzeichnet. Die Regeln der Entscheidungsfindung werden nach Bedarf festgelegt und können sich im Zeitverlauf auch ändern. Eine Adhokratie kann auf mehrere Auslöser zurückgehen: Sie bietet sich als Alternative zur direkten Demokratie in jungen und kleinen Organisationen an. Sie kann aber auch in einer Übergangsphase von einer Herrschaftsform zu einer anderen das Ergebnis einer Organisationskrise sein. Schliesslich widerspiegeln sich in der Adhokratie auch moderne Vorstellungen über ein Management, das auf dem Grundprinzip der Selbstorganisation und kontinuierlichen Anpassung an veränderte Umfeldbedingungen aufbaut.

Herrschaftsformen und Machtquellen stehen in einer wechselseitigen Einflussbeziehung zueinander: Jede Herrschaftsform bietet den Akteuren in der Organisation andere Möglichkeiten zur Durchsetzung der eigenen Interessen innerhalb des durch den Organisationszweck gesetzten Rahmens. Sie eröffnet Machtquellen und schränkt andere Quellen wiederum ein. Umgekehrt begünstigt die Verfügbarkeit und die Nutzung bestimmter Machtquellen die Entstehung und Verfestigung entsprechender Herrschaftsformen.

Organisationen erfüllen ihr Sachziel, indem sie für bestimmte Adressaten einen Nutzen schaffen. NPO erbringen dazu einen Mix aus Dienstleistung, Interessenvertretung und Gemeinschaftsbildung. Dazu müssen sie die notwendigen Ressourcen beschaffen und bereitstellen. In Abgrenzung zu Unternehmen, die sich im Prozess der Leistungserbringung primär mit dem Problem konfrontiert sehen, für ihre Sachgüter und Dienstleistungen Abnehmer und damit letztlich Absatzmärkte zu finden, besteht die Herausforderung bei NPO meist in der Beschaffung der notwendigen Ressourcen, um die Leistungen überhaupt erstellen zu können. Denn vielfach generieren sie ihren Input nicht primär aus den Erträgen des Verkaufs ihrer Leistungen, sondern über alternative Einnahmequellen wie Mitgliederbeiträge, Subventionen oder Spenden, die ihnen helfen, ihre Leistungen zu Vorzugskonditionen an ihre Adressaten abzugeben. Dies bedeutet, dass die Preise der Leistungen oft klar unter den Gestehungskosten oder üblichen Marktpreisen liegen oder die Leistung sogar unentgeltlich an eine Zielgruppe abgegeben wird. Insofern besteht bei vielen NPO eher ein Nachfrageüberhang denn ein Absatzproblem.

Ähnlich wie ein Unternehmen unterliegt die NPO als Betrieb den Erfordernissen von Effektivität und Effizienz, auch wenn sich diese hier teilweise an anderen Beurteilungskriterien und Gewichtungen bemessen. Die *Effektivität* einer NPO ergibt sich aus dem Umfang der erbrachten Leistungen (= Output), aus unmittelbaren Wirkungen, die bei den Leistungsadressaten ausgelöst werden (= Outcome) und in letzter Konsequenz auch daraus, wie sich die Lebenslage der Adressaten im Lichte der zivilgesellschaftlichen Vision, der die Organisation mit ihrer Mission folgt, verändert (= Impact). Leistungen sind also dann effektiv, wenn sie den aus der Sicht der Mission angestrebten Outcome bewirken und zum gewünschten Impact beitragen. Die *Effizienz* wiederum ist das Verhältnis zwischen den erbrachten Leistungen und den dafür verbrauchten Ressourcen. Sie erfordert ein optimales Verhältnis zwischen den erbrachten Leistungen und den für deren Erstellung verbrauchten Ressourcen. Die typische Leistungserbringung einer NPO vollzieht sich parallel auf zwei Ebenen:

- auf der *Sachebene*, wo die Fähigkeiten, das Know-how und die Fertigkeiten des Leistungserbringers qualitätsbestimmend wirken, sowie
- auf der *Kommunikationsebene*, wo Verhalten, Emotionen und Einstellungen von Leistungserbringerin und Leistungsempfängerin aufeinandertreffen und wo der Empfängerin in der Interaktion ein positives oder negatives Erlebnis vermittelt und damit qualitätswirksam wird.

Eine hohe Leistungsqualität zu erzielen, bedeutet sowohl die Sachkompetenz als auch die Sozial- und Kommunikationskompetenz der Mitarbeitenden zu fördern und zu entwickeln sowie eine konsequente und überzeugte Dienstleistungs- und Mitglieder-Klienten-Orientierung sicherzustellen. Das ist eine Aufgabe des internen Marketing.

Da die meisten Dienstleistungen von NPO nicht auf Lager produziert, sondern erst im Zusammenwirken mit den Adressaten erbracht werden, muss die NPO vorgängig ihre Dienstleistungsbereitschaft in Form von Personal oder Infrastruktur gewährleisten. Das verursacht einen mehr oder weniger fixen Kostenblock unabhängig von der Nachfrage auf Seiten des Leistungsbereichs. Die Immaterialität der meisten Leistungen erzeugt zudem eine Informationsasymmetrie zulasten der Leistungsempfänger. Besonders da, wo sich diese z. B. als Hilfsbedürftige in einer besonders schwachen Position befinden, entsteht daraus ein Vertrauensproblem. Die Leistungsbereitschaft der NPO ist vor deren Beanspruchung nicht mehr als ein Versprechen. Die Adressaten werden sich deshalb vor allem an der Reputation der anbietenden Organisation orientieren und sich auf die Erfahrungen anderer Leistungsempfänger abstützen. Es ist Aufgabe des Marketings, die NPO bei den Mitgliedern und auf den für sie relevanten Märkten sowohl im Beschaffungsbereich (z. B. Spenden- oder Freiwilligenmarkt), als auch im Leistungsbereich (z. B. Dienstleistungsbranche oder politischer und medialer Meinungsmarkt) als vertrauenswürdig zu profilieren und ein positives Senderimage aufzubauen.

**Abb. 9** – Die Organisation als Sachzweckbetrieb

Einbeziehung und Mitwirkung der Klientinnen und Klienten erschweren die Standardisierung und damit die Qualitätssicherung der Leistungserbringungsprozesse. Der Grund dafür liegt in der Individualität auf Anbieter- und Nachfragerseite. Es ist daher ein Umfeld nötig, das die Dienstleistungsnehmer als Kunden betrachtet und bei den eigenen Mitarbeitenden bewirkt, dass diese Interaktionen vertrauenswürdig und nicht mit einem bürokratisch standardisierten Verhalten abgewickelt werden.

NPO erbringen Leistungen mit Kollektiv- und Individualgutcharakter. Die bisherigen Ausführungen bezogen sich auf die Individualgüter und damit auf die direkte Interaktion zwischen Angebots- und Nachfrageseite. Für die Kollektivgüter ist eine Erweiterung der Sichtweise erforderlich. Diese lässt sich am Beispiel der Interessenvertretung illustrieren. Auftraggeber und Nutzniesser des Lobbyings sind in einem Verband die Mitglieder. Der Beeinflussungsprozess findet aber nicht zwischen Verband und Mitgliedern statt, sondern zwischen Verbandsrepräsentanten (z. B. dem Präsidium) und einer dritten Partei, auf die Einfluss ausgeübt werden soll (z. B. ein Ministerium). Die direkten Interaktionspartner sind der NPO-Betrieb (in Person der Leitung oder einer Fachabteilung) auf der einen, und das Ministerium auf der anderen Seite. Die Vertreterinnen der NPO versuchen, die politischen Entscheidungsträger zu einem Verhalten (z. B. eine Subventionierung) zugunsten der Mitglieder zu bewegen. Somit ist die Dienstleistungserbringung aus der Perspektive der Mitgliederbasis durch die NPO auch erst dann vollzogen, wenn das Ministerium die Auszahlungen verfügt und die Mitglieder zu indirekten Nutzniessern der Leistung von Seiten des NPO-Betriebs werden. Möglicherweise sind die Mitglieder aber auch schon zufrieden damit, dass die NPO überhaupt einen Versuch zur Einflussnahme unternommen hat, wenn nämlich gar keine realistische Aussicht auf nachhaltigen Erfolg bestand, aber allein die öffentliche Sichtbarkeit des Anliegens schon als bestätigender Schritt auf dem Weg dahin angesehen wird.

Manche Dienstleistungen von NPO sind mit Sachgütern gekoppelt, und der Dienstleistungsprozess weist materielle und immaterielle Komponenten auf. Beispiele sind Alten- oder Behindertenheime, in denen die Leistungspalette von Wohnen, Betreuung und Pflege bis hin zur Arbeitsmarktintegration wesentlich von der baulichen Infrastruktur und den technischen Einrichtungen abhängt. Somit werden nicht einzelne Sachgüter oder Dienstleistungen, sondern eigentliche Leistungsbündel ausgetauscht.

Weiterführende Literatur

https://www.vmi.ch/de/npo-wissen/npo-themen/kapitel-1.2/

## 1.3 Spannungsfelder in Nonprofit-Organisationen

Jede Organisation ist eigentümlich und das Ergebnis einer individuellen Entwicklung von der Gründung bis zu ihrer gegenwärtigen Gestalt. Zwar wird jede NPO, die nicht mit einem Überfluss an bedingungslosen Ressourcen bedacht ist, in langer Sicht den Erfordernissen von Effektivität und Effizienz genügen müssen. Im Zusammenspiel mit den Spezifika der organisationalen Mission, den institutionellen Möglichkeiten und Beschränkungen im Organisationsumfeld mit ihren vielfältigen Austauschbeziehungen, den Interessenlagen und ihren mikropolitischen Aushandlungsergebnissen ergibt sich eine grosse Vielfalt von Organisationslösungen im Dritten Sektor. Aufgrund ihres Charakters als NPO und ihrer Rechtsform als Verein, Stiftung oder Genossenschaft resultieren eine Reihe von kennzeichnenden Spannungsfeldern für das NPO-Management. Einige dieser Spannungsfelder werden bereits mit der Gründung relevant, andere bauen sich mit zunehmender Grösse und Verfestigung von Strukturen und Prozessen auf.

| | Spannungsfelder | Polaritäten |
|---|---|---|
| 1 | **Leistungsmix** | Individual- vs. Kollektivgüter sowie Dienstleistung vs. Interessenvermittlung vs. Gemeinschaftsbildung |
| 2 | **Ressourcenmix** | Selbstbestimmung vs. externe Unterstützung |
| 3 | **Orientierungslogik** | Sachziel vs. Wirtschaftlichkeitsziel |
| 4 | **Intraorg. Machtverteilung** | Basis vs. fachliche oder leitende Elite |
| 5 | **Interorg. Machtverteilung** | Zentrale vs. Dezentralen |
| 6 | **Entscheidungsfindung** | Schnelligkeit vs. Beteiligung |
| 7 | **Grundstrategie** | Wachstum vs. Fokussierung |
| 8 | **Gemeinschaft** | Solidarität vs. Wettbewerb |
| 9 | **Umgang mit Wandel** | Bewahrung vs. Erneuerung |

**Tab. 3** – Spannungsfelder in NPO im Überblick

Die meisten der nachfolgend beschriebenen Spannungsfelder haben einen bipolaren Charakter. Einige sind Gegenstand wiederholter Klärungsprozesse und Kurskorrekturen als ständige Managementaufgabe zur Erhaltung von Effektivität und Effizienz oder zur erneuerten Legitimierung der Organisationstätigkeit. Andere erzeugen in vielen NPO oft wiederholte und manchmal eskalierende Konflikte. Gegensätzliche Interessen und Ziele sowie wechselseitige Anstrengungen, sie durchzusetzen führt dazu, dass Problemlösungen innerhalb eines Spannungsfelds häufig nur vorübergehend Bestand haben. Nicht selten wird damit ein dialektischer Prozess in Gang gesetzt: Je deutlicher die Lösung einem Pol zuneigt, umso stärker werden typischerweise die Bemühungen der Vertreter des anderen Pols, die Entscheidung zu revidieren und durch eine andere Lösung zu ersetzen, die ihren Interessen besser entspricht. Wie auch immer sich die Spannungsfelder in der konkreten NPO darstellen, sind sie unvermeidlich Teil der Herausforderungen für das Management.

*Spannungsfeld 1 – Leistungsmix*

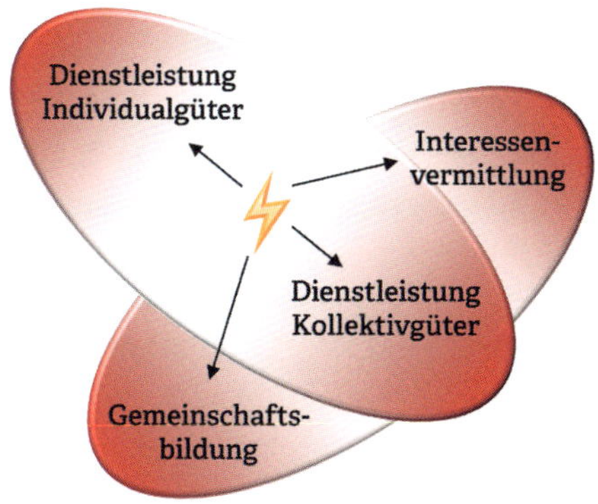


NPO erfüllen mit ihrem Leistungsangebot verschiedene Funktionen der Dienstleistung, der Interessenvermittlung und der Gemeinschaftsbildung. Sie richten sich damit an ihre Mitgliederbasis, ausgewählte Klientengruppen oder die breite Öffentlichkeit. Dabei orientieren sie sich an individuellen Erwartungen oder gemeinsamen Lebens- und Interessenlagen. Sie erzeugen damit Individual-, Club- oder Kollektivgüter. Die verschiedenen Funktionen und Leistungen können in mehrfacher Weise in einer Konkurrenzbeziehung zueinanderstehen: Sie erfordern den Einsatz organisationaler Ressourcen in Form von zeitlichem Engagement und finanziellen Mitteln, sie prägen die Identitätsüberzeugungen von Mitgliedern, Mitarbeitenden und Unterstützerinnen der Organisation in jeweils eigener Weise und sie errichten unterschiedliche Grundlagen für die Legitimierung der NPO in den Augen ihrer Austauschpartner. In einer NPO müssen Entscheidungen darüber getroffen werden, ob man sich primär als Dienstleistungsbetrieb, als politisch aktiver Interessenverband oder als integrierende Solidargemeinschaft begreift, welche Aufmerksamkeit den damit verbundenen Anspruchsgruppen zukommt und wie viele Ressourcen eingesetzt werden, um deren Erwartungen effektiv gerecht zu werden und damit die eigene Legitimationsbasis sicherzustellen.

Viele Eigenleistungs-NPO erbringen neben den Kollektivleistungen auch marktfähige Individualleistungen, wie beispielsweise Beratung oder Weiterbildung. In Drittleistungs-NPO werden oftmals fast ausschliesslich Dienstleistungen erbracht, die zwar nur beschränkt marktfähig sind, aber den Produkten und Dienstleistungen von gewinnorientierten Unternehmen doch oftmals ähnlich sind. Gleichzeitig sind sie aber an nicht gewinnorientierte Ziele und Strukturen gebunden, wie das z. B. für Wohlfahrtseinrichtungen in kirchlicher oder gewerkschaftlicher Trägerschaft gilt. Ein Spannungsfeld ergibt sich dann aus der Überlappung bzw. der Interferenz zwischen der politisch motivierten Steuerung der Organisation durch die Träger und der Marktsteuerung (Angebot, Nachfrage, Konkurrenz) ihrer Leistungserbringung, was zum zweiten Spannungsfeld führt.

*Spannungsfeld 2 – Ressourcenmix*

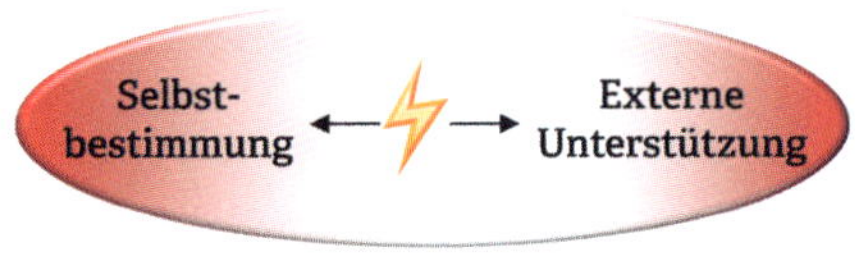


Mit ihrer Gründung gibt sich eine NPO ein Sachziel, das sie möglichst nach eigenen Vorstellungen und aus eigenen Kräften zu erreichen versucht. Darin drückt sich ihr Selbstbestimmungsanspruch aus. Mit diesem Anspruch exponiert sich die NPO ebenso wie ihre Trägerschaft in ihrem Umfeld und geht oftmals beträchtliche wirtschaftliche und soziale Risiken ein, sofern die Organisation nicht von Beginn an mit unbegrenzten finanziellen Mitteln und entsprechend hohem Vertrauensvorschuss ausgestattet ist. Dem organisationalen Selbstbestimmungsanspruch steht ein Streben nach Sicherheit und Planbarkeit gegenüber, das sowohl aus individuellen Bedürfnissen, als auch organisatorischen Notwendigkeiten resultiert. Eine solche Sicherheit und Planbarkeit erreichen NPO, indem sie sich auf die externe Unterstützung durch ressourcenkräftige Partner verlassen.

Viele NPO erfüllen vom Staat übertragene oder überlassene Aufgaben nach dem Subsidiaritätsprinzip. Daran gekoppelt ist meist auch eine Finanzierung durch den Staat oder öffentlich-rechtliche Sozialversicherungen. Je enger eine NPO durch Leistungsaufträge, verbindliche Tarif-Systeme oder Controlling-Vorschriften an den Staat gebunden ist, umso geringer ist ihr Handlungs- und Entscheidungsspielraum.

Aufgrund ihres Finanzierungsmix sind NPO zudem ständig bemüht, einen Ausgleich zwischen verschiedenen Interessengruppen herzustellen. Das sind auf der einen Seite die Trägerschft der Organisation und auf der anderen das Umfeld der externen Sponsoren, Konkurrenten und Leistungsempfängerinnen. Da sich die Anforderungen in vielen Fällen nicht ohne weiteres gleichzeitig erfüllen lassen, stellt sich bei der langfristigen Planung von Aktivitäten oder bei grundlegenden Entscheidungen über das Leistungsprogramm die Frage: Soll die Organisation in den Richtungsentscheidungen von ihren Grundsätzen und Traditionen ausgehen, oder soll sie sich in erster Linie am Markt und den Bedürfnissen ihrer Leistungsnehmer oder Geldgeber ausrichten, damit ihre Autonomie einschränken und sich dafür mehr Gewissheit für ihre langfristige Entwicklung verschaffen?

*Spannungsfeld 3 – Orientierungslogik*

Mit fortschreitender Professionalisierung der NPO und einem Effizienzdruck von Seiten der Ressourcengeber hat in vielen NPO die Bedeutung der hauptamtlichen Leitung zugenommen und mit ihr ein Entscheidungsverhalten, das sich an den

Grundätzen der allgemeinen Managementlehre orientiert. Ein solches Entscheidungsverhalten kann in Konflikt mit Handlungslogiken geraten, die eng mit der Mission und dem Sachziel der Organisation und den ihnen zugrundeliegenden Werthaltungen stehen. Das trifft auf zwei Typen von NPO in besonderem Masse zu:

- auf Hilfswerke, die ihre Ziele und Arbeitsweisen auf einer humanitären, religiösen oder ideologischen Mission fundieren.
- auf Organisationen in den Bereichen von Bildung und Forschung, Gesundheit oder Menschenrechten, die durch Professionen und ihre Werthaltungen, z. B. pädagogischer, wissenschaftlicher, ärztlicher bzw. juristischer Art, geprägt sind.

Was ärztlich geboten erscheint, kann wirtschaftlich ineffizient erscheinen. Was betriebswirtschaftlich vorteilhaft ist, kann juristisch unzulässig, vor dem Hintergrund einer christlichen Überzeugung verwerflich oder pädagogisch unverantwortlich sein. Oftmals vollziehen sich die Konfliktlinien dieses Spannungsfelds zwischen ehrenamtlicher und hauptamtlicher Leitung oder zwischen betrieblichen Fachbereichen und den freiwillig Engagierten.

*Spannungsfeld 4 – Innerorganisationale Machtverteilung*

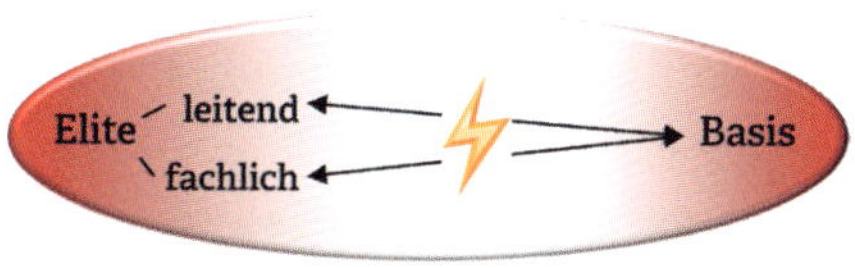


In NPO der Rechtsformen des Vereins oder der Genossenschaft liegt die oberste Entscheidungsgewalt bei der Mitgliederbasis, der ein ehren- oder hauptamtlich besetztes Leitungsgremium gegenübersteht. Zunehmende Grösse und Ausdifferenzierung der Organisation und ihrer Betriebe steigert die Komplexität der Leitungs- und Koordinationsaufgaben. Diese sind für die Basis immer schwieriger zu überblicken und nachzuvollziehen, wodurch der Einfluss der leitenden Elite nicht nur auf operative, sondern auch auf grundlegende normative und strategische Richtungsentscheidungen zunimmt. Auch in fachlicher Hinsicht kann die Beurteilung von Aufgaben und Sachverhalten so anspruchsvoll werden, dass nur eine entsprechend qualifizierte Fachelite in der Lage zu kompetenter Entscheidung oder Ausführung ist. Dazu kommt es insbesondere in Bereichen, die durch eine ausgeprägte Akademisierung der Berufe geprägt sind, wie beispielsweise in Gesundheit, Bildung und Forschung, Technologie oder Kultur geprägt sind. Die leitende oder fachliche Elite nimmt diesen Einfluss in Anspruch, um der besonderen Verantwortung, die mit der jeweiligen Funktion verbunden ist, gerecht werden zu können. Die Basis beansprucht ihrerseits einen Einfluss als Trägerschaftsorgan.

Der Soziologe Robert Michels (1911) hat bereits zu Beginn des 20. Jahrhunderts gezeigt, dass gerade demokratische Verbände dazu neigen, oligarchische Verhältnisse auszubilden, bei denen eine kleine Gruppe von Funktionären oder Expertinnen die Geschicke der Organisation lenken. Diese Tendenz zur Oligarchie besteht auch dann, wenn es sich um Verbände handelt, in denen die Beteiligung der Basis formal abgesichert ist. Sie ist nicht allein auf einen individuellen Machtanspruch zurückzuführen, sondern kann auch eine wichtige Funktion für ein effektives und effizientes Verbandshandeln haben. Dadurch stellt sich immer wieder die Frage, wann, wo und in welchem Umfang Partizipation in basisgestützten Willensbildungsprozessen zur Erzielung von Akzeptanz nicht nur wünschenswert, sondern unerlässlich ist, und in welchen Situationen und bei welchen Problemlagen befriedigende Lösungen eine hohe Handlungsfähigkeit und Entscheidungskompetenz von oligarchischen Kerngruppen erfordern.

Ein vergleichbares Spannungsfeld besteht als sogenanntes Stab-Linien-Problem. In NPO ist es in verschiedenen Varianten anzutreffen: In den rein ehrenamtlich geführten NPO entsteht das Spannungsfeld zwischen entscheidungsverantwortlichen und den entscheidungsvorbereitenden Einheiten, wie Ausschüssen, Kommissionen, Arbeits- und Projektgruppen. Typischerweise stehen sich hier Spezialistinnen und Generalistinnen in wechselseitigem Dominanzanspruch gegenüber. In NPO mit hauptamtlicher Geschäftsstelle betrifft es die Schnittstelle zwischen ehrenamtlichen Gremien (Vorstand oder Stiftungsrat, Ausschüssen und Kommissionen) und der hauptamtlichen Geschäftsführung und Leitung der Fachabteilung. Auf der einen Seite stehen die Ehrenamtlichen in Beschränkung bezüglich verfügbarer Zeit, entscheidungsrelevanter Informationen oder NPO-Know-how und auf der anderen Seite die Hauptamtlichen mit ihrer Expertenmacht auf Grundlage eines Informations- oder Know-how-Vorsprungs.

In beiden Fällen ergibt sich das Spannungsfeld zwischen dem Prinzip des *completed staffwork* statutarischen Führungsanspruch der übergeordneten Entscheider: Completed staffwork liegt bei einer Stabsarbeit zur Entscheidungsvorbereitung vor, die soweit ausgearbeitet ist und alternativlos erscheint, dass sie die Entscheidung aufgrund von fachlicher Expertise oder blossem Informationsvorsprung bereits vorwegnimmt. In grösseren NPO-Betrieben entsteht ausserdem ein solches Spannungsfeld, wo die Bereiche der operativen Leistungserbringung durch spezialisierte Stabstellen ergänzt werden, die leitungsunterstützende und andere administrative Funktionen übernehmen und dabei normierend und kontrollierend in die operative Leistungserbringung eingreifen.

*Spannungsfeld 5 – Interorganisationale Machtverteilung*

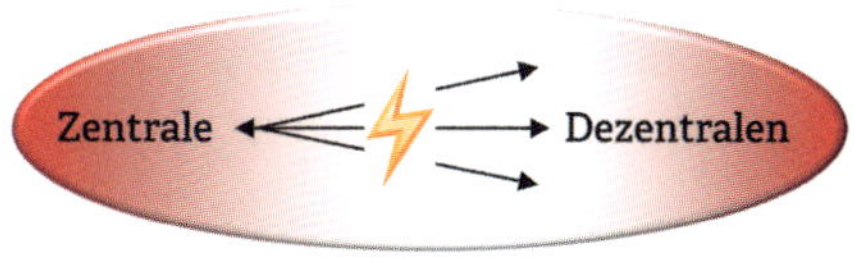


Ein kennzeichnendes Merkmal von föderalen Strukturen in Verbänden und anderen ausdifferenzierten NPO ist das Gegenüber von Zentrale und Dezentralen. Entweder hat sich eine ursprüngliche Einheitsorganisation räumlich oder in ihrem Leistungsspektrum ausgebreitet und dafür Unterorganisationen gebildet, oder eine Gruppe von selbstständigen Organisationen hat eine gemeinsame Dachorganisation zur Koordination oder zur Synergiebildung geschaffen. Je nachdem, ob man von einer hierarchischen oder von einer netzwerkartigen Verbandsvorstellung ausgeht, steht die Zentrale für die oberste Koordinationsebene bzw. den Mittelpunkt eines Verbands. Als Dezentralen werden dementsprechend regional oder fachlich abgegrenzte Organisationen bezeichnet, die sich unter einem Dachverband vereinigen bzw. sich um ein koordinierendes Zentrum anordnen. Idealtypisch sind die Interessenlagen hier konträr: Der Anspruch der Koordination auf Seiten der Zentrale steht konträr zum Anspruch der Autonomie auf Seiten der Dezentralen. Diese sind im Dritten Sektor zumeist rechtlich selbstständig und unterliegen keiner zentralen Kontrolle auf der Basis von Kapitalbesitz, wie das in privatwirtschaftlichen Unternehmen der Fall ist. Soll die Zentrale im Vordergrund stehen und die Handlungsspielräume der Dezentralen festlegen, oder sollen die Dezentralen bestimmen, welche Aufgaben der Zentrale nach dem Subsidiaritätsprinzip zugewiesen werden?

Spannungen in mehrstufigen Verbänden und anderen NPO können sich in verschiedenen Bereichen aufbauen und akzentuieren:

- *Zielgruppenzugang*: Zentrale und Dezentralen adressieren mit ihren Leistungen dieselben Zielgruppen und haben dazu vielleicht komplementäre, vielleicht aber auch direkt konkurrierende Zugänge. Mit zunehmender Grösse einer Organisationsfamilie besteht die Tendenz, dass die Relevanz der Dezentralen gegenüber der Zentrale wächst, weil sich persönliche Beziehungen leichter erhalten lassen. Die Zentrale kann aber oftmals Grössen- und fachliche Spezialisierungsvorteile nutzen und eine weitläufigere Vernetzung ermöglichen.
- *Ressourcenzugang*: Hier stellt sich in Eigenleistungs-NPO typischerweise die Frage, wie Mitgliedsbeiträge aufgeteilt werden können und welche Seite die kompetentesten Persönlichkeiten für die Besetzung ihrer Ehrenämter stellen kann. In Drittleistungs-NPO geht es öfter darum, welche Seite den Zugang zu staatlichen Entscheidungsträgern, zu Förderstiftungen oder zum Spendenmarkt kontrolliert.
- *Öffentliche Sichtbarkeit*: Die Leistungserbringung und die Ressourcenbeschaffung von Verbänden sind die Bereiche, in denen Verbände auch

über ihre vier Wände, Mitgliederbasis bzw. ihr virtuelles Netzwerk hinaus wahrnehmbar werden. Sie erlangen Präsenz, bekommen Zustimmung zugesprochen oder ziehen Kritik auf sich. Wie sich all dies auf Zentrale und Dezentralen verteilt, ist wiederum durch die beteiligten Organisationen gestaltbar.

- *Dominante Identität*: Die Identität ist das Pendant zur öffentlichen Sichtbarkeit und bezieht sich darauf, wie die Mitglieder, die Ehrenamtlichen und gegebenenfalls auch die hauptamtlich Beschäftigten die Organisationsfamilie deuten: Sind die Dezentralen nur Ableger einer Identität, die an die Zentrale und ihre Mission, ihre Geschichte, ihr Logo, ihre Grundsätze, ihre Veranstaltungen und Aktivitäten geknüpft ist, oder ist es die Vielfalt und Unmittelbarkeit der Dezentralen, die damit diverse Identitäten schaffen und der Zentrale nur die Restrolle einer Serviceeinheit oder Clearingstelle übrig lässt?
- *Interne Leistungsbeziehungen*: Spannungen entstehen auch im administrativen Bereich. Oftmals bieten Dachverbände für ihre Teilverbände Leistungen an, die diese mangels Grösse und Professionalisierungsgrad nicht mit der notwendigen Effektivität und Effizienz erbringen können. Die Teilverbände können allerdings einige der Leistungen auch durch horizontale Zusammenschlüsse oder von externen Anbietern beziehen, wodurch eine Wettbewerbsdynamik zwischen Zentrale und Dezentralen in Gang kommt.

Wenn es in föderalen Strukturen bereits latente Spannungen gibt, werden sie durch wesentliche Veränderungen in den internen und externen Strukturen verstärkt. Je nach Spannungsfeld kann es dazu kommen, wenn beispielsweise wichtige Verbandsleistungen obsolet werden oder ebenso wichtige Geldgeber wegfallen, wenn der Verband mit einer massiven Reputationskrise konfrontiert ist oder wenn die fortschreitende Digitalisierung die bisherigen Arbeitsmittel in Frage stellt oder erhebliche Investitionen erfordert.

### *Spannungsfeld 6 – Entscheidungsfindung*

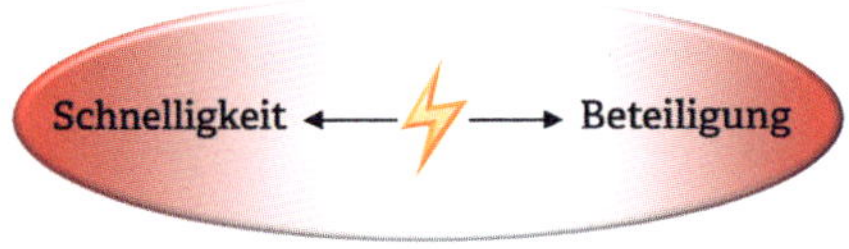


In einem dynamischen Umfeld stehen Organisationen immer wieder unter dem Druck, Entscheidungen über ihre Strukturen oder ihr Leistungsprogramm herbeizuführen. Vielfältige Erwartungen von Seiten verschiedener Anspruchsgruppen erfordern ein immer wieder neues Austarieren der Ansprüche, die selten deckungsgleich und möglicherweise konkurrierend sind (z.B. in Bezug auf den Ressourceneinsatz) oder gar im Widerspruch zueinanderstehen (z.B. bei der Festlegung der Finanzierungsquellen oder bei der politischen Positionierung in der Interessenvertretung). Die Organisationsleitung ist dann gefordert, selektive Entscheidungen zu fällen, um handlungsfähig zu bleiben, und hat für die Entscheidungsfindung nur beschränkte zeitliche Spielräume.

Gleichzeitig sind viele NPO aber basisdemokratisch verfasst, so dass Entscheidungen nicht ohne vorherige Konsultation der Mitglieder oder ihrer Delegierten getroffen werden können. In einer weiteren Betrachtung sehen sich NPO legitimen Erwartungen von externen Bezugsgruppen ausgesetzt, die sie vor dem Treffen einer Entscheidung abgleichen müssen. Und schliesslich sind Organisationen nicht selten durch eine partizipative Führungskultur geprägt, die eine vorangehende Konsultation erfordern. Alle drei genannten Voraussetzungen verlangsamen Entscheidungsprozesse fast unvermeidlich, und oftmals reicht dafür auch schon das Vorliegen eines einzigen Merkmals aus. Somit ergibt sich für NPO ein strukturell bedingtes Spannungsfeld zwischen Zeit- und Mitbestimmungsdruck in der Entscheidungsfindung.

### *Spannungsfeld 7 – Grundstrategie*

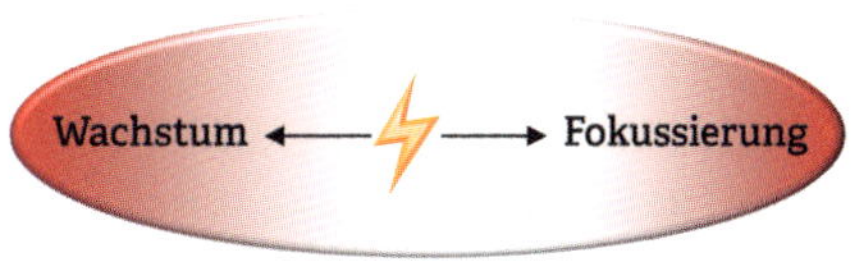


NPO werden mit einer Zielsetzung und einem zivilgesellschaftlichen Anspruch gegründet, der in den allermeisten Fällen die vorhandenen und in Aussicht stehenden Ressourcen übersteigt. Gelingt es einer Organisation in der Folge, sich zu etablieren und ihren Erhalt zu sichern, wird sie danach streben, ihre Aktivitäten im Sinne der eigenen Mission auszuweiten und dafür zusätzliche finanzielle und personelle Ressourcen zu akquirieren. Was zum Zeitpunkt der Gründung und einer darauffolgenden Phase der Entfaltung kaum hinterfragt wird, rückt ins Bewusstsein, wenn die Organisation Erfolge und Wirkungen verzeichnen sowie effiziente Strukturen und Prozesse etablieren konnte. Es stellt sich dann die Frage für die Organisation, ob sie weitere Potenziale erschliessen und expandieren soll, oder ob sie sich stattdessen mit dem Erreichten begnügen und die errungenen Positionen konsolidieren soll. Diese Frage stellt sich auch deshalb, weil Grösse und Wachstum einer Organisation sowohl politische und marktwirtschaftliche, als auch organisationsstrukturelle und -kulturelle Konsequenzen mit erheblichen Herausforderungen für das Management nach sich ziehen. Das sollen die nachfolgenden Beispiele illustrieren:

- Je grösser eine Organisation ist, umso stärker wird auch ihr potenzielles politisches Gewicht in der Aussenwahrnehmung. Versteht sich diese Organisation in erster Linie als Interessenverband, steht das im Einklang mit ihrem Zielsystem. Wenn ihr Kernziel und ihr Identitätskern aber eher in der Dienstleistungserbringung oder Gemeinschaftsbildung besteht, kann dies interne Konflikte über strategische Prioritäten und die Ressourcenverwendung erzeugen.

- Strategisch motiviertes Organisationswachstum erfordert entsprechende Investitionen, die langfristige Erträge versprechen. Das betrifft sowohl den Leistungsumfang, als auch die Reputation als zivilgesellschaftliche Akteurin oder die finanzielle und personelle Ressourcenversorgung. Diese bedeuten aber vorübergehend auch einen zusätzlichen Bedarf an Ressourcen, der dann nicht für die laufenden Verpflichtungen zur Verfügung steht.
- Wenn eine NPO ihren Erfolg an Ressourcenziele, wie z. B. die Steigerung der Spendeneinnahmen oder die Erhöhung des Organisationsgrads in einer Branche, durch zusätzliche Mitgliedereintritte koppeln, kann das dazu führen, dass jeder weitere Zuwachs mit einer abnehmenden Effizienz erkauft werden muss, wie das die folgenden Beispiele illustrieren: Spendensammelnde Hilfswerke erkaufen zusätzliche Spenden mit einem überproportionalen Fundraisingaufwand, Mitgliederverbände eine Steigerung der Beitritte mit einer abnehmenden Bereitschaft zu mitgliedschaftlicher Aktivität der forciert zum Eintritt bewegten Neumitglieder.
- Wohlfahrtsverbände erbringen Leistungen für benachteiligte oder unterstützungsbedürftige Zielgruppen. Je umfangreicher das Leistungsangebot ist, umso stärker wird aber oftmals auch die Abhängigkeit der Zielgruppe von dieser Unterstützung, weil sie sowohl das individuelle Bemühen um die eigenständige Bedürfniserfüllung schwächt, als auch das Anspruchsniveau steigert.

NPO bewegen sich somit in einem permanenten Spannungsfeld zwischen dem Anspruch, ihre Mission mit immer neuen Aktivitäten und Leistungen zu realisieren und dazu die Ressourcenbasis ständig auszubauen, und den Herausforderungen, die sich aus dem damit verbundenen Organisationswachstum ergeben.

### *Spannungsfeld 8 – Gemeinschaft*

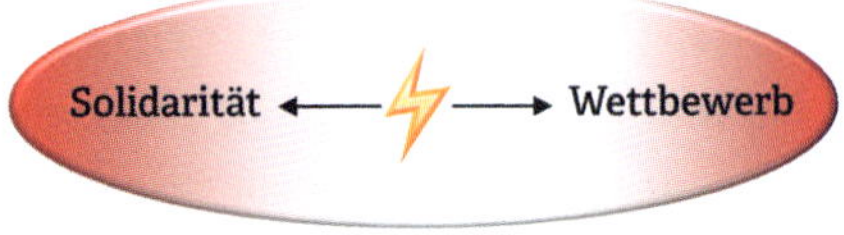


NPO insbesondere in der Rechtsform des Vereins oder der Genossenschaft beruhen auf dem Prinzip der solidarischen Zielverfolgung und Leistungserstellung: Die Mitglieder bringen finanzielle Ressourcen und persönliches Engagement ein, um Leistungen und Aktivitäten, die im gemeinsamen Interesse liegen, zu ermöglichen. Nutzniesser sind dabei im Fall einer Eigenleistungs-NPO wiederum die Mitglieder als Gemeinschaft (Clubgüter) oder bei einer Drittleistungs-NPO designierte Begünstigte oder die breite Öffentlichkeit. Die Nutzniesser verfolgen aber wiederum eigene Interessen und können zueinander sogar im Wettbewerb stehen. Die NPO bewegt sich dann in einem Spannungsfeld, eine bestehende Wettbewerbslage entweder zu akzeptieren und den Mitgliedern den notwendigen Spielraum zu lassen, um ihre individuellen Interessen zu realisieren, oder diese aber im Sinne der Solidaritätsverpflichtung einzuschränken. Dieses Spannungsfeld äussert sich sowohl im Innenverhältnis zwischen den Mitgliedern, als auch in den Aussenbeziehungen der Organisation, wie es die folgenden Beispiele illustrieren:

- Wirtschaftsverbände vereinigen Organisationen oder Personen, die einerseits das gemeinsame Interesse günstiger wirtschaftlicher Rahmenbedingungen sowie Standards für die Aus- und Weiterbildung verfolgen, die aber gerade unter diesen Bedingungen in Konkurrenz zueinanderstehen.
- Sportverbände engagieren sich solidarisierend für die Sporttreibenden, indem sie sich um Regelwerke, Finanzierungsquellen, Sportstätten und gemeinsame Anlässe kümmern. Gleichzeitig stehen die Sporttreibenden insbesondere im Leistungssport in den Wettkämpfen, in der Vorbereitung und im Bemühen um Sponsoren in Konkurrenz.
- Hilfswerke, die sich in der Flüchtlingshilfe engagieren und sich um öffentliche Leistungsaufträge für den Betrieb von Flüchtlingsunterkünften bemühen, verfolgen inklusive Ziele auf Grundlage einer humanitären oder religiösen Mission, setzen sich aber im Bewerbungsverfahren einem Wettbewerb mit anderen Leistungsanbietern aus, der sie zu einer strategischen Abgrenzung und Gegnerschaft unter vorgegebenen Marktbedingungen zwingt.

*Spannungsfeld 9 – Umgang mit Wandel*

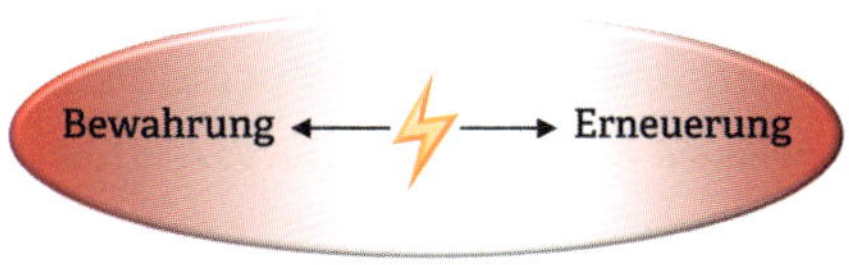


NPO sind sachzweckorientierte und wertebasierte Organisationen. Sachzweck und Wertebasis sind eng mit dem Gründungszusammenhang verbunden. Ab diesem Zeitpunkt sind sie konstituierende Elemente der organisationalen Identität und damit Bezugspunkte für die Identifikation der Mitglieder und des Unterstützerkreises. Werden sie auch nur teilweise in Frage gestellt, weil sich beispielsweise die gesellschaftlichen, politischen, technologischen oder ökonomischen Rahmenbedingungen verändert haben oder weil es zu einem personellen Wechsel in der Organisationsleitung gekommen ist, erzeugt das nicht selten erhebliche Irritationen und Konflikte. Im Bewusstsein darüber gibt es in NPO eine starke Tendenz zur Bewahrung.

Wenn man sich aber den Entstehungszusammenhang einer NPO vergegenwärtigt, so stellt man fest, dass NPO ursprünglich mit einem zivilgesellschaftlichen Erneuerungsanliegen gegründet wurden: Die staatliche Ordnung, politische Kompromisse und marktwirtschaftliche Gleichgewichte schaffen gesellschaftliche Bedingungen mit offenkundigen Problemen und unerfüllten Bedürfnissen. Interessenverbände und Dienstleistungsorganisationen adressieren diese Probleme oder Bedürfnisse, setzen einen Veränderungsimpuls und streben nach Erneuerung in ihrem Wirkungsfeld. Wenn sie darin wirksam sind und sich die Bedingungen verändern, entsteht daraus auch ein Anpassungsbedarf für die NPO selbst: Wie soll sich eine Gesundheitsliga weiterentwickeln, wenn die von ihr adressierte Krankheit besiegt wurde? Welche Ziele soll eine Bürgerrechtsbewegung verfolgen, die sich für die Emanzipation einer politisch benachteiligten Gruppe engagiert hat, und die nun damit konfrontiert ist, dass ein Mitglied dieser Gruppe zum Staatspräsidenten gewählt wurde? Wofür soll sich ein Wirtschaftsverband einsetzen, der sich für die Verbesserung der gesetzlichen Rahmenbedingungen einer Branche oder Berufsgruppe engagiert hat, nachdem die Regierung in einer fundamentalen Gesetzesänderung die gewünschten Bedingungen tatsächlich festgeschrieben hat?

In einem sich verändernden Umfeld besteht eine ständige Spannung zwischen dem beharrenden Element der organisationalen Wertebasis und den darauf aufbauenden Strukturen und Netzwerken auf der einen Seite und der Auseinandersetzung mit den sich wandelnden Chancen und Anforderungen, denen sich die Organisation gegenübersieht, auf der anderen Seite. Das führt zur Frage: Soll die NPO ihr Wesen sowie ihre Aktivitäten und Leistungen als verlässliche Partnerin bewahren, oder soll sie sich auf gegenwärtige oder sich anbahnende Veränderungen einstellen, dies mit einer ausgeprägten Innovationsorientierung?

Die verschiedenen Spannungsfelder haben einen strukturellen Charakter, weil es dabei in erster Linie um die Frage der Verteilung von Aufgaben, Kompetenzen und Verantwortlichkeiten auf die beteiligten Akteure und die verfügbaren Instrumente (insbesondere in der Planung und im Controlling, vgl. Kapitel 3.2 und 3.3) geht. Gleichzeitig haben sie aber auch einen prozessualen Aspekt, da sie sich immer auch in den Willensbildungsprozessen artikulieren und sich oft als Ungleichgewichte in der Beeinflussung der Entscheidungsinhalte äussern. Spannungsfelder kennzeichnen insbesondere das System-Management in allen wesentlichen Handlungsfeldern. Die dafür entwickelten Konzepte und Instrumente sind somit immer auch als Lösungsansätze für die haupt- und ehrenamtliche Leitung zu verstehen, sich im Umgang mit den – nie völlig auflösbaren – Spannungsfeldern behaupten zu können.

## 1.4 Die Entwicklung der Managementlehre von Verbänden und NPO

Im Mittelpunkt der Betriebswirtschaftslehre im deutschsprachigen Raum steht traditionell der erwerbswirtschaftliche Betrieb. Nicht-erwerbswirtschaftliche Organisationen wurden deshalb lange Zeit als Sonderfälle im Randbereich behandelt; von einigen Autoren wurden sie als förder- oder bedarfswirtschaftlich eingeordnet und abgegrenzt. Durch den Einfluss der nordamerikanischen Forschung seit den 1980er Jahren hat sich aber inzwischen der Begriff der privaten Nonprofit-Organisation (NPO) durchgesetzt. Diesen verschiedenen begrifflichen Zugängen ist gemeinsam, dass damit alle produktiven sozialen Systeme zusammengefasst werden, die keinen oder nur einen nachrangigen erwerbswirtschaftlichen Zweck verfolgen. Im deutschsprachigen Raum firmieren sie in der Regel als Verein oder Stiftung, seltener als Genossenschaft oder gemeinnützige Kapitalgesellschaft. Dadurch unterliegen sie zwar keinem Gewinnerzielungsverbot, wohl aber einer Gewinnverteilungsrestriktion.

Geht man von der Gewinnverteilungsrestriktion aus, mögen NPO als homogener Organisationstyp erscheinen. Die Managementforschung entwickelte sich aber in verschiedenen Communities mit eigenen wissenschaftlichen und praxisorientierten Kongressen und Zeitschriften, die sich nur beschränkt aufeinander beziehen, auch wenn sie sich teilweise mit denselben Managementproblemen und Forschungsfragen auseinandersetzen. Solche Communities haben sich beispielsweise für Gesundheitsorganisationen, für Organisationen in Kultur und Sport, für Kirchen oder Bildungsinstitutionen herausgebildet. Einen eigenen Strang bildet die Verbandsbetriebslehre. Die erste betriebswirtschaftliche Abhandlung, die sich grundlegend mit dem Wesen von Verbänden beschäftigt, ist die Habilitationsschrift von Erwin Grochla mit dem Titel "Betriebsverband und Verbandbetrieb" (1959). Der Verfasser untersucht darin Wirtschaftsverbände als eine mögliche Form zwischenbetrieblicher Kooperation. Das ist wiederum Ausgangspunkt für eine Reihe von Beiträgen in verschiedenen betriebswirtschaftlichen Zeitschriften zu praktischen Problemen der Verbandsführung, unter anderem von Ernst-Bernd Blümle. Dieser gründet 1976 die Zeitschrift Verbands-Management und im selben Jahr die Forschungsstelle für Verbandsmanagement an der Universität Freiburg/CH. An diesem Institut setzt sein Schüler Peter Schwarz die Forschung mit seiner Dissertationsschrift zur Morphologie von Kooperationen und Verbänden (1979) und einer Folge von weiteren Monographien und Zeitschriftenbeiträgen konzeptioneller Art zum Verbandsmanagement fort. Robert Purtschert (1979) ergänzt den konzeptionellen Ansatz durch eine Adaption der Marketinglehre und Reinbert Schauer (2000) mit einer Anwendung im Bereich des Finanz- und

Rechnungswesens. Gemeinsam mit Charles Giroud bildet sich so die erste Autorengeneration des Freiburger Management-Modells für Nonprofit-Organisationen (FMM) heraus. Der sogenannte Modellband wird erstmals 1995 veröffentlicht und in den folgenden Jahren in mehreren Folgeauflagen stetig überarbeitet.

Im nordamerikanischen Raum wendet sich die Managementlehre auch erst im Laufe der 1970er Jahre den Spezifika von NPO, insbesondere den Merkmalen ihrer Leitungs- und Organisationsstrukturen, zu. Im Jahr 1978 erscheint der erste umfassende konzeptionelle Beitrag zum NPO-Management (Newman & Wallender 1978). Die Verfasser analysieren NPO unter dem Gesichtspunkt, inwieweit bewährte Managementprinzipien überhaupt anwendbar sind und nennen eine Reihe von Restriktionen, die einer Professionalisierung im NPO-Management entgegenstünden, weil sie – wie die Autoren schreiben, "unübliche Managementprobleme" erzeugten (S. 26):

- eine erschwerte Erfolgsmessung aufgrund konkurrierender Zielkriterien,
- ein schwacher Einfluss von Seiten der Leistungsempfänger aufgrund der Monopolstellung der Organisation oder als Folge des Umstands, dass die Leistungsempfänger oftmals nicht selbst für die Leistungen zahlen (auf der anderen Seite gibt es eine Einflussnahme durch Geldgeber, die ihrerseits nicht von Leistungen profitierten),
- eine ausgeprägte Orientierung an berufsfachlichen Normen unter den Beschäftigten zulasten der Bereitschaft, sich ökonomischen Restriktionen der Organisation zu unterwerfen,
- einen geringen Gestaltungsspielraum für finanzielle Anreize und Sanktionen als interne Steuerungsinstrumente,
- eine Tendenz zur Führung auf Basis von Charisma oder Organisationsmythen.

Diese Einschätzung der Autoren widerspiegelt einen Ansatz, der die typische Ausgangslage eines Wirtschaftsunternehmens unter Produktabsatz- und Kapitalbeschaffungsmärkten als Standardfall betrachtet. Strukturen und Prozesse im Management, die sich unter solchen Bedingungen herausgebildet haben, werden als rational beurteilt, und jede Abweichung von diesen Bedingungen als Rationalitätsgefährdung. Dementsprechend diskutiert der Aufsatz, wie weit und unter welchen Voraussetzungen sich diese rationalitätsgerechten Managementpraktiken trotz erschwerter Bedingungen zur Anwendung bringen lassen. Diesem Ansatz folgt auch die bereits 1920 in Washington D. C. gegründete American Society of Association Executives (ASAE), der erste Berufsverband für NPO Manager. Im Selbstverständnis seiner Mitglieder ist ein Verband wie ein Unternehmen zu führen, und die ASEA sieht ihre Aufgabe unter anderem darin, die Professionalisierung ihrer Mitglieder für diese Leitidee zu fördern. Die Vereinigung gibt seit den 1950er Jahren einschlägige Fachzeitschriften heraus und initiiert 1963 die Gründung einer Stiftung zur Förderung und Verbreitung von Wissen zum Verbandsmanagement. Ab den 1970er Jahren werden mehrere Kompendien zum Verbandsmanagement veröffentlicht, also bereits einige Zeit vor den entsprechenden akademischen Veröffentlichungen (vgl. die ausführliche Aufarbeitung der Ideengeschichte bei Gmür 2022).

Über die letzten 50 Jahre hat sich die Forschung international und im deutschsprachigen Raum weit verstreut in verschiedenen Scientific Communities, also wissenschaftlichen Fachgruppen, entwickelt. Das hat damit zu tun, dass sich die Organisationen des Dritten Sektors nie als Einheit verstanden haben und dass der Begriff der Nonprofit-Organisation ein Kunstbegriff für die Zwecke der Forschung geblieben ist: Obwohl sie sich unter dem Oberbegriff der NPO zusammenfassen lassen, bezeichnen deren Repräsentantinnen und Repräsentanten sie nur selten als solche: Verbände und Vereine, Gewerkschaften und Kammern, NGOs und GONGOs, Schulen und Universitäten, Krankenhäuser und Gesundheitsligen, Theater und Museen, Kirchen und Klöster, Stiftungen, Genossenschaften usw. Oftmals haben sie eigene Fachzirkel gebildet, in denen der Praxisaustausch stattfindet, und Forschende haben sich entsprechend spezialisiert, mit eigenen Fachbüchern, Fachzeitschriften und Fachkongressen. Nur wenige Institutionen, und das VMI darf sich hier gewiss dazuzählen, haben sich von Beginn an um den Austausch über Sektorengrenzen hinweg engagiert.

# 2 Das Freiburger Management-Modell für NPO im Überblick

Die Managementaufgabe in Nonprofit-Organisationen ist interessant, vielschichtig und komplex. Um diese Aufgabe zugänglich, transparent, verständlich und damit lernbar sowie lehrbar zu machen, ist es erforderlich, eine systematische Ordnung und einen Referenzrahmen zu schaffen. Dazu dient das hier vorgestellte Modell im Sinne einer Komplexitätsreduktion. Es gibt ein auf das Wesentliche reduziertes Abbild des Aufgabenbereichs NPO-Management mit einer möglichst umfassenden Abdeckung aller spezifischen Fragestellungen. Es bietet ausserdem ein Gerüst zur Darstellung und Einordnung der normativen Begriffe, Konzepte und Lehrinhalte. Zudem soll es die Zuordnung neuer wissenschaftlicher Erkenntnisse ermöglichen und als Begriffs- und Konzeptbaustein Eingang in die weitere Verbands- und NPO-Forschung finden. In seiner ursprünglichen Fassung wurde das Modell in den 1980 und 90er Jahren von Peter Schwarz, Robert Purtschert, Charles Giroud und Reinbert Schauer erdacht und in der Folge laufend ausgebaut und weiterentwickelt.

Der Modellcharakter ergibt sich aus einer normativ begründeten und analytisch beschreibenden Darstellung der wesentlichen Elemente und Komponenten einer NPO-Managementlehre. Das Modell soll Antworten auf die Frage nach Gegenstand und Inhalt einer sinnvollen Managementlehre für Nonprofit-Organisationen geben und dafür einen Bezugsrahmen für die Herausforderungen einer solchen Managementlehre schaffen. Konkrete Gestaltungsempfehlungen für effizientes NPO-Management im Einzelfall stehen demgegenüber im Hintergrund und werden noch in Vertiefungsbänden zum Modell behandelt. Aus der Lektüre des vorliegenden Buches sollen die Leser und Leserinnen ein Grundverständnis für das NPO-Management erlangen, das ihnen den Zugang zu den Besonderheiten des Sektors erleichtert. Das in der Folge beschriebene Gesamtmodell schafft die Struktur dieses Modellbands, und die Kapitel sind entlang dieser Logik gegliedert.

Im Zentrum des Wirkens einer NPO stehen die Mission und der Zweck, die jegliches Handeln der Organisation bestimmen, sei dies die Interessensvertretung, die Gemeinschaftsbildung oder die Versorgung mittels Dienstleistungen. Die grundsätzliche Annahme ist, dass ein professionelles Management notwendig ist, um die Mission bestmöglich zu erfüllen bzw. den Zweck umfassend zu erreichen. Management beinhaltet dabei die Gesamtheit aller Aufgaben und Handlungen, mit denen die Mission einer Organisation festgelegt, effizient und effektiv umgesetzt und weiterentwickelt wird.

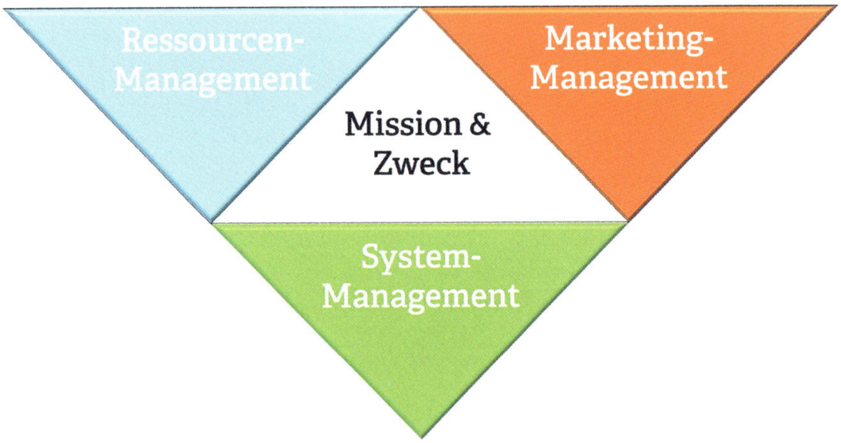


**Abb. 10** – Das Freiburger Management-Modell im Überblick

Das Management einer NPO wird im Freiburger Management-Modell für Nonprofit-Organisationen in drei Teilen beschrieben:

Das *System-Management* umfasst alle formal-übergreifenden Management-Aufgaben, welche die NPO als Gesamtsystem betreffen. Dazu gehört eine Vielzahl von Management-Anforderungen wie beispielsweise die Antizipations-, die Entscheid-, die Implementierungs- oder die Lernfähigkeit (3.1 Anforderungen). Für alle Management-Bereiche des System-Managements ist die Willensbildung und -sicherung zentral, da in allen Bereichen Entscheide vorbereitet, getroffen, umgesetzt und deren Umsetzung kontrolliert wird (3.2 Willensbildung und -sicherung). Die Steuerung beinhaltet die Planung und das Controlling. Nach einer internen und externen Analyse werden in der Planung und dem Strategieprozess verbindliche Soll-Vorgaben festgelegt (3.3 Planung und Strategie). Die Umsetzungskontrolle, mögliche Adjustierungen und die Bereitstellung der erforderlichen Informationen bilden die Kernaufgaben des Controlling (3.4 Controlling). Organisiert wird die NPO strukturell durch die Aufbauorganisation und prozessual durch die Ablauforganisation (3.5 Organisationsaufbau und -prozess). Unter Führung wird die soziale Einflussnahme zur Erreichung von Zielen verstanden, die mit dem Organisationszweck verbundenen sind. Durch Führungsgrundsätze legt die Organisation fest, wie diese Einflussnahme erfolgen soll (3.6 Führung). NPO hinterfragen sich, passen sich an, verändern sich und lernen. Dies geschieht über Entwicklungs- und Innovationsschritte, episodisch oder kontinuierlich (3.7 Wandel, Agilität und Innovation). Die Abbildungen mit Bezug zum System-Management sind jeweils grün eingefärbt.

Das *Marketing-Management* umfasst das aktive Management und die Gestaltung der für die NPO relevanten Beziehungen zu den Austauschpartnern (4.1 Austauschbeziehungen). Dazu braucht es einen Rahmenplan, der festlegt, wie das Marketing inhaltlich und organisatorisch auszugestalten ist (4.2 Marketing-Konzept). Eine wichtige Aufgabe liegt dabei in der Positionierung der Organisation sowie zentraler Geschäftsfelder (4.3 Positionierung). Da viele NPO über beschränkte Ressourcen verfügen, ist eine Priorisierung auf die wichtigsten Stakeholders und Einsatzbereiche notwendig (4.4 Marketing-Einsatzbereiche). Die ausgewählten Marketing-Einsatzbereiche sind in der Folge detailliert zu planen (4.5 Marketing-Planung), indem unter Einsatz einer optimalen Kombination von Marketing-Instrumenten (4.6 Marketing-Instrumente) die Beziehung zu den relevanten Stakeholders aufgebaut und systematisch gepflegt wird. Der Kommunikation als zentrales Instrument für den Marketing-Mix wird dabei besondere Beachtung geschenkt (4.7 Kommunikation). Die Abbildungen mit Bezug zum Marketing-Management sind jeweils rot eingefärbt.

Im *Ressourcen-Management* stehen die für die Leistungserbringung und Aufgabenerfüllung erforderlichen Potenziale und Mittel im Zentrum der Betrachtungen. Dabei wird dem Faktor Mensch eine zentrale Bedeutung beigemessen. Die vielfältigen Mitgliederrollen und ihre Beiträge gilt es zu verstehen und zu mobilisieren (5.1 Mitglieder), die Ehrenämter bestmöglich zu besetzen, indem die Ehrenamtsarbeit attraktiv ausgestaltet wird, und zudem ist ein professionelles Management der freiwillig Engagierten erforderlich (5.2 Ehrenamtliche Leitung und freiwillig Engagierte). Unter dem Begriff des Human Resources Management werden im Anschluss die Aufgaben erörtert, die hauptamtliche Führungs- und Fachkräfte einer NPO erfüllen (5.3 Hauptamtliche Leitung und Angestellte). Die Ressource Wissen soll in NPO als lernende Organisationen langfristig und personenunabhängig zugänglich gemacht und erhalten werden, dies vermehrt in digitalisierter Form (5.4 Wissen und Digitalisierung). Kooperationen können die Zielerreichung verbessern, das eigene Leistungsspektrum ergänzen, zusätzliche Mittel einbringen oder die Auslastung eigener Mittel (z.B. der Infrastruktur) verbessern (5.6 Kooperationen). Die Organisation sollte gezielt eine für sie günstige Reputation aufbauen und ihr Leistungsspektrum in den Augen der wesentlichen Austauschpartnern legitimieren können (5.5 Legitimität und Reputation). Finanz- und Sachmittel sind elementar, damit eine NPO ihre Leistungen erstellen und ihren Zweck erfüllen kann. In NPO ergibt sich oft ein Mix aus verschiedenen Finanzierungsquellen, die es sinnvoll auszubalancieren gilt (5.7 Finanz- und Sachmittel). Schliesslich werden die verschiedenen Ressourcen kombiniert und zum organisationalen Leistungspotenzial verknüpft oder auch gewisse Ressourcen durch andere substituiert (5.8 Ressourcenkombination und -substitution). Die Abbildungen mit Bezug zum Ressourcen-Management sind blau eingefärbt.

Zusammengefasst geht es im System-Management darum, die langfristige Existenz der NPO zu sichern. Um dies zu erreichen, muss die Organisation ihre NPO-Identität herausarbeiten, die aus der Mission, ihrem Anliegen und den Werthaltungen besteht. Dies kann beispielsweise in der normativen Planung mittels eines Leitbildes geschehen. Gleichzeitig ist die organisationale Resilienz zwingend, damit NPO sich verändernden Umweltfaktoren anpassen, widerstands- und überlebensfähig bleiben, Chancen sowie Risiken antizipieren und darauf erfolgreich reagieren. NPO befinden sich also auch in einer steten Entwicklung.

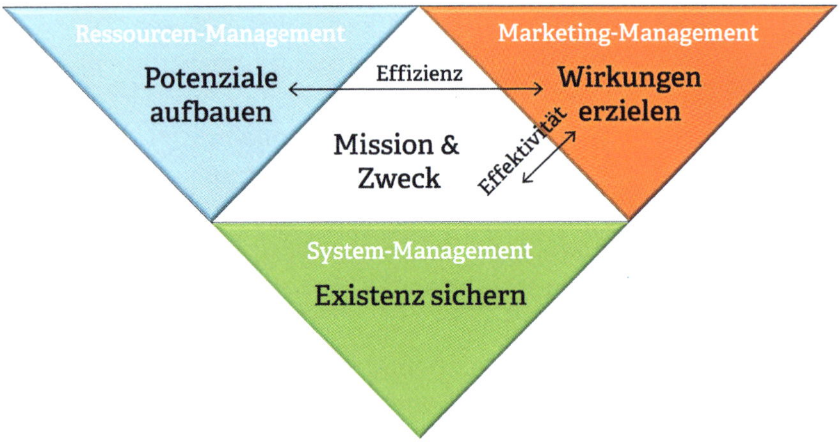


**Abb. 11** – Effizienz und Effektivität im FMM

Im Marketing-Management geht es in erster Linie darum Wirkung zu erzielen. Dies geschieht über eine klare Festlegung und Pflege der Austauschbeziehungen und damit verbunden über eine gezielte Positionierung der NPO. Der erzielte Effekt kann dabei unterschiedlich umfassend sein und von Output über Outcome bis zu Impact reichen. Output bezeichnet die Leistungen der NPO als Mittel zur Wirkung, Outcome die Wirkung auf die Zielgruppen und Impact die Wirkungen auf der gesellschaftlichen Ebene.

Das Ressourcen-Management hat als Hauptaufgabe Potenziale aufzubauen und die für die Leistungserbringung nötigen Mittel bereitzustellen. Diese gilt es anzuziehen und zu beschaffen (Attraktion), wenn möglich oder nötig zurückzubehalten (Retention) oder zu verwenden bzw. einzusetzen (Bereitstellung), sie weiterzuentwickeln (Entwicklung) oder stimmig zum Leistungspotenzial zu kombinieren.

Die beiden grundlegenden *Erfordernisse der Effektivität und Effizienz* sind für das Zusammenspiel der Management-Bereiche von grosser Bedeutung. Im Beziehungsnetz von gesellschaftlicher Vision, organisationaler Mission und Marketing-Management entscheidet sich letztlich, ob eine NPO Leistungen erstellt, deren Wirkungen geeignet sind, um ihre Mission bzw. ihren Zweck im Sinne der Effektivität bestmöglich zu erfüllen. Im Zusammenspiel von Marketing- und Ressourcen-Management ist hingegen dem Gebot der Effizienz zu folgen. Demzufolge soll ein angestrebtes (als effektiv angesehenes) Leistungsprogramm mit einem möglichst geringen Ressourceneinsatz verwirklicht werden (*Minimalprinzip*) bzw. sind vorhandene Ressourcen so einzusetzen, dass eine optimale Leistung (und in der Folge auch Wirkung) erzielt werden kann (*Maximalprinzip*).

Die Management-Bereiche werden auf *drei Ebenen* verstanden bzw. umgesetzt: normativ, strategisch und operativ. Die normative Ebene bezeichnet die oberste Planungsebene. Als normativ gelten die Werthaltungen und das Selbstverständnis der Organisation, die in Dokumenten wie Leitbildern oder Statuten bzw. Satzungen kurz und trefflich festgelegt werden. Sie sind für einen unbestimmten Zeitraum gültig.

**Abb. 12** – Management-Ebenen im FMM

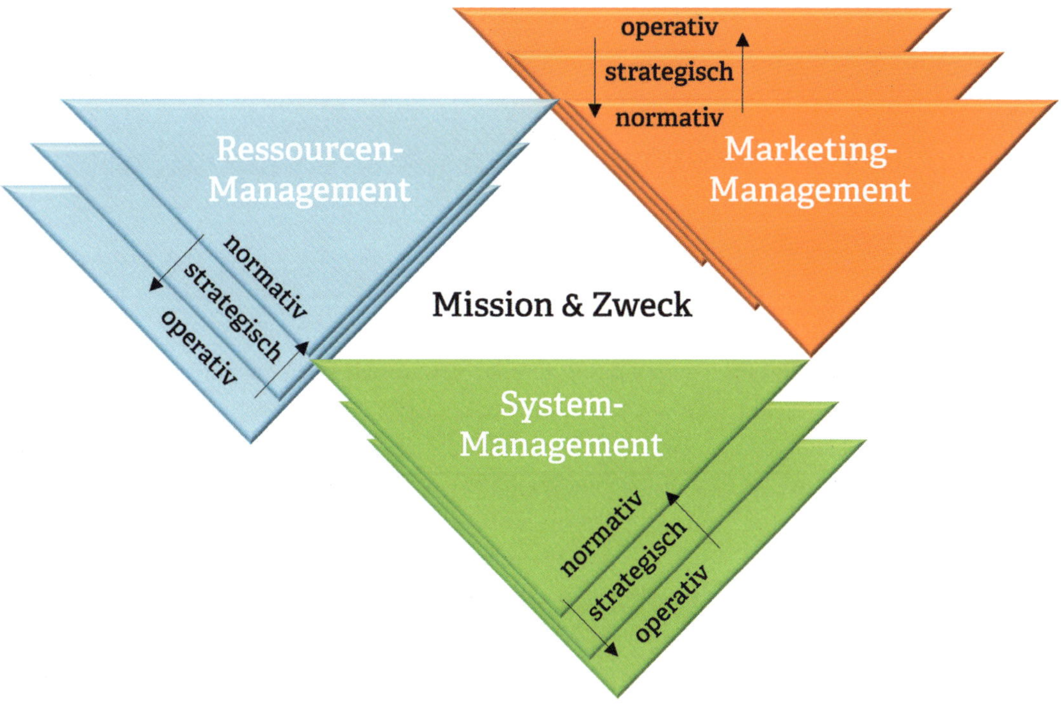

In Abgrenzung dazu definiert die strategische Ebene die Stossrichtungen des Leistungsangebots, die Entwicklung von Basisfähigkeiten und Kernkompetenzen in Strategieprozessen und -dokumenten. Letztere werden regelmässig überprüft und angepasst. Die operative Ebene legt die konkrete Umsetzung in operativen Plänen fest und fokussiert auf die unmittelbare und zeitnahe Handlung.

In der Praxis lässt sich eine solch strikte Trennung zwischen der normativen, strategischen und operativen Ebene jedoch nicht immer leicht vollführen. Diese drei Ebenen beschreiben demzufolge als heuristische Denkweise eine Abgrenzung und Management-Aktivitäten oder -Instrumente können sich in ihrer Bedeutung durchaus über mehrere Ebenen erstrecken. Es ist aber in der internen Kommunikation und für einen effizienten Ressourceneinsatz von grosser Bedeutung, sich stets über die adressierte Ebene im Klaren zu sein.

**Abb. 13** – NPO-Management und Umfeldeinflüsse

Dem Modell liegen die Vorstellungen der NPO als zweck- und missionsorientiertes, produktives und soziales, offenes System (1.2 Sichtweisen und Facetten der Nonprofit-Organisation) zu Grunde. Die NPO als System aufzufassen heisst, das Gebilde NPO durch eine eigene Identität gegenüber seinem Umfeld abzugrenzen und ein Innen und Aussen zu schaffen. In der Systemtheorie wird dieses Aussen als Umwelt bezeichnet. Um Verwechslungen mit dem ökologischen Umweltbegriff zu vermeiden, wird im Folgenden der Begriff des Umfelds verwendet.

Innerhalb dieses Umfelds mit seinen Rahmenbedingungen orientiert sich die NPO an zivilgesellschaftlichen Ideen und Visionen, die für die ganze Gesellschaft oder für bestimmte soziale Gruppen und Gemeinschaften relevant sind. Beispiele hierfür sind je nach Aktivitätsfeld im Dritten Sektor etwa: wissenschaftlicher Fortschritt, eine gedeihliche Branchenentwicklung, humane Arbeitsbedingungen, bezahlbarer Wohnraum für einkommensschwache Familien, die Erhaltung lokalen Brauchtums, Verringerung von Armut und Hunger im globalen Süden oder Inklusion von marginalisierten Bevölkerungsgruppen. Visionen übertragen NPO in eine Mission und damit einen Bestandszweck. Diese legitimieren die Existenz der NPO und jegliches Handeln und Wirken sollte darauf zielen, die Mission durch erfolgreiches Management zu erreichen.

Das Umfeld bietet Möglichkeiten, weist aber auch Restriktionen auf der politischen, sozio-kulturellen, wirtschaftlichen, rechtlichen, technologischen sowie ökologischen Ebene auf. Institutionelle Möglichkeiten sind beispielsweise staatliche Förderprogramme, gleichgerichtete Aktivitäten anderer Organisationen, philanthropische Unterstützung oder neue Technologien, die neue Handlungsspielräume eröffnen. Diese haben einen Einfluss auf alle Management-Bereiche sowie auf die Mission. Idealerweise kann die NPO diese Möglichkeiten nutzen, um die Existenz zu sichern, Wirkung zu erzielen oder Potenziale aufzubauen. Beispiele für institutionelle Einschränkungen sind gesetzliche Bestimmungen, Akkreditierungsvorgaben, Good Governance Normen oder wirtschaftliche Restriktionen. Auch sie haben einen Einfluss auf die Mission sowie alle drei Management-Bereiche. Deren einschränkenden Einfluss gilt es durch gezieltes Management zu verringern, zu umgehen oder reaktiv darauf einzuwirken.

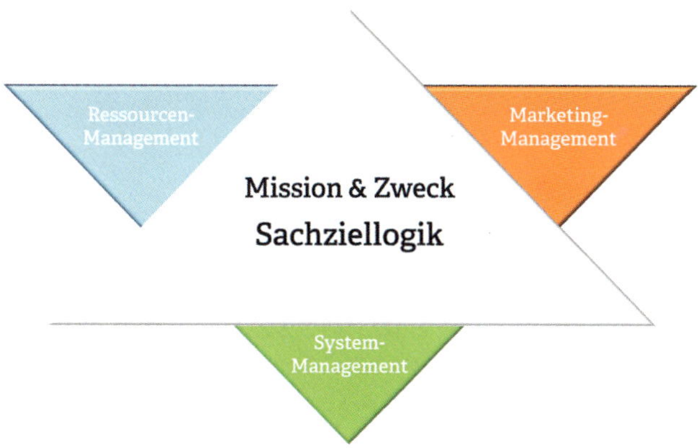


**Abb. 14** – Dominanz von Sachziel über Management

Idealerweise stehen die Missionsorientierung und die Management-Bereiche in einem ausgeglichenen Verhältnis zueinander. Vorübergehende Übergewichte sind möglich und können auch notwendig sein. Auf Dauer ist aber in Hinblick auf eine nachhaltige Entwicklungsperspektive eine Balance anzustreben. Ist dies nicht der Fall, entstehen einseitige Logiken zugunsten eines Bereichs:

Bei einer ausgeprägten *Sachziellogik* müssen Entscheidungen über Leistungen, Ressourcen und Arbeitsweisen in unbedingtem Einklang mit den Grundsätzen, Normen und Werten der Trägerschaft getroffen werden. Professionelle Managementerfordernisse sowie externe Möglichkeiten oder Einschränkungen sind demgegenüber nachgeordnet. Alle Kraft und jeglicher Elan fliessen in die Mission und den Zweck, wobei dem System-, Marketing- sowie Ressourcenmanagement nachgeordnete Wichtigkeit zukommt. Die Missionsorientierung steht im Zentrum.

Bei einer dominanten *Professionalisierungslogik* werden Entscheidungen über Leistungen und Ressourcen am eigenen Professionalitätsverständnis ausgerichtet. Die NPO legt überdurchschnittlich grossen Fokus auf das System-Management und die Professionalisierung der Organisation als Gesamtsystem wird in den Mittelpunkt gestellt. Die instrumentelle Professionalität in jedem Aspekt des Managementhandelns steht im Zentrum.

**Abb. 15** – Einseitige Dominanz bestimmter Managementlogiken

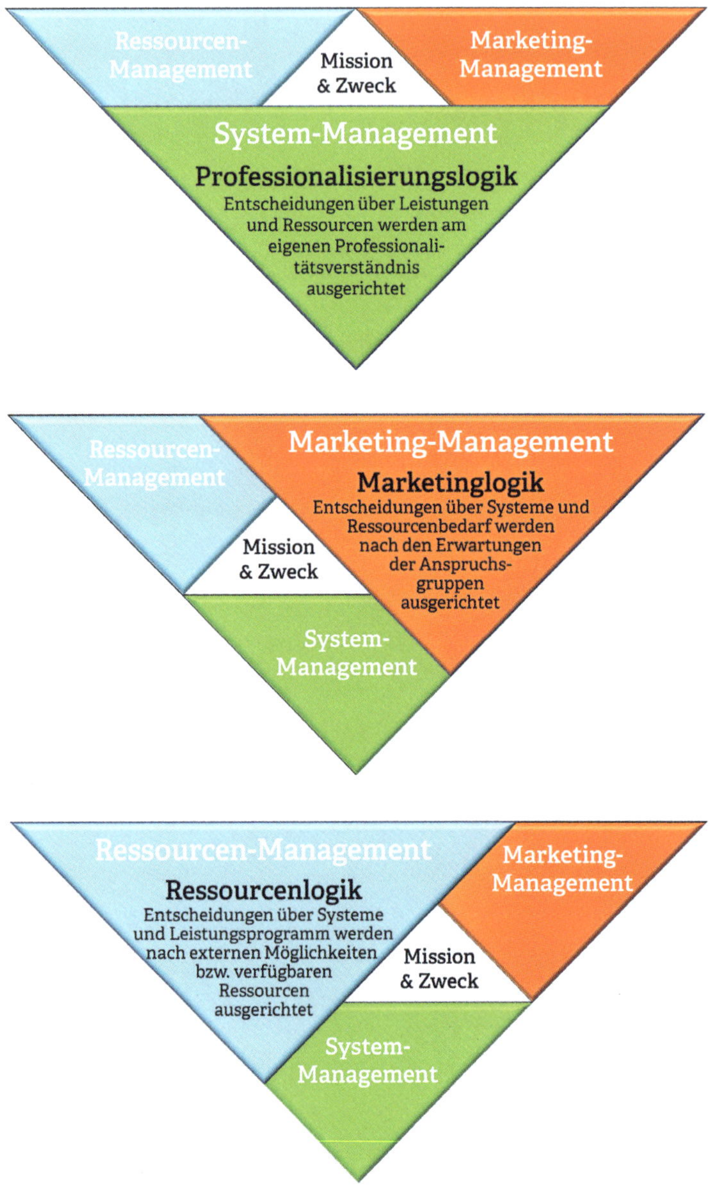

Im Falle einer ausgeprägten *Marketinglogik* werden Entscheidungen über Systeme und der Ressourcenbedarf an den Erwartungen der Anspruchsgruppen ausgerichtet. Die Anstrengungen der NPO fliessen vor allem in deren Bedürfnisbefriedigung und die Erzielung von Wirkung. Die Bedürfnis- und Umfeldorientierung geben Anlass und Anhaltspunkte für die qualitative und quantitative Ausgestaltung der Leistungen, was wiederum den Bedarf an Ressourcen definiert. Die Wirkung im Sinne der organisationalen Mission steht im Zentrum.

Bei einer profilierten *Ressourcenlogik* werden Entscheidungen über Systeme und das Leistungsprogramm an den verfügbaren Ressourcen und externen Möglichkeiten ausgerichtet. Der Fokus der NPO liegt in der Suche und Bereitstellung von Ressourcen. Die Ressourcenlogik geht davon aus, dass NPO als Dienstleistungsbetriebe zunächst ihr Leistungsdispositiv aufbauen, ihre Mittel beschaffen und ihr Potenzial einrichten müssen, bevor sie die Leistungen erbringen und damit ihre Mission in den relevanten Umfeldern erfüllen. Die Ressourcenbeschaffung und -mobilisierung zum Zweck der Missionserfüllung und die durch diese Ressourcen möglichen organisationalen Kompetenzen stehen im Vordergrund.

Die beiden letztgenannten Logiken werden im strategischen Management oft gegenübergestellt. Marketingorientierte Strategien suchen in den Umfeldern (Kundinnen- bzw. Kundenbedürfnisse, Konkurrenzangebote) erfolgsversprechende Positionen und Aktionsfelder. Die ressourcenorientierten Strategien betrachten dagegen die finanziellen, menschlichen und technischen Ressourcen als das Kernpotenzial, aus dem heraus innovative und im Umfeld erfolgreiche Produkte und Leistungen entwickelt werden können. Im Zusammenspiel von Marketing- und Ressourcen-Management sollte die NPO dem Gebot der Effizienz folgen: Es gilt die Ressourcen und Leistungen möglichst wirtschaftlich in Relation zu setzen.

Zusammenfassend besteht der Zweck des Management-Modells darin, die Vielfalt der Erkenntnisse und die Komplexität der Managementherausforderungen von NPO systematisch zu strukturieren und zu ordnen, damit es für Lehrende, Lernende und insbesondere Führungskräfte zum brauchbaren Instrument im Praxistransfer wird.

# 3 System-Management

Das System-Management umfasst alle formal übergreifenden Management-Aufgaben, die das NPO-System in seiner Gesamtheit betreffen. Es geht darum, die NPO zukunfts- und zielorientiert und unter Gewährleistung der Prinzipien von Effektivität und Effizienz zu gestalten, zu steuern und zu entwickeln.

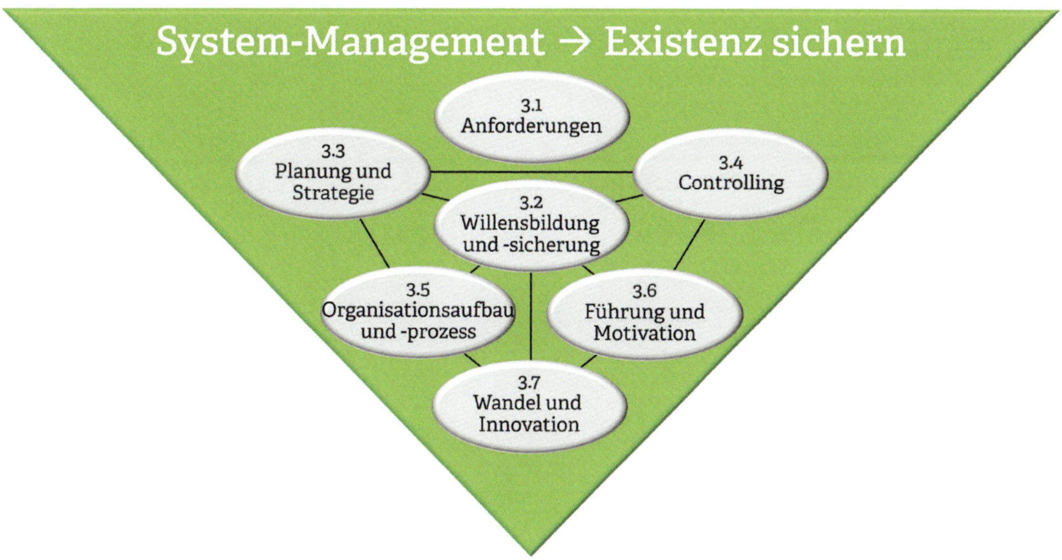


**Abb. 16** – Das System-Management im Überblick

Im System-Management werden alle Erkenntnisse, Methoden und Handlungsanweisungen erarbeitet oder aus anderen Disziplinen aufbereitet und integriert, die ehren- und hauptamtliche Führungskräfte benötigen, um ihre Organisation zielgerichtet und wirksam zu gestalten, dies sowohl in ihrer Gesamtheit, als auch in ihren Teilbereichen. Unter dieser Erkenntnisperspektive wird interdisziplinär verfügbares Wissen einbezogen, das praxisorientiert das Management einer NPO professionalisieren und daher erleichtern soll.

Im System-Management sind sechs verschiedene Management-Aufgaben zusammengefasst, die an drei zentralen Anforderungen auszurichten sind: dem Aufbau der grundlegenden *Managementfähigkeiten*, der *Good Governance* und der integrierten *Qualitätssicherung*.

**Tab. 4** – Aufgaben im System-Management

<table>
<tr><th colspan="2">Aufgabe</th><th>Beschreibung</th></tr>
<tr><td colspan="2">Willensbildung und -sicherung</td><td>Klarheit, Verständigung oder Akzeptanz über Aufträge, Ziele, Strukturen und Werte bei Trägern, Zielgruppen und weiteren Interessengruppen anstreben</td></tr>
<tr><td>Planung</td><td rowspan="2">Steuerung</td><td>Aufträge und Ziele unter Berücksichtigung von äusseren Anforderungen und organisationalen Strukturen und Werten in konkrete Handlungsprogramme überführen</td></tr>
<tr><td>Controlling</td><td>Konkrete Orientierungsgrössen für Ressourcen, Prozesse, Leistungen und Wirkungen festlegen, deren Entwicklung fortlaufend beobachten und nachvollziehen sowie gegebenenfalls Korrekturmassnahmen initiieren</td></tr>
<tr><td colspan="2">Organisationsstruktur und -prozess</td><td>Gestalten von Strukturen und Prozessen für eine effektive und effiziente Erfüllung aller Aufgaben</td></tr>
<tr><td colspan="2">Führung und Motivation</td><td>Interaktive Einflussnahme auf die Träger, die Haupt- und Ehrenamtlichen sowie die freiwillig Engagierten in der Organisation</td></tr>
<tr><td colspan="2">Wandel, Agilität und Innovation</td><td>Nachhaltige Anpassungen, Veränderungen und Neuerungen in Strukturen und Prozessen, Aktivitäten und Leistungen vornehmen; Agilität und unternehmerische Entwicklungsfähigkeit fördern.</td></tr>
</table>

## 3.1 Anforderungen

System-Management umfasst alle formal übergreifenden Management-Aufgaben, die das NPO-System in seiner Gesamtheit betreffen. Es legt dar, wie eine NPO zukunfts- und zielorientiert und unter Gewährleistung von Effektivität und Effizienz gestaltet, gesteuert und entwickelt werden kann. Gestützt auf die Gliederung des Kapitels zum System-Management (Abbildung 16) wird Management dabei als Set von Aufgaben verstanden, die auch als Management- oder Führungsfunktionen bezeichnet werden können. Sie lassen sich in sechs Aufgabengebiete (vgl. nachfolgende Tabelle) zusammenfassen und stehen zueinander in wechselseitiger Beziehung

Die Erfüllung der Management-Aufgaben ist in der Regel auf mehrere bis viele Beteiligte (Personen, Stellen, Gremien) aufgeteilt. Management kommt demnach als Ergebnis einer Arbeitsteilung (Aufgaben-, Kompetenzen-, Verantwortungsteilung) zustande. Je nach NPO-Typ wirken dabei Mitglieder, Ehrenamtliche, freiwillig Engagierte und hauptamtlich Angestellte mit. Management-Aufgaben werden entlang der gesamten NPO-Hierarchie von vielen, wenn nicht sogar den meisten Mitwirkenden vollzogen; dies allerdings in unterschiedlichem Ausmass. Je hierarchischer eine Organisation gestaltet ist, umso stärker und starrer ist auch die Differenzierung der Aufgabenverteilung von Management und Ausführung. In einer wachsenden Zahl von NPO werden aber vermehrt auch Formen der Selbstorganisation praktiziert, in denen die Rollenverteilung und insbesondere die traditionelle Trennung von Leitung und Ausführung abgeschwächt oder gar aufgehoben werden (vgl. Kapitel 3.5).

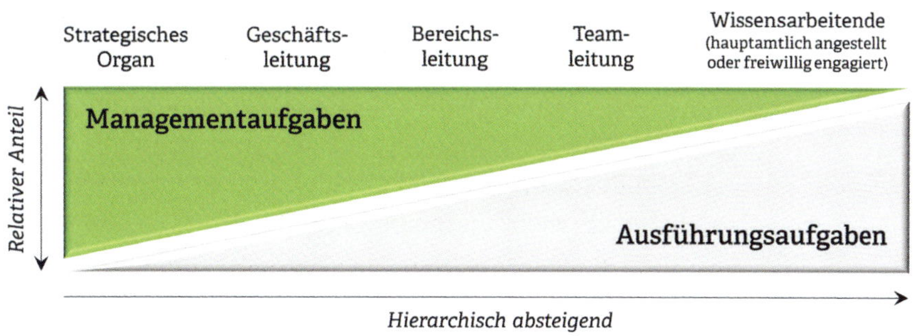


**Abb. 17** – System-Management als arbeitsteilige Aufgabe

Als Managerinnen oder Manager werden in hierarchischen Strukturen diejenigen Personen bezeichnet, die sich vorrangig mit Management befassen, indem sie als Führungskräfte eine Abteilung, die Geschäftsstelle oder im strategischen Organ die gesamte NPO (z.B. in Vorstand oder Stiftungsrat) leiten. Für das System-Management sind jedoch alle Handlungen, die Teil einer Managementaufgabe sind, einzubeziehen. Dazu gehören auch die

Entscheidungskompetenzen, die grundsätzlich an die mit Ausführungsaufgaben betrauten Stellen delegiert werden wie auch der Personen in einer NPO, die nicht zumindest ansatzweise am Management beteiligt sind. Das Ausmass von Delegation und Partizipation bestimmt wesentlich, wie breit Managementaufgaben in einer NPO verteilt sind. Diese Dezentralisierung prägt das System-Management somit wesentlich. Die arbeitsteilige Erfüllung legt nahe, sich Management als Prozess vorzustellen, also eine Abfolge von Prozessschritten, angefangen bei der Problemerkennung bis zur Absicherung der Problemlösung. Unabhängig von der Tragweite einer Entscheidung durchlaufen solche Prozesse bestimmte Phasen, dies unter Beteiligung mehrerer Stellen oder Personen in verschiedenen Teilaufgaben.

### 3.1.1 Grundlegende Managementfähigkeiten

Damit das System-Management zweckmässig erfolgen kann, bedarf es bestimmter Grundfähigkeiten, die im System vorhanden sein oder sonst in der Ausgestaltung des Systems aufgebaut und entwickelt werden sollten:

**Mobilisieren**

*Mobilisierungsfähigkeit:* Um überhaupt Management in einem System betreiben zu können, ist die Mobilisierungsfähigkeit von zentraler Bedeutung, als Fähigkeit im System wie des Systems. "Im System" bedeutet, dass bei den einzelnen Beteiligten die Bereitschaft bestehen muss, etwas zu verändern. Da Veränderungen meist mit Initialaufwand und damit einem Sondereffort verbunden sind, ist diese Bereitschaft nicht immer per se und bei allen Beteiligten gegeben. Mangelnde Einsicht in die Notwendigkeit eines Wandels, mangelndes Verständnis bezüglich Zielsetzung oder auch fehlende Zeit oder Motivation können Ursachen einer fehlenden Mobilisierungsfähigkeit in der NPO sein. Fehlende Mobilisierungsfähigkeit des Systems insgesamt kann zudem ebenfalls bestehen, dies aus zu hoher Formalisierung, Standardisierung und Effizienzorientierung einer NPO: Prozesse und Abläufe sind soweit eingespielt und perfektioniert worden, dass die notwenigen Ressourcen, den Zusatzaufwand einer Veränderung leisten zu können, gar nicht mehr vorhanden sind. Das führt dazu, dass perfekt funktionierende Systeme zunehmend an Effektivität verlieren und damit die NPO an Relevanz. Die Mobilisierungsfähigkeit einer NPO hängt entscheidend von der Haltung der Beteiligten wie auch von der Einsatzplanung der Ressourcen ab. Beide Themen liegen in der Hauptverantwortung der Leitungsebene einer NPO.

**Antizipieren**

*Antizipationsfähigkeit*: Eine NPO muss in der Lage sein, für sie relevante Entwicklungen in der NPO selbst wie auch in ihrem Umfeld frühzeitig zu erkennen. Relevant bedeutet, dass die anstehenden Veränderungen einen Handlungsbedarf in der Ausgestaltung des System-, Marketing- oder Ressourcen-Managements bedingen. Konkret sind dies beispielsweise bei einem Hilfswerk eine Überalterung im Ehrenamt, rückläufige Spendeneinnahmen oder anstehende Migrationsbewegungen. NPO mit einer hohen Antizipationsfähigkeit zeichnen sich dadurch aus, dass sie solche Entwicklungen identifizieren, bevor diese im Alltag der NPO manifest werden und Auswirkungen zeigen. Die Antizipationsfähigkeit wird in vielen NPO im Wesentlichen über ein gut funktionierendes Controlling sichergestellt.

*Initiieren*

*Initiativfähigkeit*: Sind Entwicklungen erkannt, die Handlungsbedarf erfordern, muss die NPO in der Lage sein, entsprechende Problemlösungsprozesse auszulösen. Die Fähigkeit, relevante Fragestellungen aufzunehmen und proaktiv anzugehen, ist nicht in allen NPO vorhanden. Konkret sind beispielsweise Entwicklungen wie eine fortschreitende Überalterung der Gesellschaft oder fehlende Fachkräfte Phänomene, die bereits seit mehr als 20 Jahren bekannt und vielen NPO auch bewusst sind. Trotzdem initiieren sie erst heute entsprechende Projekte und Massnahmen, um den Auswirkungen dieser Entwicklungen entgegenzuwirken. Dies zu einem Zeitpunkt, wo die Auswirkungen der Entwicklungen bereits so virulent sind, dass Inaktivität keine Option mehr ist. Die Initiativfähigkeit liegt bei vielen NPO in den Händen der Gremien der Leitungsebene und wird über die Ausgestaltung der Planungs- und Strategieprozesse sichergestellt.

*Kreieren*

*Kreationsfähigkeit*: Der Begriff beschreibt, inwieweit eine Organisation in der Lage ist, sachgerechte Lösungsoptionen für eine Problemstellung zu erarbeiten. Idealerweise kann sie unterschiedliche Lösungsansätze für ein Problem entwickeln, um aus Optionen auswählen, diese gegeneinander abwägen, Vor- und Nachteile von Lösungen identifizieren und aus den gewonnenen Erkenntnissen allenfalls weitere, optimierte Lösungsvarianten generieren zu können. Solche Prozesse passieren meist in Interaktion mehrerer Beteiligter. Kreationsfähigkeit setzt fachliche, intellektuelle und kulturelle Anlagen voraus. Konkret muss ein Team über das notwenige fachliche und methodische Wissen, Problemverständnis wie auch über Erfahrungen verfügen, wie ein Problem grundsätzlich gelöst werden kann. Es muss in der Lage sein, unterschiedliche Ansätze zu verknüpfen, gegeneinander abzuwägen und auch miteinander kombinieren zu können. Dies bedingt die Fähigkeit, Ideen anderer zu verstehen, aufzunehmen und in eigene Überlegungen und Erwägungen einzubauen. Die Kreationsfähigkeit einer NPO hängt entsprechend stark von der Kommunikations- und Interaktionskultur der am System Beteiligten ab. Sie braucht aber auch organisatorisch zweckmässige Gefässe und die richtigen Personen, die mit den entsprechenden Aufgaben und Kompetenzen ausgestattet werden, damit kreative Prozess in einer NPO möglich werden.

Entscheiden

*Entscheidungsfähigkeit*: Die Entscheidungsfähigkeit einer NPO bedingt, dass formell bekannt ist, nach welchen Grundsätzen und Regeln Entscheidungen gefällt werden und wer an Entscheidungsprozessen zu beteiligen ist. Diese formelle Entscheidungsfähigkeit wird in ihren Grundzügen einer NPO bereits über den rechtlichen Rahmen gesetzlich vorgegeben, indem das Vereinsrecht beispielweise festlegt, welche Kompetenzen dem obersten Entscheidungsorgan eines Vereins, konkret der Mitglieder- oder Delegiertenversammlung vorbehalten sind. In der Folge obliegt es den Trägerschafts- und Leitungsorganen, dieses System weiter auszugestalten.

Neben der Klärung der formellen Prozesse und Kriterien umfasst die Entscheidungsfähigkeit aber auch die Frage, inwieweit eine NPO in der Lage ist, breite Akzeptanz für Entscheide zu schaffen, intern wie extern. Es nützt einer NPO wenig, wenn sie formell korrekt zu einem Entscheid kommt, dieser aber weder intern noch extern von wichtigen Stakeholdern mitgetragen wird. Entscheidungen müssen von direkt wie indirekt Betroffenen verstanden werden, damit sie akzeptiert und wirkungsvoll umgesetzt werden. Da eine NPO gegenüber Mitgliedern, freiwillig Engagierten, aber auch den rechtlich selbstständigen Sektionen nur bedingt ein direktes Weisungsrecht hat, ist dieses Schaffen der Akzeptanz besonders wichtig. Die Entscheidungsfähigkeit einer NPO wird dementsprechend einerseits über transparente, bekannte und akzeptierte Prozesse gesteuert, andererseits aber auch über Kommunikation und Interaktion.

Entscheidungsfähigkeit ist schliesslich auch gefordert, wenn unter den Bedingungen von hoher Dynamik, Komplexität und Widersprüchlichkeit und einer daraus resultierenden Unsicherheit gehandelt werden muss. In solchen Ausgangslagen sind über das Bemühen um Akzeptanz hinaus eine Fokussierung und Priorisierung sowie der Mut, sich zu entschliessen und exponieren, notwendig. Diese Qualitäten sind sowohl auf individueller Entscheidungsebene, als auch für leitende Teams mit Entscheidungskomptenz von grosser Bedeutung.

Implementieren

*Implementierungsfähigkeit*: Die Fähigkeit, gefällte Entscheide umsetzen zu können ist eine wesentliche Grundvoraussetzung, um überhaupt Management betreiben zu können. Erst wenn eine NPO in der Lage ist, Entscheidungen zeitnah in konkrete Aktivitäten und Leistungen zu überführen und damit nachhaltige Änderungen im und am System zu bewirken, entwickelt Management eine erkennbare Wirkung. Implementierungsfähigkeit bedingt, dass Strukturen und Prozesse bestehen, damit Entscheidungen an die betroffenen Stellen weitergeleitet, Zielsetzungen angepasst und deren Umsetzung und Zielerreichungsgrad auch überwacht und aktiv gesteuert werden.

**Institutionalisieren**

*Institutionalisierungsfähigkeit*: Menschen und damit auch die von ihnen geschaffenen Systeme unterliegen der Tendenz, Routinen und Gewohnheiten zu entwickeln. Das begünstigt die Entstehung effizienter Prozesse und Abläufe und ist aus ressourcentechnischen Überlegungen durchaus sinnvoll; Bewährtes kann standardmässig abgewickelt werden, ohne speziellen Aufwand. Auf der anderen Seite findet man aber vor allem in ehrenamtlichen Gremien oder in Aktivitätsbereichen, die von freiwillig Engagierten getragen werden, eine Tendenz zur Vermeidung von Routinebildung. Gründe dafür können in einer mangelnden Managementerfahrung oder in einem unzureichenden Einblick in die Strukturen und Prozesse der Organisation liegen. Sie können aber auch auf den Wunsch zurückgehen, die persönliche Entscheidungsgewalt und die Möglichkeit zu spontanem und autonomem Handeln zu erhalten.

Die Institutionalisierungsfähigkeit einer NPO unterstützt die Herausbildung stabiler Prozesse und Routinen, und sie umgeht die Vermeidungstendenz, wo sie die Umsetzung notwendiger Veränderungen und ihrer effizienten Verankerung verhindert. Die Fähigkeit wird dann wichtig, wenn die Implementierung von Anpassungen und Änderungen in einer NPO erfolgt sind, um dieses neue System möglichst schnell wieder zu normalisieren. Gleichzeitig verhindert sie, dass das System oder Teile davon zu alten Gewohnheiten und Routinen zurückkehren. Dazu gehört auch die Fähigkeit zu erkennen, welche Prozesse sich überhaupt dazu eignen, in Routinen überführt zu werden.

**Reflektieren**

*Reflexionsfähigkeit:* Sie bezeichnet die Fähigkeit und Bereitschaft der an einer NPO Beteiligten das geplante oder realisierte eigene Handeln unvoreingenommen zu analysieren, sich die zugrunde liegenden Handlungsroutinen bewusst zu machen und auch deren Effektivität und Effizienz zu hinterfragen. Durch die Selbstreflexion entwickelt die NPO u.a. die Fähigkeit, sich ihrer eigenen Werte und Ansprüche, aber auch ihrer Stärken und Schwächen bewusst zu werden. Dieser Perspektivenwechsel erfordert ein gewisses Mass an Selbstbewusstsein und Selbstvertrauen, aber auch eine Offenheit und Kritikfähigkeit aller Beteiligten. Die Reflexionsfähigkeit einer NPO geht stark mit deren Kultur einher.

**Lernen**

*Lernfähigkeit*: Sie bedeutet die Bereitschaft und Fähigkeit einer NPO, Impulse von innen wie von aussen eigenständig aufzunehmen, diese logisch zu ordnen, zu verarbeiten und aus den Beobachtungen zu lernen. Eine NPO sollte in der Lage sein, Informationen speichern und diese für eigene Zwecke nutzen zu können, um sich schnell an neue Situationen anzupassen und diese zielführend zu gestalten. Dies kann dadurch erfolgen, dass Ziele der

NPO angepasst werden, jedoch auch nur einzelne Massnahmen, Prozesse und Rahmenbedingungen im Kontext der Zielerreichung. Im Idealfall ist eine NPO dank ihrer Lernfähigkeit in der Lage, mit ihrem Vorwissen Schlüsse zu ziehen, indem sie über bestehende Informationen hinausdenkt und verschiedene Schemata miteinander verknüpft. Die Lernfähigkeit einer NPO kann zum einen über Instrumente des Qualitätsmanagements wie beispielsweise einem Kontinuierlichen Verbesserungsprozess (KVP) gesteuert werden; teilweise wird sie durch Systeme automatisiert, die mit künstlicher Intelligenz hinterlegt sind. Zum anderen ist es aber auch ein Leitgedanke selbstorganisierter Strukturen, dass durch die Dezentralisierung von Verantwortung und die verstärkte Einbindung einer grösseren Zahl von Mitarbeitenden das kollektive Qualitätsbewusstsein sowie die Lernfähigkeit und Lernbereitschaft gefördert werden.

### 3.1.2 Good Governance

NPO sehen sich zunehmend mit Ansprüchen einer Good Governance konfrontiert. Die verschiedenen Bezugsgruppen der NPO – Mitglieder, Kunden, Politiker und nicht zuletzt die breite Öffentlichkeit – haben Interesse am Geschäftsgebaren von NPO und verlangen nach Information. Das Freiburger Management-Modell sieht die Fähigkeit, diesen Ansprüchen zu entsprechen und darüber transparent zu informieren, als Aufgabe des Management und notwendige Grundhaltung einer NPO an. Ansprüche, denen eine NPO entsprechen sollte, lassen sich in verschiedene Kategorien aufteilen:

**Rechtmässigkeit**

*Rechtmässigkeit*: Gesetzestexte und die Aktivitäten von Aufsichtsbehörden widerspiegeln die Rechtsordnung. Diese beschränken die Handlungsspielräume von NPO und sind zwingend einzuhalten. Spezifische Codes formulieren ergänzende Empfehlungen für die Struktur- und Prozessgestaltung von Organisationen, die nach allgemeiner Erfahrung die Rechtmässigkeit im Handeln gewährleisten sollen, wie beispielweise Ausschlusskriterien für ehrenamtliche Leitungspersonen aufgrund verwandtschaftlicher Beziehungen zu hauptamtlichen Führungskräften. Die Überwachung der Rechtmässigkeit hat unter dem Begriff der *Compliance* in den letzten Jahren merklich an Bedeutung gewonnen.

**Moralität**

*Moralität*: NPO legitimieren sich in einer Gesellschaft nicht nur pragmatisch über die Erbringung nützlicher, gesellschaftlich wünschbarer Leistungen, sondern auch moralisch durch Verhaltensweisen in den Prozessen der Leistungserstellung. Diese sollten in Einklang mit vorherrschenden Normen und Wertvorstellungen der Gesellschaft stehen. So spielen beispielsweise die Repräsentativität nach Landesteilen oder die Anteile von Frauen in Führungsfunktionen eine wichtige Rolle bei der Beurteilung von NPO. Aber auch die Erwartung, dass eine Organisation für vollständige Transparenz in finanziellen Belangen sorgt oder als Voraussetzung für öffentliche Subventionierung Wirkungen nachweisen kann, sind Beispiele für kulturelle Legitimierungskriterien. Wichtig ist weiter zu verstehen ist, dass solche kulturellen Legitimitätskriterien weder fix noch homogen sind, sondern sich stetig wandeln und beispielsweise je nach Kulturraum oder Altersgruppe sehr unterschiedlich sein können.

**Professionalität**

*Professionalität*: Berufsverbände und Dachorganisationen spielen eine wichtige Rolle in der selbst organisierten Verwaltung und Aufsicht. Sie setzen Standards für die Aus- und Weiterbildung, definieren Richtlinien und Normen für die Berufsausübung oder bieten Leistungen unter einem gemeinsamen institutionellen Dach. Ihre Standards und Selbstregulierungen sollten einem gesellschaftlichen Interesse entsprechen, auch wenn sie branchenintern ausgehandelt werden. Die bewusste Wahrnehmung dieser Rolle ist nicht nur als eine Dienstleistung in der Beziehung zwischen Verband und Mitglied zu verstehen, sondern sie ist nach heutigem Verständnis eine Antwort auf höhere gesellschaftliche Ansprüche an eine private NPO.

**Wirtschaftlichkeit**

*Wirtschaftlichkeit*: Letztlich haben wirtschaftliche Austauschpartner einer NPO den Anspruch, dass sie die angekündigten oder vereinbarten Ziele erreicht und dies mit einem möglichst sparsamen Mitteleinsatz. Hier sind es vor allem Geldgeberinnen, wie die öffentliche Hand, private Förderinstitutionen und Spenderinnen, die den Anspruch an die NPO stellen, dass Zusagen eingehalten werden.

Fasst man die unterschiedlichen Ansprüche der Bezugsgruppen zusammen, leiten sich bezüglich Good Governance vier Anforderungen ab, die eine NPO im Fokus haben sollte:

- eine umfassende Betrachtung der Organisation als ökonomisches, ökologisches und soziales Element einer Gesellschaft und damit verbunden ein entsprechend nachhaltiges und auf langfristigen Erfolg ausgelegtes Entscheiden und Handeln;
- eine klare Aufteilung der Aufgaben, Kompetenzen und Verantwortlichkeiten zwischen den Trägern der NPO und deren Management bezüglich Zielsetzung, Planung und Kontrolle;
- der Aufbau und die Verankerung einer Organisationskultur, die durch eine Verpflichtung auf die Wertebasis der NPO, interne Transparenz und Nachvollziehbarkeit über wesentliche Strukturen und Abläufe und die Bereitschaft offen mit Fehlern umzugehen, gekennzeichnet ist;
- die Schaffung der externer Transparenz gegenüber den Trägern, Spendern und der Öffentlichkeit.

Dementsprechend versteht das FMM Good Governance als eine strategische, ganzheitliche Steuerung, welche die Zielerreichung der NPO und damit die Legitimität ihrer Leistungen sicherstellt. Dabei wird eine gleichgewichtige Zusammenarbeit zwischen Ehrenamt (Vorstand/Stiftungsrat) und Hauptamt (Geschäftsführung) in der Entscheidungsfindung angestrebt, dies zur Gewährleistung von Checks and Balances. Dieses Ziel erfordert die Implementierung eines modernen Management-Systems, mit Zielsetzungs-, Planungs-, Controlling- und Qualitätsmanagement-Instrumenten. Zudem soll damit jederzeit die Effizienz und die notwendige Transparenz gewährleistet werden.

Aus den Bestrebungen nach einer Good Governance für den Nonprofit-Bereich sind diverse *Codes of Best Practice* entstanden. Den Codizes liegt das Verständnis einer Nonprofit Governance zu Grunde, welche die Globalsteuerung der Organisation unter Berücksichtigung ihres Sachziels in den Mittelpunkt stellt. Besonderer Wert wird dabei auf ein integratives Gleichgewicht in der Zusammenarbeit und Entscheidungsfindung gelegt, dies über die Stufen der Mitglieder, der Sektionen, des Vorstandes oder Stiftungsrates hinweg bis zur Geschäftsleitung. Ein Management-System mit Zielsetzungs-, Planungs- und Controlling-Instrumenten unterstützt dieses Zusammenwirken im Sinne einer *kooperativen Interaktion* zwischen den unterschiedlichen Beteiligten.

### 3.1.3 Qualitätsmanagement

Dem Freiburger Management-Modell liegt der Gedanke des *Total Quality Management* (TQM) und der *lernenden Organisation* (vgl. Senge 1994) zugrunde. Dieses beinhaltet das Primat der Mitglieder-Klienten-Orientierung bei gleichzeitiger Befriedigung der Bedürfnisse aller übrigen Anspruchsgruppen. Eine NPO ist dann von hoher Qualität, wenn sie die priorisierten Bedürfnisse und Erwartungen aller Anspruchsgruppen zu deren Zufriedenheit effektiv sowie effizient erfüllt. Dabei steht die Zufriedenheit der Mitglieder bzw. Klienten und der Mitarbeitenden im Zentrum.

**Ganzheitlich qualitätsorientiert**

*Qualität* wird nicht nur als Merkmal einer Leistung oder eines Verhaltens, sondern als Eigenschaft der gesamten NPO und ihrer Entwicklung als lernende Organisation betrachtet. Damit wird Qualität als ein an die gesamte NPO gestelltes Erfordernis zur Sache aller Mitarbeitenden. Als systemübergreifende Philosophie postuliert sie die Ausrichtung aller Leistungen, Prozesse und Strukturen an den Erwartungen aller Austauschpartner. Qualität wird somit zum richtungsweisenden Organisations- und Gestaltungsprinzip. Der Erfolg einer NPO hängt entscheidend davon ab, ob ihr die Herstellung und Erhaltung von Austauschgleichgewichten mit allen Anspruchsgruppen gelingt. Nicht selten ist dabei eine Prioritätensetzung erforderlich, da nicht alle Ansprüche gleichermassen befriedigt werden können. Vom NPO-Zweck her steht die Orientierung an der Mitgliederbasis bzw. dem Klientenkreis im Zentrum.

*Prozess-orientiert*

TQM legt ein Schwergewicht auf die *Prozessorientierung*, welche insbesondere das phasenweise Zustandekommen von Dienstleistungen fokussiert und auf der Ebene des Marketing-Managements das arbeitsteilige Generieren von Qualität als zentralen Beitrag zur Effektivitäts- und Effizienzsteigerung postuliert. Gleichzeitig hat die Prozessorientierung auch ihre Bedeutung für die Gestaltung und Weiterentwicklung im Sinne einer lernenden Organisation. Das verlangt interdisziplinäre, bereichsübergreifende Teamstrukturen zur Optimierung von Geschäftsprozessen. Die an einem Prozess beteiligten Mitarbeitenden werden auf Dauer oder ad hoc und vorübergehend zu Gruppen zusammengeführt, deren Aufgabe es ist, die sogenannten Schnittstellenprobleme zu lösen, sich gegenseitig zu koordinieren und ihr Zusammenwirken zu optimieren. Gerade für NPO liegt darin eine wesentliche Forderung, hierarchische Strukturen zu öffnen und Prozessbeteiligte unabhängig ihrer Abteilungszugehörigkeit in einem selbstorganisierten Prozess- oder Leistungserbringungs-Team zu vereinen.

*Kunden-orientiert*

*Kundenorientierung* und Prozessorientierung kombiniert das TQM in der Anwendung von Qualität auf interne Kunden-Lieferanten-Beziehungen und auf das organisationale Lernen. In vielen arbeitsteiligen Prozessen beruht die Arbeit einer Stelle auf der Vorarbeit einer anderen. Dadurch entstehen in der Prozesskette Kunden-Lieferanten-Beziehungen, wobei die Qualität der Leistung der vorgelagerten Stelle zur Zufriedenheit der nachgelagerten Stelle beiträgt. Dieses Prinzip ist überall dort sinnvoll anwendbar, wo mehrere Akteure sich gegenseitig zuarbeiten und ihre Tätigkeiten voneinander abhängen bzw. ihre Teilprodukte erst das qualitativ hochstehende Endprodukt ergeben. Dieses Prinzip ist besonders wichtig in Marketing-Prozessen und bei Stellen mit interner Dienstleistungsfunktion (Querschnittsfunktion), wie etwa einer Abteilung für Finanz- und Rechnungswesen oder einer Controlling-Stelle.

*Verbesserungs-orientiert*

Zum TQM und zur Idee der lernenden Organisation gehört das *Streben nach ständiger Verbesserung*. Die immanente Sorge um mehr Effektivität und Effizienz sollte Bestandteil der NPO-Kultur sein. Dieses Kultur-Element umfasst ein unverkrampftes Verhältnis und eine grundlegend positive Einstellung zu Veränderungen, Rationalisierungen oder Leistungsverbesserungen. Erforderlich dazu ist, dass die Philosophie von den Leitungsorganen und der Geschäftsführung vorgegeben und von den Führungskräften als Rollenmodelle weitergetragen werden. Vorschläge zur Verbesserung oder

Entwicklung sind in hierarchischen Strukturen grundsätzlich zu begrüssen. In selbstorganisierenden Strukturen werden sie sogar mit Entscheidungskompetenz an die entsprechenden Rollen überwiesen.

Damit verknüpft ist eine Förderung der individuellen sowie organisationalen Lernfähigkeit und schliesslich die Institutionalisierung in einem funktionierenden *Wissensmanagement* (vgl. Kapitel 5.4). Was für Führungskräfte gilt, muss auf Ebene der Mitarbeitenden korrespondieren: Qualität im weitesten Sinne und ihr Vorantreiben müssen Anliegen aller Beteiligten sein und damit Teil des betrieblichen Alltags werden. Dies begünstigt auch einen konstruktiven Umgang mit Fehlern, Pannen, Störungen oder Spannungen. Diese werden dann weniger als menschliche Fehlleistung, sondern eher als Versagen von Strukturen und Prozessen gedeutet und können leichter ohne persönlich motivierte Widerstände angegangen werden. Ständige Verbesserung wird dann angesehen als parallel zum Tagesgeschäft laufender Strom von Bemühungen um Effektivitäts- und Effizienzsteigerung.

Die Idee der Management Excellence als Weiterentwicklung der Grundprinzipien des TQM öffnet die Sichtweise auf das Management noch weiter. Eine NPO erreicht einen hohen Grad an Management Excellence, wenn sie eine lernende Organisation schafft und ihr System-, Marketing- und Ressourcen-Management konsequent und kontinuierlich nach spezifischen Kriterien der Effektivität und Effizienz weiterentwickelt mit dem Ziel, eine bestmögliche Leistungsqualität für die Mitglieder und Klienten und die übrigen Anspruchsgruppen durch qualifizierte und motivierte Mitarbeitende zu realisieren. Damit geht Management Excellence über das System-Management hinaus und verknüpft es mit Anforderungen für das Marketing-Management.

**Praxistipps**

Überprüfen Sie die grundlegenden Managementfähigkeiten Ihrer NPO in regelmässigen Abständen entlang der nachfolgenden Fragen:

1 Mobilisierungsfähigkeit: Besteht bei allen in der NPO die Einsicht, dass Wandel Teil eines erfolgreichen Managements ist? Lassen Zeitressourcen, Formalisierung und Standardisierung einen Wandel zu?

2 Antizipationsfähigkeit: Wird in Form eines Screenings regelmässig und systematisch nach für die NPO relevanten Entwicklungen gesucht? Werden Entwicklungen bezüglich möglicher Auswirkungen auf die NPO analysiert?

3 Initiativfähigkeit: Werden erkannte Herausforderungen systematisch erfasst und zeitnah in den Sitzungen der Leitungsgremien thematisiert? Werden Themen angegangen, für die man noch keine Ideen hat, wie eine künftige Lösung aussehen könnte?

4 Kreationsfähigkeit: Werden für ein Problem mehrere Lösungsansätze und -optionen entwickelt? Herrscht in der NPO eine Kultur, bei der Personen an anderen Meinungen interessiert sind?

5 Entscheidungsfähigkeit: Bestehen klare Regelungen, wer auf welcher Stufe nach welchem Verfahren entscheiden kann? Werden Entscheide kommuniziert und wird dargelegt, wie diese zu Stande kamen?

6 Implementierungsfähigkeit: Werden Entscheidungen mit verbindlichen Zielsetzungen und Verantwortungszuweisungen verbunden? Wird der Zielerreichungsgrad systematisch überprüft?

7 Institutionalisierungsfähigkeit: Werden bei Neuerungen auch die Strukturen und Abläufe angepasst? Wird sichergestellt, dass Systeme und Prozesse, die sich überlebt haben, ausser Kraft gesetzt werden?

8 Reflexionsfähigkeit: Besteht eine Bereitschaft, eigenes Handeln immer wieder zu hinterfragen? Gibt es in der Organisation eine Kultur, dass Kritik als Chance zur Verbesserung gesehen wird?

9 Lernfähigkeit: Werden Erfahrungen gesammelt und dokumentiert? Wird nach Analogien in und im Umfeld der NPO gesucht?

Weiterführende Literatur

https://www.vmi.ch/de/npo-wissen/npo-themen/kapitel-3.1/

## 3.2 Willensbildung und -sicherung

Die Willensbildung und -sicherung, die auch als Entscheidungsfindung und -durchsetzung oder als Lösungsprozess einer Herausforderung bezeichnet wird, ist eine Kernaufgabe des Managements. Denn die Leitungsebene, sprich das Management einer NPO, muss stets zahlreiche Entscheidungen treffen. Ob eine Mitgliedschaftswerbekampagne oder eine neue Abteilungsstruktur festgelegt, ob Personal angestellt oder eine neue Dienstleistung entwickelt wird, bei jeder dieser Aufgaben sind Entscheidungen zu fällen.

Willensbildung und -sicherung sind arbeitsteilig zu bewältigen, oftmals unter Beteiligung mehrerer Gremien und Stellen. Das Zustandekommen von Entscheidungen und ihre Umsetzung haben daher zwei Aspekte: Strukturell werden Aufgaben und Kompetenzen auf Gremien und Stellen verteilt. Die Entscheidungskompetenzen sind dabei ein zentrales Element dieser Aufgabenteilung, aber auch das Recht bestimmter Stellen, partizipativ in die Willensbildung einbezogen zu werden. Ebenfalls dem Strukturaspekt zuzuordnen ist die Aufteilung von Entscheidungsvorbereitung, Beschlussfassung und Vollzug(-überwachung) auf unterschiedliche Stellen und Gremien. Willensbildung läuft aber auch in einem Prozess ab, der eigenen Regeln folgt und nach bestimmten Kriterien zu gestalten ist.

**Abb. 18** – Prozessmodell der Wilensbildung und -sicherung (in Anlehnung an Lewin 1948)

Struktur- und Prozessaspekt sind eng miteinander verflochten. Strukturell wird festgelegt, wer grundsätzlich an der Willensbildung beteiligt ist und welchen Beitrag sie/er zu leisten hat. Prozessual werden Phasen und Teilschritte in einer bestimmten Logik so definiert, dass die Beteiligten und Betroffenen optimal zusammenwirken, damit sowohl entschieden wie realisiert werden kann.

In der *Willensbildung* wird erst die Entscheidung vorbereitet. Startpunkt ist das Erkennen eines Problems bzw. einer Herausforderung und die tatsächliche Bereitschaft dieses anzugehen. Zu diesem Zweck werden die Anspruchsgruppen informiert, aktiviert und involviert und so der Prozess der Problemlösung eingeleitet. Im zweiten Schritt der Willensbildung wird die Entscheidung abgestützt und getroffen. Verschiedene schlüssige Lösungen werden bestimmt, die Akzeptanz für eine Lösung aufgebaut und die Beteiligten im Sinne dieser Lösung mobilisiert.

In der *Willenssicherung* wird die Entscheidung umgesetzt. Dazu werden Zuständigkeiten für die Umsetzung der Lösung festgelegt. Danach kommt es zur eigentlichen Implementierung und Umsetzung der Lösung; das Handeln wird ausgelöst und die Problemlösung bewusst angegangen. Im letzten Schritt wird die Umsetzung kontrolliert. Zum einen wird der Fortschritt verfolgt, Feedback eingeholt und eingepflegt und so die Lösung verbessert; dies mit dem Ziel, diese oder weitere zukünftige Herausforderungen noch besser meistern zu können.

Dieses idealtypische Prozessmodell kommt bei verschiedenen Herausforderungen zum tragen. Zunächst ist es für Aufgaben anwendbar, die sich durch Komplexität, Schwierigkeiten und eine Vielzahl von Personen und Gruppen mit meist unterschiedlichen Interessen und Graden der Betroffenheit auszeichnen. Solche Situationen sind bei gewichtigen Änderungs-, Innovations- und Entwicklungsvorhaben gegeben. Diese werden im Kapitel 3.7 zu Wandel, Agilität und Innovation ausführlicher dargestellt. Daneben sind jedoch auch laufend Herausforderungen zu bearbeiten, die überschaubarer sind. Hier läuft die Entscheidungsfindung in festgelegten Routinen und nach klar definierten Kriterien ab, etwa bei einer Personalanstellung.

Zwischen Innovationsprozessen und solchen Routineentscheidungen liegen weitere Willensbildungsprozesse, die nicht alltäglicher Natur sind. Ein systematisches Vorgehen ist bei diesen zweckmässig, eine rationale Auswahl aus bewerteten Alternativen erscheint machbar. Das trifft z.B. auf die Entwicklung einer neuen Dienstleistung oder auf ein grösseres Bauvorhaben zu. Das dargestellte Prozessmodell zeigt einen logisch-linearen Ablauf von Einzelschritten im Sinne einer Heuristik, also einer Hilfe und Gedankenstütze für die Gestaltung solcher Prozesse im Hinblick auf eine bestmögliche Sachlösung auf. Es gilt für einfache Herausforderungen sowie für komplexe Entscheidungsprozesse. Gerade unter der Bedingung von

Komplexität wird der Entscheidungsprozess jedoch selten in dieser Geradlinigkeit ablaufen. Das Modell spiegelt entsprechend nicht die ganze Vielfalt der sich abspielenden Aktivitäten der Beteiligten wider.

Dieser Aspekt wird durch das *Episodenmodell* in der folgenden Abbildung illustriert. Es zeigt, dass nur ein Teil der Prozessaktivitäten auf die Lösung der anstehenden Sachherausforderung gerichtet ist. Daneben ergeben sich vielfältige Geschehnisse der Interessenartikulation und Machtausübung, die wiederum nach Episoden der Konfliktaustragung und *Konsens- oder Konsentfindung* verlangen.

**Abb. 19** – Das Episodenmodell

Beim *Konsens* wird so lange diskutiert, bis alle Beteiligten einem Vorschlag aktiv zustimmen. Beim *Konsent* wird stattdessen bewusst gefragt, ob jemand einen Einwand gegen den Vorschlag hat und ihn deshalb aktiv und begründet ablehnt. Ist dies nicht der Fall, gilt der Vorschlag als angenommen. Gesprochen wird in diesem Zusammenhang von Entscheidungsarenen, in denen sich all jene bewegen, die formell beteiligt sind oder sich als direkt oder indirekt Betroffene in den Prozess einbringen. Sie versuchen, ihre Interessen zu platzieren und wenn möglich durchzusetzen. Die Kreise der Modelldarstellung symbolisieren, dass im gesamten Prozess zahlreiche Entscheidungsepisoden ineinander überfliessen. Einzelne Schritte sind mehrmals zu durchlaufen, was einen gradlinigen Ablauf in der Realität unrealistisch macht. So ist davon auszugehen, dass bereits die Definition der Herausforderung von verschiedenen Interessengruppen unterschiedlich interpretiert wird, dass die Zielrichtung für die zu entwickelnde Sachlösung vage bis mehrdeutig bleibt oder dass sich die in der Analysephase erkannten Rahmenbedingungen im Prozessverlauf ändern und eine Kurskorrektur verlangen. Hinzu kommt, dass sich die beteiligten Akteurinnen und Akteure in Bezug auf die Sachlösung zum Teil auch irrational verhalten. Sie folgen ihren persönlichen Interessen, Erwartungen, Emotionen und versuchen ihre eigenen Vorteile zu realisieren oder Bedrohungen wie z.B. Machtverlust abzuwehren. Dieses Taktieren und Blockieren oder die Bildung von Koalitionen wird in den Verhaltenswissenschaften als Mikropolitik thematisiert und untersucht. Es ist nach Möglichkeiten zu suchen, Lösungsprozesse für Herausforderungen so voranzutreiben, dass eine Sachlösung angestrebt wird, die eine möglichst hohe Akzeptanz findet. Gefragt sind eine ausgeprägte Handlungs- und Entscheidungsfähigkeit im Umgang mit der Komplexität sowie eine ausgeprägte Empfänglichkeit (responsiveness) in der Erfassung der Interessenvielfalt sowie ihrer Berücksichtigung in der Entscheidungserarbeitung. Wo es gelingt, diese Akzeptanz zu erzielen, werden zahlreiche Folgeherausforderungen in der Implementierungsphase vermieden, denn Interessenkonflikte, die sich aus strukturellen Spannungsfeldern ergeben können, werden bereits in der Willensbildung aufgearbeitet, so dass diese nicht erst bei der Realisation aufbrechen.

Die Komplexität des Geschehens und das mikropolitische Verhalten der Beteiligten bewahren jedoch nicht davor, die Forderung nach einem effizienten und effektiven Prozess-Management in der Willensbildung und -sicherung zu stellen. In diesem Sinne haben diese Prozesse zwei Funktionen zu erfüllen:

1) Auf der *sachlichen Ebene* ist eine bestmögliche Lösung des anstehenden Problems anzustreben und formell zu beschliessen.
2) Auf der *sozio-emotionalen Ebene* der Individuen und Gruppen sind Konflikte zu antizipieren und potenzielle Gegnerinnen und Gegner sowie deren Widerstände schon bei der Einleitung und Konzeption eines Problemlösungsablaufes zu lokalisieren. Die Betroffenen sind zu Beteiligten zu machen, um möglichst Konsens oder Konsent zu erzielen und Akzeptanz herbeizuführen.

Die zuständigen Gremien und Stellen tragen die Verantwortung für eine möglichst frühzeitige Erkennung der NPO-relevanten Herausforderungen, die effiziente Einleitung und Gestaltung der Problemlösungsprozesse und die Realisierung der beschlossenen Lösungen.

### 3.2.1 Willensbildung

Grundsätzlich beschreibt die Willensbildung die Vorbereitung einer Entscheidung und das Treffen ebendieser. Die vorangehenden Ausführungen haben gezeigt, dass in komplexen Problemlösungsprozessen die Handlungs- und Entscheidungsfähigkeit immer wieder gefährdet sein kann. Es kann deshalb sinnvoll sein, rationale Methoden wie die nachstehenden anzuwenden.

1) Die Methode des *Splitting* wird auch als iteratives Verfahren bezeichnet. Je komplexer eine Herausforderung ist, je umfangreicher die zu ihrer Lösung erforderliche Gedankenarbeit und je mehr Personen in die Erarbeitung involviert sind, desto zweckmässiger ist es, eine Herausforderung in zwei oder mehr Durchgängen zu bearbeiten. In einem ersten Durchgang werden die Grundsätze einer Lösung diskutiert und beschlossen. In einem zweiten Durchgang werden Einzelheiten und Feinheiten zur Konkretisierung der Grundsätze formuliert und einem Beschluss zugeführt. In NPO zählen umfassende Reorganisationen oder völlig neue strategische Ausrichtungen zu Herausforderungen, in welchen Splitting sinnvoll ist. In diesen Fällen ist eine Überforderung der Beteiligten, insbesondere von Mitgliedern und Ehrenamtlichen, wahrscheinlich. So wird zum Beispiel an einem ersten Workshop über die notwendigen Organe (beispielsweise Kommissionen) diskutiert und an einer nächsten Sitzung das Statutenpapier im Korrekturmodus besprochen. Eine solche Konzentration der Diskussion auf wenige kritische Kernpunkte ermöglicht eine höhere Partizipation von Betroffenen, welche (noch) nicht über ein vertieftes Problemverständnis verfügen, die aber über den in den Grundsätzen steckenden politischen Gehalt mitzuentscheiden haben.
2) Innerhalb eines Splittingverfahrens mit einer Vielzahl von Beteiligten sind in der Grundsatzphase *Anhörungen* (Vernehmlassungen) oder strukturierte *Grossgruppenveranstaltungen* zu empfehlen. Die von einer sachverständigen Projektgruppe erarbeiteten Grundsatzpapiere werden als Entwürfe vorgestellt und in Teilgruppen der NPO wie Trägerschaft, Mitarbeitende, Gremien oder Basisgruppen diskutiert. Deren zustimmende beziehungsweise kritische oder gar ablehnende Stellungnahmen werden an die Projektgruppe zurückgemeldet. Diese formuliert dann unter Berücksichtigung der eingegangenen Voten und Anregungen den definitiven Text als Vorlage oder Antrag an die Entscheidungsorgane.
3) Wird das Splittingverfahren mit einer Anhörung im ersten Durchgang angewendet, kann sich dennoch im zweiten Lauf der Beschlussfassung auf Basis von Detailarbeiten eine weitere Herausforderung ergeben. In den wenigsten Fällen wird die definitive Vorlage allen in der Anhörung

vorgetragenen Bedenken und Ablehnungen Rechnung tragen können. So wird es immer Gruppen geben, die auch in der Beschlussfassungsphase noch gegen einzelne Bestimmungen Widerstand leisten oder andere Lösungen durchbringen wollen. Um ein Eklat an der beschlussfassenden Versammlung zu vermeiden, ist ein *Antragsverfahren* zu beschliessen, das eine schriftliche Eingabe von Abänderungsanträgen vor der Versammlung verlangt und mündliche Vorstösse an der Versammlung selbst ausschliesst. Dieses Verfahren ist vom betroffenen Organ (Versammlung) selbst vor der Antragsfrist zu beschliessen, sofern in den Statuten oder Satzungen keine entsprechende Regelung vorhanden ist.

4) Als äusserst sensibles Spannungsfeld gilt die Beziehung zwischen dem ehrenamtlichen Führungsorgan wie Vorstand oder Stiftungsrat und der hauptamtlichen Geschäftsführung. Indem die Geschäftsführung die Beschlüsse des Ehrenamts vorbereitet, ist sie in der Lage, die Beschlussinhalte im Wesentlichen vorzuprägen, und es kann vorkommen, dass das Ehrenamtsorgan zu einem blossen "Abnickergremium" wird. Diese als *Completed staffwork* negativ beurteilte Übermacht der hauptamtlichen Führung gilt es durch die *Kooperative Interaktion*, einem spezifischen Verfahren der Entscheidungserarbeitung, zu mildern. Als kooperativ wird dieses Verfahren deshalb bezeichnet, weil die Entscheidungserarbeitung gemeinsam von Ehrenamt und Hauptamt erfolgt. Die Geschäftsführung hat offene Entscheidungsgrundlagen zu schaffen, welche mögliche Lösungsalternativen aufzeigen und Kriterien auflisten, die zur Auswahl der vermeintlich besten Lösung führen können. In einer workshopartigen Sitzung bearbeiten Ehrenamtliche und Hauptamtliche gemeinsam in einem interaktiven Prozess die Grundlagen und entwickeln die Eckpfeiler der anzustrebenden Lösung. Ähnlich wie im Splittingverfahren ist das die erste Phase von Grundsatzentscheidungen, welche die Basis für das Ausfeilen der definitiven Beschlussvorlage durch das Hauptamt bilden. Diese wird in der zweiten Phase vom Ehrenamt in vertieftem Problemverständnis beschlossen.

Die hier unter der Optik der Mitwirkung von Mitgliedern und Ehrenamtlichen beschriebenen Verfahren sind ohne weiteres analog auf Willensbildungsprozesse in Geschäftsstellen von NPO übertragbar. Auch hier sind die Verfahren des Splitting oder der Kooperativen Interaktion in Geschäftsleitungsteams und Anhörung der Mitarbeiter geeignet, partizipativ und akzeptanzorientiert Entscheidungen zu erarbeiten, wie das später im Kapitel 3.7 zu Wandel, Agilität und Innovation dargestellt wird.

### 3.2.2 Willenssicherung

Die Willenssicherung ist eine unmittelbar an die Entscheidung oder Beschlussfassung gekoppelte Managementfunktion. Die Entscheidenden – ob einzelne Rollen, Führungskräfte oder Leitungsorgane – haben sicherzustellen, dass die ausführenden Realisationssysteme die Soll-Vorgaben umsetzen, beschlossene Projekte gemäss Planung vorantreiben und die gesetzten Ziele erreicht werden.

Die Willenssicherung beginnt deshalb zunächst mit der Delegation der Umsetzung und der Festlegung, wer dafür zuständig ist. Je klarer ist, wer die *Umsetzungsverantwortung* erhält und je besser entsprechende Mittel wie Ressourcen, Informationen, Vertrauen und Autonomie mitgegeben werden, desto grösser ist die Gelingenswahrscheinlichkeit. Diese kann noch zusätzlich gesteigert werden, wenn Umsetzungsverantwortliche bereits in die vorgängige Willensbildung einbezogen werden. Dadurch wird einerseits der Auftrag schon vor seinem Beschluss an der Umsetzungsrealität optimiert und andererseits verstehen und akzeptieren die Ausführungsverantwortlichen den Auftrag besser. Insbesondere in föderal strukturierten NPO, in denen die Umsetzungsverantwortung bei den (rechtlich evtl. sogar eigenständigen) dezentralen Sektionen liegt, kommt dieser Vorgehensweise eine zentrale Bedeutung zu. Die Vermittlung des umzusetzenden Projekts geschieht so direkt in der Phase der Willensbildung und das Verständnis wächst, dass die Umsetzungsverantwortung bei allen gemeinsam liegt.

Die *Umsetzungskontrolle* meint den Vergleich zwischen dem Ist-Zustand und dem beschlossenen Soll-Zustand. Kontrolliert werden der Fortschritt (z.B. Meilensteine), die schlussendliche Zielerreichung (Output, Outcome, Impact) und die Einhaltung von Qualitätsstandards und Vorgaben (z.B. Budget oder CI/CD). Diese Umsetzungskontrolle kann in einer hierarchischen Struktur beispielsweise partizipativ oder delegierend gestaltet werden. Die mit der Ausführung betraute Stelle übermittelt zuvor definierte Informationen in der festgelegten Periodizität an ihre vorgesetzte Stelle. In selbstorganisierten Strukturen sind entsprechende Gefässe (z. B. *tactical/weekly meetings*) zu schaffen, in denen die Fortschrittskontrolle stattfindet. In beiden Fällen ist Kontrolle ein interaktiver Prozess, denn die Fortschrittsberichte werden geteilt, diskutiert und interpretiert. Schlussfolgerungen daraus können je nach Situation zu neuen Entscheidungen führen: Ziele müssen angepasst oder zusätzliche Ressourcen zugeteilt werden.

Kontrollaufgaben lassen sich aber auch delegieren. In selbstorganisierten Systemen ist die Selbstführung ein wesentliches Prinzip. Und auch im Rahmen von Partizipation und Delegation übt die umsetzungsverantwortliche Instanz grundsätzlich eine Selbstkontrolle aus, da sie eigenverantwortlich für die Erreichung der Soll-Vorgaben ist.

Darüber hinaus können Kontrollinstanzen eingesetzt werden, die Überwachungsfunktionen wahrnehmen: z. B. gesetzlich vorgeschriebene Kontrollstellen, Wirtschaftsprüfungen oder intern zu bestimmende Funktionen und Rollen, wie beispielsweise sogenannte *compliance officers* oder Datenschutzbeauftragte.

Zur Willenssicherung gehören auch die *Feedback- und Fehlerkultur* einer NPO sowie ihre Mechanismen der Deeskalation und gegebenenfalls dem Aussprechen von Sanktionen. Dabei ist bedeutsam, in welchen legitimierten Führungs- und Rollenbeziehungen mögliche Verletzungen der Willenssicherung stattfinden und welches die Ursachen sind. Liegen letztere im Verantwortungsbereich der NPO, wie beispielsweise fehlende Ressourcen oder mangelhafte Information, dann können sie behoben werden. Sind äussere Rahmenbedingungen ursächlich, dann verlangt dies nach einer Neubewertung derjenigen Instanz oder Rolle, die den Umsetzungsentscheid ursprünglich gefällt hatte. Dies kann beispielsweise notwendig sein, wenn in einer föderal strukturierten NPO eine gemeinsame Leistung beschlossen wurde, die jedoch in einem Schweizer Kanton oder einem Deutschen Bundesland aufgrund der dortigen Markt- oder Gesetzeslage für die ansässige Sektion nicht umsetzbar ist.

Besonders herausfordernd sind Situationen, bei denen mangelnder Umsetzungswille der Grund ist. In hierarchischen oder selbstorganisierten Systemen sind die Eskalations- und Sanktionsmöglichkeiten in diesem Falle geregelt. In der Zusammenarbeit mit freiwillig Engagierten und Ehrenamtlichen einerseits (Kapitel 5.2) oder dezentralen autonomen Basisgruppen andererseits (Kapitel 3.5), ist die Willenssicherung dann nur durch intensive sachlich argumentative Gespräche zu fördern. Je nach Situation müssen in einem solchen Fall sogar die Präsidien einbezogen, mediierende Massnahmen eingeleitet, und als ultima ratio muss gegebenfalls sogar eine Trennung vollzogen werden. Umso wichtiger erscheint vor diesem Hintergrund eine sorgfältige Willensbildung von Beginn an als präventive Massnahme.

**Praxistipps**

1 Berücksichtigen Sie konsequent und eingehend die vier Schritte der Willensbildung und -sicherung des Prozessmodells, um bei der Lösung von Problemen und Herausforderungen in Ihrer NPO eine stimmige und akzeptierte Entscheidung zu finden und durchzusetzen und so eine erfolgreiche Lösung herbeizuführen.

2 Wenden Sie bei der Willensbildung unterstützende Prinzipien und Methoden wie Splitting, Anhörungen, Antragsverfahren und Kooperative Interaktion an.

3 Legen Sie bei der Willenssicherung die Umsetzungsverantwortung fest, praktizieren Sie Partizipation oder Delegation und leben Sie eine Feedback- und Fehlerkultur.

Weiterführende Literatur

https://www.vmi.ch/de/npo-wissen/npo-themen/kapitel-3.2/

## 3.3 Planung und Strategie

Planung und Strategiearbeit bezwecken, die Überlebensfähigkeit der NPO zukunftsorientiert sicherzustellen: Erstens sollen durch das Vorausschauen strategische Chancen und operative Vorteile genutzt und neue Sachziele aufgenommen werden; zweitens sollen künftige für die NPO herausfordernde Entwicklungen frühzeitig erkannt und dadurch Zeit für proaktive Lösungsfindung gewonnen werden; drittens sollen die komplexen Beziehungen und Abhängigkeiten zwischen den Aufgaben, Tätigkeiten, Projekten und Aktionen der Organe und Mitarbeitenden inhaltlich und zeitlich fruchtbar und konfliktfrei koordiniert werden. Es geht im Kern darum, Soll-Vorgaben für eine zukunftsorientierte Zwecksetzung festzulegen und alle Leistungen und Aktivitäten der NPO darauf auszurichten.

### 3.3.1 Steuerung als Verschränkung von Planung und Controlling

Bezüglich der zukunftsorientierten Festlegung von Soll-Vorgaben nimmt die Planung eine zentrale Stellung ein. Zusammen mit dem Controlling wird die Planung als Steuerung bezeichnet, und diese ist eine der zentralen Aufgaben der ehrenamtlichen und hauptamtlichen Führungskräfte. Der Steuerungswürfel zeigt die Themen und Elemente der Steuerung.

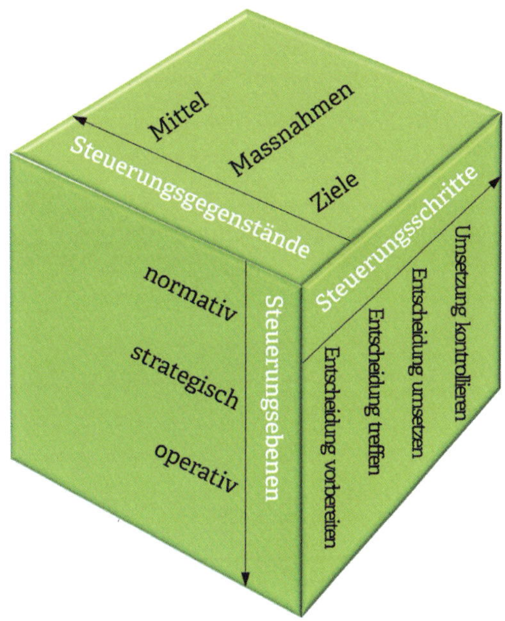


**Abb. 20** – Der Steuerungswürfel

Steuerung und damit Planung und Controlling erfolgen auf verschiedenen Ebenen (normativ, strategisch, operativ), um ein vollständiges, in sich konsistentes Planungs- und Controlling-System zu schaffen, das mittels Management-Instrumenten schriftlich festgehalten und fixiert wird.

Auf allen drei Ebenen sind Ziele, Massnahmen, Mittel und Messgrössen als Steuerungsgegenstände zu bestimmen. Diese Elemente sind nicht nur zeitlich-logisch hintereinander gereiht, sondern sollten mindestens teilweise simultan bestimmt werden. Das bedeutet, dass die Ziele nicht im luftleeren Raum formuliert werden können. Sie müssen vielmehr als Entwurf möglicher Massnahmen in Relation zu den verfügbaren Mitteln stehen und damit auf einer realistischen und realisierbaren Einschätzung beruhen. Ziele sind dementsprechend nicht als der Planung vorgelagerte und übergeordnete Grössen, sondern als Bestandteile der Planung zu betrachten.

*Planung und Strategie*

Findet die Planung auf der strategischen Ebene statt, wird sie mit dem in NPO viel häufiger anzutreffenden Begriff der Strategieentwicklung bezeichnet, wobei damit jedoch häufig sehr unterschiedliche Vorstellungen verknüpft sind. So reduzieren Einige eine Strategie auf die reine Zielsetzung (z. B. Wachstumsstrategie), andere verstehen Strategien im Sinne von Taktik und stellen die Entwicklung von Massnahmen in den Vordergrund. Die Erarbeitung einer Strategie für den Verband oder die Stiftung ist im Verständnis des Steuerungswürfels eine spezifische Form der Planung und umfasst sowohl Zielformulierungen wie auch Massnahmen- und Ressourcenpläne. Die nachfolgende Abbildung illustriert den schrittweisen Ablauf bei der Erarbeitung von Management-Instrumenten mit den drei im Zentrum stehenden Ebenen normativ – strategisch – operativ. Zusätzlich werden in der folgenden Abbildung die wesentlichen Management-Instrumente übersichtsartig aufgeführt. So dient die Darstellung einerseits als Prozessmodell, andererseits als Inventar zweckmässiger Management-Instrumente für die Steuerung von NPO.

*Planung als Prozess*

Planung und im besonderen Falle Strategieentwicklung kann als Informationssammlungs- und -verarbeitungsprozess betrachtet werden. Informationen schaffen die Grundlagen für die Planerarbeitung, ermöglichen eine periodisch laufende Überprüfung der Zweckmässigkeit der eingeschlagenen Planrichtungen und gewährleisten die Kontrolle und Evaluation der Planerfüllung. Diese Informationsaufgabe als Teil des Planungsprozesses wird dem Controlling zugeordnet. Gleichzeitig ist die Planung auf allen Ebenen auch ein Willensbildungs- und Willenssicherungsprozess. Für Planungsentscheidungen gelten deshalb die in Kapitel 3.2 angestellten Überlegungen. Die Akzeptanz der Pläne bzw. Strategien und damit die Einsicht in deren Sinnhaftigkeit und Notwendigkeit bei denjenigen, welche sie umsetzen müssen, ist eine fundamentale Erfolgsdeterminante. Partizipativer Einbezug der Betroffenen in der Planungs- und Entscheidungserarbeitung ist daher nicht "Führungsromantik", sondern Ausdruck einer sachbezogenen Rationalität. Die Anwendung von Methoden wie der Kooperativen Interaktion und des Splittings sind unerlässlich, damit die Trägerschaftsorgane, Mitglieder und Ehrenamtsgremien den politischen Gehalt zukunftsweisender Entscheidungen massgebend mitprägen können.

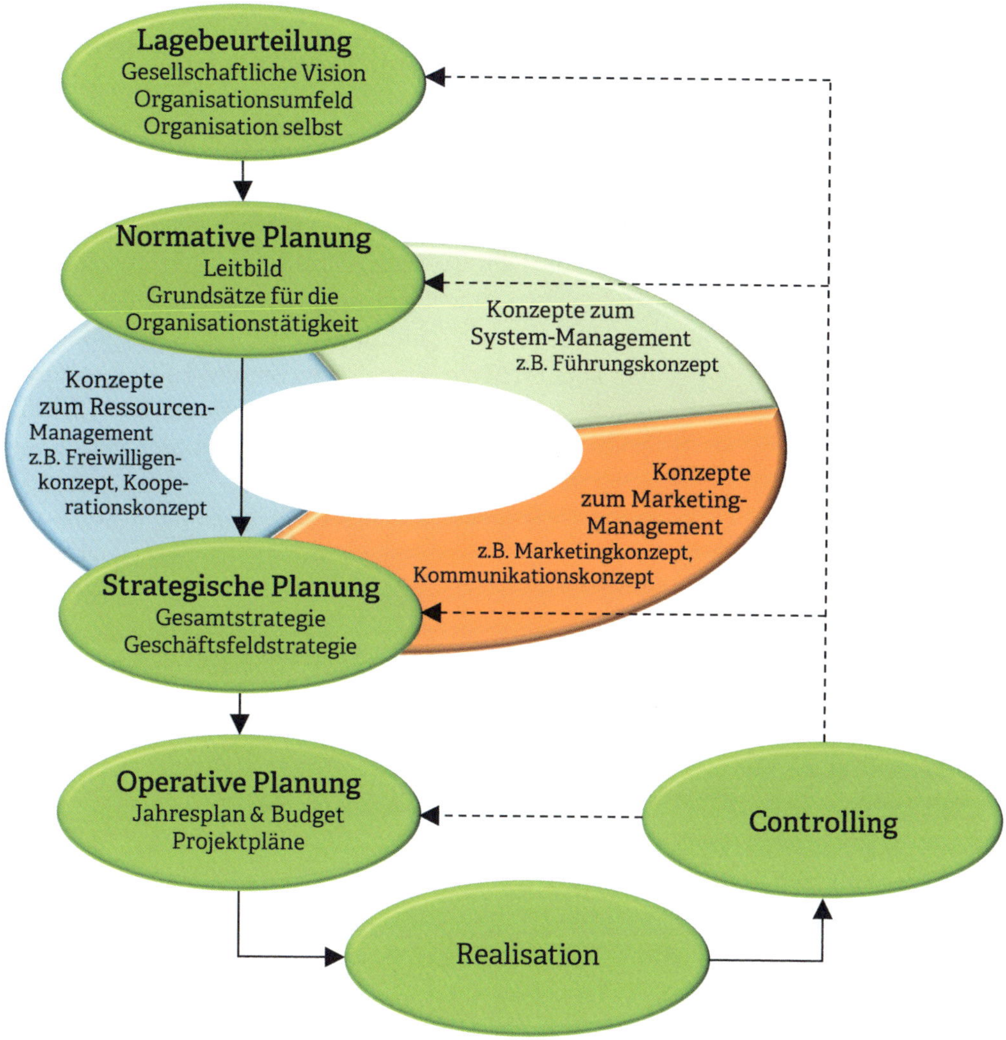


**Abb. 21** – Der Steuerungsprozess

Die Abfolge der drei Ebenen basiert auf einer Planhierarchie, einem Verhältnis von Über- zu Unterordnung, in dreifacher Hinsicht:

- *Zeitliche Reichweite*: Bei den normativen Grundlagen sind Zweckartikel der Statuten und Satzungen sowie die Leitbilder für unbestimmte Zeithorizonte gültig, wobei sich eine Überprüfung ca. alle 10-12 Jahre empfiehlt. Für Strategien wird oft ein Zeithorizont von zwei bis fünf Jahren abgegrenzt, operative Pläne decken den kurzfristigen Bereich von bis zu zwei Jahren ab.

- *Konkretisierungsgrad*: Mit absteigender Ebene nimmt dieser laufend zu, von normativen Grundsätzen über strategische Rahmenpläne mit Schwerpunkten, bis zu operativen, detaillierten Jahresplänen.
- *Zeitlich logische Abfolge*: Der Aufbau und die Entwicklung eines Planungssystems sollen idealerweise bei den Grundlagen beginnen, die dann schrittweise in aufeinanderfolgende Pläne der unteren Ebenen umzusetzen sind, wobei sich jede Ebene aus der oberen ableitet bzw. inhaltlich von derselben abgedeckt sein muss.

### 3.3.2 Management-Instrumente der normativen Ebene

Die normative Ebene gilt als oberste Planungsebene. In der Managementlehre wird sie von der strategischen Ebene getrennt. Als normativ gelten Dokumente wie Mission, Leitbilder oder Statuten bzw. Satzungen, welche in meist wenigen knappen Sätzen die Werthaltungen und das Selbstverständnis der Organisation festlegen. In Abgrenzung dazu definieren die Strategien bereits konkreter die Stossrichtungen des Leistungsangebots, die Steigerung von Basisfähigkeiten, die Kernkompetenzen und die Erfolgsfaktoren. In der Praxis lässt sich eine solch strikte Trennlinie zwischen normativen Aussagen und Strategien jedoch nicht immer leicht ziehen. Gestützt auf eine umfassend-grundlegende Analyse und Prognose werden oft Aussagen entwickelt, die teils Leitbildcharakter haben, teils aber auch bereits so konkret sind, dass sie der strategischen Planung zuzuordnen sind.

Trotzdem oder gerade deshalb ist eine Differenzierung hier nötig, da letztlich auch der Sprachgebrauch in der Praxis immer wieder hin zu einer bestimmten Unschärfe tendiert. Zu den normativen Management-Instrumenten zählen Leitbilder und Statuten bzw. Satzungen, aber auch Elemente wie die Positionierung aus dem Marketingkonzept, Grundsätze der Finanzierung oder Führungsleitlinien.

#### *Leitbilder*

Im Sinne einer Unternehmenspolitik richtet sich das *NPO-Leitbild* auf das Selbstverständnis als organisiertes und leistungserbringendes Gebilde aus. Es werden Wirkungsziele, Richtlinien und Grundsätze formuliert, welche sich auf das Handeln und Verhalten der NPO beziehen. Es wird gesagt, mit welchen Kernleistungen in welcher Qualität die NPO einen Beitrag an die vorgegebene Mission erbringen soll, welche Wirkungsziele sie sich als Organisation gibt, wie sie sich grundsätzlich organisiert und welchen Umgang mit Ressourcen sie anstrebt. Weiter sind darin normative Aussagen über den Umgang mit den Anspruchsgruppen wie den Mitgliedern, Austausch- und Kooperationspartnern, Mitarbeitenden usw. enthalten, verbunden mit der Klärung des Selbstverständnisses der NPO.

Vor allem in Wirtschaftsverbänden findet man oft auch *Mitglieder-, Branchen- oder Berufsleitbilder*, bestehend aus einem Katalog von Normen über Ziele, Richtlinien oder Grundsätze, die sich die Mitglieder als Individuen oder Kollektiv zu eigen machen sollen. Damit legt der Verband die Wirkungen fest, die er über die Mitglieder erreichen will, und verdeutlicht, wie die Mitglieder ihrerseits durch ihr Verhalten dazu beitragen sollen.

Manchmal werden das NPO-Leitbild und die Positionierung der NPO (vgl. Kapitel 4.3) als Instrumente zwar getrennt, aber sie enthalten ähnliche Inhalte beispielsweise das Selbstverständnis. Ein Abgleich ist deshalb zwingend nötig, idem entweder die Positionierung an das Leitbild oder umgekehrt das Leitbild an die Positionierung angepasst wird. Zudem wird häufig nicht klar zwischen Mission und Leitbild unterschieden bzw. enthalten NPO-Leitbilder oft auch normative Aussagen darüber, wie sich das Mitglieder- oder Klientenumfeld entwickeln soll.

***Statuten und Satzungen***

Statuten und Satzungen sind zwingend vorgeschriebene Rechtsdokumente. Ob man sie deshalb im eigentlichen Sinne als Management-Instrumente bezeichnen kann, ist Interpretationssache. Die in ihnen enthaltenen Bestimmungen über Zweck und Aufgaben, aber insbesondere über Mitgliedschaft und Strukturen, haben jedoch normativen Charakter, sind langfristig angelegt und bedürfen in den meisten Fällen qualifizierter Mehrheiten für ihre Änderung.

Im Management-Modell sind die Statuten oder Satzungen den Leitbildern gleichgestellt. Leitbilder können jedoch auch als übergeordnete Management-Instrumente mit verfassungsähnlichem Charakter betrachtet werden. In diesem Verständnis sind die Statuten oder Satzungen rechtswirksame Konkretisierungen. Insbesondere bei Neuorientierungen, Reorganisationen oder gar Krisen erweist sich in der Praxis eine Auseinandersetzung auf Leitbildebene als wesentlich fruchtbarer und konsensfähiger als eine oft auf Details fixierte Diskussion um Statuten- oder Satzungsbestimmungen. Es bestehen diesbezüglich jedoch kulturelle Unterschiede im deutschsprachigen Raum. Während in der Schweiz die Überordnung von Leitbildern meist akzeptiert und die Statuten den Leitbildaussagen angepasst werden, bestehen in Deutschland – teils auch in Österreich – starke Hemmungen, mit Leitbildaussagen den Satzungsrahmen zu sprengen.

### 3.3.3 Management-Instrumente der strategischen Ebene

Den Leitbildern und normativen Grundlagen nachgeordnet werden in der Regel Ziele und Massnahmen formuliert, die als Strategien bezeichnet und in ihrer Gültigkeit zeitlich auf drei bis fünf Jahre begrenzt werden. Es sind wiederum zwei Strategieebenen zu unterscheiden:

- *Gesamtstrategien* (*corporate strategies*) enthalten grundlegende, einen grossen Teil oder die gesamte NPO betreffende Weichenstellungen bzw. Zukunftsorientierungen. Dazu gehören etwa die Entscheidung zum Zusammenschluss, zur Fusion mit einer oder mehreren anderen NPO, oder die Umstellung des gesamten Bereichs der individuellen Dienstleistungen von der Beitrags- auf die Gebühren- und Preisfinanzierung. Solche Strategien ziehen grundlegende Umstellungen nach sich.
- *Geschäftsfeldstrategien* (*business strategies*) beziehen sich auf einzelne Leistungen oder Leistungsgruppen und enthalten Aussagen zu Zielen, Massnahmen, Mitteleinsatz und Messgrössen, wie die einzelne Leistungsgruppe entwickelt werden soll, z.B. ausbauen, halten oder abbauen.

Die auf der strategischen Ebene erfolgten Festlegungen haben weitreichende Konsequenzen für die Zukunft einer NPO. Sie müssen deshalb systematisch und methodisch sauber erarbeitet werden. Im Prinzip gilt es, sogenannte *strategische Erfolgspotenziale* und Gelingensfaktoren zu erkennen und zu nutzen. Diese liegen in folgenden Bereichen:

- *im Umfeld der NPO*, im Bereich ihrer Leistungsadressaten und in den Austauschbeziehungen. Es geht darum, frühzeitig Veränderungen in den Bedürfnissen der Leistungsadressaten oder Marktlücken und Vorsprünge vor der Konkurrenz zu erkennen und – im Sinne der Marketing-Logik des Modells – das Leistungsangebot darauf auszurichten. Im strategischen Management wird dies als Outside-in-Planung bezeichnet. Die NPO orientiert sich an den Veränderungen in den Umfeldern und begegnet diesen mit internen strategischen Entscheidungen, insbesondere im auf die Anspruchsgruppen fokussierten Leistungs- und Kommunikationsbereich. Die NPO strebt nach einem Fit, einer Passung von Umfeldern und Sachzielen, verfolgt demnach das Ziel der Anpassungsfähigkeit und des Überlebens.
- *in der NPO selbst*, in ihren Ressourcen und Potenzialen im Sinne von internen Gelingensfaktoren. Die ressourcenorientierte Logik des Modells weist darauf hin, dass die strategische Ausrichtung auch auf den besonderen, in der NPO verfügbaren Eigenschaften und Ressourcen basieren kann. Durch die gezielte Nutzung und Weiterentwicklung der eigenen Fähigkeiten und Kernkompetenzen kann die NPO immer neue Leistungen und Lösungen generieren und damit ihren Erfolg mittels Befriedigung von sich verändernden Bedürfnissen der Anspruchsgruppen sichern. Das strategische Planen und Handeln folgt in diesem Falle dem Inside-out-Prinzip. Typisch gilt dies für die in Kapitel 3.1 beschriebenen Basisfähigkeiten, deren Konzept davon ausgeht, dass eine

hochentwickelte Lern- und Entscheidungsfähigkeit der NPO ermöglicht, Umfeldentwicklungen zu erkennen und zu meistern. Ebenfalls hier hinein spielen zudem die Faktoren Image und Kultur der NPO, welche ebenfalls dauerhaften, leistungswirksamen Potenzialcharakter aufweisen.

Bei der strategischen Planung können vier Herangehensweisen unterschieden werden, an die jeweils andere Bewertungsmassstäbe eines Strategieerfolgs geknüpft sind:

1) Bei der Betrachtung der strategischen Planung als Planungssystematik (Prozess) steht die *konsequente Abarbeitung* der wesentlichen Planungsschritte im Vordergrund, von der die Klarheit der strategischen Richtung abhängt.
2) Bei der Betrachtung der strategischen Planung als Positionierung im Markt stehen die *Antizipations- und Innovationsfähigkeit* der Organisation im Vordergrund.
3) Die Betrachtung der strategischen Planung als Bezugsgruppenabstimmung erachtet die *Einbindung* verschiedener Interessen im Entwicklungsprozess als zentral, und die
4) Die Betrachtung der strategischen Planung als *Mitarbeitermobilisierung* stellt die Identifikation der Mitarbeitenden mit der Strategie in den Vordergrund.

Es empfiehlt sich, keine der vier Herangehensweisen vollständig zu vernachlässigen, sondern sie synergetisch zu kombinieren.

***Mehrjahrespläne***

Die Herausforderung der Planung auf strategischer Ebene liegt in der Verkoppelung von normativen Aussagen langfristiger Art mit der kurzfristig orientierten operativen Planung. In der strategischen Planung wird über den Jahreshorizont hinausgedacht bzw. werden die normativen Grundsätze in Programme und Projekte mit einem Horizont von zwei bis fünf Jahren heruntergebrochen. Strategisch sind insbesondere jene Aktivitäten und Aktionen zu planen, welche bestimmte Ressourcen über mehrere Jahre hinaus binden, womit auch die Planung der Beschaffung und Verfügbarkeit der dazu erforderlichen Ressourcen verbunden ist. In diesen mittelfristigen Bereich sind etwa Projekte einzuordnen wie Reorganisationen, Auf- und Ausbau einzelner Leistungsbereiche, Nachwuchsentwicklung im Ehrenamt und Hauptamt, Entwicklung eines Employer Branding, Finanzpläne und anderes. Aktuell beschäftigen sich viele NPO mit der digitalen Transformation, welche auch hier zuzuordnen ist (vgl. Kapitel 6.3).

Mehrjahrespläne werden je nach Inhalt und Unsicherheit der Umfeldentwicklung häufig mit der Methode der rollenden Planung bearbeitet. So wird z. B. ein grundsätzlich als Vierjahresplan terminiertes Aussagesystem jedes Jahr um ein Jahr erweitert, so dass dieser Plan Jahr für Jahr um ein Jahr weiter in die Zukunft reicht. Ist die Umfeldentwicklung risikobehaftet bzw. steht die NPO in einem dynamischen Umfeld, werden oft nur die ersten zwei Jahre relativ detailliert geplant und die weiteren nur als grobe Richtungspläne festgehalten, die dann rollend konkretisiert werden. Gleichwohl empfiehlt sich jeweils beim Übergang von einer Strategieperiode zu einer nächsten, die strategische Planung wieder aus der Lagebeurteilung abzuleiten, damit sich daraus nicht schleichend ein reines Tagesgeschäft entwickelt und grössere Erneuerungen verpasst werden.

***Konzepte als Bindeglieder zwischen normativer und strategischer Ebene***

Konzepte sind eine Besonderheit, weil sie für einen eigeschränkten inhaltlichen Bereich die normative und die strategische Ebene verbinden. In vielen Konzepten, wie beispielsweise im Führungskonzept oder im Marketingkonzept sind normative Leitlinien und Grundsätze enthalten, die für langfristige Zeithorizonte gelten und solange gültig bleiben, bis externe oder interne Entwicklungen ihre Anpassung erfordern. Es empfiehlt sich aber auch hier, wie bei allen normativen Grundlagen, eine periodische Überprüfung alle acht bis zehn Jahre. Diese normativen Aussagen in Konzepten sind den Leitbildern und Statuten oder Satzungen stets nachgelagert und konkretisieren bzw. ergänzen die eher generellen Grundsätze aus Leitbildern und Statuten bzw. Satzungen für den jeweiligen Teilbereich. Konzepte weisen jedoch auch bereits einen umsetzungsrelevanten Konkretisierungsgrad auf und enthalten Hinweise auf die strategische Ausrichtung, die in den von ihnen abgedeckten Bereichen zu verfolgen ist. Dabei dürfen diese Teilstrategien der Globalstrategie in keinem Fall widersprechen und müssen deshalb im Anschluss an die strategische Gesamtplanung jeweils überprüft und gegebenenfalls angepasst werden.

### 3.3.4 Management-Instrumente der operativen Ebene

Die operative Planung in Form von jährlich erarbeiteten Finanzplänen und Budgets war jahrzehntelang das einzige in den Statuten oder Satzungen vorgeschriebene Planungsinstrument vieler NPO. Selten nur wurde dieser finanziell-buchhalterische Rahmen auch durch einen Tätigkeits- und Aktivitätsplan unterlegt. Das "Sich-Durchwursteln" von einem Jahr zum anderen ermöglichte kaum eine aktive Zukunftsgestaltung. Man begnügte sich mit dem kurzfristigen Reagieren, der Konzentration auf das Tagesgeschäft. Als Steuerungsinstrumente sind Jahrespläne mit Jahreszielen und Massnahmen auch heute nach wie vor unverzichtbar. Sie entfalten ihre volle Wirkung jedoch erst durch die Einbettung in die übergeordnete strategische bzw. normative Planungsebene, aus denen sie als konkretisierte Umsetzung abgeleitet werden.

In der Jahresplanung und der Budgetierung ist eine weitgehende Formalisierung und Standardisierung der Prozesse nützlich, da praktisch alle Organe und Stellen in unterschiedlicher Intensität in die Planung involviert sind. Auch als so strategisches Organ muss das Ehrenamtsgremium in hinreichendem Masse in die inhaltliche Planung und die Budgetierung einbezogen werden. Es empfiehlt sich, in kooperativer Interaktion zunächst zwischen Ehrenamtsgremium und Geschäftsführung generelle Planungsvorgaben *top-down* zu fixieren, die danach durch die einzelnen Abteilungen – allenfalls unterstützt durch Ausschüsse und Kommissionen – konkretisiert und wiederum *bottom-up* in den Entscheidungsprozess der übergeordneten Stellen und Organe eingebracht werden.

Neben der Erarbeitung und Festlegung von Jahreszielen und -aktivitäten, die als Mittel zur Realisierung übergeordneter Strategien dienen, sind in der Regel noch weitere Bezüge zu den operativen und strategischen Aussagen herzustellen. Zum einen ist dies die sogenannte *Prämissenkontrolle*, welche überprüft, ob sich die für die strategische Planung als wahrscheinlich angenommenen Umfeldentwicklungen auch tatsächlich wie vorausgesagt eingestellt haben. Ist dies nicht der Fall, so müssen allenfalls die Strategien angepasst und bereits die laufende Jahresplanung in eine neue Richtung umgelenkt werden. Zum anderen ist bei rollender Planung die Verlängerung des strategischen Mehrjahresplans in die laufende Jahresplanung einzubeziehen. Deshalb wird insgesamt auch vom Jahressteuerungsprozess gesprochen, da er über das laufende Planungsjahr hinausgreift.

Der Steuerungsprozess, wie zuvor abgebildet, beinhaltet die zeitliche Abfolge und die Instrumentenübersicht für alle Planungsebenen. Es ist Sache jeder NPO, in der Praxis die ihrer Grösse, ihrer Komplexität bzw. ihrem Bedarf angemessene Auswahl an Instrumenten zu treffen. Kleinere, einfach strukturierte Organisationen werden sich den Luxus einer solch ausgefeilten Instrumentenbatterie nicht leisten wollen und können. Grössere Organisationen mit hundert und mehr Mitarbeitenden im NPO-Betrieb sind aber gut beraten, wenn sie möglichst konsequent nach dieser Vorlage ihr Management-System entwickeln. Hinzu kommt, dass in dringenden Fällen weder Zeit noch Ressourcen vorhanden sind, um der Sachlogik in allen Schritten zu folgen. So wäre in Situationen wie beispielsweise bei einer mit Strukturveränderungen verbundenen Neuorientierung einer NPO die Analysephase auf ein Minimum zu beschränken, detaillierte Leitbilder durch einige wenige prägnante Leitlinien zu ersetzen und die strategische und operative Planung auf die zu lösenden dringlichen Herausforderungen zu konzentrieren. Doch auch in solchen Situationen kann der Instrumentenraster eine Orientierungshilfe für die Prozessgestaltung und Instrumentenauswahl bieten.

### 3.3.5 Unterstützende Instrumente und Methoden der Steuerung

Zur Erfüllung der Steuerung, also der Planungsaufgaben und des Controlling auf den verschiedenen Ebenen, findet sich in Theorie und Praxis eine Vielzahl von unterstützenden Instrumenten und Methoden. Viele dieser Methoden decken mehrere Aspekte der Steuerung ab und sind deshalb als multifunktional zu bezeichnen. Daher ist es eine Ermessensfrage, ob man sie als Analyse- oder Planungsmethoden betrachtet, sie dem Controlling oder sogar dem Qualitätsmanagement zuweist. So ist z. B. die sogenannte *Portfoliomethode* sowohl ein Analyseinstrument (Ist-Portfolio), als auch ein Planungsinstrument (Soll-Portfolio). Die *Balanced Scorecard* (BSC, Kaplan & Norton 1997) wurde zwar als eigentliches Planungsinstrument mit dem Zweck der Umsetzung von Strategien auf die operative Ebene hin konzipiert, wird aber häufig als typisches Controlling-Instrument interpretiert oder als ebenso typische Methode im Qualitätsmanagement reklamiert. Indikatoren- und Kennzahlensystemen können sowohl der Planungs-, als auch der Kontrollfunktion zugeordnet werden.

Die folgende Tabelle zeigt eine Auswahl dieser ergänzenden Instrumente und Methoden, jeweils den Steuerungsebenen sowie ihrer Funktion (Analyse, Planung, Controlling) zugeordnet.

**Tab. 5** – Steuerungsinstrumente und -methoden

| Steuerungsebene | Instrumente und Methoden | Funktionen | | |
|---|---|---|---|---|
| | | Analyse | Planung | Kontrolle |
| normativ | • Werteanalyse | X | | |
| | • Analyse des Austauschsystems | X | | |
| | • Positionierungskreuz | | X | |
| strategisch | • SWOT-Analyse | X | | |
| | • Aufgaben- / Leistungskritik | X | | |
| | • Reifegradanalyse | X | | |
| | • Szenario-Technik | X | X | |
| | • Portfoliotechnik | X | X | |
| | • Zero-based Budgeting (ZBB) | X | X | |
| | • Business Model Canvas | | X | |
| | • Balanced Scorecard (BSC) | | X | X |
| operativ | • Potenzialanalyse / Personalbestand | X | | |
| | • Budgets | | X | X |
| | • Qualitätsstandards | | X | X |
| | • Kennzahlen- / Indikatorensysteme | | X | X |

### 3.3.6 Risiko-, Krisen- und Issues-Management

Neben der zukunftsorientierten Planung, in den vorangehenden Kapiteln beschrieben, gibt es viele Argumente, warum NPO gut daran tun, einen Management-Fokus auf eine professionelle Risikobewirtschaftung und Krisenvorsorge zu richten. Ihre Umfelder verändern sich ebenso regelmässig, oft fundamental und bisweilen dynamisch. Die Zeiten, in denen sich NPO bei Krisen hinter ihrer gemeinnützigen Ausrichtung verstecken konnten, sind vorbei, wie ein Blick auf das Medienverhalten in den letzten Jahren offenbart. Wie die folgende Abbildung illustriert, kann die Risikobetrachtung zeitlich im Rahmen einer Analysephase zur Planung beispielsweise bei einem Strategieentwicklungsprozess stattfinden.

**Abb. 22** – Die Verbindung von Strategie und Risikomanagement

*Die Trilogie von Issues-, Risiko- und Krisenmanagement*

Was in der Praxis häufig als Risikomanagement bezeichnet wird, gliedert sich bei näherer Betrachtung in drei aufeinander aufbauende Handlungsbereiche: Issues-, Risiko- und Krisenmanagement. Die Unterscheidung erfolgt dabei vor allem unter dem zeitlichen Gesichtspunkt, denn nicht selten gründet eine wesentliche Ursache für das Auftreten einer Krise auf einem fehlenden oder nicht effektiven Risikomanagement .

Das *Krisenmanagement* wird in der Regel reaktiv eingesetzt, wenn eine Situation bereits ausser Kontrolle geraten ist. Krisen unterscheiden sich wesentlich von der in diesem Kapitel beschriebenen Planung: Sie sind ungeplant, ungewollt und meist einzigartig, und deshalb verfügt die Organisation über keine Routinen und nur unzureichendes Erfahrungswissen zu ihrer Bewältigung. Im Krisenmanagement wird die Krisenlage analysiert, es werden Bewältigungsstrategien entwickelt und Gegenmassnahmen mit dem Ziel eingeleitet, die Organisation schrittweise aus der Krisenlage hinauszuführen und vor grösserem Schaden zu bewahren. Ein wichtiger Teilaspekt des Krisenmanagements ist die Krisenkommunikation. Neben den meisten Aktivitäten, die sich oft hinter verschlossenen Türen abspielen, steht die Krisenkommunikation in der kritischen öffentlichen Wahrnehmung.

Das *Risikomanagement* basiert auf einer breit angelegten, umfassenden Erhebung organisationaler Risiken. Die Sammlung der Risiken wird kategorisiert und anschliessend gewichtet, beispielsweise in Form einer Risiko-Bewertungsmatrix. Die ermittelten Risiken werden ihrem Schadenspotenzial und ihrer Eintrittswahrscheinlichkeit entsprechend in ein Risiko-Portfolio eingetragen. Es visualisiert die Risikoexposition der NPO und zeigt, um welche Risikopositionen sich die Organisation vordringlich kümmern muss. Dabei wird für jedes wichtige und gefährliche Risiko festgelegt, inwieweit und wie es vermieden, vermindert, begrenzt resp. überwälzt werden kann oder ob es selber getragen werden muss. Letztere Risiken bilden in der Summe das Restrisiko der Organisation.

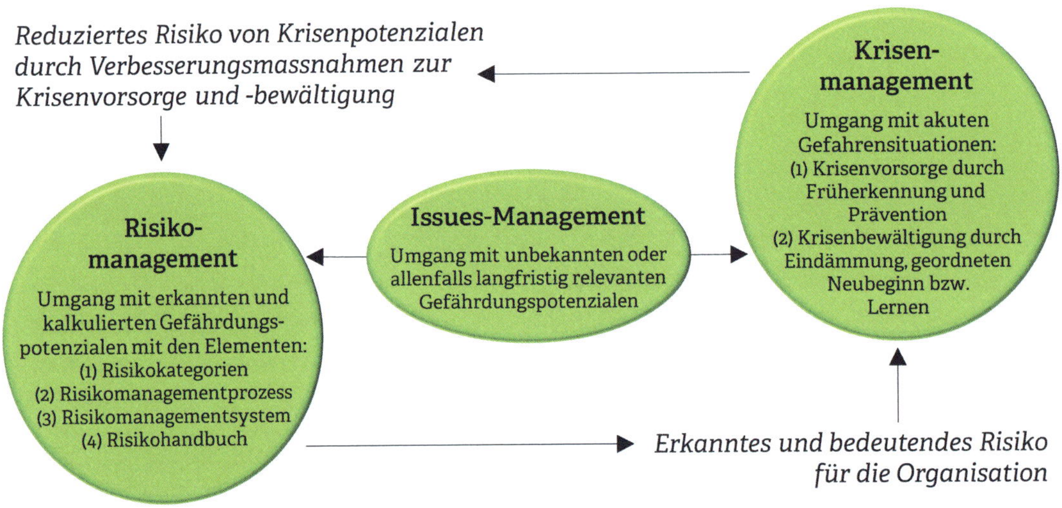


**Abb. 23** – Dreiklang von Risiko-, Issues- und Krisenmanagement

Ziel der Risikokommunikation als Begleitmassnahme ist es, die relevanten Stakeholder einer Organisation frühzeitig und proaktiv mit dem Ausmass und der Relevanz von Risiken der Organisation bekanntzumachen, um einerseits die Risikosensibilität des Managements zu signalisieren und andererseits das Überraschungsmoment auf Seiten der Stakeholder im Fall einer Krise abzumildern. Im Erfolgsfall trägt es dazu bei, in der breiten Öffentlichkeit Verständnis, Transparenz und Vertrauen zu erhalten.

*Issues-Management* bezeichnet die systematische fortlaufende Auseinandersetzung der Organisation mit Anliegen oder Entwicklungen in ihrem Umfeld. Es ist als eine Art Radarschirm bzw. stetiges Monitoring anzusehen, mit dem die Organisation Objekte und Bewegungsrichtungen in einem bestimmten Umkreis beobachtet und fortlaufend neu bewertet. Damit unterscheidet sich Issues-Management von den im Rahmen der Planung einmaligen bzw. zeitlich fixierten Analyse- und Lagebeurteilungen, die beispielsweise für die strategische Planung nur ca. alle drei bis fünf Jahre Prognoseinformationen aufbereiten. Issues-Management erweitert gegenüber dem Risikomanagement das Blickfeld, indem nicht so sehr von der Organisation und den ihr innewohnenden Risiken ausgegangen wird, sondern das Umfeld als Quelle von unvermuteten Gefährdungen angesehen wird. Die gezielte Vorsorge wird durch eine allgemeine ergänzt.

Allen drei genannten Disziplinen gemein ist die Systematik. Issues-, Risiko- und Krisenmanagement (kurz IRK) können dann am besten über den Zufall hinaus wirksam und erfolgreich sein, wenn ihnen ein systematischer Management-Ansatz zugrunde liegt: Dann sind die IRK-Disziplinen als durchdachtes Regelkreis-System konzipiert, aufeinander abgestimmt und wirksam in die Steuerung der Organisation eingebaut.

### 3.3.7 Steuerung in agilen und selbstorganisierten Settings

Formen der Selbstorganisation sind primär Antworten zur Beobachtung, dass Umfelder zunehmend volatil, ungewiss, komplex und mehrdeutig bzw. ambivalent sind (*VUKA*): Wenn sich Umfelder derart unvorhersehbar entwickeln, kann keine mittel- und langfristige Planung erfolgen. So lautet die Schlussfolgerung beispielsweise von Frederic Laloux, dem Autor von Reinventing Organizations (2015). In Kapitel 3.5 werden noch die organisatorischen Besonderheiten der Selbstorganisation spezifisch dargelegt.

In einem VUKA-Umfeld steuert man gewissermassen im Nebel, d. h. weder Endziele noch Lösungswege können überblickt werden; bekannt ist allein der aktuelle Ausgangspunkt. Deshalb fokussiert die Planung in agilen und selbstorganisierten Organisationen hauptsächlich auf die normative Ebene und investiert bewusst wenig in detaillierte Strategieentwicklungen und keinesfalls in ausgefeilte operative Umsetzungspläne. Die normativen Grundlagen jedoch sind von zentraler Bedeutung, denn der hier angesiedelte sogenannte purpose (Zweck und Mission der Organisation), aber auch breit abgestützte, handlungsleitende Grundsätze (z. B. in Form eines Manifests) verschaffen allen Beteiligten eine Orientierung. Diese erlaubt, ohne Mehrjahresplanung, dafür mit Selbstführung, gemeinsam in dieselbe Richtung zu arbeiten – ohne, dass wichtige Entscheidungen durch zentrale bzw. hierarchisch übergeordnete Instanzen abgesichert sein müssen.

Auch dieses gemeinsame Voranschreiten kommt nicht ohne Controlling aus, denn es werden laufend Informationen zum aktuellen Zustand benötigt, um die nächsten Schritte darauf abstützen zu können. Dabei steht jedoch ungleich stärker als im klassischen Controlling das *Self-Controlling* im Vordergrund. In agilen Methoden wie beispielsweise SCRUM oder KANBAN, sind Instrumente zur Visualisierung von geplanten und erledigten Arbeitsschritten in Sprintbacklogs bzw. Boards wesentliche Instrumente, um diese Selbstführung zu unterstützen. Auch die Arbeitsprozesse werden so ausgerichtet, dass ein kontinuierliches Self-Controlling erfolgt, z. B. durch Retrospektiven, die in der SCRUM-Methodologie jeweils zwingend zum Ende eines Sprints (Entwicklungsschritts) erfolgen.

Ist die Planung auf den Ebenen Strategieentwicklung und insbesondere die operative Planung überflüssig? Die Antwort lautet klar nein: Nicht alle NPO stehen in einem so genannten VUKA-Umfeld: Ist ein Umfeld eher stabil und vorhersehbar, dann ist die Planung auf allen drei Ebenen, wie in Abbildung 21 dargestellt, das bewährte Management-Instrument. Für NPO, die einem VUKA-Umfeld ausgesetzt sind und agiler sowie selbstorganisierter steuern, dienen neben den bereits erwähnten Instrumenten auf normativer Ebene, die Instrumente der Lagebeurteilung und Analyse, der Strategieentwicklung und des Controlling als Instrumentenkiste.

**Praxistipps und Denkanstösse**

1 Planung gehört zu den wesentlichen Führungsaufgaben von Ehrenamt und Geschäftsführung in NPO. In der Praxis muss jede NPO je nach ihrer Grösse und der Dynamik ihres Umfelds für sich entscheiden, wie umfangreich sie ihre Management-Instrumenten-Batterie dafür einrichtet.

2 Die wesentlichen Unterschiede zwischen der klassischen Steuerung und den agilen bzw. selbstorgansierten Ansätzen liegen erstens im Ausarbeitungs- und Konkretisierungsgrad für längere Zeitabschnitte (3-5 Jahre für die Strategie / 1 Jahr für die operative Planung), zweitens in der Organisation, also der Frage, wer für welche Planungsschritte zuständig ist, und drittens in der stetigen Selbstführung in Planung und Controlling.

3 Das Risikomanagement lässt sich effizient in Strategieentwicklungsprozesse integrieren: Liegen die Analyse und Lagebeurteilung vor, können daraus nicht nur Potenziale für die Strategie, sondern auch Risiken eruiert werden. So dient die Analysephase direkt beiden Aufgaben zu.

Weiterführende Literatur

https://www.vmi.ch/de/npo-wissen/npo-themen/kapitel-3.3/

## 3.4 Controlling

Die Planung und die mit ihr im Zusammenhang stehende Umsetzungs- und Realisierungskontrolle wurden bereits beschrieben. Beide sind als Management-Funktionen und somit als Aufgabe von Führungsgremien und Führungskräften anzusehen. Controlling verbindet nun die Planung, die Kontrolle und die Informationsversorgung in einer systematischen Weise. Somit ist es mehr als nur Kontrolle und unterstützt die Steuerung der NPO.

### 3.4.1 Inhalt und Aufgaben des Controlling

Controlling trägt – vor allem auch durch eine entsprechende Gestaltung der Zielsetzungs- und Planungssysteme – dazu bei, dass operationale und realitätsnahe Ziele gesetzt und konkrete Massnahmen zur Zielerreichung geplant werden. Es begleitet den Umsetzungsprozess, erhebt Ist-Daten und stellt diese den korrespondierenden Plandaten gegenüber. Dieser Soll-Ist-Vergleich ermöglicht eine Einschätzung des jeweiligen Zielerreichungsgrades und die Ermittlung von Abweichungen. Deren Analyse und die daraus gewonnenen Erkenntnisse versorgen das Management mit Feedback und machen es möglich, konkrete Führungs- und Steuerungshandlungen, gegebenenfalls aber auch Ziel- und Planrevisionen, vorzunehmen. In diesem Zusammenhang werden auch Prozesse des organisationalen Lernens ausgelöst, die geeignet sind, die Wirksamkeit der Leistungen oder Aktivitäten sowie die Wirtschaftlichkeit der Leistungserstellung zu optimieren.

Planung und Kontrolle werden in arbeitsteiligen Prozessen abgewickelt, die Kompetenzen sind auf zahlreiche Gremien und Stellen verteilt. Dadurch entsteht ein hoher Bedarf an Koordination dieser Aktivitäten und an Vernetzung der dazu erforderlichen Informationen. Zudem setzen die Sammlung, Erarbeitung und Aufbereitung planungs- und kontrollrelevanter Informationen ein besonderes Know how voraus. Controlling widmet sich dieser Informationsbeschaffungsaufgabe sowie der Koordination der Planungs- und Kontrollprozesse und ist daher auch als Management des planungs- und kontrollbezogenen Informationssystems zu verstehen. Es geht darum, dass eine, die einzelnen Teilbereiche der NPO übergreifende Beschaffung, Koordination, Integration und Verdichtung notwendiger Management-Informationen sichergestellt wird. Dies setzt in vielen Fällen eine Übertragung von bestimmten Controlling-Aufgaben an eine bestimmte Stelle und damit eine gewisse Zentralisierung voraus.

Zusammenfassend hat das Controlling drei Aufgaben:

1) das Planungs- und Kontrollsystem und das dazugehörige Informationssystem mitzugestalten und für deren Funktionieren und Benutzerfreundlichkeit zu sorgen;

2) die ihm übertragenen Informationsversorgungs-Aufgaben wahrzunehmen, etwa Analysen und Prognosen der Umfelder auf der strategischen Ebene, um daraus im Sinne der Problemfrüherkennung Anpassungsentscheidungen und Innovationen anzuregen. Im Zuge der Planungs- und Kontrollaktivitäten kommt dem Controlling eine Reihe von koordinierenden, moderierenden und prozessbegleitenden Funktionen zu;
3) im Sinne eines Coaching Führungsgremien und Führungskräfte durch Beratung und Moderation bei Planerarbeitungsprozessen zu unterstützen, indem es eine Reihe von koordinierenden, moderierenden und prozessbegleitenden Funktionen wahrnimmt.

Die folgende Abbildung zeigt zentrale Aufgaben des Controlling im Überblick. Sie verdeutlicht, dass das Controlling steter Begleiter der Planung und Kontrolle auf allen Ebenen ist. Daraus leiten sich auch die beiden Einsatzbereiche des strategischen und des operativen Controlling ab.

**Abb. 24** – Unterstützungsaufgaben des Controlling

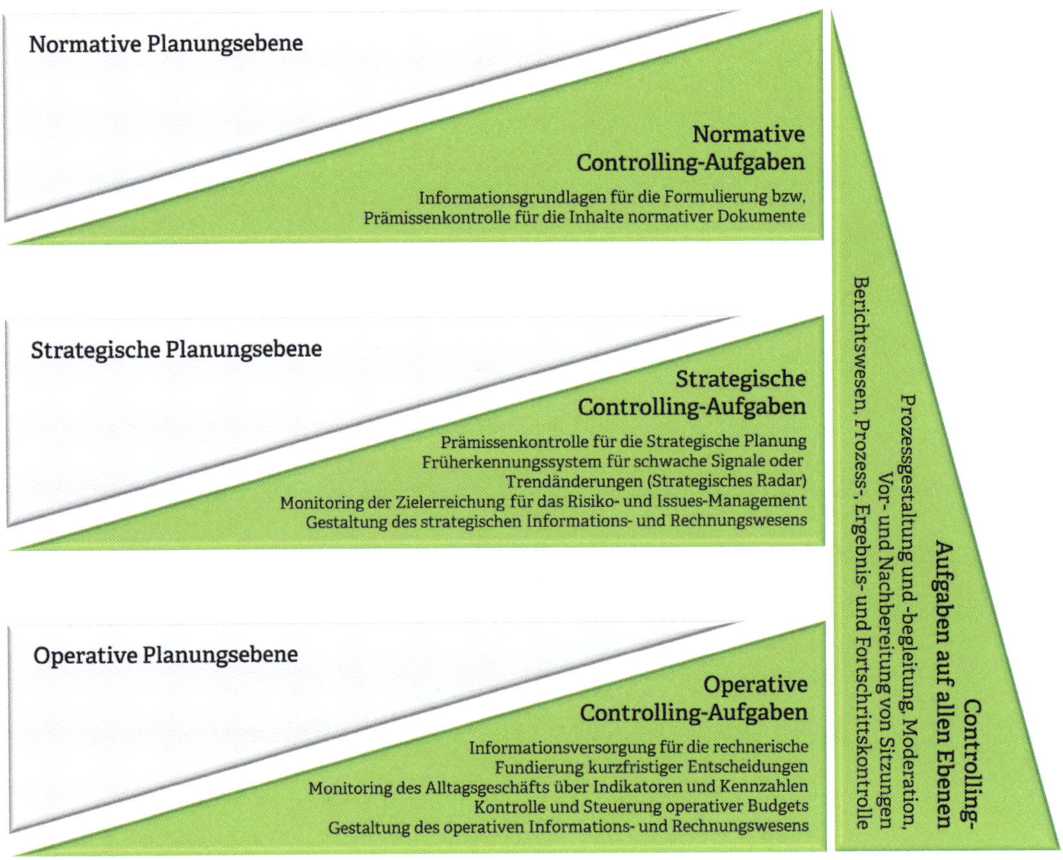

Das *Finanzcontrolling* steht im Dienste der Sicherung der jederzeitigen Liquidität. Mit Hilfe der systematischen Gegenüberstellung von erwarteten Einzahlungen und Auszahlungen sollen mögliche Bedrohungen der Zahlungsfähigkeit frühzeitig erkannt werden, damit noch Massnahmen zu deren Abwendung ergriffen werden können. In diesem Bereich besteht vom Muster her kein Unterschied zu den Vorgehensweisen profitorientierter Unternehmen, unterschiedlich gestalten sich (zumindest teilweise) die Art und die Struktur der konkret zu erfassenden Zahlungen.

Controlling im Sinne von *Erfolgssteuerung* knüpft am Begriff des Systemerfolgs an. Die *Lenkung und Sicherung von Effektivität, Effizienz und Qualität* stellen inhaltliche Schwerpunkte dar. Es fokussiert sowohl auf den Bereich der Leistungsadressaten (z. B. die Evaluation von Mitglieder-Klienten-Zufriedenheit) wie auch auf interne Felder (vor allem im Hinblick auf die Effizienz arbeitsteiliger Prozesse im Generellen und der Planungs- und Kontrollprozesse im Besonderen). Dadurch wird es aber in der Praxis oft schwierig, die Zuständigkeiten von Controlling- und Qualitätsmanagement-Stellen sauber zu trennen und Redundanzen zu vermeiden.

Bei der Aufgabe der Erfolgssteuerung bestehen klare Unterschiede zum gewinnorientierten Unternehmen. Letztere verfolgen mit der Optimierung des Unternehmenswertes bzw. der Erzielung eines (dem Risiko des Kapitaleinsatzes angemessenen) Gewinns ein Oberziel, das in einer finanziellen Grösse festgelegt ist und in der Folge auch vergleichsweise eindeutig gemessen werden kann. Die konkreten Sachziele, die Art sowie die Menge der erzielten Leistungen, aber auch der Ort der Leistungsproduktion, sind den Gewinnzielen logisch untergeordnet. Das konkrete Ausmass der erwirtschafteten Renditen macht es möglich, Unternehmen (z.B. auf dem Kapitalmarkt) miteinander zu vergleichen.

Anders stellt sich die Situation in NPO dar, da sie über eine solche umfassende Erfolgsgrösse nicht verfügen. Nicht eine angestrebte Rendite, sondern eine Mission bildet die Spitze der Zielpyramide. Diese Mission wiederum setzt sich aus einem Ensemble von in der Allgemeinheit oder bei spezifischen Stakeholdern angestrebten Wirkungen zusammen. Da die angestrebten Wirkungen in der Regel auf der Basis individueller Verhältnisse gemessen werden müssen, ist ein unmittelbarer Vergleich zwischen Organisationen oft schwierig.

Erfolg ist in NPO also gleichzusetzen mit der effektiven und effizienten Erfüllung der in der Mission festgehaltenen und der von ihr abgeleiteten Sachziele auf der Ebene der Wirkungen, Leistungen, Aktivitäten und Ressourcen. Controlling muss sich ebenso wie die Planung der komplexen Welt der unmittelbaren Sachzielerfüllung widmen und die eingesetzten Instrumente dementsprechend anpassen. Das bedingt vor allem auch, dass eine Reihe von Kenngrössen, die im Controlling-Prozess eingesetzt werden, nicht-finanzieller Natur sind (vgl. dazu auch die Ausführungen zum Wirkungscontrolling).

Allerdings stellt sich die Ausgangslage gegenwärtig nicht mehr so schwarz/weiss dar: Einerseits hat sich z. B. in den erwerbswirtschaftlichen Unternehmen längst die Einsicht durchgesetzt, dass auch bei ihnen die Rendite (z. B. im Qualitätsmanagement, im Personalmanagement oder im Marketing) von Erfolgsfaktoren und damit auch von Grössen getrieben wird, die nicht-finanzieller Natur sind. Andererseits weisen viele NPO in ihrer Finanzierungsstruktur ein steigendes Mass an Hybridität auf und erstellen bestimmte Leistungen auch nach kommerziellen Logiken. In diesen organisatorisch abgegrenzten Leistungsbereichen kann (mit gewissen Einschränkungen) das für gewinnorientierte Unternehmen entwickelte Instrumentarium eingesetzt werden. In den ideellen Kernbereichen der NPO erforderte dies dagegen erhebliche Anpassungen.

### 3.4.2 Instrumente des Controlling

Analog zur Planung unterscheidet man auch im Controlling eine normative, eine strategische und eine operative Ebene. Die für die Planung tauglichen Instrumente und Methoden wurden exemplarisch bereit in Kapitel 3.3 aufgeführt. Daraus geht hervor, dass die einen Instrumente ausschliesslich Analyse- und Prognose-Informationen liefern, während die anderen sowohl für die Analyse, als auch die Planung anwendbar sind. Die Instrumente der Planung sind auch der Ausgangspunkt für das (korrespondierende bzw. ergänzende) Controlling, wie es die vorangegangene Abbildung deutlich zeigt.

Das *Normative Controlling* weist einen sehr geringen Formalisierungsgrad auf. Es beschränkt sich weitgehend auf die Vorgabe eines Methoden-Rahmens, der von Fall zu Fall unterschiedlich ausgeschöpft wird. Die eingesetzten Methoden zielen überwiegend auf eine qualitative Bewertung von Sachverhalten ab. Materiell geht es dabei um die Zukunftsorientierung der NPO, die Überprüfung von Wertesystemen, des Leitbilds und des Selbstverständnisses.

Die Funktion der Informationsversorgung spielt auch auf der strategischen Ebene eine zentrale Rolle. Strategische Planung beruht regelmäßig auf gewissen Prämissen, und das *Strategische Controlling* richtet seinen Blick darauf, ob diese Prämissen auch weiterhin gültig sind. Ist dies nicht der Fall, kommt dem Controlling die Verantwortung zu, eine Überarbeitung strategischer Planungsinhalte zu initiieren. Mit Blick auf die in Kapitel 3.3 angesprochenen Instrumente und Methoden der strategischen Planung nimmt es sowohl Aufgaben der Informationsversorgung, als auch solche des Monitoring wahr. Damit soll aufgezeigt werden, ob die mit strategischen Projekten verfolgten Ziele erreicht werden können, sich im Umfeld neue Chancen und Gefahren ergeben, Stärken zu erodieren drohen usw.

Trendbrüche in den gesellschaftlichen Umfeldern kündigen sich vielfach durch sogenannte schwache Signale an. Strategisches Controlling soll im Sinne eines Radars ein geeignetes Sensorium entwickeln, diese Signale frühzeitig zu erkennen, um den Handlungsspielraum für geeignete Reaktionen zu erhalten. In diesem Zusammenhang hat es auch die Aufgabe, regelmässig und systematisch die Entwicklungen bei bereits identifizierten Risiken zu verfolgen (Risiko-Controlling) und das Issues-Management zu unterstützen. Schwache Signale können auch anzeigen, dass sich die NPO bereits in einer latenten Krise befindet oder auf eine solche zusteuert.

In seiner Funktion der Schaffung von Informationsgrundlagen nimmt das Controlling auch themenbezogene Sonderauswertungen vor und trägt so zur rationalen Fundierung strategischer Entscheidungen bei. Ein diesbezügliches Beispiel sind Investitionsrechnungen zur Beurteilung von Investitionsprojekten. Bei der Umsetzung der strategischen Planungsprojekte in operative Planungsvorhaben leistet das Controlling schliesslich Hilfestellung bei der Festlegung bzw. Konkretisierung von Etappenzielen zur Planrealisierung und überprüft deren Einhaltung. In diesen Zusammenhang sind auch Monitoring-Aufgaben im Zuge der Strategieimplementierung zu stellen.

Das *Operative Controlling* unterstützt (methodisch und informatorisch) die operative Planung und schliesst den (kurzfristigen) Steuerungskreis im Rahmen weitgehend feststehender Aufgabenbereiche, Ziele und Handlungsfelder. Dem Controller bzw. der Controllerin kommen die Koordinierung der zielbezogenen operativen Planung und der Budgetierung, der Aufbau und die Koordinierung der Kontrolle sowie die Führungsunterstützung in den Fachbereichen zu. Bei diesen Aktivitäten baut das operative Controlling im Wesentlichen auf einem leistungsfähigen Rechnungswesen auf, das – basierend auf einem Zeiterfassungssystem zur Dokumentation der pro Leistung eingesetzten Personalkapazitäten – insbesondere über eine Kostenstellen- und Kostenträger- (oder Leistungs-)Rechnung verfügt. Neben quantitativen sind dabei auch qualitative, geldwertmässig nicht erfassbare und teilweise auch von subjektiven Einschätzungen geprägte Grössen zu erfassen, wie z. B. die Mitgliederzufriedenheit oder die Motivation von Spenderinnen und Spendern. Dazu gehört die Überprüfung der Einhaltung von Qualitätsstandards bei allen Prozessen, wozu auch eine Leistungs- und Verhaltensbeurteilung der einzelnen Mitarbeiterinnen und Mitarbeiter zu zählen ist.

Auf der operativen wie auch der strategischen Ebene spielen Kennzahlen und Indikatoren eine bedeutende Rolle. Kennzahlen sollen quantifizierbare Sachverhalte einer Organisation in einer konzentrierten Form zum Ausdruck bringen. Sie stellen quantitative Daten (z. B. bearbeitete Fälle pro Mitarbeitende) oder wertmässige Daten (z. B. Spendenaufwand zu Spendenertrag) zueinander in eine Beziehung, oder sie verknüpfen quantitative und wertmässige Daten miteinander (z. B. Subventionsvolumen pro Betreuungsplatz).

Der organisationale Output von Aktivitäten und Leistungen steht für die organisationsinterne Perspektive. Die dazu herangezogenen Kennzahlen geben die Anstrengungen der NPO zur Erreichung ihrer Mission wieder. Outcome und Impact stehen hingegen für die durch die Anstrengungen direkt oder mittelbar und gegebenenfalls nachhaltig erzielten Effekte und damit für die externe Perspektive der Bezugsgruppen.

Wo Wirkungen nicht direkt messbar sind, kommen *Indikatoren* zum Einsatz. Man versucht mit Hilfe einiger beobachtbarer Sachverhalte eine angestrebte Wirkung, die sich wegen ihrer Komplexität einer umfassenden und exakten Messung entzieht, stellvertretend abzubilden. Ein als Indikator verwendeter Sachverhalt hat dabei oft den Vorteil, dass er über eine Kennzahl gemessen werden kann. So wird z. B. die gegebene Fluktuation im Personalstamm als Indikator für die Mitarbeiterzufriedenheit herangezogen und über die Kennzahl Fluktuationsquote abgebildet.

| **Mittel**<br>(Input) | **Aktivitäten & Leistungen**<br>(Output) | **Wirkungen**<br>(Outcome & Impact) |
|---|---|---|
| Kennzahlen zur Potenzialmessung<br>- Humanressourcen<br>(z. B. Vollzeit-Äquivalente, Zahl der freiwillig Engagierten oder der geleisteten Freiwilligenstunden, Fluktuationsrate, Ausbildungsgrade)<br>- Infrastruktur<br>(z. B. Anlagenstruktur, Kapazitätsvolumen)<br>- Finanzielle Mittel<br>(z. B. Cashflow, Volumen an Mitgliedsbeiträgen, Spenden usw.) | Kennzahlen zur Leistungsmessung<br>- Kollektivleistungen<br>(z. B. Anzahl der Veröffentlichungen, Lobbying-Aktivitäten oder erbrachten Weiterbildungen)<br>- Individualleistungen<br>(z. B. Anzahl der Beratungsstunden, Fallzahlen, Marktanteile)<br>- Wirtschaftlichkeit<br>(z.B. Auslastungs- und Kostendeckungsgrade, Strukturvergleiche) | Kennzahlen zur Wirkungsmessung<br>- Direkte Effekte<br>(z. B. Teilnehmendenzahlen, Vermittlungsquote, Zufriedenheit, Einkommenszuwächse, Versorgungsgrade, Anzahl der Beiträge in den Medien)<br>- Indirekte Effekte<br>(z. B. Kriminalitätsrate, Beschäftigungsquote, Bekanntheitsgrad, eingesparte Sozialleistungen, zusätzliches Steuervolumen) |
| **Formalzielerreichung**<br>(Effizienz) | **Sachzielerreichung**<br>(Effektivität) | |

**Tab. 6** – Beispiele für Kennzahlen in NPO

*Kennzahlen und Indikatoren* sind Mittel der Steuerung. Durch sie können Inhalte der Planung operationalisiert, in einer vereinfachten Form festgehalten (Dokumentationsfunktion) und in der Folge in konkrete Planwerte übersetzt werden (Vorgabefunktion). Sie bieten den angesprochenen Mitarbeiterinnen und Mitarbeitern Orientierung und sollen diese dazu motivieren, ihre Handlungen und Aktivitäten an den durch die Kenngrössen dokumentierten Zielen auszurichten (Motivationsfunktion). Im Sinne der

Anreizfunktion können mit dem Erreichen bestimmter Werte konkrete materielle oder immaterielle Belohnungen verbunden sein.

Bei der Definition von Kennzahlen und Indikatoren stellen sich stets Fragen der *Gültigkeit und Verlässlichkeit* sowie des konkreten Informationsnutzens. Im Sinne der Gültigkeit (Validität) müssen Kennzahlen und Indikatoren möglichst exakt das messen, was sie messen sollen. Zwischen ihnen und dem abzubildenden Sachverhalt muss also ein plausibler (im Idealfall kausaler) Zusammenhang bestehen. Das Kriterium der Zuverlässigkeit (Reliabilität) verlangt wiederum, dass eine Messung reproduzierbar ist, d.h., dass die Kennzahlen und Indikatoren unter gleichen Bedingungen den gleichen Wert anzeigen und die Messung damit auch zum gleichen Ergebnis führt. Dem Postulat des Informationsnutzens folgend sollen nur Kennzahlen definiert und Werte erhoben werden, deren Kenntnis dem Adressaten einen tatsächlichen Nutzen bringt. Der zusätzliche Informationsnutzen muss den Aufwand der Datenerhebung rechtfertigen. In diesem Sinne sind sogenannte Datenfriedhöfe nicht nur ineffizient, sondern gegebenenfalls auch kontraproduktiv, falls eine Vielzahl an verzichtbaren Daten die eigentlich steuerungsrelevanten Informationen verdeckt.

### 3.4.3 Das Rechnungswesen

Eine zentrale Informations- und Datenquelle in Verbänden und anderen NPO ist das Rechnungswesen. Dieses kann nicht als ein einheitlich ausgerichtetes Rechengebäude angesehen werden. Es ist in einer Vielzahl von Rechnungsverfahren organisiert und dient der systematischen Erfassung und Auswertung aller quantifizierbaren Geschäftsfälle oder Sachverhalte für die Zwecke der Planung, Steuerung und Kontrolle des betrieblichen Geschehens. Es erfüllt gleichlaufend und nebeneinander Dokumentations-, Dispositions- und Kontrollfunktionen. Es übernimmt eine Mittlerfunktion zwischen dem Zielsystem und dem Leistungssystem einer NPO und dient in gleicher Weise als Lenkungsinstrument und als Abbildungsinstrument. Das Rechnungswesen hat zwei grundlegende Aufgaben:

1) *Rechenschaftslegung*: Mithilfe aus dem Rechnungswesen gewonnener Daten kommuniziert eine NPO ihren internen (z. B. den Mitgliedern) und externen Stakeholdern (z. B. den Spenderinnen und Spendern, staatlichen Förderstellen oder auch Kreditinstituten) die zentralen Ergebnisse ihrer Tätigkeit. Dabei kommen sowohl finanzielle als auch nicht finanzielle Daten zum Einsatz. Das Rechnungswesen unterstützt somit das Stakeholdermanagement und das Marketing einer NPO und dient auch der Legitimierung des Handelns bzw. des mit den Aktivitäten verbundenen Ressourceneinsatzes.
2) *Management- bzw. Führungsunterstützung*: In diesem Zusammenhang werden Daten verknüpft, um umfassende Managementprozesse (vgl.

z.B. die Budgetierung), aber auch einzelne (wirtschaftliche) Entscheidungen rechnerisch zu fundieren und damit auf eine rationale Basis zu stellen. Damit hat das Rechnungswesen auch eine wichtige Funktion für die Planung und das Controlling.

| *Zeit-dimension* | **Finanzrechnung** (F) *zeitraumbezogen* | | **Bestandesrechnung** (B) *zeitpunktbezogen* | | **Ergebnisrechnung** (E) *zeitraumbezogen* | |
|---|---|---|---|---|---|---|
| Zukunft (Plan) | Einnahmen + Anfangsbestand an finanziellen Mitteln | Ausgaben | Vermögen (ohne finanzielle Mittel) | Schulden + Eigenkapital (Organisationskapital und Widmungskapital) | Aufwand | Ertrag |
| Vergangenheit (Ist) | | Liquiditätssaldo (Endbestand an finanziellen Mitteln) | | | Ergebnissaldo (Substanzmehrung bzw. -minderung) | |
| | Liquiditätsziel → | | | | | ← Sachziel |
| | Finanzielle Steuerung mit Blick auf Geldzuflüsse bzw. -abflüsse zur Sicherung der Liquidität | | | | Leistungswirtschaftliche Steuerung mit Blick auf Ressourcenverbrauch und -aufkommen zur Sicherung der Missionserreichung | |

**Tab. 7** – Integriertes Rechnungswesen (FBE-System)

Ein *mehrdimensionales NPO-Rechnungswesen* ist als integriertes System von Ermittlungsrechnungen (Finanz-, Bestandes- und Ergebnisrechnung; so genanntes FBE-System) auszugestalten. Ein integriertes Rechnungssystem dieser Art liegt der Fachempfehlung "Swiss GAAP FER 21 – Rechnungslegung für gemeinnützige, soziale Nonprofit-Organisationen" zugrunde. Damit sollen die Aussagekraft und die Vergleichbarkeit von Jahresrechnung und Berichterstattung, die Einzelabschlüsse sowie konsolidierte Abschlüsse umfasst, gewährleistet werden.

Die *Finanzrechnung* ist eine zeitraumbezogene Rechnung, die sich allein auf die Zahlungen der NPO bezieht und daher einen finanzwirtschaftlichen Fokus einnimmt. Sie geht vom Anfangsbestand an liquiden Mitteln am Beginn der Rechnungsperiode aus, umfasst alle Einzahlungen und Auszahlungen dieser Rechnungsperiode und führt zu einem Endbestand an liquiden Mitteln am Ende der Rechnungsperiode, der als Finanzvermögensbestand in die Bestandesrechnung (Bilanz) übernommen wird.

Die Finanzrechnung kann zukunftsbezogen als Finanzplan (Finanzbudget) und vergangenheitsbezogen als Einnahmen-Ausgaben-Rechnung (Finanzrechnung im engeren Sinne) entwickelt werden und ist damit gleichermassen ein Instrument des Finanzcontrollings wie der Rechenschaftslegung. Die Finanzrechnung dient primär der Sicherung der Liquidität und sollte in jedem Fall eine Trennung zwischen laufender Rechnung und Vermögensänderungsrechnung (Investitionsrechnung) vorsehen. Die Ausgaben der laufenden Rechnung, wie etwa Personalausgaben und Verwaltungsausgaben, haben konsumtiven Charakter und sind daher sinnvoll nur aus laufenden Einnahmen, d. h. aus Erlösen aus der Abgabe marktfähiger Leistungen, Mitgliederbeiträgen und Spenden, zu finanzieren. Im Normalfall ist ein Überschuss der laufenden Einnahmen über die laufenden Ausgaben zu erwarten. Aus diesem Überschuss sind bei langfristiger Betrachtung die notwendigen Investitionen zu finanzieren. Für die (kurz- bzw. mittelfristige) Zwischenfinanzierung können auch Kredite herangezogen werden.

Vielfach wird die Finanzrechnung in der Praxis als Geldflussrechnung (Cash flow-Rechnung) ausgestaltet. Der gesamte Geldfluss (Cash flow) wird dabei unterteilt in einen Netto-Geldfluss aus der laufenden Geschäftstätigkeit, einen Netto-Geldfluss aus der Investitionstätigkeit und einen Netto-Geldfluss aus der Aussenfinanzierungstätigkeit. Eine solche Untergliederung ermöglicht einen vertiefteren Einblick in die Struktur der Zahlungen einer NPO.

Die *Ergebnisrechnung* (auch Erfolgsrechnung bzw. in der Schweiz Betriebsrechnung) ist ebenfalls als eine zeitraumbezogene Rechnung anzusehen, die für jede Rechnungsperiode den Ressourcenverbrauch (Mitteleinsatz) dem Ressourcenaufkommen (Mittelzugang) aus den erbrachten Leistungen gegenüberstellt. Sie knüpft daher an die Realgüterströme an und nimmt einen leistungswirtschaftlichen Fokus ein. Mitteleinsatz und Mittelzugang sind zunächst mengenmässig zu erfassen und dann zum Zweck der gesamthaften Darstellung in Geldgrössen zu veranschlagen. Dafür ist die Bezeichnung der *Bewertung* gebräuchlich. Erfolgt die Bewertung auf der Grundlage von Nominalgüterströmen (Zahlungen), wird der Mitteleinsatz als Aufwand und der Mittelzugang als Ertrag ausgewiesen. Der Saldo zwischen zwischen den beiden Grössen ist als Substanzmehrung anzusehen, wenn er positiv ist, und als Substanzminderung zu verstehen, wenn er negativ ist. In diesem Zusammenhang ergibt sich eine grosse Ähnlichkeit mit der kaufmännischen (unternehmerischen) Erfolgsrechnung im Sinne einer Gewinn- und Verlustrechnung (GuV-Rechnung). Anders als bei erwerbswirtschaftlich ausgerichteten Unternehmen besteht vor allem im Bereich der Kollektivgütererstellung zwischen Mitteleinsatz und Mittelzugang kein direkter Zusammenhang, da der Mittelzugang aus Zuflüssen ohne direkten Leistungsbezug von Mitgliedern, Spenderinnen und Spendern oder Subventionsgebern stammt.

Zukunftsbezogen kann von einer *Plan-Ergebnisrechnung* und vergangenheitsbezogen von einer Ist-Ergebnisrechnung gesprochen werden. Der Ergebnissaldo einer Rechnungsperiode geht in die Bestandesrechnung zum Ende der Rechnungsperiode ein und erhöht bzw. vermindert dort den Ausweis des Reinvermögens (Gesamtvermögen abzüglich der Schulden).

Die beiden zeitraumbezogenen Rechnungen, die Finanzrechnung und die Ergebnisrechnung, werden mit der stichtagsbezogenen *Bestandesrechnung* verbunden. Sie stellt eine Gegenüberstellung von Vermögen (Aktiven) sowie der Schulden und des von den Trägern (Mitgliedern, Spenderinnen und Spendern) der NPO gewidmeten Eigenkapitals (Passiven) dar. Aufgrund der Gegenüberstellung von Vermögens- und Schuldwerten wird oft auch nur von der Bilanz gesprochen. In Österreich und in Deutschland ist zudem die Bezeichnung der Bestandesrechnung gebräuchlich, auch spricht man von einer Gegenüberstellung der Aktiva und der Passiva. Der Liquiditätssaldo aus der Finanzrechnung wird in der Bestandesrechnung als Teil des Finanzvermögens ausgewiesen, der Ergebnissaldo aus der Ergebnisrechnung erhöht oder vermindert das Eigenkapital oder Reinvermögen (Nettovermögen nach Abzug der Schulden). Um zu signalisieren, dass es sich nicht um rentabilitätssuchendes Eigenkapital handelt, wird das Reinvermögen in NPO besser als Organisationskapital oder Widmungskapital bezeichnet.

Die Wahrnehmung der Aufgaben von NPO bedingt teilweise sehr bedeutende Bestände an Sachmitteln (z. B. Gebäude, Schulungsheime, Werkstätten) und an immateriellen Vermögenswerten (z. B. Rechte, Finanzanlagen) sowie von Fremdmitteln (Schulden), die zur Vermögensfinanzierung notwendig sind. Der geordnete Nachweis dieser Bestände und deren Veränderungen im Zeitablauf im Wege der Bestandesrechnung entspricht einem wichtigen Informationsbedürfnis. Aus finanzierungsstruktureller Sicht stellt ein vergleichsweise hoher Anteil an Organisationskapital, das der NPO von ihren Trägern und sonstigen Stakeholdern (z. B. öffentlichen und privaten Förderern) gewidmet worden ist, insofern einen Vorteil dar, als die Liquidität zukünftiger Perioden nicht oder nur in geringem Masse durch Zins- und Tilgungszahlungen belastet ist.

Die im FBE-Schema systematisch verbundenen Grundrechnungen bilden das Fundament des Rechnungswesens. Sie können in verschiedener Weise erweitert werden. Erfolgt in der Ergebnisrechnung die Bewertung nicht auf der Grundlage von Zahlungsströmen, sondern (zumindest teilweise) nach anderen Massstäben, wird der Mitteleinsatz als Kosten dem Wert der abgegebenen Leistungen (d. h. den Erlösen) gegenübergestellt. Das betrifft vor allem auch Ressourceneinsätze, die mit keinen unmittelbaren Zahlungen verbunden sind (z. B. die ehrenamtliche und freiwillige Mitarbeit). Auf diese Weise wird die Ergebnisrechnung zur *Kosten- und Leistungsrechnung* erweitert. Eine Verbindung zur Bestandesrechnung im Sinne der Verbundrechnung ist wegen der unterschiedlichen Bewertungsprinzipien in diesem Fall nicht mehr sinnvoll. Die Trennung von Mengengerüst und Preisfaktoren beim Ressourcenverbrauch ist für NPO deshalb von Bedeutung, weil nur ein Teil der erbrachten Leistungen, nämlich die als Individualgüter gegen Entgelt abgegebenen marktfähigen Leistungen (z. B. Beratung, Drucksachen oder Literatur), marktwirtschaftlichen Erfolgsüberlegungen zugänglich ist, sodass eine Deckung der Kosten durch Erträge bzw. eine angemessene Überschusserzielung möglich wird. Dies gilt sinngemäss auch für die meritorischen Güter, wenn aus sozialpolitischen Erwägungen auf kostendeckende Leistungsentgelte verzichtet wird. Der andere Bereich, die von der NPO für die anzusprechende Personengemeinschaft allgemein erbrachten Kollek- tivgüter (z. B. Interessenvertretung), unterliegt haushaltswirtschaftlichen Deckungskriterien, die Einsatz-Ergebnis-Relationen auf monetärer Ebene ausschliessen. Darüber hinaus ist zu berücksichtigen, dass die meisten der in NPO anfallenden Kosten in erster Linie von der vorgehaltenen Leistungsbereitschaft (Kapazität) und erst in diesem Rahmen von der tatsächlichen Leistungsinanspruchnahme bestimmt werden. Nur ein geringer Teil der anfallenden Kosten ist – wie in Dienstleistungsorganisationen üblich – direkt vom Leistungsvolumen abhängig.

Die *Investitionsrechnung* beurteilt die Sinn- und Vorteilhaftigkeit von Investitionsvorhaben, indem sie systematisch die allein durch eine Investition ausgelösten und zu erwartenden Ein- und Auszahlungen einander gegenüberstellt. Dabei ist es möglich, nicht nur die unmittelbar induzierten Zahlungen, sondern auch jene zu berücksichtigen, die aufgrund von mittelbaren Wirkungen des Vorhabens in der gesellschaftlichen Umwelt bzw. bei einzelnen Stakeholdern ausgelöst bzw. vermieden werden.

Die buchhalterische Ergebnisrechnung konzentriert sich auf die Ebene zwischen den Leistungen und dem dazu notwendigen Ressourceneinsatz und damit primär auf die Effizienz des Handelns. Da in den missions- bzw. sachzielorientierten NPO die Effektivität des Handelns nicht aussagekräftig anhand der von den unmittelbaren Leistungsadressaten vereinnahmten Erlösen gemessen werden kann, müssen die mit den Leistungen oder Aktivitäten erzielten Wirkungen auf eine alternative Art und Weise erfasst werden. Diese Herausforderung bedingt die Entwicklung spezifischer *Wirkungsrechnungen*. Diese ermöglichen die Ermittlung von Erfolgsquotienten, die sich aus der Gegenüberstellung von Leistungswirkungen und korrespondierendem Ressourceneinsatz, also den Kosten, ableiten. Die Wirkungsmessung ist oft nur unvollkommen über die laufende Beobachtung von Indikatoren möglich.

Auch jene Bereiche des Rechnungswesens, welche die Rechenschaftslegung den Mitgliedern oder anderen Stakeholdern der Organisation gegenüber in ihren Fokus nehmen, bauen auf den Grundrechnungen Finanzrechnung, Ergebnisrechnung und Bilanz auf. Dabei stehen nicht die geplanten, sondern die tatsächlich realisierten Werte im Vordergrund. Im Zentrum des Interesses stehen also die Fragen, ob die erbrachten Leistungen bzw. die ausgeübten Aktivitäten einer NPO deren Mission und die von ihr abgeleiteten weiteren Wirkungsziele erfüllt haben und wie gerechtfertigt der dafür getätigte Ressourceneinsatz ist. Die Informationen werden auch in diesem Bereich zu spezifischen Kennzahlen verknüpft.

Die betreffenden Informationen bilden den Kern eines *Leistungs- bzw. Wirkungsberichts* oder verwandter Instrumente wie z.B. Sozialbilanz, Wissensbilanz, Public Value-Bericht oder Member Value Reporting. In diesen Zusammenhang ist auch das *"Value for Money-Reporting"* zu stellen. Es ergibt sich aus dem Anspruch z. B. eines Mitglieds oder einer Spenderin, von einer NPO einen angemessenen Gegenwert für die von ihnen aufgebrachten Beiträge (Mitgliedsbeiträge bzw. Spenden) zu erhalten.

Zusammenfassend kann festgehalten werden, dass das Rechnungswesen in seiner Dokumentationsfunktion die Grundlagen für die Rechenschaftslegung und die Steuerung schafft. Während erstere vergangenheitsorientiert ist und im Sinne eines *"Stakeholder Reporting"* auch das Marketing unterstützt, steht die Steuerung im Zentrum von Planung und Controlling. Der Aspekt der Steuerung setzt jedoch wiederum voraus, dass Plandaten festgelegt werden, welche nach der erfolgten Umsetzung von Massnahmen den daraus resultierenden Istdaten gegenübergestellt werden. Dieser Vergleich ermöglicht die Ermittlung und die Analyse von Abweichungen. Im Bereich der Steuerung können sowohl die gesamte NPO bzw. Teilbereiche derselben als auch einzelne Objekte (z. B. Leistungseinheiten) oder spezifische Entscheidungen (z. B. *make or buy*) in den Fokus genommen werden. Gerade im Bereich der Kennzahlen wird deutlich, dass dabei nicht nur finanzielle Daten, sondern auch rein mengenmässige von Bedeutung sind. Inhalt wie auch Umfang des Rechnungswesens gehen somit weit über die eingangs geschilderten Grundrechnungen hinaus.

### 3.4.4 Wirkungsorientiertes Controlling und Performance Management

Klassische Vorgangsweisen im Controlling knüpfen häufig an Daten des traditionellen Rechnungswesens und damit an Input- (Ressourcen) und Output- (Leistungs-) Grössen an. Demgegenüber stellt das *wirkungsorientierte Controlling* explizit die Wirkungsdimension in das Zentrum seiner Betrachtungen. Es betont damit die für NPO konstitutive Tatsache, dass ihr Existenzgrund darin besteht, bei den wichtigsten Anspruchsgruppen oder in der Öffentlichkeit angestrebte Wirkungen auszulösen.

Wie bereits erwähnt, werden von den in der Mission verankerten, obersten Wirkungszielen regelmässig weitere Wirkungs-, Leistungs-, Prozess- und Ressourcenziele abgeleitet. Um diese in der Folge konkret abbilden und messen zu können, gilt es, auf den unterschiedlichen Ebenen entsprechende Kenngrössen, insbesondere auch Indikatoren und Kennzahlen, zu definieren, die eine solche Messung ermöglichen.

Folgendes Beispiel möge die eben geschilderte Vorgangsweise illustrieren: Eine NPO widmet sich in einem bestimmten Aktionsfeld dem Wirkungsziel, durch präventive Massnahmen die Neuinfektionen deutlich zu verringern. Von dieser zentralen Zielsetzung können wiederum die beiden Wirkungsziele abgeleitet werden, das Risikoverhalten bei den Menschen zu vermindern und das Wissen um die Gefahren der Krankheit und die Möglichkeiten der Infektion zu erhöhen. Die genannten Wirkungsziele stehen in einem logischen Zusammenhang. Ein erhöhtes Wissen (Wirkungsziel 1) leistet einen Beitrag dazu, das Risikoverhalten zu verringern (Wirkungsziel 2). Letzteres ist wiederum eine Voraussetzung dafür, das Ziel einer spürbaren Senkung der Zahl an Neuinfektionen (Wirkungsziel 3) tatsächlich erfüllen zu können.

*Leistungsziele* (z. B. die Durchführung einer ausreichenden Zahl an Impfungen, die Bereitstellung von zielgruppengerechtem Informationsmaterial und die Konzeption und Durchführung von zielgruppengerechten Beratungen), Prozess- und Aktivitätsziele (z. B. die Sicherung einer adäquaten Öffentlichkeitsarbeit in traditionellen wie auch in Social Media-Kanälen, das Knüpfen von Netzwerken und das Eingehen von Kooperationen) sowie Ressourcenziele (wie das Sicherstellen einer ausreichenden finanziellen Basis, das Einwerben eines bestimmten Spendenvolumens oder die Rekrutierung, Entwicklung und Bindung einer ausreichenden Zahl an kompetenten und engagierten Mitarbeiterinnen und Mitarbeitern) haben einen instrumentellen Charakter für die Verwirklichung der übergeordneten Wirkungsziele.

Das Performance Management greift diesen Gedanken auf und fokussiert jene Faktoren, die für die Erfüllung der obersten Wirkungsziele von Bedeutung sind, die sogenannten *Erfolgsfaktoren*. Sie können auf allen Ebenen der wirkungsorientierten Leistungsproduktion identifiziert werden, im Leistungsprogramm ebenso wie in den Prozessen der Leistungserstellung, zudem in der Qualifikation der Mitarbeitenden, in der Finanzierungsstruktur, aber auch im Führungsstil oder in der strategischen Position. Die identifizierten Erfolgsfaktoren sind in der Folge über Wirkungspfade in ein Wirkungsmodell zu integrieren, das den inneren Aufbau der optimalen Leistungsproduktion widerspiegelt. Dabei sollten auch wechselseitige Einflüsse und Abhängigkeiten sichtbar gemacht sowie einander verstärkende und dämpfende Effekte verdeutlicht werden.

Sind die Erfolgsfaktoren identifiziert und in einen systematischen Zusammenhang gebracht, gilt es, geeignete Massnahmen (z. B. Aktivitäten oder Leistungen) festzulegen. Die Definition von Kenngrössen ermöglicht in der Folge eine Vorgabe konkreter Zielwerte und ist ihrerseits die Voraussetzung für einen Soll-Ist-Vergleich sowie für die Feststellung bzw. Analyse von Abweichungen. Damit überlappen sich Controlling-Gedanke und Performance Management.

### 3.4.5 Controlling als Stelle

Controlling (im funktionellen Sinn) ist nicht allein die Aufgabe einer spezifischen Stelle innerhalb der NPO. Vielmehr nehmen in der Regel die Führungskräfte eine Reihe von Controlling-Aufgaben selbst wahr und in der Folge auch Anpassungen bei Zielabweichungen vor. Dieses *Selbst-Controlling* geht – z. B. in agilen Settings – hinunter bis auf die Ebene der einzelnen Mitarbeitenden. Dennoch stellt sich aus mehreren Gründen die Frage einer Verankerung des Controlling innerhalb der Organisationstruktur einer NPO und damit die Frage, welche Aufgaben im Controlling-Prozess von einer oder mehreren speziellen Stellen wahrgenommen werden sollen (Controlling im institutionellen Sinn).

Das Planungs- und Kontrollsystem mit seinen Instrumenten und Prozessen bedarf einer zentralen Gestaltungs- und Koordinationsinstanz, die über ein spezialisiertes Know-how verfügt. Diese Instanz ist auch der Prozessmotor für den gesamten Controlling-Prozess und legt fest, welche Informationen vom wem, wann und in welcher Qualität zu liefern sind, stimmt diese ab und integriert sie in ein grösseres Ganzes. Diese Integrationsfunktion wird z. B. im Zuge der alle Bereiche einer NPO umfassenden Prozesse der Budgetierung und Budgetkontrolle besonders deutlich.

Eng damit verbunden ist die Rolle der Controlling-Stelle als Spezialistin für die konkrete Ausgestaltung des Informations- und internen Berichtswesens. Diese Funktion ist aber nicht nur eine wesentliche Voraussetzung für das schon angesprochene Selbstcontrolling der Führungskräfte. Im Sinne der Sicherung von Rationalität nimmt das Controlling die Funktion eines ökonomischen Gewissens wahr und macht transparent, welche ökonomischen Folgen mit einer bestimmten Entscheidung verbunden sind.

Im Zuge der Analyse von Abweichungen und der Konzeption von Gegensteuerungsmassnahmen übernimmt das Controlling eine moderierende Funktion und stellt gegebenenfalls Expertenwissen zur Verfügung. Im Sinne einer internen Beratung bleibt es aber eine Unterstützungsinstanz, welche die Entscheidungsbefugten berät, Innovationen anregt und für den formalen Rahmen zuständig ist, ohne selbst die Entscheidungen zu fällen. Das Controlling im institutionellen Sinn sollte also als proaktiver Partner des Managements angesehen werden (vgl. Gänßlen et al. 2016).

Für die Wahrnehmung dieser Aufgaben als interne Dienstleistungsstelle gibt es verschiedene Möglichkeiten der Integration in die Organisationsstruktur: von einer Zuweisung der Aufgaben an schon bestehende Organisationseinheiten bis zum Aufbau einer eigenen, mehrstufig gegliederten Controller-Organisation.

Die Zuweisung an in der Aufbauorganisation schon vorhandene Stellen ist besonders bei kleineren und mittleren NPO empfehlenswert. Vor allem einer Stabsstelle der Geschäftsführung oder dem Verantwortlichen für die Belange des Rechnungswesens können in erster Linie Controlling-Aufgaben zugeordnet werden. In der Regel werden solche Aufgaben jedoch nur partiell wahrgenommen, und zwar überwiegend im operativen Controlling. Soll das Controlling den umfassenden Informations- und Koordinationsaufgaben nachkommen können, so muss diese Stelle der obersten Ebene des NPO-Managements zugeordnet sein. Das wird bei vorwiegend quantitativ erfassbaren Steuerungsinformationen zumeist die Stelle eines Leiters oder einer Leiterin des Rechnungswesens sein.

Für das Controlling kann auch eine direkte Stabsstelle der Geschäftsführung eingerichtet werden, wobei in beiden Fällen auch Dienstleistungsfunktionen für die übergeordneten Ehrenamtsgremien und die nachgeordneten Führungsbereiche der Geschäftsstelle wahrgenommen werden. Sieht man hingegen das Personal als wichtigste Ressource für die Erbringung der Dienstleistungen an, könnten die Controlling-Aufgaben von der Personalabteilung übernommen werden. Sind demgegenüber die Austauschbeziehungen zu den Kundinnen und Kunden, Mitgliedern bzw. Spenderinnen und Spendern als Kern des Leistungspotenzials anzusehen, können die Controlling-Aufgaben der Marketing-Leitung übertragen werden.

**Praxistipps**

1 Formulieren Sie Ziele so exakt wie möglich, denn präzise Ziele sind die beste Voraussetzung, damit Controlling greifen kann.

2 Fördern Sie das Selbstcontrolling der Führungskräfte und Mitarbeitenden, indem Sie steuerungsrelevante Informationen zeitnah bereitstellen.

3 Legen Sie einen besonderen Fokus auf die angestrebten Wirkungen. Auch wenn nicht alles exakt messbar ist, fördert ein kollektiv geteiltes Wirkungsverständnis die Effektivität des Handelns.

4 Menschen richten ihr Verhalten an den definierten Kenngrössen aus. Seien Sie sich aber deren beschränkter Aussagekraft bewusst, damit es zu keinen Fehlsteuerungen kommt; Aufgaben, die für das Funktionieren einer NPO wichtig sind, aber über Kenngrössen nicht adäquat abgebildet werden, bergen die Gefahr nicht oder in unzureichender Weise wahrgenommen zu werden.

5 Beachten Sie bei der Festlegung von Kenngrössen die Möglichkeiten und Kosten der Datenerhebung.

6 Orientieren Sie sich bei der Konzeption eines Zielsystems für Ihre NPO stets an den folgenden kritischen Fragen: (a) Wie lassen sich die Outcomes des NPO-Handelns aussagekräftig, zuverlässig und mit vertretbarem Aufwand messen? (b) Wie lassen sich die Outputs des NPO-Handelns leistungsmotivierend, manipulationssicher und ohne Effizienzverluste messen? (c) Tragen die Outputs zuverlässig zu den angestrebten Outcomes bei?

Weiterführende Literatur

https://www.vmi.ch/de/npo-wissen/npo-themen/kapitel-3.4/

## 3.5 Organisationsaufbau und -prozess

Die Management-Aufgabe des Organisierens lässt sich in den Aufbau von Strukturen und die Gestaltung von Prozessen unterteilen. Die Aufbauorganisation erfolgt durch die Schaffung von organisatorischen Einheiten wie Stellen, Organen, Abteilungen, Basisgruppen, Kreisen oder Rollen. Diesen Organisationseinheiten werden Aufgaben, Kompetenzen und Verantwortung zugeteilt. Durch Festlegung und Regelung der Beziehungen zwischen diesen Einheiten (z. B. hierarchische Weisungsverhältnisse, Arbeits- und Kommunikationsbeziehungen oder bei Selbstorganisation u. a. von Rep-Link und Governance Meetings) werden sie verknüpft. Die Gestaltung von Prozessen (Ablauforganisation) erfolgt sowohl in der Leitung der Organisation, insbesondere in Hinblick auf Planung, Willensbildung und Controlling, als auch in der Leistungserstellung, der Kommunikation darüber (Marketing) sowie in der Ressourcenbeschaffung, -nutzung und -entwicklung. Kapitel 3.5.3 und 3.5.4 befassen sich vorwiegend mit den Strukturen. Die Ablauforganisation und das Prozessmanagement werden abschliessend in Kapitel 3.5.6 umrissen.

### 3.5.1 Organisieren als Management-Aufgabe

Organisation im instrumentellen Sinne umfst alle alle Aufbau- und Ablaufregeln, innerhalb denen Management- und Ausführungsaufgaben zu bewältigen sind.

Strukturen und Prozesse werden einerseits bewusst und gezielt gestaltet und neben Satzungen oder Statuten in Geschäftsordnungen, Reglementen, Stellen- bzw. Rollenbeschreibungen oder Arbeitsanweisungen festgelegt. Dies ist die *formale Organisation*. In Ergänzung oder gar in Abänderung eines solchen Bezugsrahmens entwickeln sich in allen sozialen Systemen auch spontane oder gewohnheitsmässige Strukturen, Abläufe, Beziehungen, die wir als *informale Organisation* bezeichnen. Informelle Phänomene sind eher negativ zu werten, wenn sie formale Regeln ausser Kraft setzen und dadurch einen grundsätzlich reibungslos funktionierenden Ablauf störungsanfällig machen. Sehr oft sind aber formale Regeln veraltet oder nicht vorhanden, so dass die informalen Regeln eine Lücke füllen und deshalb einen positiven Beitrag an das Geschehen in der NPO leisten.

Wird die Formalisierung auf die Spitze getrieben und eine so hohe Regelungsdichte erreicht, dass sie lähmend und blockierend wirkt und jegliche Flexibilität verhindert, dann spricht man von Überorganisation oder von Bürokratie. Eine Unterorganisation ist dagegen zu konstatieren, wenn Regeln fehlen, welche das Funktionieren des Systems erleichtern würden, und diese Lücken auch nicht durch informale Absprachen hinreichend kompensiert werden können.

Die nachfolgende Abbildung zeigt, dass der Zusammenhang zwischen dem organisatorischen Regelungsgrad und der daraus zu erwartenden Effizienz und Effektivität einer NPO einen U-förmigen Verlauf hat.

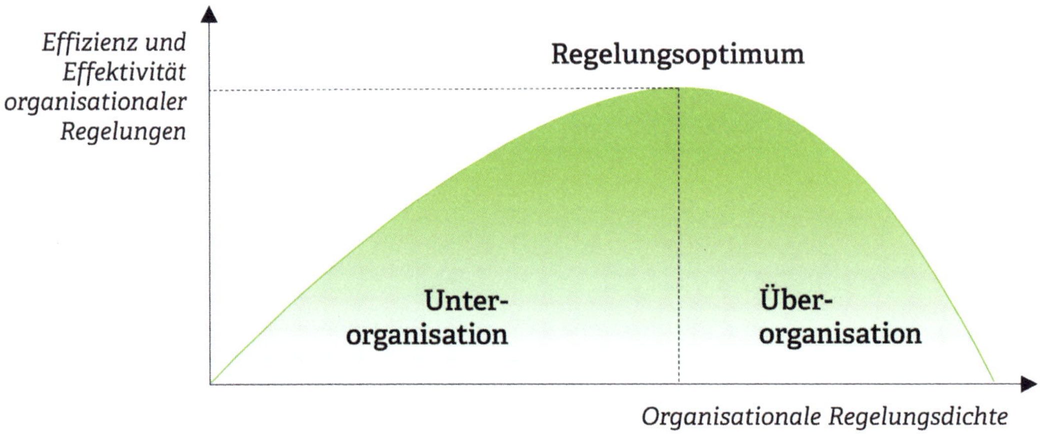


**Abb. 25** – Organisationsgrad und -erfolg

Eine wichtige Erfolgsgrösse der Management-Aufgabe Organisation besteht darin, den optimalen Punkt zwischen Über- und Unterorganisation zu finden und zu realisieren. Mit zunehmender Grösse einer Organisation und der Komplexität der von ihr zu lösenden Herausforderungen sind einer hierarchisch von oben nach unten verlaufenden Regelung rasch Grenzen gesetzt. Ein Gesamtsystem arbeitet effizienter und anpassungsfähiger, wenn seine Teile, die Organisationseinheiten, sich im Rahmen übergeordneter Richtlinien weitgehend selbst gestalten (organisieren und planen) können. Diese Erkenntnis findet ihren Niederschlag u. a. im Modell in der partizipativen und delegativen Führung sowie in allen Formen der Selbstorganisation wie beispielsweise in "*Holacracy*" oder "*Soziokratie*". Die von den vorgesetzten Organen bewusst geschaffene Unterorganisation wird nicht mehr als Lücke aufgefasst, sondern als unerlässlicher selbstbestimmter Handlungs- und Gestaltungsspielraum.

Mit der *Selbstorganisation* hängt auch der Begriff der Organisationsentwicklung (OE) zusammen (vgl. Kapitel 3.7). OE geht von der Zielsetzung aus, dass alle Mitarbeitenden so befähigt und ausgestattet sind, dass sie die in ihrem Bereich anfallenden Herausforderungen selbst lösen und deshalb auch die Strukturen und Prozesse partizipativ oder gar selbstorganisierend (mit-)gestalten können.

### 3.5.2 Gestaltung der instrumentellen Organisation

Die Gestaltung der instrumentellen Organisation umfasst acht verschiedene Teilaspekte, auch Gestaltungsvariablen genannt, anhand derer sich Organisationen im institutionellen Sinn beschreiben und voneinander unterscheiden lassen. Diese beinhalten je unter einem anderen Gesichtspunkt die Art und Weise, wie Organisationseinheiten zu schaffen, Aufgaben und Kompetenzen zu verteilen und Beziehungen zu gestalten sind. Diese Gestaltungsvariablen finden wir sowohl in hierarchischen als auch selbstorganisierten Systemen. Der Unterschied zwischen diesen beiden Systemen liegt in ihrer konkreten Ausgestaltung.

**Abb. 26** – Gestaltungsvariablen der Organisationsstruktur

***Aufgabengliederung, Zentralisierung und Spezialisierung***

Diese Variable umfasst einen qualitativ-inhaltlichen und einen quantitativen Aspekt: Qualitativ-inhaltlich geht es um die *Gliederungskriterien*, nach denen die Aufgaben aufgeteilt und verschiedenen Organisationseinheiten zugeordnet werden; quantitativ um den Grad an *(De-)Zentralisierung* bzw. *Spezialisierung*. Kriterien, nach denen sich NPO gliedern, sind:

- *Art der Aufgabe*: Hier werden vorrangig Aufgaben, die eine ähnliche Fachexpertise erfordern, zusammengefasst. Ein Beispiel dafür wäre die Gliederung einer Geschäftsstelle in Abteilungen (z. B. Sozialpolitik, Öffentlichkeitsarbeit, Finanzen und Verwaltung).

- *Funktionsgliederung*: Dabei werden Bereiche entlang einer Entscheidungskette angeordnet. Beispiele dafür wären etwa die Zuteilung der Entscheidungsvorbereitung an die Geschäftsleitung, der Entscheidungsfunktion an den Vorstand und einer Genehmigungsfunktion an die Mitgliederversammlung.
- *Leistungsgliederung*: Sie geht vom Leistungsprogramm aus und gliedert dieses in einzelne Leistungsbereiche, für die jeweils entsprechende Organisationseinheiten umfassend verantwortlich sind. Beispiele dafür sind in einem Verband die Gliederung nach Beratungsdienst, Schulungsabteilung, Informationsdienst oder in einer Betreuungseinrichtung nach zielgruppenspezifischen Sparten wie Werkstätte, Tagesstätte und Wohnen.
- *Regionalgliederung*: Die Aufgabentrennung erfolgt hier nach geographischen oder kulturräumlichen Kriterien (z. B. deutschsprachige, französischsprachige und italienischsprachige Abteilung in der Schweiz). Umgesetzt wird das dann ggf. durch eine Gründung von dezentralen Regionalgeschäftsstellen, die dann als Filialen des zentralen NPO-Betriebes fungieren.
- *Fach- oder Zielgruppengliederung*: Ähnlich wie bei der Leistungsgliederung werden hier Zuständigkeiten nach verschiedenen Leistungsbereichen unterschieden, hier jedoch nach Zielgruppen, wie z. B. Fachgruppen in einem Textilverband (Spinnereien vs. Webereien) oder in einem Pflegeberufsverband (Spitalpflege-, Altenpflege- und Behindertenpflegeberufe).

Im Ergebnis spricht man bei Organisationen, die nach den ersten beiden Kriterien gegliedert werden, auch von einer funktionalen, bei den übrigen Kriterien von einer divisionalen oder objektorientierten Organisation.

Der *quantitative Aspekt* umfasst das Ausmass der Aufgabenverteilung auf die Organisationseinheiten. Dazu gehören zwei unterschiedliche Variablen: die (De-)Zentralisierung und die Spezialisierung. *Dezentralisierung* bedeutet horizontal die Ausgliederung von Teilaufgaben in angeschlossene, meist rechtlich selbstständige Betriebe der NPO (z. B. Schulungsinstitut, GmbH), vertikal dagegen die Zuweisung oder Überlassung von Aufgaben, Kompetenzen und Verantwortung an dezentrale, regionale oder fachliche Einheiten, z. B. in föderalen Systemen beziehungsweise mehrstufigen NPO an Basisgruppen. Die *Spezialisierung* ist das Ausmass der Arbeitsteilung und wird vor allem mit dem Ziel einer Professionalisierung, etwa durch Schaffung spezialisierter Stäbe, angestrebt.

### *Beteiligung*

Beteiligung erfolg durch Delegation oder Partizipation. *Delegation* als Organisationsvariable bedeutet die Übertragung von Aufgaben, Kompetenzen und Verantwortung von einer über- an eine untergeordnete Instanz. In hierarchischen Strukturen sieht das Delegationsprinzip vor, dass diese Übertragung soweit nach unten in der Hierarchie erfolgen soll, wie noch das erforderliche Know-how für die Wahrnehmung dieses Handlungsspielraumes vorhanden ist. In selbstorganisierten NPO bedeutet Delegation ebenfalls die Übertragung von Kompetenzen und Verantwortung, aber in diesem Falle an Rollen bzw. Kreise.

*Partizipation* bedeutet die Teilhabe und Teilnahme einer nachgeordneten Instanz an den Führungsaufgaben und Kompetenzen einer vorgelagerten Instanz. Sie meint aber auch die durch systematischen Einbezug stattfindende Befähigung beispielsweise von Mitgliedern im Rahmen der Willensbildung (Kapitel 3.2). Teilhabe und -nahme könnenin unterschiedlichen Intensitäten erfolgen (Information, Mitsprache, Mitbestimmung, Mitentscheidung) und sich auf verschiedene Inhalte beziehen (Artikulieren von Interessen, Bedürfnissen oder Einbringen von Wissen und Erfahrungswerten in den Entscheidungsprozess der hierarchisch übergeordneten Instanz oder in den Prozess der Willensbildung).

#### *Hierarchisierung und Entscheidungskompetenz*

Die Über- und Unterordnung von Organisationseinheiten zu einer Führungsstruktur, wie sie in pyramidalen Organigrammen abgebildet wird, wird in selbstorganisierten Systemen durch klar gestaltete Beziehungen zwischen Rollen ersetzt. Die Ordnung der Rollen und deren zugewiesene Entscheidungsmacht nach Verantwortungsbereichen ersetzt die dauerhaft und universell zugewiesene Entscheidungsmacht einer hierarchisch vorgesetzten Person. Oft wird angenommen, dass in selbstorganisierten Strukturen das Gestaltungskriterium der Hierarchie entschwindet. Es wird hingegen nur die zeitstabile und generelle Über- und Unterordnung der Menschen durch eine hierarchische Beziehung von Rollen ersetzt. Diese Rollen-Hierarchie hängt von der jeweiligen Entscheidungssituation ab: Geht es um den Verantwortungsbereich X, entscheidet diejenige Person mit der Rolle X selbständig. Ist hingegen der Verantwortungsbereich Y betroffen, so ist die Rolle Y entscheidungsbefugt. Das bedeutet, dass zwei Mitarbeitende je nach Situation in ihrer Arbeitsbeziehung einmal übergeordnet und einmal nachgeordnet sein können.

Hierarchische Strukturen werden auch als Linienorganisation bezeichnet. Eine übergeordnete Stelle hat in der Linie der nachgeordneten Stelle gegenüber grundsätzlich ein Weisungs- und Kontrollrecht. Diese Autoritätshierarchie wird jedoch durch Delegation, Partizipation und entsprechende Führungsprinzipien in eine eigentliche Verantwortlichkeitskultur überführt. Eine dabei zu lösende Herausforderung ist die Kontrollspanne (auch Führungsspanne genannt), die für die Zahl der einer Führungskraft oder einem Gremium nachgeordneten Stellen steht. In flachen Hierarchien, wie sie im Ansatz des *Lean Management* (Womack et al. 1992) verlangt werden, ist die Führungsspanne tendenziell grösser als in bürokratischen Strukturen mit zahlreichen Hierarchieebenen, denen jeweils nur wenige Einheiten unterstellt sind.

Es gilt zwar sowohl aus Sicht der Führenden, wie aus derjenigen der Geführten in der Regel als organisatorisches Ideal der Grundsatz: "Jede Person oder Stelle bzw. jedes Gremium soll nur eine/n Vorgesetzte/n haben." Dabei umfasst diese Linienunterstellung sowohl die fachlich-inhaltliche wie auch die administrative und die Mitarbeiterführung. Die Realität in NPO ist aber vielfach komplexer, und Vernetzungen auf mehreren Ebenen sind erforderlich, so dass zu einer *Mehrfachunterstellung* übergegangen wird. In der Praxis findet man insbesondere die nachfolgenden Formen:

- Die Zugehörigkeit zu Projektteams, die abteilungsübergreifend zusammengesetzt sind. Die Projektmitarbeitenden werden für das Projekt (entweder voll für eine bestimmte Zeit oder zu einem Prozentsatz ihrer Arbeitszeit) aus ihrer normalen Linienunterstellung herausgelöst und der Projektleitung fachlich-inhaltlich zugeordnet.
- Das funktionale Weisungsrecht im engeren Sinne beinhaltet das Recht einer Stelle, zu der keine Linienbeziehung besteht, in einem abgegrenzten Aufgabenbereich Weisungen zu erteilen. Dieses Recht ist auf zwei Ebenen möglich: (a) fachlich-inhaltlich, wenn z. B. in einer Sozialeinrichtung zentrale Fachdienste bestehen und diese bestimmte Weisungsbefugnisse gegenüber den dezentralen Einrichtungen haben; (b) administrativ, wenn zentrale Abteilungen wie das Personalwesen oder das Rechnungswesen bestimmte Abläufe (z. B. Personalrekrutierung, Belegs- und Zahlungswesen) einerseits intern im zentralen Betrieb aber auch nach aussen für die dezentralen Betriebe verbindlich festlegen können.
- Eine Teilung der Führung in fachlich-inhaltliche Führung und administrative Personalführung. Diese Teilung findet sich vor allem in Sport- oder Wirtschaftsverbänden, wo Fachausschüsse die inhaltliche Arbeit leisten und in diesem Bereich ein Weisungsrecht an die Geschäftsstelle haben. Diese Vernetzung kommt einer so genannten Matrixstruktur sehr nahe, in der einzelne Stellen zwei unterschiedlichen Linien (z.B. Funktion und Leistungssparte) zugeordnet sind.

### *Formalisierung und Standardisierung*

Die Schaffung und Festlegung von Regeln, Normen, Anweisungen usw. formalisiert die Arbeitsbeziehungen. Man spricht hier auch von Standardisierung oder Routinisierung, vor allem bei Arbeitsprozessen oder Informationsabläufen; entscheidend ist die daraus resultierende Regelungsdichte.

*Koordination*
Gegenseitige Abstimmung von Entscheidungen oder Tätigkeiten zwischen zwei oder mehreren interdependenten Einheiten ist in allen NPO notwendig und muss organisiert werden. Zum einen werden Koordinationsbeziehungen geschaffen, indem z. B. in Prozessabläufen die Absprache mit anderen Stellen als Teilschritt fest verankert wird. So müssen beispielsweise beim Budgetierungsprozess alle Abteilungen einbezogen werden. Zum andern werden Gremien geschaffen und institutionalisiert, die der Koordination dienen wie etwa Konferenzen der Basisgruppenpräsidien oder Budgetsitzungen.

### 3.5.3 Typen der Aufbauorganisation von NPO

Vereins- und Verbandsstrukturen sind die bevorzugte institutionelle (juristische) Organisationsform von Eigenleistungs-NPO (Wirtschaftsverbände, Sportverbände) und häufig auch in Drittleistungs-NPO (Sozial- und Wohlfahrtsinstitutionen) anzutreffen. Sie können einstufig oder mehrstufig ausgestaltet sein, wobei im letzten Fall von *Gesamtorganisationen* gesprochen wird. Dabei handelt es sich um eine Struktur mit zentralen und dezentralen Einheiten. In mehrstufigen Strukturen ist es funktional relevant, dass Zentrale und Dezentralen in zahlreichen Aufgaben eng zusammenarbeiten und dass das dezentrale Verhalten durch zentral gefasste Beschlüsse koordiniert werden kann, unabhängig davon, ob die dezentralen Basisgruppen rechtlich selbstständige Vereine bzw. Stiftungen sind oder nicht. Nur so gelangt die Gesamtorganisation zu einer Corporate Identity, was für Akzeptanz und Erfolg unerlässlich ist. Es liegt nahe, hier auch von einem Verbund oder konzernähnlichen Strukturen zu sprechen. Damit soll ausgedrückt werden, dass in mehrstufigen Verbänden keiner der Teile über volle Autonomie verfügt. Übergeordnete normative Management-Instrumente wie Leitbilder, Richtlinien und Konzepte gelten für alle als verbindlich. Diese Unterordnung unter gemeinsam erarbeitete Regeln gilt unabhängig davon, ob es sich um einen Vereinsverband handelt, bei dem die Basisgruppenvereine Mitglieder im Zentralverband/Dachverband sind, oder um eine Konstruktion mit Doppel- oder Verbundmitgliedschaft, wo die Basismitglieder (Personen, Unternehmen) gleichzeitig (und obligatorisch) die Mitgliedschaft im Basisverein und im Zentralverband/Dachverband erwerben. Beide dieser Verbandskonstruktionen haben ihre Vor- und Nachteile.

Besonders in grösseren Verbänden mit heterogenen Interessen (typisch in nationalen Dachverbänden und Föderationen) ist eine parallele Organisation von Regionalbasisgruppen und Fachverbänden (meist nationale Zusammenschlüsse der Basismitglieder) unerlässlich. Wo immer möglich ist jedoch diese potenziell konfliktreiche Doppelstruktur zu vermeiden, indem fachliche Interessen eher durch Ausschüsse und Kommissionen als durch Fachverbände abzudecken sind. Wo diese Parallelität nicht zu umgehen ist (weil sich z. B. eine fachlich orientierte Mitgliedergruppe abspalten will), ist für die Willensbildung und die Sitzverteilung in der Delegiertenversammlung eine klare Gewichtung vorzunehmen und entweder der Regional- oder der Fachgruppierung der Vorzug zu geben.

Das Verhältnis zwischen dezentralen Basisgruppen und zentralen Organisationseinheiten ist eines der häufigsten Spannungsfelder in der Praxis, das immer wieder Anlass zu Diskussionen und Konflikten gibt (vgl. Kapitel 1.3). Wenn es gelingt, eine Kultur des Zusammenwollens und klare funktionale Strukturen und Prozesse des Zusammenwirkens einzurichten, so ist damit ein Gewinn an Effektivität und Effizienz verbunden.

**Abb. 27** – Modell der mehrstufigen Gesamtstruktur

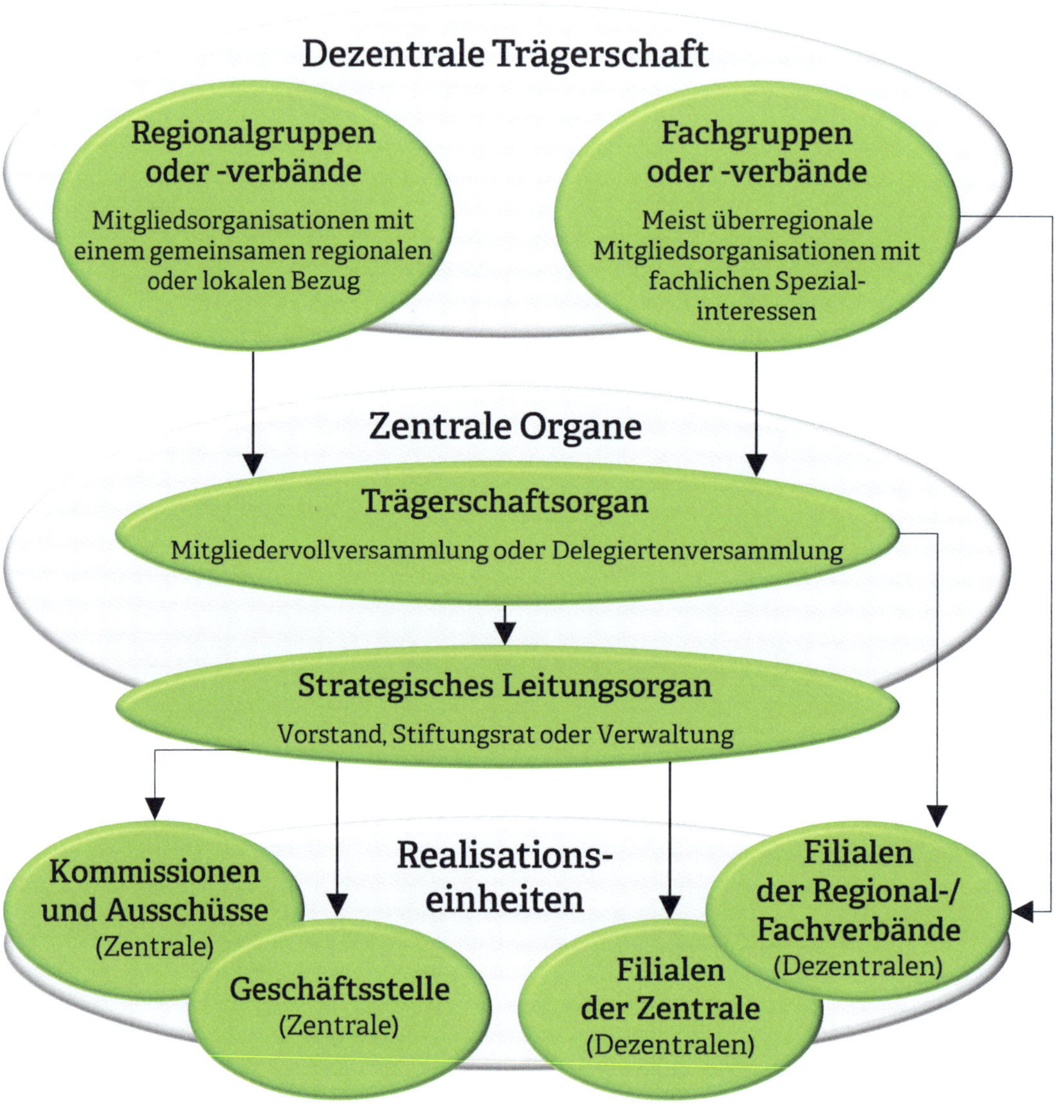

Für die Gestaltung der zentralen Organe wird von Modellvorstellungen ausgegangen, wobei in der Praxis Übergänge vom einen zum anderen Modell anzutreffen sind. Die Modelle unterscheiden sich vor allem durch die Zahl und Zusammensetzung der Organe und basieren auf indirekter Demokratie mit Delegierten.

Im *Integrationsmodell* werden der Hierarchie entlang immer kleinere Organe mit immer engerem Kompetenzspielraum gebildet, wobei die Mitglieder der nachgeordneten Organe auch in die übergeordneten integriert sind.

**Abb. 28a** – Idealtypisches Integrationsmodell

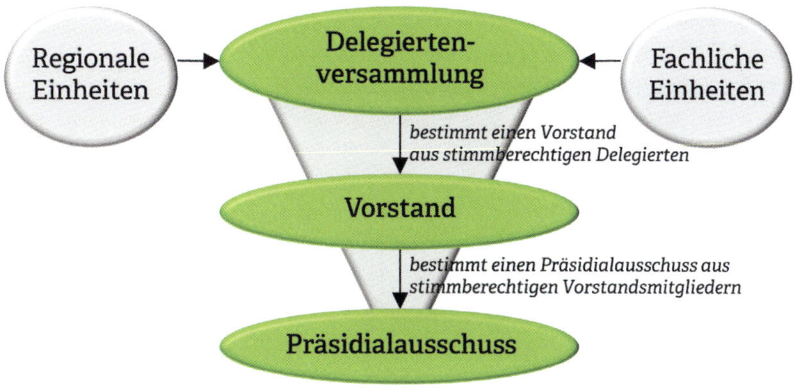


Das *föderalistische Modell* beruht auf der Hoheit der Basisgruppen (z. B. Landesverbände oder Sektionen), deren Präsidentinnen oder Vorsitzende auch den zentralen Vorstand (oft Hauptausschuss genannt) bilden. Da derselbe oft zu gross ist, wird zusätzlich ein Präsidial- oder Geschäftsausschuss eingesetzt. Das Modell trifft man vorwiegend in Vereinsverbänden an. Es überlappt sich mit dem Integrationsmodell, wenn die Basisgruppenpräsidentinnen bzw. -präsidenten auch Delegierte sind.

**Abb. 28b** – Idealtypisch föderalistisches Modell

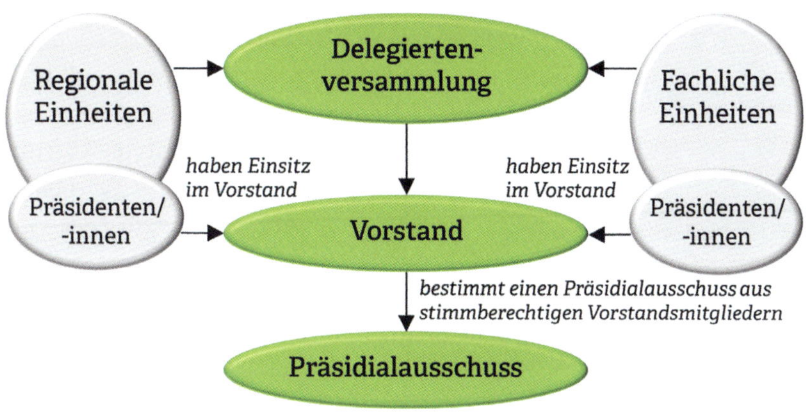

Das *Gewaltentrennungsmodell* orientiert sich an einem Staatsaufbau, wie er etwa in den USA und der Schweiz realisiert ist. Die Delegiertenversammlung als Parlament entscheidet in Grundsatzfragen und wählt einen kleinen Vorstand, dessen Mitglieder nicht Teil der Delegiertenversammlung sind. Der Vorstand amtiert als ehrenamtliches Leitungsgremium und ist gewissermassen als Regierung Partner der personell getrennten Geschäftsführung. Die Konferenz der Basisgruppenpräsidentinnen bzw. -präsidenten ist ein optionales, dem Vorstand zugeordnetes Konsultations- oder Koordinationsgremium, allenfalls mit eingegrenzten Beschlusskompetenzen.

**Abb. 28c** – Idealtypisches Gewaltentrennungsmodell

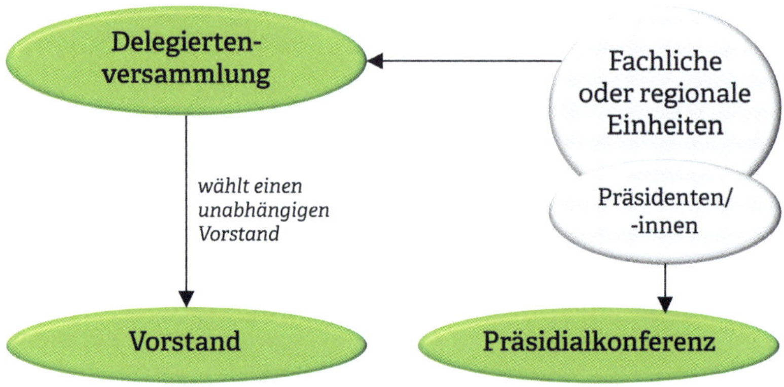


*Die Präsidenten/-innen der regionalen oder fachlichen Einheiten bilden die Präsidialkonferenz als beratendes Gremium für den Vorstand*

Die Wahl des geeigneten Modells hängt von der Geschichte und Kultur der jeweiligen NPO ab. Aus Effektivitäts- und Effizienzüberlegungen wird das Gewaltentrennungsmodell bevorzugt. Es schafft klare Verantwortungsstrukturen, Good Governance im Sinne von "*checks and balances*", gewährleistet Demokratie, wo erforderlich, und verfügt im kleinen ehrenamtlichen Leitungsorgan über die bestmögliche Handlungsfähigkeit. Konsequenterweise sollte die Gewaltentrennung auch zwischen diesem Organ und der hauptamtlichen Geschäftsführung vollzogen werden. Auf Ebene der zentralen ehrenamtlichen Leitungsorgane empfiehlt sich:

- die Zahl der Organe zu minimieren; meist reicht ein überschaubarer und komplementär zusammengesetzter Vorstand, der zusammen mit der operativen Geschäftsführung das Top-Management bildet.
- den Vorstand als kleineres ehrenamtliches Führungsorgan (fünf bis sieben Personen) zusammenzustellen und auf die fachliche sowie diverse Zusammensetzung zu achten (vgl. Kapitel 5.2).
- den Vorstand nicht nur bezüglich der Basisgruppen repräsentativ zusammenzusetzen. Die Fachlichkeit ist bedeutsamerer, und Repräsentativität kann stattdessen in der Delegiertenversammlung und einer allfälligen Präsidialkonferenz hergestellt werden.

Unabhängig davon, welches der obigen Modelle gewählt wird, sollte der Vorstand die Kompetenz haben, strategisch beratende Kommissionen und Projektgruppen einzuberufen und sie auch wieder aufzulösen, wenn sie nicht mehr erforderlich sind. In solche zeitüberdauernden (Kommissionen) und zeitbegrenzten (Projektgruppen) Gremien kann er weitere Personen aus den Basisgruppen oder auch Externe einbeziehen und dadurch entweder eine breitere Fachlichkeit oder eine grössere Nähe zu den Bedürfnissen und Erwartungen der Basis beratend einholen. Dies empfiehlt sich v.a. auch in Transformationsphasen (vgl. Kapitel 3.7).

Den ehrenamtlichen Führungsorganen nachgeordnet sind die Realisationseinheiten. Mit dem Begriff der Realisation wird die von diesen Einheiten geleistete Aufgabenerfüllung im weitesten Sinne erfasst. Die Realisationseinheiten werden in Kapitel 3.5.4 beschrieben. Zuvor werden noch aufbauorganisatorische Besonderheiten von NPO in anderen Rechtsformen erörtert.

### *Genossenschaften*

Die Genossenschaft ist eine Rechtsform, die v.a. dann gewählt wird, wenn gemeinsame wirtschaftliche Interessen im Vordergrund stehen z. B. bei Wohnbaugenossenschaften, Konsumgüter- oder Dienstleistungsgenossenschaften. Instrumentell und auch funktional sind die im vorangehenden Abschnitt über Verbände dargelegten Überlegungen, Modelle und Gestaltungsempfehlungen auch für Genossenschaften relevant. Eine Besonderheit ist, dass die basisdemokratischen Rechte im Trägerschaftsorgan an die Genossenschaftsanteile gebunden sind und nur begrenzt an Delegierte übertragen werden können. Deshalb haben Genossenschaften i. d. R. Mitgliedervollversammlungen, auch wenn sie sehr gross sind.

In vielen Genossenschaften und auch Vereinen/Verbänden installiert das Trägerschaftsorgan eine Geschäftsprüfungskommission (GPK). Diese wird von den Mitgliedern beauftragt, Bericht über die Einhaltung der normativen Grundlagendokumente und der Beschlüsse durch Vorstand, Kommissionen, Ausschüsse sowie durch die operativen Einheiten zu erstatten. Dadurch soll sichergestellt werden, dass Vorgaben und Regelungen innerhalb der Organisation eingehalten werden; es dient auch der Vertrauensbildung. Dabei ergänzt die GPK die externe Revisionsstelle, die denselben Auftrag für die finanzielle Seite der NPO hat.

Sowohl der ehrenamtliche Vorstand als auch die GPK sind von Mitgliedern gewählte Ausschüsse der Basis und deshalb beide gegenüber dem Trägerschaftsorgan rechenschaftspflichtig. Sie haben jedoch einen grundsätzlich anderen Auftrag: Der ehrenamtliche Vorstand ist beauftragt, die NPO durch Entscheide und wirksame Strategien in die Zukunft zu leiten; Die GPK ist beauftragt zu überprüfen, ob sich der Vorstand und die Realisationseinheiten dabei an die übergeordneten Dokumente hält. Die nachträgliche Prüfung gewährleistet, dass die GPK nicht strategisch Einfluss nimmt und zu einem so genannten "Schattenvorstand" wird. Ein Nachteil der nachträglichen Prüfung ist sicherlich, dass Fehler im Sinne von Abweichungen von Statuten, Reglementen und Beschlüssen geschehen können. Dies bedingt eine Fehlerkultur, die ebensolche toleriert und die nachträgliche Prüfung als konstruktiven Erkenntnisgewinn sowie als Lern- und Entwicklungschance wertet.

***Stiftungen***

Stiftungsstrukturen sind vor allem im Bereich der sozio-kulturellen NPO sowie im Sozial- und Gesundheitswesen anzutreffen. Diese nicht mitgliedschaftliche Form hat grundsätzlich den Vorteil eines einfachen Organaufbaus. Anstelle der internen Aufsichtsorgane tritt hier die staatliche Stiftungsaufsicht Viele kleinere und grössere Stiftungen verfügen nur über ein einziges ehrenamtliches Organ, den Stiftungsrat, dem der operative Stiftungsbetrieb mit der Geschäftsführung nachgeordnet ist. Wenn das Stiftungsstatut nichts anderes vorgibt, kann sich der Stiftungsrat durch Kooptation selbst ergänzen und so eine Berufung qualifizierter und gut vernetzter Ehrenamtlicher sicherstellen. Andere Stiftungen wiederum streben eine breitere Abstützung durch andere Organisationen an, die als eigentliche Mit-Trägerinnen der Stiftung gewonnen werden, damit sie sich zeitüberdauernd mitverantwortlich fühlen und ständige Vertretungen in die Stiftungsorgane entsenden. Bei einer Vielzahl solcher Organisationen kann das oberste Organ auch als Stiftungsversammlung bezeichnet werden, das dann den Stiftungsrat wählt.

Daneben bestehen Stiftungen, die zusätzlich zu einem zentralen Stiftungsbetrieb dezentrale Geschäftsstellen einrichten. Die dezentralen Einheiten werden insbesondere dann gebildet, wenn Stiftungsleistungen nahe an die Benutzer oder Klientinnen herangebracht werden müssen (z. B. bei Sozialberatungen). Fakultativ können den dezentralen Geschäftsstellen eigene Ehrenamtsgremien zur Seite gestellt werden, die der regionalen Abstützung der Stiftung und der Beratung der Geschäftsstelle dienen. Ihnen werden teils Entscheidungskompetenzen übertragen, was zu einer oft nicht leicht handhabbaren Doppelunterstellung der Filial-Geschäftsleitenden führt. Will man diesen Ehrenamtsgremien eine Mitwirkung auf zentraler Ebene einräumen, so werden deren Präsidentinnen oder Vorsitzende zu Konsultativ-Konferenzen einberufen oder man gewährt ihnen neben anderen Personen (z. B. aus den Träger-Organisationen) Sitz und Stimme in der Stiftungsversammlung. Solche komplexen Stiftungsstrukturen nähern sich in ihrer Funktionsweise und der Problematik der Gesamtorganisation in einem mehrstufigen Verband an.

Den Freiräumen in der Strukturgestaltung steht die fehlende Flexibilität des Stiftungszweckes gegenüber, dessen Änderung oder Erweiterung von den staatlichen Aufsichtsbehörden genehmigt werden muss. Wo immer möglich ist deshalb bei einer Neugründung einer Stiftung eine weite Zweckformulierung zu wählen.

*Gemeinnützige Kapitalgesellschaften*
Gemeinnützige Kapitalgesellschaften sind Verbindungen von einer oder mehreren natürlichen oder juristischen Personen mit eigener Rechtspersönlichkeit. Sie sind gemäss ihren Statuten nicht gewinnorientiert und schliessen meist ausdrücklich den Anspruch auf Kapitalerträge aus. Zentraler Gedanke ist es, die Haftungsbeschränkung einer juristischen Person mit der persönlichen Geschäftsführung durch die Gesellschafter und Gesellschafterinnen zu verbinden und damit hohe Autonomie und Gestaltungsfreiheit zu erlangen. In der Strukturgestaltung und Funktionsweise orientieren sie sich häufig wie Vereine an einem Gewaltentrennungsmodel, wobei das Integrationsmodell ebenfalls anzutreffen ist und zwar oftmals dann, wenn Gründerfiguren sowohl Gesellschafter als auch Verwaltungsrat und operative Geschäftsführung in Personalunion stellen.

### 3.5.4 Modelle der Aufbauorganisation in Realisationseinheiten
Die den ehrenamtlichen Führungsorganen nachgelagerten Struktureinheiten werden unter dem Begriff der Realisation zusammengefasst. Realisation beschreibt die Erfüllung von Aufgaben, die diese Einheiten zur Unterstützung der Ehrenamtsorgane in ihren Leitungsfunktionen und in der Ausführung von Beschlüssen der übergeordneten Organe wahrnehmen.

In der einfachsten Variante wird die Realisation einer zentralen operativen Geschäftsstelle übertragen. Bei mehrstufigen und komplexen Gesamtstrukturen kann diese Geschäftsstelle durch weitere mögliche Realisationseinheiten ergänzt werden. Denkbar sind folgende Formen:

- *Vertikal dezentrale Betriebe.* Dies können sowohl bestehende regionale Basisgruppen (z. B. Sektionen) oder eigene lokale Filialen sein.
- *Horizontal dezentrale Betriebe.* Dies erfolgt oft als Angliederung oder Ausgliederung (bei Kooperationen) eines bestimmten Leistungsbereiches in eine eigene Rechtsform (z. B. als GmbH).
- *Ausschüsse, Kommissionen und Arbeitsgruppen.* Gemeint sind ehrenamtliche Gremien und Arbeitskreise, in denen zentrale und/oder dezentrale Vertreter/innen einsitzen und beratend oder operativ unterstützend der Realisation dienen.
- *Zentral einberufene Konferenzen* mit operativen Vertretungen der Dezentralen und der Zentralen zwecks Koordination und Information.

Abb. 29 – Formen von Realisationseinheiten

Diese Strukturelemente bauen auf einem klassisch hierarchischen Organigramm auf und werden im Folgenden beschrieben:

*Zentrale Geschäftsstelle*

Die Geschäftsstelle, bestehend aus der (Haupt-) Geschäftsführung und den zugeordneten Abteilungen, erfüllt mehrere Funktionen und hat deshalb mehrere Rollen auszufüllen:

- Sie ist die *Vollzugsstelle für Organbeschlüsse*, d. h. sie realisiert die vom Trägerschaftsorgan oder dem Vorstand/Stiftungsrat verabschiedeten Aktivitäten und Projekte im Rahmen festgelegter Kompetenz- und Verantwortungsbereiche. Die Geschäftsstelle kann sich dabei allenfalls auf die Zusammenarbeit mit speziell für den Vollzug eingesetzten Arbeitsgruppen (z. B. einem Organisationskomitee für einen Kongress), mit beauftragten Mitgliedern und/oder mit einer externen Beratung abstützen.
- Sie fungiert als *Dienstleistungsbetrieb* für Mitglieder oder Dritte: Bei mitgliedschaftlich strukturierten Eigenleistungs-NPO kommt diesem Aufgabenbereich des Geschäftsbetriebes eine zunehmende Bedeutung zu. Das Erbringen von Dienstleistungen an die Mitglieder wie Information, Beratung, Schulung usw., das weitgehend durch die spezialisierten und qualifizierten Mitarbeitenden erfolgt, beansprucht in Verbänden oft den wesentlich grösseren Teil der Personalkapazität als die Interessenvertretung. Im Dienstleistungsbereich agieren die NPO unter Marktverhältnissen, haben sich demnach qualitativ und preislich gegenüber der Konkurrenz durchzusetzen und müssen unternehmerisch geführt werden. Besonders in diesem Bereich ist eine Beschränkung

der ehrenamtlichen Organe auf die strategische Führung zwingend erforderlich, da die NPO-politische Steuerung im operativen Geschäft hinter die Marktsteuerung zurückzutreten hat.
- Sie ist eine *Stabsstelle* für den ehrenamtlichen Vorstand bzw. Stiftungsrat und für gewählte Organe und Kommissionen. Als solche obliegt dem Geschäftsbetrieb eine Mitverantwortung für das Anstossen und den Vollzug von Problemlösungs- und Innovationsprozessen (vgl. Kapitel 3.2). Der hauptamtliche Mitarbeiterstab muss dazu fähig sein, Herausforderungen früh zu erkennen, Initiativen zur Prozesseinleitung zu ergreifen und die Generierung von Lösungsalternativen in die Wege zu leiten sowie nach Möglichkeit zu unterstützen. Durch präzise und fachkundige Entscheidungsgrundlagen zuhanden der zuständigen Ehrenamtsorgane bereitet die Geschäftsstelle Entscheidungen vor (wobei hier auf die Problematik des beschriebenen *completed staffwork* hinzuweisen ist). Die Tätigkeiten und Beschlüsse einer Vielzahl von Organen, Ausschüssen und Arbeitsgruppen auf eine einheitliche NPO-Politik auszurichten, ist die Koordinationsaufgabe des Geschäftsbetriebes. Des Weiteren nimmt die Stabsstelle eine Betreuungsfunktion wahr, worunter der gesamte Aufwand für Organisation, Planung, Durchführung und Auswertung der Sitzungen und Versammlungen aller Gremien zusammengefasst wird.
- Schliesslich fungiert die Geschäftsstelle auch als *Verwaltungsstelle*: Sie ist zuständig für die gesamte NPO-Verwaltung mit allen übrigen Verbandsaufgaben (Finanz- und Rechnungswesen, Mitglieder- und Personalverwaltung, Vorbereitung der Reglements-, Statuten- oder Satzungsrevision, Organisation, Planung, Berichterstattung).

Die *Handlungsspielräume* der Verbandsgeschäftsstelle und insbesondere der Geschäftsführung hängen weitgehend vom Ausmass der Delegation von Kompetenzen durch die ehrenamtlichen Organe ab. Durch organisatorische Mittel (Geschäftsordnungen, Funktionendiagramme) ist dieses Verteilung klar zu regeln. Dabei ist es für eine funktionierende Zusammenarbeit wesentlich, dass sich der ehrenamtliche Vorstand auf das strategisch Grundsätzliche konzentriert und das Operative der Geschäftsführung überlässt. Gleichzeitig muss aber deutlich gemacht werden, dass mittels Klärung der Aufgaben, Kompetenzen und Verantwortlichkeiten nur ein Teil dieser Herausforderung an der Schnittstelle zwischen strategischem und operativem Management gelöst werden kann. Management-Prozesse zur Willensbildung und partizipativen Entscheidungserarbeitung und die Entwicklung und Handhabung der wesentlichen Steuerungsinstrumente (vgl. Planung und Controlling in den Kapiteln 3.3 und 3.4) sind ebenso relevant.

*Vertikal dezentrale Betriebe: Basisgruppen oder Filialen*
Die dezentrale Realisation erfolgt in föderal strukturierten Verbänden häufig durch die dezentralen Basisgruppen (Sektionen). Bedingung dafür ist, dass die zentralen Organe gesamtverbandlich verbindliche Beschlüsse gefasst haben und die rechtlich selbstständigen Vereine (z. B. Landes- bzw. Kantonalverbände) statutarisch verpflichtet und bereit sind, diese Beschlüsse zu vollziehen. Diese Bereitschaft erhöht sich insbesondere in mehrstufigen Verbänden deutlich, wenn die demokratische Willensbildung, wie in Kapitel 3.2 beschrieben, gut funktioniert und zu gemeinschaftlich getragenen Beschlüssen führt. Dennoch zeigen sich hier häufig Realisationsprobleme, und die Willenssicherung ist aufwändig.

Alternativ können dezentrale Filialen durch die zentrale Geschäftsstelle eingerichtet werden. Diese erbringen vor Ort Dienstleistungen an die Mitglieder (z. B. regionale Sekretariate von Gewerkschaften in der Schweiz). Die Filialen stehen unter direkter Leitung der zentralen Geschäftsführung. Als Beispiel ist eine Filiale in der französischsprachigen Schweiz (dezentrales Sekretariat) denkbar.

*Angegliederte, rechtlich selbstständige Betriebe*
NPO gliedern oftmals dann rechtlich selbständige Betriebe aus, um preisfinanzierte Dienstleistungen meist unter Marktbedingungen abzusetzen. Die Auslagerung erfolgt möglicherweise aus steuerlichen Gründen, um Risiken abzugrenzen oder um sie der Verbandsdemokratie zu entziehen und unternehmerisch führen zu können, und dies ohne politische Beeinflussung durch die Trägerschaftsorgane. So werden beispielsweise unter dem Begriff der Einrichtung insbesondere in Deutschland die NPO der im Gesundheits- und Sozialwesen tätigen Wohlfahrtsorganisationen zusammengefasst (z.B. Krankenhäuser, Alten-, Behinderten-, Kinder- und Jugendheime, ambulante Dienste und Wohnformen). Die Trägerschaften sind, soweit nicht öffentlich-rechtlich, in den Formen des Vereins oder der Stiftung, zunehmend auch als GmbH oder als Aktiengesellschaft ausgegliedert. Dies hat häufig haftungsrechtliche Gründe. Diese Gesellschaften mit beschränkter Haftung oder Aktiengesellschaften sind soweit wie möglich in die Führungsstrukturen zu integrieren sowie durch personelle Verflechtungen auf haupt- und ehrenamtlicher Leitungsebene und strategische Vorgaben eng an die NPO anzubinden, weil auch hier die Corporate Identity sicherzustellen ist. Anstelle solcher rein verbandseigener Betriebe sind auch kooperative (ausgegliederte) Betriebe zusammen mit anderen Verbänden in gemeinsamer Trägerschaft realisierbar.

*Realisation durch Dritte mittels Outsourcing oder Contracting-Out*
Gelegentlich wird die Forderung an eine NPO gestellt, sich auf ihr Kerngeschäft zu konzentrieren und Betriebsaufgaben ohne direkten Bezug zur Organisationsmission nicht selbst zu erfüllen, sondern sie auf dem Markt einzukaufen. Diese *make or buy Entscheidung* zwischen Selbsterstellung oder Fremdbezug soll zur Verschlankung der Strukturen sowie zu Effizienzgewinnen führen. Beispiele dafür sind die Vergabe des Rechnungswesens an eine Treuhandfirma, die Auslagerung der Informationstechnologie-Wartung an ein spezialisierte Unternehmen oder die Auftragsvergabe an eine Agentur für Crowdfunding. Dabei handelt es sich stets um den Verzicht auf eine für das Funktionieren des eigenen Kernbetriebs notwendige aber nicht identitäts- und reputationskritische Aufgabe.

*Ausschüsse, Kommissionen und Arbeitsgruppen*
Ehrenamtliche Gremien und Arbeitskreise übernehmen vielfach Beratungs- oder Stabsfunktionen für den Vorstand und die Geschäftsführung. Sie erarbeiten mit Unterstützung des Hauptamts Entscheidungsgrundlagen oder nehmen zu den von der Geschäftsführung erarbeiteten Vorlagen oder Anträgen Stellung. Der Vorstand kann ihnen Entscheidungskompetenzen übertragen, wie etwa den Tarif- oder Verhandlungsausschüssen in Arbeitnehmer- und Arbeitgeberverbänden oder den Organisationskomitees von wissenschaftlichen Kongressen. Die Gremienarbeit ist präzise zu regeln und in die Tätigkeitsplanung einzubeziehen. Diese Arbeitsgruppen und Kommissionen können der Geschäftsführung unterstellt sein und nicht zwingend dem ehrenamtlichen Vorstand. Das ist besonders empfehlenswert, wenn es sich um operative Realisationsaufgaben handelt und nicht um die strategische Beratung des Vorstands oder Stiftungsrats.

*Konferenzen der Geschäftsführenden*
In mehrstufigen Verbänden sind zentrale Konferenzen der Geschäftsführenden ein wichtiges Instrument der Umsetzungskoordination. Sie werden in der Regel durch die geschäftsführende Person der Zentrale geleitet. Durch Erfahrungs-, Wissens- und evtl. Ressourcenaustausch wird die Realisation von Projekten und Qualitätsstandards unterstützt und erleichtert. Je selbstständiger und stärker die dezentralen Basisgruppen sind, desto wichtiger ist der Einbezug ihrer Geschäftsführenden in die Vorbereitung gesamtverbandlicher Beschlüsse und die Willensbildung (vgl. Kapitel 3.2). Je umfassender ihr Wissen um die lokalen Realitäten in die Lösungsgestaltung eingeflossen und je tiefer ihr Verständnis um notwendige Kompromisse ist, desto engagierter und solidarischer wird die gemeinsame Realisation mitgetragen.

In den meisten NPO hat die Rechtsform – Verein, Genossenschaft oder Stiftung – kaum Einfluss auf die Aufbauorganisation der Geschäftsstellen bzw. Betriebe. Demnach werden des Öfteren die traditionellen Vereinsformen mit zahlreichen Mitgliedern bei zunehmender Grösse der Institution zu einem kritischen Faktor, da der Mitgliederversammlung wesentliche Kompetenzen verbleiben und somit die Einmischung in oder Blockierung von Betriebsgeschäften möglich ist. Um diesen Nachteil zu kompensieren, werden entweder die Mitgliederzahlen auf eine überschaubare Grösse reduziert oder der Verein wird als ideelle Trägerorganisation beibehalten und der Betrieb als weitgehend autonome GmbH ausgegliedert.

### 3.5.5 Selbstorganisation in Realisationseinheiten von NPO

In klassisch hierarchisch organisierten zentralen Geschäftsstellen von NPO wie z. B. Verbänden ist i. d. R. eine Direktorin bzw. ein Hauptgeschäftsführer (HGF) den Bereichsleitenden vorgesetzt. Sie bzw. er bildet mit ihnen zusammen meist das Geschäftsleitungsteam, welchem Meinungsbildungs- und Entscheidungsvorbereitungsaufgaben sowie gegenseitige Information und Koordination obliegt. Selbst wenn das Team konsensorientiert arbeitet, so bleibt die abschliessende Entscheidung meist einer einzelnen Person in der Geschäftsführungsverantwortung oder wenigen Geschäftsleitungspersonen vorbehalten, die auch gegenüber dem Ehrenamtsgremium die Letztverantwortung für den gesamten Geschäftsbetrieb tragen. Dies schliesst nicht aus, dass die Bereichsleitenden die ihre eigene Abteilung betreffenden Geschäfte im Rahmen der in der Geschäftsleitung gefassten Beschlüsse eigenverantwortlich bearbeiten.

Formen der Selbstorganisation für die Ausgestaltung der operativen Realisationseinheiten (oder Teilen davon) gewinnen laufend an Bedeutung, auch in NPO. Unter Selbstorganisation wird die auf viele Mitarbeitende dynamisch und dezentral verteilte Führungsarbeit verstanden (Oestereich/Schröder 2020). Dies steht im Gegensatz zur klassisch hierarchischen Organisationsform, in der relativ wenige Personen exklusiv und zentral die formelle Führungsverantwortung tragen.

Eine ganze Reihe von aktuellen Entwicklungen befördern diesen Trend zur Selbstorganisation wesentlich:

- *VUKA-Welt*: Das Akronym setzt sich zusammen aus den Merkmalen der Volatilität, Unsicherheit, Komplexität und Ambiguität. Die steigende Dynamik und Komplexität im Umfeld von Organisationen erfordert eine hohe Anpassungs- und Reaktionsfähigkeit.
- *Wissensarbeit*: In Dienstleistungsorganisationen ist es für Vorgesetzte zunehmend schwieriger, die Tätigkeiten ihrer spezialisierten Mitarbeitenden inhaltlich nachzuvollziehen und fachlich zu begleiten.

- *New Work*: Dieser ursprünglich von Frithjof Bergmann in den 1970er-Jahren geprägte Begriff verwies auf ein Arbeitsverständnis, das geprägt ist durch eine Verschiebung von der Lohnarbeit hin zu einer stärkeren gemeinschaftlichen Teilhabe. Festzustellen ist, dass sich der Anspruch und das Verständnis von individueller Arbeit und Zusammenarbeit wandelt und damit neue Organisationsformen auch eingefordert werden.

Um diesen Entwicklungen gerecht zu werden, sollen die direkt involvierten Mitarbeitenden möglichst dezentral entscheiden können, ohne Einbezug einer hierarchisch vorgelagerten Ebene. Dies erlaubt sowohl eine Beschleunigung von Entscheidungsprozessen als auch die optimale Berücksichtigung der notwendigen Fachkompetenz.

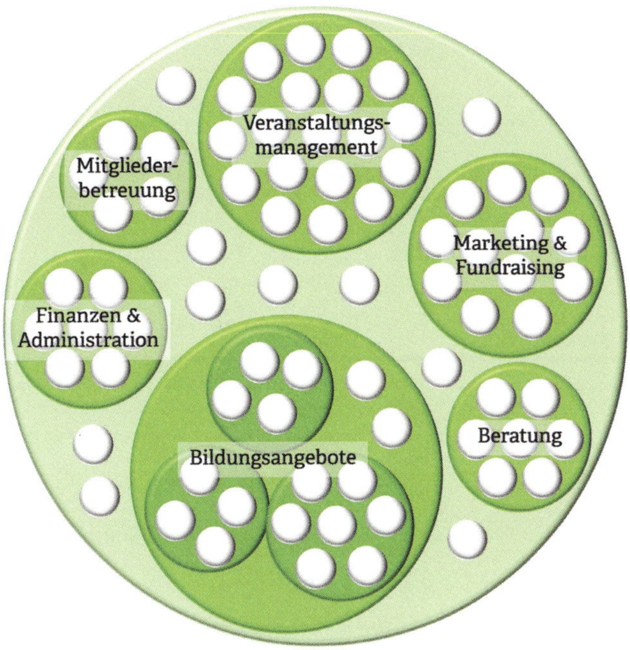


**Abb. 30** – Kreisstrukturen in selbstorganisierten Systemen

Selbstorganisierte Systeme, wie sie die obenstehende Abbildung beispielhaft zeigt, bedienen sich oft einer Kombination folgender Elemente:

- *Kreisstrukturen:* Mitarbeitende treffen Grundsatzentscheide gemeinsam innerhalb von permanenten Kreisen, die sich einem bestimmten Zweck widmen. Mitarbeitende übernehmen innerhalb der Organisation mehrere Rollen und sind oft in mehreren Kreisen vertreten.
- *Einwandorientierte Entscheide* (z. B. Konsent-Methode): Ein Vorschlag gilt dann als akzeptiert, wenn von keiner involvierten Person ein begründeter, schwerwiegender Einwand vorgebracht wird. Es braucht also nicht mehr einen Konsens, d. h. die aktive Zustimmung aller Beteiligten, um einen verbindlichen Entscheid zu fällen.

- *Agile Methoden* (z. B. Design Thinking, SCRUM): Die anfallenden Arbeiten werden in kurzen Entwicklungsschritten (Sprints) vorangebracht; der Fortschritt und die nächsten Schritte werden regelmässig im Team besprochen (z. B. Stand-up Meeting). Durch ein solch iteratives Vorgehen soll fortlaufend auf relevante Entwicklungen wie neue Erkenntnisse oder veränderte Anforderungen reagiert werden können.

Organisationsmodelle wie beispielsweise die *Holokratie* (Robertson 2016) bieten in sich geschlossene und aufeinander abgestimmte Systeme solcher Elemente. In der Praxis ist zu beobachten, dass die entsprechenden Organisationsmodelle kaum je in Reinform umgesetzt werden. Oft dienen sie als Ausgangspunkt für einen Entwicklungsprozess, der im Laufe der Zeit zu einer massgeschneiderten Form von Selbstorganisation für die jeweilige NPO führt.

Nicht für jede NPO ist eine Entwicklung hin zu mehr Selbstorganisation angezeigt. Je stabiler und vorhersehbarer das eigene Tätigkeitsgebiet ist, desto eher führen klassisch hierarchische Organisationsformen zum Ziel. Zudem muss nicht zwingend die gesamte Realisationseinheit nach selbstorganisierten Prinzipien ausgestaltet werden: Bereiche oder Abteilungen, welche besonders wechselhaften Anforderungen ausgesetzt sind (wie z. B. die eigentliche Dienstleistungserbringung oder das Fundraising), profitieren tendenziell eher von Selbstorganisation als solche, die Routineprozesse bearbeiten (wie z. B. die Buchhaltung). Ein "duales Betriebssystem" (Kotter 2014) erlaubt die Kombination von Effizienz und Agilität, bringt aber umgekehrt die Herausforderung mit sich, unterschiedliche Funktionslogiken innerhalb derselben Organisation aufeinander abzustimmen.

### 3.5.6 Ablauforganisation und Prozessmanagement

Die Planung, Gestaltung und Entwicklung von Prozessen hat ihre Basis in den 1990er Jahren und dient einer qualitätsorientierten Arbeitsweise. Ein Prozess ist eine zielorientierte sowie einheits- oder funktionsübergreifende Abfolge von logisch miteinander verbundenen Aktivitäten, welche aus einem Input (z. B. Beratungsanfrage eines Mitglieds) einen Output erzeugen (z.B. Antwort auf die Anfrage des Mitglieds). Durch die Art der Abwicklung der Aktivitäten, durch deren zeitliche Anordnung und Koordination sowie deren Output soll bei den Leistungsempfängern auf möglichst effiziente und effektive Art und Weise ein Nutzen oder Wert geschaffen werden. Diese Definition macht deutlich, dass Prozesse die Beziehungen zwischen organisatorischen Einheiten/Funktionen verfeinert regeln und gleichzeitig durch ihre Zielorientierung einen Bezug zu den Sachzielen der NPO haben (und wesentlich zu deren Erreichung beitragen). Ein systematisches Prozess-Management gliedert sich in vier Phasen mit je zwei Teilschritten.

Diese Systematik wird beim erstmaligen Einrichten eines Prozessmanagementssystems vollständig durchlaufen und später zu einem kontinuierlichen Verbesserungskreislauf zusammengefügt, bei dem alle Phasen regelmässig durchlaufen werden, jedoch nicht in derselben Tiefe bzw. mit denselben Fragestellungen.

**Abb. 31** – Die vier Phasen im Prozessmanagement

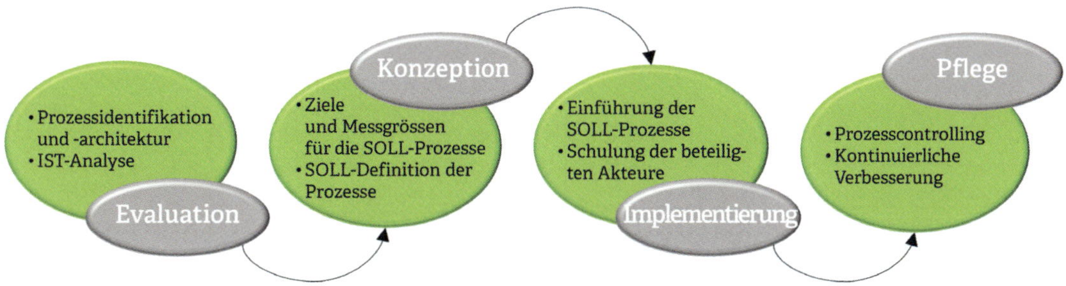


*Evaluationsphase*

Beim erstmaligen Einrichten gilt es zunächst relevante Prozesse zu identifizieren und sie in einer Prozessarchitektur zu gliedern. Dazu können verschiedene Gliederungsmodelle herangezogen werden. Empfehlenswert ist die Einteilung in Steuerungsprozesse (wie Planung und Budgetierung), Kernprozesse (im Sinne von Leistungserbringungsprozessen) und Supportprozesse (z. B. HRM-Prozesse). Mit Methoden der Organisationsanalyse erfassen die Mitarbeitenden ihre Aktivitäten, die durch Summierung in Aufgabenbündel eine erste Übersicht darüber ergeben, welche Aktivitäten in welchen periodischen Abständen mit welchem zeitlichen Aufwand und mit welchem Ergebnis geleistet werden. Wiederkehrende Aufgabenbündel, bei denen womöglich verschiedene Mitwirkende beteiligt sind, werden in das Prozessmanagement aufgenommen. Diese Ist-Prozesse werden in standardisierter Form, z. B. als logisch-zeitliche Ablaufdiagramme (Flow Charts), dargestellt. Meist werden zudem Elemente wie Prozessziele (inkl. Messgrössen), Zielgruppen, Prozesseignerin, Input (inkl. Lieferanten), erfolgskritische Faktoren, Nachweisdokumente, Output/Outcome, Ressourcen und Hilfsmittel sowie Schnittstellen zu anderen Prozessen benannt.

Anhand der Ist-Darstellung werden die Prozesse in einem nächsten Schritt analysiert und ein Veränderungsbedarf in Ablauf oder Konzeption festgehalten. Aufgrund der bis dahin erarbeiteten Informationsbasis sind Qualitätswirkung, Effektivität und Effizienz zu beurteilen und Entwicklungsnotwendigkeiten daraus abzuleiten. Insbesondere ist zu überprüfen, ob einzelne Teilprozesse ohne Qualitätsverlust vereinfacht oder gar weggelassen werden können oder zusätzliche Teilprozesse zur Qualitätsgewährleistung erforderlich werden. An diesem Punkt setzt der kontinuierliche Verbesserungsprozess an, insoweit bereits bestehende Systeme eines Prozessmanagement überprüft und verbessert werden Als Ergebnis dieser Analyse steht der Veränderungsbedarf fest und kann im Rahmen der Konzeptionsphase angegangen werden.

*Konzeptionsphase*

Die Ziele und Messgrössen der Soll-Prozesse werden als Grundlage für die Konzeption ausformuliert. Dabei stehen einerseits der gewünschte Nutzen für die Zielgruppen, andererseits die normativen Vorgaben der NPO im Vordergrund. Dabei ist auch das Outsourcing zu thematisieren, wenn eine bisher von der NPO selbst erfüllte Aufgabe auf dem Markt preisgünstiger oder qualitativ besser eingekauft werden kann. Den festgelegten Prozesszielen werden im nächsten Schritt geeignete Messgrössen zugewiesen, mit deren Hilfe die Zielerreichung verfolgt wird.

Aufgrund der Evaluation und der festgelegten Ziele und Messgrössen können nun die Prozesse ausreichend konzipiert und beschrieben werden. Neben der Prozessdarstellung sind wiederum die Elemente Prozessziel (inkl. Messgrössen), Zielgruppen, Prozesseigner, Input (inkl. Lieferanten), erfolgskritische Faktoren, Nachweisdokumente, Output/Outcome, Ressourcen und Hilfsmittel sowie Schnittstellen zu anderen Prozessen zu benennen.

*Implementierungsphase*

Sind die Prozesse im gesamten Sinne erst einmal neu konzipiert, so sind sie testweise durchzuspielen und auf ihre Funktionsweise hin zu analysieren. Bei positiven Ergebnissen werden Prozessbeschreibungen in den elektronischen Systemen zur Verfügung gestellt. Der Neuigkeitsgrad bestimmt die Zahl der notwendigen Änderungen; folglich müssten auch alle betroffenen Elemente eines Management-Systems angepasst werden. Jede Neuregelung ist obsolet, wenn deren Inhalte und Konsequenzen von den Beteiligten nicht verstanden und umgesetzt werden. Daher sind Information und Schulung der Akteure zentrale Punkte des Prozessmanagement.

*Pflegephase*

Um reibungslose Abläufe im systematischen Prozessmanagement und damit letztlich in der NPO selbst sicherzustellen, werden diese überwacht. Dies erfolgt unter anderem anhand der definierten Messgrössen im Rahmen des Prozesscontrollings. Dieses kann systematisch über Selbst-Assessments der Prozessverantwortlichen oder interne/externe Audits identifiziert werden. Die Überprüfungen bringen erneut Verbesserungsbedarf zum Vorschein, und der kontinuierliche Verbesserungsprozess beginnt zu laufen.

**Praxistipps und Denkanstösse:**

1 Allen NPO eigen ist die Bestellung eines ehrenamtlichen Leitungsorgans. Aus Effektivitäts- und Effizienzüberlegungen wird dazu ein Gewaltentrennungsmodell empfohlen. Es schafft klare Verantwortungsstrukturen, Good Governance, gewährleistet Demokratie, wo erforderlich, und sichert durch ein kleines ehrenamtliches Leitungsorgan bestmögliche Handlungsfähigkeit. In der Konequenz sollte die Gewaltentrennung auch zwischen diesem Organ und der hauptamtlichen Geschäftsführung vollzogen werden.

2 Die Über- und Unterordnung von Organisationseinheiten zu einer Führungsstruktur in hierarchischen Organigrammen wird in selbstorganisierten Systemen ersetzt: Die Ordnung der Rollen und die ihnen zugewiesene Entscheidungsmacht nach Verantwortungsbereichen tritt an die Stelle einer dauerhaft und universell zugewiesene Entscheidungskompetenz. Damit entfällt das Gestaltungskriterium der Hierarchie aber nicht; es wird nur die zeitstabile und generelle Über- und Unterordnung der Menschen durch eine hierarchische Beziehung von Rollen ersetzt. Diese Rollen-Hierarchie hängt von der jeweiligen Entscheidungssituation ab.

3 Kommissionen, Ausschüsse und Arbeitsgruppen übernehmen in NPO vielfach Beratungsfunktionen für Vorstand und Geschäftsführung. Der Vorstand kann ihnen auch operative Aufgaben mit eigenen Entscheidungskompetenzen übertragen. Wichtig ist, die Gremienarbeit präzise zu regeln, in die Tätigkeitsplanung einzubeziehen und sie ggf. auch wieder zu revidieren.

4 Prozesse regeln die Beziehungen zwischen organisatorischen Einheiten und gewährleisten gleichzeitig durch ihre hohe Zielorientierung die Umsetzung der Sachziele der NPO. Es lohnt sich deshalb, Prozesse als wiederkehrende Aufgabenbündel zu standardisieren, wo verschiedene Mitwirkende kooperativ beteiligt sind.

Weiterführende Literatur

https://www.vmi.ch/de/npo-wissen/npo-themen/kapitel-3.5/

## 3.6 Führung

Führung ist soziale Einflussnahme zur Erreichung von Zielen, die mit dem Organisationszweck verbunden sind. Mit Führungsgrundsätzen legt die Organisation explizit oder implizit fest, wie diese Einflussnahme erfolgen soll. Explizite Grundsätze sind als Ergebnis eines organisationalen Verständigungsprozesses oder einer personalpolitischen Entscheidung der Leitung dokumentiert. Implizite Grundsätze sind als weitgehend geteilte normative Überzeugungen Elemente der Organisationskultur. Führungsgrundsätze legen mehr oder weniger spezifiziert fest, auf welcher Autoritätsgrundlage Führung akzeptiert wird, welche Rollen für die organisationale Funktionsfähigkeit auszuüben sind, wie auf die Leistungsmotivation der Geführten Einfluss genommen werden soll und welches Verhalten gegenüber den Geführten gewünscht wird.

Führung gibt es nicht nur im Verhältnis zwischen einer Person in einer Leitungsposition und den ihr untergeordneten Mitarbeitenden, sondern sie kann zwischen Personen unabhängig von ihrer hierarchischen Position stattfinden. Führung findet immer dann statt, wenn eine Person das Einverständnis einer anderen Person erreicht, sich in ihren Einstellungen und in ihrem Verhalten beeinflussen zu lassen: beispielsweise ein Kollege den anderen durch persönliche Überzeugungskraft, eine Mitarbeiterin ihre Vorgesetzte aufgrund ihrer Fachkompetenz oder eine Mentorin ihren Schützling in einem Beratungsverhältnis. In diesen Fällen spricht man von informeller Führung, im Unterschied zur formellen Führung zwischen Vorgesetzten und Mitarbeitenden gemäss Organigramm.

Die Vielfalt der Beziehungen, in denen Führung stattfindet, ist in NPO gross. Daraus ergeben sich folgende *typische Führungsbeziehungen*:

1. Die Führung innerhalb des ehrenamtlichen Leitungsgremiums zwischen dem Präsidenten bzw. der Präsidentin und den übrigen Mitgliedern; dies kann sowohl im gesamten Gremium als auch in den Untereinheiten eines Ausschussbetriebs stattfinden.
2. Die Führung der Geschäftsführerin bzw. des Geschäftsführers durch das ehrenamtliche Präsidium an einer ersten Schnittstelle zwischen Haupt- und Ehrenamt.
3. Die Führung innerhalb des Geschäftsbetriebs und im Angestelltenverhältnis zwischen hauptamtlichen Führungskräften und Fachkräften auf Basis eines arbeitsvertraglichen Verhältnisses.
4. Die Führung von freiwillig Engagierten durch festangestellte Koordinatoren an einer zweiten Schnittstelle zwischen Haupt- und Ehrenamt.

Jede dieser Führungsbeziehungen ist durch besondere Rahmenbedingungen gekennzeichnet und stellt an die Führenden eigene Anforderungen.

In den folgenden Abschnitten stehen aber die gemeinsamen Grundlagen im Mittelpunkt der Betrachtung; auf die Besonderheiten für jede einzelne Beziehung wird hier nur an ausgewählten Stellen eingegangen.

### 3.6.1 Führung und Autorität

Führung ist soziale Einflussnahme und beruht auf Autorität und legitimierter Macht. Legitimiert ist Macht, wenn ihre Ausübung durch organisationale Werte oder Regeln gedeckt ist. Als wesentliche *Quellen der Macht* oder Autorität lassen sich für Führungskräfte unterscheiden:

1. Die *hierarchische Position* mit ihren Sanktionsmöglichkeiten: Anordnungs- und Disziplinierungsrecht, die Kompetenz positives oder negatives Feedback im Beurteilungsprozess auszusprechen. In selbstorganisierten Strukturen tritt an diese Stelle die Autorität, die aus einer zugewiesenen Rolle resultiert.
2. Die *Ressourcenkontrolle*, teilweise an die Führungsposition gekoppelt, insbesondere die Verfügung über das Budget oder die Kompetenz zur Gehaltseinstufung.
3. Der *Informationsvorsprung*, begründet durch Fachkompetenz oder die Mitgliedschaft in einem wichtigen Gremium.
4. Die *persönliche Überzeugungskraft* als Führungskredit und zugesprochene Vertrauenswürdigkeit.

Die Möglichkeiten zur Nutzung der genannten Machtquellen sind einerseits von der Organisationsstruktur abhängig, andererseits aber auch von den Persönlichkeiten und den Einstellungen der beteiligten Personen, also von der Führungskraft und den Mitarbeitenden. Grosse hierarchische Organisationen bieten den Führungskräften generell mehr Möglichkeiten zur Führung über die positionale Macht und Ressourcenkontrolle als kleinere Organisationen und solche ohne klare Über- und Unterordnungsverhältnisse. Ausserdem ist die positionale Macht auf der ehrenamtlichen Seite geringer als in den Angestelltenverhältnissen des Hauptamts. Ob die durch die Hierarchie bestehenden Möglichkeiten in der Führungsbeziehung aber auch wirklich zum Tragen kommen, hängt von den Einstellungen der beteiligten Personen ab.

NPO unterscheiden sich darin, wie mit der Hierarchie umgegangen wird: Während in der einen Organisation aufgrund der Tradition oder der Branchenkultur Anweisungen von einer übergeordneten Stelle ohne Widerspruch umgesetzt werden, erwarten die Mitarbeitenden in der anderen Organisation, dass ihre Vorgesetzten Entscheidungen stets vorgängig beraten; und während in der einen Organisation gilt, dass die ehrenamtliche Leitung Kraft ihrer Position und der persönlichen Überzeugungskraft über die Strategie der NPO bestimmt, gilt in der anderen Organisation, dass strategische Entscheidungen von Fachleuten getroffen und gegebenenfalls korrigiert werden. Es ist kaum möglich, generelle Aussagen darüber zu machen, welche Machtquelle sich am ehesten durchsetzt bzw. zu den besten Ergebnissen für eine NPO führt. Es ist aber individuelles Kennzeichen jeder NPO, welche Mischung der Machtquellen im Führungsalltag vorherrscht.

Je nachdem, auf welcher Macht- und Autoritätsquelle die Führung aufbaut, kennzeichnet sie sich jeweils durch andere Führungsstile. So wird eine Person, die sich vor allem auf ihre positionale Macht verlässt, eher ein sachliches und direktives Führungsverhalten zeigen. Hingegen wird sich eine Person mit einem kooperativen und beziehungsorientierten Führungsverständnis eher auf ihre persönliche Überzeugungskraft oder ihren Informationsvorsprung verlassen, um ihre Ziele durchzusetzen.

### 3.6.2 Führungsrollen

Führung erfüllt in Organisationen verschiedene Rollen, die sich nach dem "*competing values*" Modell von Cameron et al. (2006) in zwei Dimensionen mit jeweils gegensätzlichen Anforderungen abbilden lassen. Die vertikale Dimension bilden die Anforderungen von Stabilität/Effizienz auf der einen und Entwicklung/Flexibilität auf der anderen Seite.

**Abb. 32** – Führungsrollen im Überblick (Cameron et al. 2006)

Unter den gegebenen Bedingungen und mit den vorhandenen Ressourcen sollen bestmögliche Ergebnisse erreicht und dazu der Überblick über alle Geschäftsprozesse bewahrt werden. Gleichzeitig sollen Veränderungen eingeleitet, ineffiziente Routinen aufgebrochen und die Organisation flexibel gehalten werden. Die horizontale Dimension wird von der externen Anforderung, Ziele und Ergebnisse vorweisen zu können, und der internen Anforderung, den Bedürfnissen und Interessen, aber auch Stärken und Schwächen des eigenen Teams gerecht zu werden, gebildet. Die Kombination der Ausprägungen auf den beiden Dimensionen ergibt eine Ausrichtung im Management, die durch jeweils zwei Führungsrollen repräsentiert ist. Damit eine Organisation nachhaltig erfolgreich sein kann, müssen alle Rollen in ausreichendem Masse abgedeckt sein.

Eine einzelne Führungskraft kann nicht alle Rollen in gleichem Masse ausüben, zumal sie unterschiedliche, teilweise sogar gegensätzliche Anforderungen stellen. Welche Rollen eine Führungskraft vorrangig ausfüllt, hängt von verschiedenen Faktoren ab:

- *Organisationaler Reifegrad*: Welche Rollen sind bereits durch organisationale Regeln und Routinen abgedeckt? Welche Rollen sind durch die Fähigkeit der Organisation, der Arbeitsgruppen oder der individuellen Mitarbeitenden abgedeckt und erfordern keine Führungseingriffe?
- *Erwartungen der Leitung*: Was erwarten meine Vorgesetzten von mir in der Führungsaufgabe? Welche Führungsgrundsätze sind zu beachten?
- *Eigenes Führungsleitbild und persönliche Einstellungen*: Was ist meine Vorstellung über meine Aufgaben, Kompetenzen und Verantwortung in der Organisation? Wozu fühle ich mich z. B. dem Vorstand, den Mitgliedern oder den Mitarbeitenden gegenüber verpflichtet?
- *Eigene Fähigkeiten und Wirksamkeitsüberzeugungen*: Welche Aufgaben liegen mir gut? Was gibt mir Sicherheit? Womit kann ich die besten Ergebnisse erzielen?
- *Organisationale Situation*: Was ist aktuell erforderlich? Mit welchen Problemen ist die Organisation bzw. mein Team konfrontiert?
- *Führungskonstellation*, wenn die Führungskraft beispielsweise Teil eines Führungsteams ist: Welche Rollen werden bereits von anderen Teammitgliedern abgedeckt?

Eine Führungskraft entscheidet sich – mehr oder weniger bewusst – dafür, bestimmte Rollen auszuüben, was ihr Führungsverhalten und in der Folge auch ihren Erfolg in der Führungsaufgabe wesentlich mitbestimmt. Als Innovatorinnen begleiten sie Neuerungen von der Ideenentwicklung bis zur wirksamen Realisierung und vertreten als Mediatoren die Interessen des eigenen Verantwortungsbereichs und der Mitarbeitenden hierarchisch nach oben bzw. auch nach aussen gegenüber Klienten oder anderen Bezugsgruppen. Als Produzentinnen gewährleisten sie, dass das Team bzw. die ganze Organisation die angestrebten Ergebnisse auch erreicht, und als Leader geben sie eine Zielrichtung vor, die Stabilität und Orientierung vermittelt. Nach innen gerichtet gewährleisten sie als Koordinatorinnen eine reibungslose Zusammenarbeit im eigenen Verantwortungsbereich und überwachen als Kontrolleure die Arbeitsweisen und die Zielerreichung der Mitarbeitenden. In der persönlichen Beziehung den eigenen Mitarbeitenden gegenüber geben sie als Stimulatorinnen immer wieder Anstösse für Veränderungen und Problemlösungen und fördern als Mentoren ihre Mitarbeiter persönlich und fachlich. Die nach innen und damit auf die Mitarbeitenden gerichteten Rollen stehen für die Mitarbeitendenführung und sind vor allem mit der Herausforderung verbunden, die Motivation der Geführten zu adressieren und weiterzuentwickeln.

### 3.6.3 Führung und Motivation der Mitarbeitenden

Motivation steht für die Einstellung der Mitarbeitenden zur Aufgabenerfüllung. Mit ihrem Führungsverhalten nehmen die Führungskräfte Einfluss auf diese Einstellung. Bei Mitarbeitenden mit einer ausgeprägten Selbstmotivation hat das Führungsverhalten kaum einen stärkenden Effekt, kann aber bei ungeschicktem Verhalten frustrierend wirken. Einen positiven Einfluss kann ein optimales Verhalten vor allem dann entfalten, wenn die Selbstmotivation schwach ist.

Mitarbeitende *durch Führung motivieren* heisst, sie mit entsprechenden Anreizen zur Übernahme von Zielen, zur Erfüllung der ihnen übertragenen Aufgaben, zur Nutzung ihrer Leistungsfähigkeit (Wissen, Können, Fertigkeit, Erfahrung) mit dem Ziel einer bestmöglichen Leistungserbringung zu bewegen. Dieses Motivieren hängt einerseits mit den Motiven (Interessen, Bedürfnissen, Erwartungen) der Mitarbeitenden zusammen, andererseits aber auch mit dem Grad der Zufriedenheit bzw. Unzufriedenheit als Ergebnis der Befriedigung der eigenen Bedürfnisse.

Welche Relevanz einzelne *Bedürfnisse* haben, ist von Person zu Person verschieden und kann sich im Zeitverlauf verändern. Für eine Führungskraft ist es wichtig, ein Gespür dafür zu entwickeln, welches Bedürfnis hinter einem bestimmten Anliegen eines Mitarbeiters oder einer Mitarbeiterin steht und auf das sie motivierend angesprochen werden können. Die Leistungsbereitschaft einer Person hängt vor allem davon ab, ob die durch die NPO in Aussicht gestellten Anreize im Lichte der eigenen Bedürfnisstruktur attraktiv und erreichbar erscheinen. Ob die Bereitschaft tatsächlich zu einer wirksamen Handlung führt, hängt vor allem von den Fähigkeiten und Grundeinstellungen der Person ab. Ob die Ausführung zur Zufriedenheit führt, hängt von den Belohnungen ab, welche die Person nach erbrachter Leistung erhält. Ausserdem spielt es eine wichtige Rolle, ob die Belohnungen als angemessen empfunden werden. Die erlebte Zufriedenheit hat einen Einfluss darauf, ob derselbe Anreiz in Zukunft immer noch als attraktiv wahrgenommen wird. Es ist davon auszugehen, dass bei extrinsischen Belohnungen ein Gewöhnungseffekt eintritt: Die Zufriedenheit über eine Prämie wird tendenziell dazu führen, dass bei zukünftigen Aufgaben eher eine Prämiensteigerung erwartet wird; andernfalls nimmt die Zufriedenheit über die erhaltene Prämie im Zeitverlauf ab. Schliesslich gibt es auch eine Rückkopplung von der tatsächlichen Anstrengung für die erbrachte Leistung zur zukünftigen Einschätzung der Wahrscheinlichkeit zwischen Anstrengung und Belohnung: Muss eine Person beispielsweise feststellen, dass ihre Erfahrungen und ihr Engagement nicht genügen, um das angestrebte Ergebnis zu erreichen, wird sie in Zukunft wahrscheinlich vorsichtiger bei der Annahme neuer Aufgaben sein.

Der Führung in NPO stehen verschiedene Motivationsstrategien (vgl. Sprenger 1991) zur Verfügung, die auf unterschiedliche Weise Bedürfnisse der Mitarbeitenden adressieren und organisationale Voraussetzungen nutzen. Motivationsstrategien sind aus der Perspektive der intrinsischen Motivation zu beurteilen. *Intrinsische Motivation* liegt vor, wenn die Motivation, eine Aufgabe zu erfüllen, in dieser Aufgabe selbst liegt. Nach Deci & Ryan (1985) beruht die intrinsische Motivation einer Person vor allem auf zwei wesentlichen Bedingungen: (1) Selbstbestimmung: Die Person erlebt sich als autonom und frei von äusseren Einflüssen oder Zwängen. (2) Expertise: Die Person erlebt sich in ihrem Handeln als kompetent. Sie ist überzeugt, das zu tun, was sie am besten kann. *Extrinsische Motivation* liegt vor, wenn die Motivation nicht aus der Aufgabe selbst, sondern aus einem daran geknüpften Ergebnis resultiert. Dieses kann sowohl aus der Hoffnung auf Belohnung als auch aus der Furcht vor Bestrafung entstehen.

**Tab. 8** – Motivationsstrategien

| Motivationsstrategie | Adressierte Bedürfnisse | Führungsverhalten | Organisationale Voraussetzungen |
|---|---|---|---|
| Motivieren durch persönliche Vorteile | Sicherheit<br>Anerkennung | Führungskraft schafft Anreiz-Beitrags-Gleichgewichte und knüpft Leistungen an Belohnungen | Finanzielle Ressourcen, hoher gesellschaftlicher Status |
| Motivieren durch persönliche Überzeugungskraft | Sicherheit<br>Zugehörigkeit | Führungskraft dominiert und führt die Mitarbeitenden eng | Führungskräfte mit starkem Selbstbewusstsein und hohem Führungskredit |
| Motivieren durch moralische Appelle | Zugehörigkeit<br>Anerkennung | Führungskraft erinnert an die gemeinnützige Mission und Werte der Organisation | Gemeinnützigkeit in den relevanten Bezugsgruppen nicht in Frage gestellt |
| Motivieren durch Identifikation mit der Organisation | Zugehörigkeit<br>Anerkennung | Führungskraft mobilisiert über attraktive und legitimierte Ziele und Überzeugungen | Hoher Status und feste Wertebasis der Organisation |
| Motivieren durch Selbstentfaltung | Anerkennung<br>Selbstentfaltung<br>Macht | Führungskraft verschafft Mitarbeitenden Aufgaben, die deren intrinsischer Motivation entsprechen | Hohe Freiheitsgrade in der Leistungserbringung |
| Motivieren durch Vertrauen und Respekt | Selbstentfaltung | Führungskraft schafft einen Raum, in dem sich die Mitarbeitenden in der Gewissheit ihrer Unverletzlichkeit entfalten können | Respektierende Organisationskultur, geringer Erfolgsdruck von aussen |

Die ersten vier Strategien stellen Varianten der Fremdmotivation dar und wirken vor allem extrinsisch motivierend, denn es ist jeweils die Führungskraft, die Rahmenbedingungen für die Entstehung und Erhaltung der Motivation setzt. Bei den beiden letzten Strategien entsteht die Motivation allein bei den Mitarbeitenden und wirkt intrinsisch. Sprenger (1991) hat in seinen Untersuchungen über den "Mythos Motivation" herausgearbeitet, dass bei jeder Variante der Fremdmotivation die Gefahr besteht, dass sie als externe Kontrolle empfunden wird und dass eine bestehende Motivation in Demotivation umschlägt.

Als eines der wichtigen *Führungs- und Motivationsinstrumente* sind periodische Feedbacks und Standortgespräche anzusehen. In den meisten Organisationen ist darüber hinaus ein jährliches oder halbjährliches Mitarbeitendengespräch, oft auf der Basis eines formalisierten Leitfadens, vorgesehen. Solche Feedbacks haben zum Ziel, gemeinsam oder partizipativ, Rückschau zu halten und Erfolge bzw. Misserfolge bezüglich Zielvorgaben und Verhaltensstandards zu bewerten, Leistungen zu würdigen und Orientierung zu geben, neue Ziele zu vereinbaren mit der damit verbundene Fortschritts- und Ergebniskontrolle, Ausnahmen zu definieren und Fort- und Weiterbildungsmassnahmen festzulegen. Diese Gespräche setzen eine Vertrauenskultur mit gegenseitig positiver Grundhaltung, Ehrlichkeit, Verlässlichkeit und Transparenz voraus. Diese Kultur muss durch das tägliche Führungsverhalten, durch regelmässiges und unmittelbares Feedback auf die jeweiligen Leistungen und Verhaltensweisen der Mitarbeitenden geschaffen und gepflegt werden.

### 3.6.4 Erfolg als Orientierungspunkt der Führung

Führungserfolg bemisst sich an den Zielen, die mit der Führung angestrebt werden. Diese Ziele sind unter anderem auch vom Führungsleitbild abhängig, das eine Organisation oder eine einzelne Führungskraft verfolgt. Es lassen sich dabei vier Zielbereiche unterscheiden:

- *Leistung*: Führung sollte darauf gerichtet sein, die Leistung einzelner Mitarbeitender oder eines ganzen Bereichs zu steigern oder zu erhalten. Führung ist dann erfolgreich, wenn es einer Führungskraft gelingt, die quantitativen oder qualitativen Ziele der NPO oder des Teams zu erreichen. Das Spektrum der Leistungskriterien kann sowohl die Mengenleistung, die Leistungsqualität und Fehlerhäufigkeit oder Initiative und Kreativität umfassen.
- *Zufriedenheit*: Führung sollte sich auch am Ziel orientieren, eine hohe Zufriedenheit der Geführten mit ihrer Aufgabe und mit den persönlichen Arbeitsbedingungen zu erreichen. Zufriedenheit wird erreicht, wenn die Mitarbeitenden in ausreichendem Masse Sicherheit, Wertschätzung, Anerkennung und Möglichkeiten zur eigenständigen Ar-

beitsgestaltung wahrnehmen. Leistung resultiert in dieser Sichtweise aus Zufriedenheit.

- *Zusammenhalt und Loyalität*: Führung sollte dazu beitragen, den Zusammenhalt in der NPO bzw. den Arbeitsteams zu gewährleisten. Sie ist eine wesentliche Grundlage für ein Team, komplexe Aufgaben, welche die Mitwirkung aller Mitglieder erfordert, zu erfüllen oder vorübergehende Krisenphasen zu bewältigen.
- *Entwicklung*: Während die ersten drei Ziele darauf gerichtet sind, eine stabile Erfolgssituation zu erreichen, orientiert sich das Entwicklungsziel an der Lern- und Innovationsfähigkeit von Organisationen. Diese Zielsetzung ist umso wichtiger, je weniger sich die zukünftigen Anforderungen an ein Team oder eine ganze NPO vorhersagen lassen.

### 3.6.5 Führung als Aufgaben- und Mitarbeiterorientierung

Führungsverhalten lässt sich als eine Kombination von aufgabenorientierten und mitarbeiterorientierten Impulsen der Führungskraft beschreiben. Damit wird auf das Arbeitsverhalten und das Leistungsbemühen der Mitarbeitenden Einfluss genommen. Aufgabenorientierung ist auf die Erreichung der Organisations- oder Teamziele gerichtet. Wichtige Aspekte sind Zielsetzung, Planung, Aufgabenzuweisung und Kontrolle.

| Aufgabenorientierte Führung | Mitarbeiterorientierte Führung |
|---|---|
| - Reorganisieren, um die Effizienz zu steigern<br>- Aufgaben planen<br>- Aufgaben an Mitarbeitende oder Teams zuweisen<br>- Bereichsziele klären und den Mitarbeitenden vermitteln<br>- Ziele und Standards für die Aufgabenerfüllung setzen<br>- Ziele, Pläne und Routinen erläutern und umsetzen<br>- Koordination von Aufgaben<br>- Prozesse und Ergebnisse überwachen<br>- Probleme lösen, welche die Aufgabenerfüllung behindern | - Mitarbeitende bei der Bewältigung schwieriger Aufgaben unterstützen<br>- Vertrauen ausdrücken, dass eine schwierige Aufgabe bewältigt werden kann<br>- Nähe und persönliche Vertrautheit aufbauen<br>- Anstrengungen und erzielte Erfolge anerkennen<br>- Sich als Coach oder Mentor/in zur Verfügung stellen<br>- Sich über Entscheidungen mit den davon betroffenen Mitarbeitenden beraten<br>- Mitarbeitende an Entscheidungen partizipieren lassen<br>- Mitarbeitende über Entwicklungen informieren, die sie betreffen<br>- Mitarbeitende bei der Konfliktlösung unterstützen<br>- Rituale etablieren, die eine Teamidentität schaffen |

**Tab. 9** – Dimensionen des Führungsverhaltens

Mitarbeiterorientierung kennzeichnet sich dadurch, den Erwartungen und Bedürfnissen der Mitarbeitenden entgegenzukommen und ein angenehmes Arbeitsklima zu schaffen. Wichtige Aspekte sind die Förderung von Motivation und Identifikation sowie der persönlichen Weiterentwicklung.

Führungsverhalten in der Praxis ist selten rein aufgaben- oder mitarbeiterorientiert. Es charakterisiert sich in den meisten Fällen durch einen Mix aus beiden Dimensionen. Der persönliche Führungsstil einer Person zeigt sich beispielsweise darin, wie Ziele gesetzt und Entscheidungen gefällt werden, welche Bedeutung der Mitarbeiterentwicklung zugesprochen wird oder wie Konflikte zwischen einzelnen Mitarbeitenden angegangen werden. Häufig unterscheidet sich der Führungsstil, den eine Person unter entspannten Bedingungen zeigt, erheblich vom Verhalten, das sie in einer Krisen- oder Stresssituation zeigt.

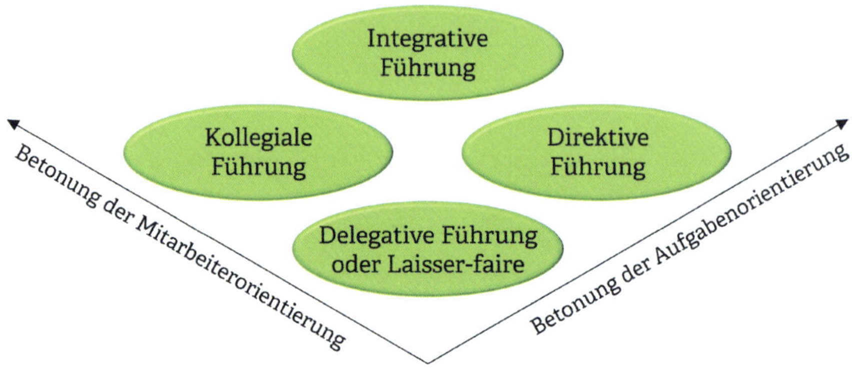


**Abb. 33** – Dimensionen des Führungsverhaltens

Eine Führungskraft muss in der Lage sein, ihr Verhalten an die konkrete Führungs- und Entscheidungssituation flexibel anzupassen. Wichtige Situationsfaktoren sind der aufgabenbezogene Reifegrad der Mitarbeitenden, die Aufgabenstruktur, die Qualität der Führungsbeziehung und die Positionsmacht der Vorgesetzten. In der Frage, inwieweit eine Führungskraft ihre Mitarbeitenden bei Entscheidungen einbeziehen soll, sind Faktoren der Entscheidungssituation sowie der Akzeptanz und Interessenlage der Mitarbeitenden ausschlaggebend.

### 3.6.6 Führungsverhalten und aufgabenbezogener Reifegrad

Das von Hersey & Blanchard (1977) entwickelte Modell der reifegradorientierten Führung geht von den beiden klassischen Dimensionen des Führungsverhaltens aus: der Aufgabenorientierung und der Mitarbeiterorientierung. Die Kernaussage lautet, dass es keinen generell erfolgreichen Führungsstil gibt, sondern dass die Führungskraft ihr Verhalten auf den aufgabenbezogenen Reifegrad der Mitarbeitenden als Individuum bzw. auf den Reifegrad des ganzen Teams ausrichten muss. Je nach Reifegrad ist ein anderer Führungsstil notwendig, um die Leistungsziele zu erreichen, die Leistungsmotivation zu erhalten und die Geführten ihren Potenzialen entsprechend weiterzuentwickeln. Der *aufgabenbezogene Reifegrad* von Mitarbeitenden setzt sich aus zwei voneinander unabhängigen Komponenten zusammen:

- Die *Fähigkeit zu selbstständiger Aufgabenerfüllung*: Dazu zählen neben der Fachkompetenz berufliche Erfahrungen, die Sozial- und Methodenkompetenz, das Wissen um die betrieblichen Zusammenhänge

sowie intakte Beziehungen zu Bezugspersonen, die für die Aufgabenerfüllung wichtig sind.
- Die *Motivation und das Selbstvertrauen* zur selbstständiger Erfüllung der Aufgabe: Ein positives Selbstbild und eine leistungsorientierte Grundeinstellung sind dazu ebenso wichtige Voraussetzungen wie das Gefühl, von Kollegen und Kooperationspartnerinnen akzeptiert zu werden sowie die Erfahrung vorangegangener Erfolge.

Wichtig ist, den aufgabenbezogenen Reifegrad von der persönlichen Reife zu unterscheiden: Der persönliche Reifungsprozess verläuft kontinuierlich und weitgehend unabhängig von konkreten beruflichen Aufgabenstellungen. Die aufgabenbezogene Reife entsteht mit jeder Tätigkeit neu. Eine Mitarbeiterin kann beispielsweise in ihrer Fachfunktion einen hohen Reifegrad erworben haben. Wird sie daraufhin in eine Führungsposition befördert, wird sie sich dadurch persönlich weiterentwickeln, aber ihre aufgabenbezogene Reife ist in Auseinandersetzung mit den neuartigen Anforderungen, die sich aus der Führungsverantwortung ergeben, anfangs noch gering. Allerdings führt eine hohe persönliche Reife in der Regel dazu, dass bei neuartigen Aufgabenstellungen eine hohe aufgabenbezogene Reife leichter und schneller aufgebaut werden kann.

Aus der Reifegradstufe ergeben sich besondere Anforderungen an die Führung: Bei einem geringen Reifegrad, der typischerweise durch hohe Verunsicherung, fehlende Leistungsmotivation und Defizite in der Qualifikation gekennzeichnet ist, wird demnach ein rein aufgabenorientierter Führungsstil empfohlen. Damit absorbiert die Führungskraft die fehlende Motivation und fängt Qualifikationsdefizite auf. Sobald die Mitarbeitenden mehr Sicherheit gewinnen, aber noch nicht fähig zur selbstständigen Aufgabenerfüllung sind, sollte die Führungskraft einen Führungsstil anwenden, der gleichzeitig durch hohe Aufgaben- und Mitarbeiterorientierung gekennzeichnet ist. Sie gibt damit weiter Anstösse zur Zielerreichung, geht dabei aber verstärkt auf den Mitarbeiter ein und fördert seine Leistungsfähigkeit. Erreichen die Mitarbeitenden ein Niveau, das es ihnen ermöglicht, die Aufgaben eigenständig und ohne Unterstützung der Führungskraft zu bearbeiten, kann es zu vorübergehender Verunsicherung und damit Motivationsstörung kommen, welche die Führungskraft mit einem betont mitarbeiterorientierten Führungsstil auffangen sollte. Wenn die Mitarbeitenden schliesslich einen hohen Reifegrad erreichen und sowohl fähig als auch motiviert und sicher in der Aufgabenerfüllung sind, wird ein delegativer Führungsstil empfohlen. Im Reifegradmodell ist also die Führung motivierend und entwicklungsförderlich, wenn sie dem aktuellen Reifegrad der Mitarbeitenden im Umgang mit den eigenen Aufgaben entspricht.

Das Reifegradmodell setzt voraus, dass eine Führungskraft in der Lage ist, ihren Führungsstil nach Bedarf anzupassen. Diese Fähigkeit ist jedoch aufgrund des persönlichen Führungsleitbilds der meisten Führungskräfte beschränkt.

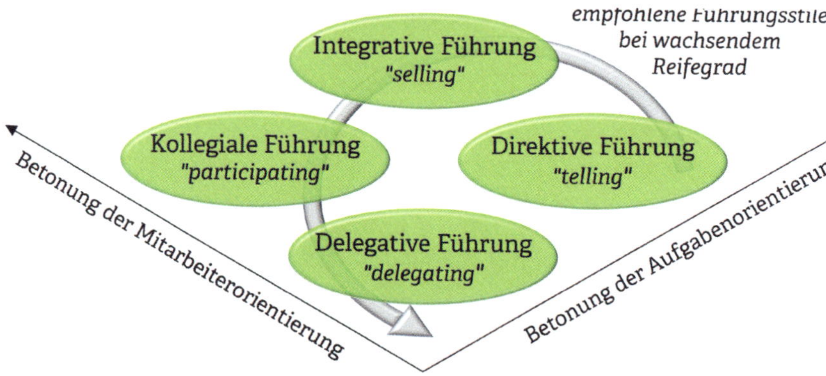


**Abb. 34** – Reifegradorientiertes Führungsverhalten (Hersey & Blanchard 1977)

Die praktische Umsetzung erfordert zudem, dass die Führungskraft bereit und in der Lage ist, den Reifegrad von Mitarbeitenden richtig einzuschätzen, um daraus die entsprechenden Konsequenzen für das Führungsverhalten zu ziehen. Diese Bereitschaft ist aber wiederum mit dem persönlichen Führungsleitbild verknüpft: Eine Führungskraft mit einer kollegialen Grundeinstellung wird ein Eingreifen im Sinne eines direktiven Führungsstils vermeiden wollen und eher dazu neigen, den Reifegrad von schwachen Mitarbeitenden zu überschätzen und deren Defizite zu übersehen, als mit direktivem Verhalten zu reagieren. Trotz dieser Einschränkungen bietet das Modell hilfreiche Anhaltspunkte für die Reflexion und Überprüfung des eigenen Führungsverhaltens sowie insbesondere für Analyse und Lösung von Konflikten in der täglichen Zusammenarbeit im Führungsverhältnis.

### 3.6.7 Führungseinfluss durch Charisma, Vertrag oder Dienst

Der Einfluss, den die Führungskraft auf die Mitarbeitenden in einer Mischung von Aufgaben- und Mitarbeiterorientierung ausübt, kann transaktionalen, transformational-charismatischen oder dienenden Charakter haben.

*Transaktionale Führung* beruht auf der Idee der Tauschbeziehung, also einer Transaktion. Die Führungskraft und ihre Mitarbeitenden tauschen Leistungen und Gegenleistungen mit dem Ziel eines Anreiz-Beitrags-Gleichgewichts: Die Führungskraft verfolgt das Ziel, dass die Mitarbeitenden sich für ihre Aufgaben engagieren, und bietet dafür Leistungsanreize. Die Mitarbeitenden verfolgen ihrerseits das Ziel, die eigenen Bedürfnisse zu befriedigen, und sind im Gegenzug bereit, sich für die übertragenen Aufgaben zu engagieren, wenn sie dafür eine angemessene Gegenleistung erhalten.

*Transformationale Führung* zielt darauf ab, die eigennützigen Ziele und Motive so zu transformieren, dass eine Identifikation und persönliche Verpflichtung auf diejenigen Ziele entsteht, die von der Führungskraft verfolgt werden. Statt einer Tauschbeziehung wird die Idee einer Pflichtgemeinschaft angestrebt. Insbesondere NPO mit ihrer ausgeprägten Zweck- und Werteorientierung sind für einen solchen Führungsansatz prädestiniert. Wesentliche Elemente sind nach Bass & Avolio (1994) die folgenden:

- *Charismatische Ausstrahlung*: Führungskräfte, die sich darum bemühen, eine ausserordentliche Vertrauensbasis zu ihren Mitarbeitenden zu legen, als Identifikationsfigur zu wirken und Enthusiasmus für die gemeinsamen Ziele und Aufgaben zu vermitteln, legen so die Grundlage, von den Mitarbeitenden Charisma zugesprochen zu bekommen.
- *Visionäre Inspiration*: Sie drückt sich darin aus, die Mitarbeitenden weniger durch Planung und Organisation als über eine fesselnde Vision für ihre Aufgabe zu begeistern.
- *Geistige Anregung*: Damit wird das Bestreben der Führungskraft bezeichnet, Routinen und Denkmuster aufzubrechen und neue Einsichten in Zusammenhänge zu vermitteln.
- *Wertschätzung für die Mitarbeitenden*: Eine grosse Bedeutung kommt in der transformationalen Führung der Förderung der individuellen Persönlichkeitsentwicklung zu.

Da in der charismatischen Führung die Aufgabe und der Zusammenhalt in der Gruppe eng mit der Persönlichkeit der Führungskraft verknüpft sind, besteht das Risiko, dass die Unterstützung der Führungskraft sofort und nachhaltig verloren geht, wenn diese sich als Persönlichkeit nicht bewährt: Ein solcher Fall tritt beispielsweise dann ein, wenn die Führungskraft einen Vertrauensbruch begeht oder wenn sich offensichtlich zeigt, dass sie über die Fähigkeiten, die ihr zugesprochen werden, gar nicht verfügt.

Aus diesem Grund hat sich neben dem Ansatz der transformationalen Führung auch der *Ansatz der dienenden Führung* (Servant Leadership, Greenleaf 1970) herausgebildet. Es beschreibt ein Führungsverhalten, das sich durch eine Fokussierung auf persönliche Förderung und Wertschätzung, Gemeinschaftsbildung und eine Unterordnung der Führungskraft und ihrer persönlichen Interessen unter die Organisations- und Teamziele kennzeichnet. Darin ist eine Abgrenzung gegenüber Ansätzen erkennbar,, in denen allein die Führungskraft und ihre Wirkung im Mittelpunkt steht. Insbesondere für Verbände und andere Nonprofit-Organisationen erscheint das Konzept der dienenden Führung attraktiv und erfolgversprechend.

Kennzeichnende Merkmale eines Führungsverständnisses, das der Idee der dienenden Führung folgt, sind (vgl. Van Dierendonck & Nuijten 2010):

- *Bescheidenheit*: Die Führungskraft ordnet ihre eigenen Interessen den Zielen der Organisation oder Arbeitsgruppe bzw. moralischen Grundsätzen unter. So versucht sie, als Vorbild zu wirken und die Gemeinschaftsbildung zu fördern.
- *Empathie*: Die Führungskraft geht auf Bedürfnisse und Emotionen der Geführten ein und berücksichtigt diese in ihrem Bemühen um Problemlösung und Weiterentwicklung.
- *Förderung*: Die Führungskraft engagiert sich für die Geführten und versucht Hindernisse, die einer Weiterentwicklung entgegenstehen, aus dem Weg zu räumen. Änderungswiderständen wird mit verständnisvoller Überzeugung begegnet.
- *Ganzheitliches Denken*: Die Führungskraft reflektiert in ihren Entscheidungen und Anstössen den Gesamtzusammenhang und berücksichtigt mittel- und langfristige Effekte.

Je nachdem, welchen Charakter der Einfluss hat, ergeben sich daraus jeweils andere Ausprägungen von aufgaben- und mitarbeiterorientierten Verhaltensweisen. Stets liegt aber eine Kombination aus Verhaltensweisen auf den beiden grundlegenden Dimensionen des Führungsverhaltens vor.

**Tab. 10** – Führungsstile im direkten Vergleich

| | Aufgabenorientierte Verhaltensaspekte | Mitarbeiterorientierte Verhaltensaspekte |
|---|---|---|
| **Transaktionale Führung** | Die Führungskraft schafft einen strukturellen Rahmen für möglichst eigenständige Aufgabenerfüllung. | Die Führungskraft sorgt für individuelle Anreiz-Beitrags-Gleichgewichte. |
| **Transformationale Führung** | Die Führungskraft stellt einen visionären Plan bereit. | Die Führungskraft präsentiert sich als Vorbild, inspiriert, drückt persönliche Wertschätzung aus und fördert die Teamidentität. |
| **Dienende Führung** | Die Führungskraft konzentriert sich vor allem auf den Gesamtzusammenhang. | Die Führungskraft fördert und ermutigt Mitarbeitende und gibt Ihnen viel Raum zur Entfaltung. |

### 3.6.8 Führungsverhalten und Partizipation

Führungsverhalten ist neben dem Aufgaben- und Mitarbeiterfokus durch den Grad der Beteiligung der Mitarbeitenden an den Entscheidungen charakterisiert. Die eine Extremposition bildet eine autoritäre Führung, in der sich die Führungskraft die gesamte Entscheidungskompetenz vorbehält und von den Mitarbeitenden unbedingte Loyalität einfordert. Auf der anderen Seite steht eine weitgehend anarchische Konstellation innerhalb eines Rahmens von allseitig akzeptierten Zielen und Standards der Organisation. Die Führungskraft verzichtet auf den Anspruch, in die selbstständige

Aufgabenerledigung durch die Mitarbeitenden einzugreifen, beschränkt sich auf zeremonielle Funktionen und hält sich bereit, im organisationalen Krisenfall einzugreifen.

Der *Partizipationsgrad* über die insgesamt acht Stufen hinweg verläuft nicht streng linear, wie das die folgende Tabelle zeigt. So kann beispielsweise eine autoritär-charismatische Führung so gestaltet werden, dass sich die Mitarbeitenden aufgrund ihrer hohen Identifikation mit der Führungskraft und der Aufgabe als stark beteiligt erleben, während eine kooperativ-beratende Führung durch die Führungskraft so stark kontrolliert wird, dass der wahrgenommene Mitwirkungsspielraum von den Geführten als gering beurteilt wird. Ähnliche Überlappungen ergeben sich zwischen einer grundsätzlich kooperativen und einer delegativen Führung.

**Tab. 11** – Partizipationsgrade

| Partizipationsgrad | | Die Führungskraft ... | Die Mitarbeitenden ... |
|---|---|---|---|
| autoritär | distant | entscheidet, ordnet an, kontrolliert | befolgen, führen Vorgaben im Detail aus |
| | charismatisch | gibt allgemeinen (visionären) Rahmen vor, dominiert Entscheidungen durch persönliche Überzeugungskraft | lassen sich von der Führungskraft und ihren Zielen begeistern, setzen Vorgaben um |
| kooperativ | beratend | berät sich, entscheidet anschliessend, erwartet Loyalität zur Entscheidung | beteiligen sich mit Fragen und Vorschlägen, tragen die anschliessende Vorgesetztenentscheidung mit |
| | beteiligend | pflegt gemeinschaftliche Beratung, strebt eine Entscheidung an, die auch von den Mitarbeitenden getragen wird | beteiligen sich an der Entscheidungsfindung und übernehmen Mitverantwortung |
| delegativ | kontrolliert | überträgt klar abgegrenzte Aufgaben an die Mitarbeitenden, vereinbart laufend Ziele und Standards | führen Aufgaben innerhalb des Delegationsbereichs selbstverantwortlich aus |
| | koordiniert | überträgt Verantwortung weitgehend, behält sich Koordination nach innen und aussen vor | führen ihre Aufgaben selbstständig aus, respektieren koordinierende Eingriffe |
| | selbstorganisiert | schafft ein Regelwerk, in dem alle Teammitglieder gleichberechtigt mitwirken | organisieren sich entlang des Regelwerks selbst, beteiligen sich an Beratungen und Entscheidungen, für die sie über Kompetenzen verfügen |
| | anarchisch | verlässt sich auf aufgabenbezogenen Reifegrad der Mitarbeitenden, greift allenfalls im Notfall ein | agieren völlig selbstständig im Rahmen der Organisationsziele und -werte, koordinieren sich, wenn erforderlich |

Welcher Partizipationsgrad erfolgreicher ist, hängt nach den Studien von Vroom & Jago (1991) von Situationsfaktoren ab, von denen als besonders wichtig anzusehen sind:

- die Komplexität der Entscheidungssituation und der Wissensstand der Führungskräfte, der ihnen erlaubt, Entscheidungen allein zu treffen ohne Gefahr zu laufen, wichtige Aspekte für eine gute Entscheidung zu übersehen.

- Das Expertiseniveau der Mitarbeitenden, aus dem sich ihre Fähigkeit und ihr Anspruch ableiten, an Entscheidungen partizipieren zu können.
- Das Vorliegen von Zielkonflikten zwischen der Führungskraft und den Mitarbeitenden.
- Die Machtbalance zwischen der Führungskraft und den Mitarbeitenden, die der Führungskraft mehr oder weniger Freiräume eröffnet, ihren präferierten Führungsstil anzuwenden.
- Die Führungskultur in der Organisation, aus der sich z. B. ergibt, ob Alleinentscheidungen der Führungskraft überhaupt akzeptiert oder im Gegenteil aus grundsätzlichen Überzeugungen von vorne herein abgelehnt würden.

Zu unterscheiden ist ausserdem der prinzipielle Partizipationsgrad, wie er zeitüberdauernd praktiziert wird, von einem situativen Partizipationsgrad. Dieser kommt beispielsweise in Krisen- oder Übergangssituationen zur Anwendung und kann deutlich abweichen.

### 3.6.9 Die Substitution von Führung und Organisation

Führung steht zu Organisation (Kapitel 3.5) in einem Substitutionsverhältnis und zwar sowohl zur Aufbau- als auch zur Ablauforganisation. Die Beeinflussung durch Organisation bedeutet, das Verhalten der Mitarbeitenden geplant und auf Dauer zu beeinflussen. Durch eine verbindliche Festlegung der Arbeitsorganisation und der Leistungsprozesse werden individuelle Verantwortungsbereiche der Mitarbeitenden und die Zusammenarbeit zwischen ihnen definiert. Alle Strukturen, die ein Verband im Hinblick auf Sachziele geschaffen hat, sorgen dafür, dass individuelle Handlungen zur Zielerreichung beitragen. Dadurch verlieren Führungseingriffe an Bedeutung. In extremer Ausprägung und unter stabilen Bedingungen kommt die Extremform der Bürokratie sogar ohne Führungskräfte aus; sie stellt auf Dauer sicher, was einmal erdacht und verankert wurde.

Andererseits reduziert eine intensive Führungsarbeit die Bedeutung von Organisationsstrukturen und festgelegten Abläufen. Eine fortlaufende Einflussnahme - je nach Führungsstil eher durch Überzeugung oder eher durch Verständigung - lenkt Einstellungen und Verhalten der Mitarbeitenden in hierarchischen Strukturen bzw. prägt die Koordination in selbstorganisierten Systemen. Im Extremfall bekommt die Steuerung den Charakter einer Anarchie, die im positiven Sinne auf der selbstverantwortlichen Aufgabenerfüllung der einzelnen Mitarbeitenden beruht. Bei einer starken Einflussnahme über Führungseingriffe kann eine Organisation sich einer Autokratie annähern.

**Praxistipps**

1 Klären Sie Ihre eigene Führungsrolle: Was wird von Ihnen erwartet, und welchen Ansprüchen möchten Sie selbst genügen? Wie weit sind Sie fähig und in der Lage, diesen Rollen auch zu genügen? Wenn die Ansprüche von Dritten nicht mit ihren eigenen Vorstellungen übereinstimmen sollten: Wie können Sie diese Lücken ersatzweise schliessen?

2 Seien Sie sich in einer Führungsfunktion stets bewusst, worauf Ihre Autorität beruht und wie gross die Chancen sind, dass Sie sich mit Ihren Zielen und Ideen wenn nötig auch durchsetzen und auf Unterstützung und Mitarbeit der (vermeintlich) Geführten zählen können!

3 Prüfen Sie die Möglichkeiten zur Motivation Ihrer Mitarbeitenden und respektieren Sie die Grenzen der Steuerbarkeit! Nicht jedes Ziel ist schon deshalb realisierbar, nur weil Sie selbst von dessen Wichtigkeit überzeugt sind.

4 Entwickeln Sie Ihren persönlichen Führungsstil, der mit Ihrer Persönlichkeit in Einklang zu bringen ist, der mit den expliziten oder impliziten Grundsätzen der Organisation und Ihren Teammitgliedern vereinbar ist! Berücksichtigen Sie dabei stets sowohl aufgaben- als auch mitarbeiterorientierte Aspekte!

5 Pflegen Sie Ihren persönlichen Führungsstil, aber erhalten Sie sich die notwendige situative Flexibilität, um Mitarbeitenden mit unterschiedlichen Reifegraden und bei wechselnden Aufgabenstellungen und unerwarteten Herausforderungen entsprechen zu können!

Weiterführende Literatur

https://www.vmi.ch/de/npo-wissen/npo-themen/kapitel-3.6/

## 3.7 Wandel, Agilität und Innovation

*Wandel* ist ein Merkmal des Umfelds von Organisationen, und er ist ein Kennzeichen von Organisationen selbst und der ihnen innewohnenden Veränderung. Entsprechend den verschiedenen Sichtweisen und Facetten (vgl. Kapitel 1.2) kann organisationaler Wandel in NPO aus Veränderungen in den Anliegen und Werthaltungen ihrer Träger resultieren, aus einer Auseinandersetzung mit ihren Austauschpartnern, aus veränderten Strategien und Taktiken zur besseren Interessendurchsetzung, aus Veränderungen in den Interessenlagen oder Machtgleichgewichten in der Organisation, oder sie können das Ergebnis von Bemühungen um eine bessere Effektivität und Effizienz sein. Diese Treiber von organisationalem Wandel können allein oder in Kombination auftreten, sie können sich gegenseitig verstärken oder zu Spannungen und Konflikten führen. In jedem Fall stellen sie eine Herausforderung für das Management einer NPO dar, und der Umgang mit damit gehört im FMM zu den formal-übergeordneten Aufgaben im System-Management.

*Agilität* bezeichnet im FMM die strukturellen und personellen Voraussetzungen für organisationalen Wandel. Sie ist der Oberbegriff für eine Vielzahl von Merkmalen, die Organisationen kennzeichnen, die, wenn immer erforderlich, die notwendigen Veränderungen durchlaufen.

*Innovation* ist der Begriff für eine bestimmte Art und Weise, wie das Management gezielte Veränderungen steuert, also eine Erscheinungsform des organisationalen Wandels. Sie zeichnet sich vor allem durch ihren (aus Organisationsperspektive) neuartigen Charakter aus und kann sich sowohl auf die Leistungen und Aktivitäten, als auch die Strukturen, Prozesse, Konzepte oder Instrumente beziehen, mit denen Potenziale aufgebaut, Wirkungen erzielt oder die eigene Existenz gesichert werden.

Es gibt eine Vielzahl von Typen des Wandels, die es zu unterscheiden und spezifisch zu beachten gilt. Wandel kann sich auf normativer, strategischer oder operativer Ebene (vgl. Kapitel 3.2) vollziehen. Der normative Wandel bezieht sich auf grundlegende Normen und Werte oder die Verfassung (Statuten) der Organisation; der strategische Wandel bezieht sich auf strategische Pläne, Leistungsprogramme oder Positionen gegenüber Bezugs- bzw. Anspruchsgruppen, und der operative Wandel betrifft das Verhalten und die Leistungsprozesse, wobei er bestehende Werte und strategische Pläne nicht verändert.

In Bezug auf die Art des Wandels gilt es ebenfalls drei Unterscheidungen zu beachten: Der ziel- und ergebnisorientierte Wandel, auch als Organisationale Transformation bezeichnet, findet episodisch statt und steht in engem Zusammenhang mit einer angestrebten Lösung Er unterscheidet sich darin vom reflexiven Wandel (Organisationsentwickling im engeren Wortsinn), der von einer Problemstellung mit offenem Lösungsraum ausgeht. Diese beiden gesteuerten Wandelarten, die unter den Oberbegriff des Change-Management gefasst werden, unterscheiden sich wiederum vom ungeplanten Wandel, der organisationalen Evolution; diese vollzieht sich emergent und wird nicht absichtsvoll angestossen, sondern passiert einfach, wie man alltagssprachlich sagt.

<table>
<tr><th colspan="3" rowspan="2"></th><th colspan="3">Ebenen von Wandel und Agilität</th></tr>
<tr><th>normativ</th><th>strategisch</th><th>operativ</th></tr>
<tr><td rowspan="3">Wandel</td><td rowspan="2">Change-Management</td><td>Ziel- und ergebnisorientierter Wandel (Transformation)</td><td>Veränderung der normativen Grundlagen</td><td>Strategische Neugestaltung der Organisation, ihrer Leistungen oder Potenziale</td><td rowspan="2">Einmalige oder periodische Anpassungen/Verbesserungen, in der Regel als single-loop learning Prozess</td></tr>
<tr><td>Reflexiver Wandel</td><td colspan="2">Organisationsentwicklung (OE) als double-loop learning Prozess</td></tr>
<tr><td colspan="2">Ungeplanter Wandel</td><td colspan="3">Emergente Veränderung von Werten, Erwartungen und Verhaltensweisen bei Mitgliedern, Mitarbeitenden oder Klientinnen</td></tr>
<tr><td rowspan="3">Agilität</td><td colspan="2" rowspan="2">Strukturelle Verankerung von Wandelfähigkeit</td><td>Institutionalisierung von Selbstreflexion und Selbstdistanz</td><td>Unternehmerische Kultur und Orientierung: Proaktivität, Innovationsfähigkeit und Risikobereitschaft</td><td>Selbstorganisation<br>Strukturelle Flexibilität<br>Umfassende Qualitätsorientierung</td></tr>
<tr><td colspan="3">Zeitliche Freiräume und finanzielle Ressourcen, um Veränderung zu ermöglichen</td></tr>
<tr><td colspan="2">Personelle Verankerung von Wandelfähigkeit</td><td colspan="3">Befähigung und Anreizgestaltung zu Selbstreflexion und Selbstführung</td></tr>
</table>

**Tab. 12** – Überblick zu Varianten von Wandel und Agilität

Neben diesen Wandelarten steht der Begriff der Agilität für die strukturelle oder kulturelle Verankerung von Wandelfähigkeit. Diese umfasst sowohl die kollektive Reflexionsfähigkeit, eine unternehmerische und auf strategische Erfolge abzielende Organisationskultur und ihre operative Verwirklichung, als auch Aspekte des Ressourcen-Managements. Agilität kann mittels dem sogenannten *deutero learning* erfasst werden (auch Prozesslernen genannt. Dieser von Bateson (1972) geprägte Begriff steht für das Reflektieren des bisher Gelernten bzw. das Lernen des Lernens. Eine agile NPO besitzt die Fähigkeit, Veränderungen vorauszusehen und auf diese eigenständig zu reagieren.

Aus der Zusammenschau dieser Ebenen und Arten des Wandels ergeben sich nun verschiedene Verständnisse und Handlungsempfehlungen, die in der Folge umschrieben und anhand von Beispielen illustriert werden.

### 3.7.1 Change-Management

Veränderungen der normativen Grundlagen sind als NPO zu initiieren, wenn es darum geht, die Überlebensfähigkeit wiederherzustellen. Dies kann eintreten, wenn beispielsweise die Identitätsfrage nicht mehr eindeutig beantwortet werden kann oder Mission und Zweck allzu einschränkend geworden sind. Folglich sind nicht selten organisationale Krisen der Auslöser für dringliche Reformen. Es gilt die grundlegenden Normen und Werte ziel- und ergebnisorientiert zu hinterfragen, was meist mit einer umgreifenden Statuten- oder Leitbildanpassung verbunden ist.

Eine strategische Neugestaltung der Organisation, ihrer Leistungen oder Potenziale findet etwa statt, wenn die NPO ihren strategischen Planungsprozess vorantreibt und nachfolgend ein Reorganisationsprojekt angeht. Damit verbunden könnte auch die Kooperationsfrage stehen, die klärt, ob die Organisation komplementierende Kooperationen eingehen will. Oder sie kommt zum Schluss, dass eine Trennung von einer Abteilung, eines Geschäftsbereichs oder einer Partnerorganisation strategisch sinnvoll ist.

Auf der operativen Ebene beziehen sich Veränderungen auf Verhaltensweisen oder Leistungsprozesse. Dabei kann eine bereits definierte Lösung angestrebt oder aber der Lösungsraum noch offen sein. Kennzeichnend bei dieser Form des Wandels ist, dass die Normen und Strategien unangetastet bleiben und dass sie dem *single-loop learning* zugeschrieben werden. Es bezeichnet einen Lernprozess, bei welchem die erkannten Herausforderungen mit den vorgegebenen Normen, Strategien und Zielen verglichen werden, um passende Handlungen zur Lösung der Herausforderungen zu finden.

Eine *Organisationsentwicklung* auf Basis von *double-loop learning* (auch Veränderungslernen genannt) kann auf der normativen oder der strategischen Ebene geschehen, denn bei dieser Form des organisationalen Lernens werden die Normen und Werte oder die Strategien und Ziele kritisch hinterfragt und wenn nötig verändert. Von grosser Bedeutung ist, dass eine Herausforderung angegangen wird bei der das Ergebnis bzw. die Lösung noch offen und undefiniert ist. Die NPO ist sich darüber im Klaren, dass eine Organisationsentwicklung stattfinden soll, wie diese nach dem Wandel aussieht, ergibt sich im Prozess.

Für die Gestaltung organisationaler Veränderungsprozesse empfiehlt sich ein Vorgehen unter Beachtung der folgenden Leitlinien:

1) Je tiefgreifender der durch einen solchen Prozess angestrebte Wandel in einer NPO ist, umso stärker sollte sich die Ablaufgestaltung an dem bereits in Kapitel 3.2 eingeführten Episodenmodell orientieren. Es ist der Verflechtung von sach-, macht- und konsensorientierten Phasen Rechnung zu tragen

2) Wie ebenfalls im Episodenmodell gezeigt wurde, ist dem Ziel der sachlich bestmöglichen Entscheidung das Ziel der Akzeptanz mindestens gleichrangig zur Seite zu stellen. Nur wenn Beteiligte und Betroffene die neue Lösung verstehen und annehmen, besteht die Chance, dass die Entscheidung mit Engagment und vorbehaltlos umgesetzt wird.
3) Akzeptanz erzielen setzt voraus, dass die Betroffenen so intensiv wie möglich zu Beteiligten gemacht werden. Diese Mitwirkung ist vor allem dann förderlich, wenn sie bereits in der Willensbildung und Entscheidungserarbeitung erfolgt, nicht erst nach dem Treffen einer Sachentscheidung oder in der Implementierungsphase.

Diese Leitlinien widerspiegeln die Überzeugung eines partizipativ-akzeptanzorientierten Vorgehens, auch als Ansatz der Organisationsentwicklung (OE) bezeichnet, das sich von einem autoritär-technokratischen Vorgehen abhebt. Bei letzterem wird die angestrebte Sachlösung für ein Projekt in einem kleinen Kreis von Expertinnen und Experten um den Vorstand bzw. die Geschäftsleitung herum erarbeitet, um dann den Betroffenen als unveränderbare Entscheidung auferlegt zu werden. Hinter einem solchen Vorgehen steckt nicht nur eine Neigung zu expertisegestützter Arroganz, sondern auch die Befürchtung, die Umsetzung der vermeintlich rational begründeten Lösung könne an entsprechend irrationalen Vorbehalten der Betroffenen scheitern, wenn sie nicht abschliessend ausgearbeitet zur Vorlage gebracht werde. Dafür werden nachfolgende Konflikte und Reibungsverluste in Kauf genommen.

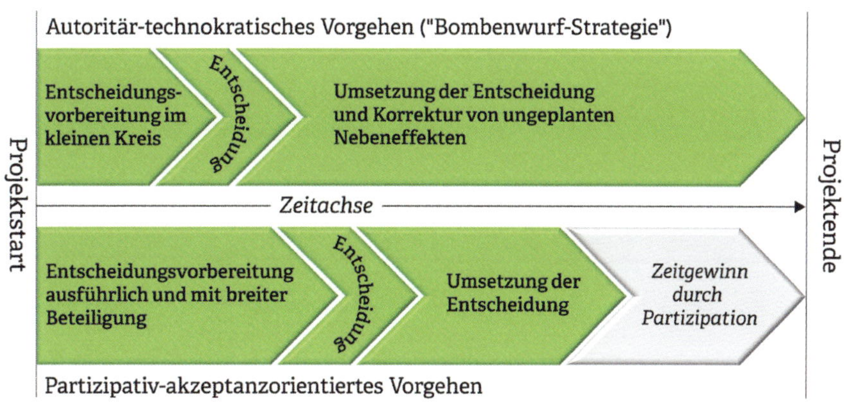


**Abb. 35** – Veränderungsstrategien im Vergleich

Das partizipativ-akzeptanzorientierte Vorgehen setzt hingegen darauf, dass eine breite Beteiligung zwar einen höheren Zeitaufwand in der Phase der Lösungsentwicklung mit sich bringt, der aber durch die vermiedenen Qualitäts- und Reibungsverluste bei der Implementierung mehr als kompensiert und somit am Ende eine effektivere Lösung auf effizienterem Weg erreicht werden kann.

Das schliesst nicht aus, dass in Ausnahmesituationen die autoritär-technokratische Strategie das besser geeignete Vorgehen darstellt. Das gilt etwa in Krisensituationen, die den aufgabenbezogenen Reifegrad der Mitarbeitenden übersteigen (vgl. Kapitel 3.6.6), oder wenn es aus legitimen Gründen erforderlich ist, kollektive Hilflosigkeiten oder organisierte Blockadehaltungen zu überwinden.

Wenn Change-Management-Prozesse eine breite Abstützung benötigen, dann sind die Promotionsaufgaben auch klar bestimmten Funktionsträgern bzw. -trägerinnen zuzuordnen. Einen Ansatz dazu bildet das Promotorenmodell, das von den drei sich überlappenden Kreisen des Episodenmodells ausgeht und darauf gestützt die Wahrnehmung der drei Rollen der Sach-, Macht- und Sozialpromotion verlangt. Das Promotorenmodell ist insbesondere bei ziel- und ergebnisorientiertem, episodischem sowie reflexivem Wandel auf der normativen und strategischen Ebene anzuwenden.

**Abb. 36** – Promotorenmodell im Change Management

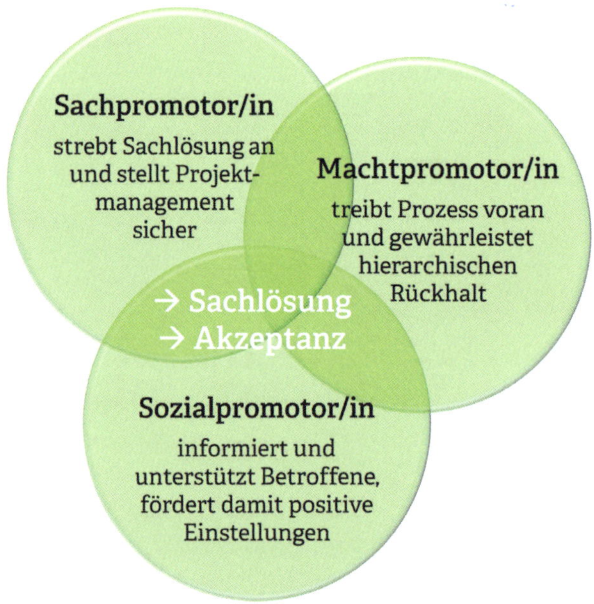


Die folgende Tabelle zeigt, welche Funktionen und Aufgaben aus der Perspektive der drei Promotionsrollen im Verlauf eines Veränderungsprozesses wichtig werden. Dabei ist über die drei Gestaltungsrollen hinaus auch die Rolle des Klientensystems, also der Gesamtheit der vom Veränderungsprozess Betroffenen zu beleuchten. Ein Change-Managementprozess im Sinne des partizipativ-akzeptanzorientierten Vorgehens gelingt in der Regel dann am besten, wenn ein flexibles Gleichgewicht und eine Komplementarität der Rollen erreicht werden kann. Das bedeutet, dass im Prozessverlauf vorübergehend wechselnde Rollen dominant sein können. Jede Dominanz einer Rolle sollte in der Folge aber wieder durch die Stärkung einer anderen Rolle abgelöst werden. Dieses Wechselspiel im Auge zu behalten und einem langfristig zu erreichenden Gleichgewicht zuzuführen, ist eine anspruchsvolle Führungs- oder gegebenenfalls auch selbstorganisierte Koordinationsaufgabe.

| *Phasen der Problemlösung::* | **Macht-promotion** | **Sach-promotion** | **Sozial-promotion** | **Klienten-system** |
|---|---|---|---|---|
| *1) Anregung Problemsuche und -definition* | Mögliche Initiative | Mögliche Initiative Innovationsbereitschaft bewirken | Mögliche Initiative | Mögliche Initiative |
| *2) Einleitung des Prozesses* | Entscheidung zur Ingangsetzung Ressourcen bereitstellen | Projektorganisation und -planung | Information, Bewirken der Einstellungsänderung und der Einsicht in die Notwendigkeit der Veränderung | Einstellung ändern, Einsicht in die Notwendigkeit |
| *3) Suchen und Ausarbeiten von Lösungsalternativen* | | Sachbezogene Alternativen erarbeiten | Für Partizipation der Klienten sorgen und Lösungen auf sozio-emotionale Rationalität prüfen | Partizipation an der Lösungserarbeitung |
| *4) Entscheidung* | Wahl der Lösungsalternative, Entscheidung und Auftrag zur Lösungsfindung | Bei demokratischem Führungsstil: Mitentscheidung aller Beteiligten Bei Selbstorganisation: Entscheidung aller Beteiligten im Konsent | | |
| *5) Einführung* | | Vorbereitung und Planung der Einführung | Unterstützung bei der Umsetzung | Verhaltensänderung |
| *6) Kontrolle* | Feststellung und Bewertung der Ergebnisse | Effizienzkontrolle | Sicherung der Arbeitszufriedenheit, Verstärkung, Anerkennung | Gewöhnung |

**Tab. 13** – Promotorenrollen im Veränderungsprozess

Geplanter Wandel vollzieht sich oftmals in Form von Projekten, weshalb im nächsten Schritt die Elemente des Projekt-Management erörtert werden.

### 3.7.2 Projekt-Management

Ein Projekt ist ein Vorhaben mit definiertem Inhalt sowie klar festgelegtem Beginn und Ende. Es ist in einem auf Dauer angelegten organisatorischen System mit seinen Alltags- und Routineaufgaben ein zusätzliches Element im Sinne einer Sekundärorganisation, das mit besonderen Techniken bearbeitet werden muss. Diese Techniken sind Bestandteil des Projekt-Management. Es umfasst die Organisation, Planung und Abwicklung, teils auch die Finanzierung dieser Vorhaben. Folglich ist es sinnvoll. Change-Management Prozesse als Projekte zu betrachten und entsprechend mit den Techniken des Projekt-Management zu bearbeiten.

Grundsätzlich gelten für Projekte die für Problemlösungsprozesse formulierten Anforderungen aus Kapitel 3.1 der Willensbildung und -sicherung. Diese sind aber um einige wesentliche Elemente zu erweitern.

*Projektkonzept*
Ist eine Herausforderung erkannt und besteht der Wille zu dessen Bearbeitung, so hat die zuständige Instanz einen offiziellen Startbeschluss in Form eines Projektkonzeptes mit folgenden Inhalten zu fassen:

a) Projektinhalt und Projektziel (sofern dieses bereits klar formuliert werden soll, also kein bewusst offener Zugang gewählt wird),
b) Projektorganisation (Gremien, Zuständigkeiten, organisatorische Einordnung),
c) Projektplanung (Grobablauf in Phasen),
d) Projektbudget und
e) Projektkontrolle.

Mit dem Beschluss des Projektkonzepts sind die Rahmenbedingungen für die Projektarbeit festgelegt. Das Projektkonzept umfasst somit die wesentlichen Elemente des Projekt-Managements, die nachstehend kurz beschrieben werden.

***Projektorganisation***
Insbesondere für grössere Projekte ist eine Sekundärorganisation zu bilden, die zusätzlich zur primären Linienorganisation für die Dauer des Projekts geschaffen wird. Die Etablierung einer temporären Parallelstruktur bietet sich insbesondere für Projekte des ziel- und ergebnisorientierten Wandel auf der normativen und strategischen Ebene an. Umgreifende Change-Management-Projekte verlangen eine parallel zur Tagesstruktur laufende Projektorganisation, damit sie nicht im Alltagsgeschäft untergehen, sondern erfolgreich realisiert werden können. Folgendes ist zudem zu beachten:

a) Eine Projektgruppe (mit Projektleitung), der die Bearbeitung des Projekts übertragen wird. Projektgruppen sollen repräsentativ mit Vertreterinnen und Vertreter der beteiligten und betroffenen Instanzen, Stellen und Mitgliedergruppen zusammengesetzt sein, damit sämtliche Interessen, Aspekte und Erfahrungen in die Lösungsentwicklung einfliessen.
b) Optional ist darüber hinaus ein repräsentativ zusammengesetztes Projektkollegium sinnvoll, wenn eine breite Abstützung von Anträgen und Vorlagen bzw. Beschlüssen erforderlich ist.
c) Eine breite Teilnahme an Anhörungs- und Vernehmlassungsverfahren sollte vor allem dann angestrebt werden, wenn das Ziel einer möglichst weitgehenden Akzeptanz und Identifikation mit dem Projektergebnis angestrebt wird.

In Pflichtenheften oder mit Hilfe einer Funktionsmatrix ist zu bestimmen, welche Kompetenzen den Projektgremien übertragen werden und welche Beschlüsse in den verantwortlichen Organen zu fällen sind.

*Projektplanung*

Zu Beginn des Projektes sind die grundsätzlich zu durchlaufenden Phasen grob zu planen, die sukzessive mit dem Arbeitsfortschritt in immer detaillierteren Tätigkeits- und Zeitplänen zu konkretisieren sind. Bei der Phasenplanung ist zu entscheiden,

a) ob die Methode des *Splitting* anzuwenden ist, also in einem ersten Durchgang ein grobes Lösungskonzept in Form von Grundsätzen erarbeitet und als verbindliche Vorgabe für die Projektfeinarbeit im zweiten Durchgang beschlossen wird;
b) wann und mit welchen Methoden Betroffene in die Analysen und die Meinungsbildung einbezogen werden;
c) welche Meilensteine im Sinne von im Prozess zu erreichenden Teilzielen zum Abschluss einzelner Projektphasen fixiert werden, die auch zur Evaluation des bisherigen Prozessablaufs genutzt werden können.

*Projektbudget*

Projekte verursachen oft beträchtliche interne (z. B. Arbeitsbelastung von Ehrenamt und Hauptamt) und externe (z. B. durch Beratungsleistungen verursachte) Kosten. Es ist zu empfehlen, nicht nur die zusätzlichen, sondern die vollen Kosten inklusive zeitlicher Beanspruchung aller Beteiligten und der Infrastrukturnutzung zu budgetieren, um das Projekt in Kenntnis der Gesamtbelastung zu beschliessen.

*Projektcontrolling*

Ein Projektcontrolling liefert nicht nur Informationen zur Beurteilung der Kosten- und Zeiteinhaltung, sondern überprüft auch die Übereinstimmung von Projektzwischenergebnissen mit dem Projektziel. Wesentlich ist, dass in einer NPO mit mehreren parallel ablaufenden Projekten die Übersicht und die Koordination gewährleistet sind. Gegebenenfalls ist eine der Geschäftsleitung zugeordnete Person mit einer Projektkoordinationsrolle damit zu beauftragen, diese Funktion verantwortungsvoll wahrzunehmen.

### 3.7.3 Ungeplanter Wandel

Veränderungen in NPO sind nicht immer das Ergebnis von planvoll herbeigeführten Entwicklungsschritten mit der Absicht, die Leistungsfähigkeit und Zielerreichung zu verbessern. Sie können sowohl durch interne, als auch externe Vorgänge ausgelöst werden, wie die folgenden Beispiele (ohne Anspruch auf Vollständigkeit) illustrieren:

1) Ein Generationenwechsel in der Mitgliederbasis führt zu veränderten Erwartungen an das Leistungsangebot und die Organisation der verbandsinternen Kommunikation.

2) Der wirtschaftliche Strukturwandel in einer Branche zieht eine Veränderung in der Zusammensetzung der Mitgliedsorganisationen nach sich und verändert die Prioritäten in der Lobbyarbeit des Verbands.
3) Ein Hilfswerk erhält von einer wohlhabenden Erblasserin eine grossräumige Immobilie, die der Organisation den Umzug aus einer Vorortgemeinde in die Innenstadt erlaubt und ihr eine bislang fehlende Exposition in der Öffentlichkeit verschafft. Das erzeugt Unruhe über die Frage, wie die NPO mit den damit verbundenen neuen Möglichkeiten und Risiken umgehen soll.
4) Eine Sozialfirma, die auf eine unternehmerische Gründung zurückgeht, durchläuft eine ausgeprägte Wachstumsphase, die eine spürbare Anonymisierung und Subkulturbildung zur Folge hat.
5) Eine NPO in der Entwicklungszusammenarbeit muss ein Akkreditierungsverfahren durchlaufen, um staatliche Gelder für ihre Arbeit erhalten zu können. Die Akkreditierungsnormen stellen eine Reihe der bisherigen Managementpraktiken in Frage.
6) Eine Gesundheitseinrichtung erlebt einen Wandel in den Erwartungshaltungen der Pflegekräfte, seit die Berufsausbildung akademisiert wurde.
7) Ein Konflikt zwischen älteren und jüngeren Mitgliedern im Stiftungsrat eines Hilfswerks über grundlegende Fragen der normativen und strategischen Ausrichtung löst intensive Diskussionen unter den Angestellten und freiwillig Engagierten aus.

Als ungeplanter Wandel sind solche Veränderungen insoweit einzuordnen, da sie jenseits einer absichtsvollen Steuerung durch die Leitung bzw. einem Steuerungskreis in Gang gekommen sind und sich weiterentwickeln. Solche Veränderungen können auch als Nebeneffekt eines Change-Management Projekts stattfinden, wenn etwa eine strategische Neuausrichtung nicht vollumfänglich in der Belegschaft der Organisation akzeptiert wird und es in Teilen der Basis zu Distanzierung kommt.

Ungeplanter Wandel tangiert die Ressourcenpotenziale, indem sich beispielsweise neue Ideen für Finanzquellen, Impulse für die Motivation und Bindung oder neue Kooperationsperspektiven ergeben. Ebenso kann die Wirksamkeit der Marketing-Aktivitäten dadurch gesteigert, aber auch beeinträchtigt werden. Und schliesslich haben sie Einfluss auf die Existenzsicherung der Organisation als Kernziel des System-Managements. Die Herausforderungen an das Management besteht darin, ungeplanten Wandel als Teil der Organisationsrealität zu akzeptieren und Klarheit darüber zu erlangen, welche Veränderungen durch Change-Management in Bahnen gebracht oder zumindest adressiert werden sollen.

### 3.7.4 Agilität

Unter Agilität wird die strukturelle Verankerung von Wandelfähigkeit verstanden. Ist die NPO auf der normativen Ebene zur Selbstreflexion und Selbstdistanz in der Lage, so gelingt es ihr, Wandlungsfähigkeit strukturell zu verankern und zu institutionalisieren. In diesem Fall ist sie fähig, normative Lernprozesse anzustossen und die grundlegenden Leitgedanken und Werte kritisch zu hinterfragen. Sie stellt sich immer wieder der Identitäts- oder der Legitimationsfrage: Wer sind wir, wofür stehen wir ein, braucht es uns noch? Es ist zu empfehlen, diverse Gefässe zu installieren, welche die Wandlungsfähigkeit strukturell verankern, wie beispielsweise das eine Trendbeobachtung, Monitoring externer Umfeldentwicklungen, Einholen externer Impulse oder die Durchführung von Zukunftswerkstätten.

Die strukturelle Verankerung der Wandelfähigkeit kann ausserdem auf der strategischen Ebene bzw. in strategischem Wandel geschehen; dies z. B., wenn die NPO eine unternehmerische Kultur und Orientierung verfolgt. Das von Covin & Slevin (1989) etablierte Verständnis beschreibt, inwieweit eine Organisation proaktiv, innovativ und risikobereit agiert:

- *Proaktivität*: Die Organisation strebt danach, ihr Aktivitätsfeld gezielt zu gestalten, anstatt sich Initiativen anderer Organisationen anzuschliessen und einsetzende Entwicklungen abzuwarten. Die Beobachtung der Marktbedingungen zielt darauf ab, Veränderungen zu antizipieren und zu entdecken, die sich in der Zukunft fortsetzen. Eigene Leistungen werden auf die erwarteten Entwicklungen konzipiert, anstatt sie auf gegenwärtige Bedürfnisse anzulegen.
- *Innovationsorientierung*: Die Organisation bietet laufend neue Produkte und Leistungen an und eröffnet sich damit stets neue Aktivitätsfelder. Der Neuigkeitsgrad dieser innovativen Schritte ist hoch. Bereits etablierte Problemlösungen sind nur von Interesse, wenn sie sich verbessern oder anderweitig einsetzen lassen. Wo die Organisation mit eigenen Innovationen Erfolg erzielt hat, sucht sie nach Wegen, diese in effiziente Routinen überzuführen oder gewinnbringend abzustossen. So gewinnt sie Freiräume, um sich neuen Herausforderungen widmen zu können. Kontinuität und Routine werden abgewertet.
- *Risikobereitschaft*: Die Organisation geht immer wieder Risiken ein, die beträchtliche Entwicklungsschritte, aber auch mögliche Rückschläge erwarten lassen. In einer engen Sicht und in letzter Konsequenz sind es meist finanzielle Risiken; diese können aber auch mit individuellen sozialen Risiken (z. B. Verlust von Sicherheit, Verbundenheit, Zuwendung, Anerkennung, Macht) verbunden sein. Die Risikobereitschaft hat emotional eine aufputschend positive Qualität; rational ist sie mit der Erwartung verbunden, vorübergehende Verluste mit anschliessend ausserordentlichen Gewinnen (über)kompensieren zu können.

Der Grundgedanke dabei ist, dass eine unternehmerisch agierende NPO erfolgreicher in der Erreichung des Sachziels ist als eine NPO, die diese strategische Ausrichtung nicht verfolgt:

Agilität kann sich schliesslich auch noch auf den operativen Wandel beziehen. Durch strukturelle Flexibilität oder eine stete und umfassende Qualitätsorientierung kann die NPO beispielsweise die Verhaltensweisen oder Leistungsprozesse kritisch reflektieren: Wie können wir das bisher Gelernte noch weiter verbessern? Dies kann auch über Selbstorganisation geschehen. In diesem Fall sind die Prozesse der NPO so ausgerichtet, dass sie das System selbst ständig hinterfragen und sich die Organisation je nach Umweltzustand zu reorganisieren weiss (Feess, 2018). Wichtig für die Agilität sind das Schaffen von zeitlichen Freiräumen und finanziellen Ressourcen, um die strukturelle Verankerung von Wandelfähigkeit überhaupt zu ermöglichen. Hinzu kommt, dass die Verankerung von Wandelfähigkeit auch auf der personellen Ebene verinnerlicht werden soll. Dies kann organisatorisch durch Befähigung und Anreizgestaltung zu Selbstreflexion und Selbstführung ermöglicht und gelenkt werden.

**Praxistipps:**

1 Treffen Sie bewusste Entscheidungen, welche geplanten Veränderungsprozesse auf normativer, strategischer oder operativer Ebene vollzogen und durch ein entsprechendes Projektmanagement abgestützt werden sollen.

2 Identifizieren Sie aktuelle Prozesse des ungeplanten Wandels in Ihrer Organisation, machen Sie diese sicht- und greifbar, um Klarheit darüber zu erlangen, welche Prozesse mit einem Change-Management Projekt gesteuert werden sollten.

3 Begleiten Sie die strukturelle Verankerung der Wandelfähigkeit durch befähigende personelle Massnahmen, fördern Sie Selbstführung und bieten Sie Anreize zur Selbstreflexion.

Weiterführende Literatur

https://www.vmi.ch/de/npo-wissen/npo-themen/kapitel-3.7/

# 4 Marketing-Management

Im Freiburger Management-Modell für NPO wird Marketing in einem modernen Sinn als aktives Management und Gestalten der für die NPO relevanten Austauschbeziehungen verstanden. Erst im aktiven Austausch mit internen und externen Stakeholdern entfaltet eine NPO in der Regel ihre Wirkung. Marketing trägt damit zur Erfüllung der obersten Organisationsziele bei.

**Abb. 37** – Das Marketing-Management im Überblick

Um effizientes und effektives Marketing-Management betreiben zu können, ist es in einem ersten Schritt wichtig, die für die Auftragserfüllung der NPO relevanten Stakeholder mit ihren Ansprüchen und Bedürfnissen an die NPO in einer Analyse zu erfassen (4.1 Austauschbeziehungen). In einem nächsten Schritt bedarf es eines Rahmenplans, wie das Marketing inhaltlich wie organisatorisch auszugestalten ist (4.2 Marketing-Konzept).

Da Beziehungen primär auf Vertrauen aufbauen ist die Wahrnehmung der NPO als Institution und damit ihre Positionierung in der Ausformulierung des Marketing-Konzepts zentral. Entsprechend wichtig ist, diesem Teilelement des Marketing-Konzepts besondere Beachtung zu schenken (4.3 Positionierung von Organisation und Geschäftsfeldern). In Anbetracht der knappen Ressourcen jeder NPO ist eine bestimmte Priorisierung vorzunehmen, welche Beziehungen und Stakeholdergruppen primär zu pflegen sind (4.4. Marketing-Einsatzbereiche). Die entsprechenden Marketing-Einsatzbereiche sind in der Folge detailliert zu planen (4.5 Marketing-Planung), indem unter Einsatz einer optimalen Kombination von Marketing-Instrumenten (4.6 Marketing-Instrumente) die Beziehung aufgebaut und in der Folge systematisch gepflegt wird. Der Kommunikation als wichtigstes Instrument eines Marketing-Mix wird dabei besondere Beachtung geschenkt (4.7 Kommunikation).

## 4.1 Marketing und Austauschbeziehungen

Der Begriff Marketing wurde ursprünglich für alle Aktivitäten verwendet, die mit dem Absatz oder der Vermarktung von Gütern zu tun haben. In diesem Sinne existiert Marketing, seit die Menschen damit begonnen haben, Güter zu tauschen. Man sprach in der deutschsprachigen BWL entsprechend zunächst auch von der Absatzlehre als Teil der betrieblichen Funktionenlehre. Erst in den 1950er Jahren verdrängte der Begriff Marketing allmählich den Begriff der Absatzpolitik. Marketing wurde zu einer eigenständigen Disziplin mit rasch steigender Bedeutung und kontinuierlicher Weiterentwicklung. Die moderne Definition des Marketings stellt heute die Gestaltung sämtlicher Austauschprozesse eines Unternehmens mit den bestehenden Bezugsgruppen in den Mittelpunkt der Betrachtung und betont die Rolle des Marketings als umfassendes Leitkonzept der Unternehmensführung.

Im Freiburger Management-Modell für NPO wird Marketing in diesem modernen Sinn als aktives Management und Gestalten der für die NPO relevanten Austauschbeziehungen verstanden. Marketing trägt zur Erfüllung der obersten Organisationsziele bei. Deshalb ist Marketing auch den Einschränkungen des Marktes unterworfen. Der Zugang zu Ressourcen ist zur langfristigen Existenz jeder Institution erforderlich. Kundenbedürfnisse können nur solange oder so intensiv befriedigt werden, wie damit ein Beitrag zur Daseinsberechtigung und zum Erhalt der NPO geleistet wird.

Das Beschaffungs-Marketing hat in NPO in der Regel einen höheren Stellenwert als das Absatzmarketing. Marketing ist nicht Aufgabe einer Stelle, die gesamte Organisation ist mit den Kunden und Austauschpartnern in Beziehung. Die Ausrichtung der Gesamtorganisation auf die Marketing-Orientierung ist deshalb für den Erfolg einer NPO entscheidend. Marketing soll auf die gesamte NPO übertragen werden. Dies setzt ein Grundverständnis über Marketing bei allen Mitarbeitenden voraus, insbesondere für dessen Philosophie und Logik.

Die Marketing-Philosophie und damit verbunden die konsequente Kunden- und Qualitätsorientierung haben für NPO zwei Konsequenzen:

1) Entwicklung von der Innenzentrierung (Bürokratie) zur Mitglieder-, Klienten-, Kunden- oder Gesellschaftsorientierung: Die Leistungsaustauschpartner werden als Marktsegmente oder klar umschriebene Zielgruppen begriffen und entsprechend differenziert behandelt.
2) Entwicklung von der Dienstgesinnung als Identifikation mit dem System und der Aufgabe zur Dienstleistungsorientierung. Dies bedeutet eine konsequente Auffassung, Führung und Gestaltung der NPO als Dienstleistungsbetrieb.

Damit einher geht eine konsequente Anwendung des Anreiz-Beitrags-Prinzips: Die NPO muss bedürfnisorientiert Anreize für alle für sie relevanten Stakeholder schaffen und anbieten, um eine Gegenleistung zu erhalten. Das Erkennen und Pflegen der Austauschbeziehungen ist dementsprechend Grundvoraussetzung für ein erfolgreiches Marketing jeder NPO.

### 4.1.1 Austauschbeziehungen einer NPO

Im Kapitel 1.2 wurden bereits die verschiedenen Sichtweisen und Facetten der Nonprofit-Organisation dargestellt. Zentral für das Marketing ist die Betrachtungsweise der NPO als Austauschsystem im Sinne eines Input-Output-Modells. Die dabei entstehenden Austauschbeziehungen werden in drei Felder unterteilt:

***1) Orientierungsumfeld***

Die Gesellschaft ist für die NPO insbesondere als Trägerin von Werten und Normen, von Geschehnissen und Entwicklungen relevant. Die gesellschaftlichen Teilsysteme setzen einerseits Rahmenbedingungen für das Handeln der NPO, so z. B. Gesetze oder moralische Werte, andererseits schaffen sie Tatbestände, welche mittelbare Auswirkungen auf die NPO haben. Die Gesellschaft wirkt auf die Austauschpartner der NPO ein, so dass sich deren Verhalten und Erwartungen verändern können.

***2) Beschaffungsumfeld***

Das Beschaffungsumfeld ist für eine NPO oft wichtiger oder zumindest gleich wichtig wie das Abgabeumfeld. Der Geldzufluss in die Organisation ist bei Unternehmen unmittelbar mit dem Absatz von Leistungen verknüpft, zudem herrscht Wettbewerb durch eine Vielzahl von Mitbewerbern mit vergleichbaren Angeboten. Dies ist bei NPO nicht zwingend der Fall. Hier besteht eher eine Konkurrenzsituation um knappe Ressourcen, wenn es um die Rekrutierung von Mitgliedern, Ehrenamtlichen oder freiwillig Engagierten, die Einwerbung von Spendengeldern oder um Beiträge der öffentlichen Hand geht.

***3) Leistungs- und Abgabeumfeld***

Dieses Umfeld lässt sich wiederum in ein Beeinflussungs- und ein Dienstleistungsumfeld untergliedern.

*Beeinflussungsumfeld*: Die NPO selbst ist nicht nur dem Orientierungsumfeld ausgesetzt, sie versucht auch selbst auf die Gesellschaft Einfluss zu nehmen. Viele Gründungen von NPO sind auf einen Bedarf nach einer koordinierten Interessenvertretung zurückzuführen. Wichtige Zielgruppen in diesem Beeinflussungsumfeld sind der Staat respektive das politische System, die Öffentlichkeit sowie andere Organisationen oder Kollektive. Im

Beeinflussungsumfeld, dem Leistungen wie das Lobbying oder Tarif- bzw. Gesamtarbeitsvertragsverhandlungen als Marketing-Einsatzbereiche zuzurechnen sind, greift der Marketing-Ansatz des FMM bedeutend weiter als das Profit-Marketing.

*Dienstleistungsumfeld*: NPO erbringen individuelle Dienstleistungen wie Schulung, Beratung, Unterstützung oder Information. Diese Leistungen können für die Mitglieder der Organisation, für Klienten wie Bedürftige, die von einem Hilfswerk betreut werden, oder für Dritte in einer klassischen Kundenbeziehung bereitgestellt werden. Im Dienstleistungsumfeld nähert sich das NPO-Marketing dem For-Profit-Marketing an.

### 4.1.2 Austauschsysteme und Güterarten

Die Austauschbeziehungen einer NPO folgen unterschiedlichen Gesetzmässigkeiten und Regeln. Sie sind mit bestimmten Steuerungsmechanismen verbunden.

| | Austauschsysteme | Kennzeichnende Steuerungsmechanismen |
|---|---|---|
| **Marktsysteme** | Individualgüter in Form von Waren oder Dienstleistungen | Marktpreise, ggf. Monopolpreise |
| **Nicht-Marktsysteme** | Meritorische Systeme | mit oder ohne Gebühren |
| | Collective Bargaining Systeme | Verhandlung zwischen den Interessengruppen |
| | Kommunikationssysteme | Sozialtechniken |
| | Karitative Systeme | Spende oder Zuteilung |
| | Mitgliedschaft (basis- oder repräsentativ-demokratisch) | Willensbildung oder Partizipation |
| **Politik** | (Staats-)politische Systeme | Vorschriften, Leistungsverträge, Leistungsentgelte, Subventionierung |

**Tab. 14** – Austauschsysteme im Vergleich

Bei den *Marktsystemen* bestehen grundsätzlich schlüssige Marktbeziehungen zwischen Produzent und Abnehmer mit Tauschcharakter. Bei Individualgütern herrscht eine Absatzmarktbeziehung analog zum Profit-Marketing, die sich mit dem Prinzip "Ware gegen Geld" umschreiben lässt. Dabei hat der Tauschpreis mindestens die Herstellungskosten zu decken und wenn möglich eine Gewinnkomponente zu enthalten. Erfolgt die Vermarktung unter Konkurrenzbedingungen unter mehreren bis vielen Anbietern, so ergibt sich ein Marktpreis, ansonsten ein Monopolpreis, der tendenziell über dem Marktpreis liegt.

Für Dienstleistungen gelten dieselben Marktmechanismen wie für alle anderen Individualgüter. Hingegen prägen die Besonderheiten der Dienstleistungen den Vermarktungs- und Leistungserstellungsprozess. So ist der Leistungsbezüger gleichzeitig ein wichtiger Faktor im Leistungserstellungsprozess, und das Resultat des Prozesses ist im Vorfeld der Leistungserbringung nur bedingt sicht- und überprüfbar.

Bei den *Nicht-Marktsystemen* ist die schlüssige Marktbeziehung „Ware gegen Geld" zwischen Produzenten und Kunden aufgebrochen. Entsprechend folgen sie anderen Regeln:

1) Bei meritorischen Gütern handelt es sich um Waren oder Dienstleistungen, die preisfinanziert über Märkte abgesetzt werden können. Da ihr Konsum als wünschenswert erachtet wird, werden solche Leistungen gegen nicht kostendeckende Gebühren oder gar unentgeltlich abgegeben. Die ungedeckten Kosten müssen durch andere Mittel der NPO wie z.B. Beiträge, Spenden oder durch staatliche Leistungsentgelte finanziert werden. Gesteuert wird dieses System über die Bedürfnisse der Leistungsbezüger und -bezügerinnen, ein gesellschaftliches Interesse sowie weitere Kriterien, die umfassender sind als bei einer vollständigen Marktpreis-Finanzierung.
2) In Collective-Bargaining-Systemen werden zwischen zwei oder mehreren NPO in Verträgen verbindliche Regeln für Leistungen und das Verhalten der Verhandlungspartner bzw. deren Mitglieder festgelegt. Diese Vereinbarungen resultieren aus einem inner- und gleichzeitig zwischenorganisatorischen Verhandlungsprozess, bei dem ein Konsens gesucht wird. Dieser Aushandlungsprozess steuert gleichzeitig das System. Typisches Beispiel sind Gesamtarbeitsverträge zwischen Arbeitgeber- und Arbeitnehmerverbänden.
3) Durch Kommunikations- und Sozialtechniken wirkt die NPO auf bestimmte Zielgruppen ein, um deren Einstellungen und Verhaltensweisen zu beeinflussen. Das Spektrum der Beeinflussung reicht von argumentativer Überzeugung über moralische Appelle bis zur psychischen Manipulation.
4) In karitativen Systemen sammelt die NPO auf dem Spendenmarkt Geld, das sie nach selbst definierten und nach aussen kommunizierten Absichten Dritten zuteilt. Die Steuerung des Systems erfolgt indirekt über den Spender, indem dieser entscheidet, welcher Organisation mit welchem Anliegen er seine Spende anvertraut.
5) In Mitgliedersystemen finanzieren die Mitglieder über einen Grundbeitrag die NPO und erhalten dafür einen mehr oder weniger umfangreichen Mix an Individual- und Kollektivleistungen. Die Steuerung dieses innerorganisatorischen Austauschsystems erfolgt über demokratische Prozesse: Bei direkter Demokratie kann das Mitglied an der Willensbildung mitwirken und hat so die Möglichkeit, zusammen mit Mehrheiten die Leistungen der NPO und ihre Inhalte im Grundsätzlichen zu bestimmen. Anders bei repräsentatitiver (auch: indirekter) Demokra-

tie. Hier hat die Mitgliederbasis nur die Möglichkeit, ihre Vertreter in die NPO-Organe (z.B. Delegiertenversammlung) zu wählen, die materiellen Entscheidungen werden durch diese Organe gefällt. Zur Beeinflussung seiner Vertreter in den Organen kann das Mitglied nur indirekte Steuerungsmechanismen einsetzen wie eine Abwahl, die Verweigerung von Beitragserhöhungen, das Austreten aus der NPO oder die Androhung einer Abspaltung.

In der *Politik* begeben sich NPO in einen Austausch mit staatlichen Institutionen und damit ins politische Austauschsystem. Der Staat wirkt nach seinen im internen politischen Prozess festgelegten Präferenzen auf die NPO und deren Verhalten ein. Er erlässt Gesetze und Verordnungen, schliesst mit den NPO Leistungsverträge ab, gewährt Entgelte für klar definierte Leistungen wie etwa im Gesundheits- oder Sozialbereich und subventioniert zweckgebunden bestimmte Tätigkeiten, Projekte oder nicht zweckgebunden die Strukturen und Ressourcen von Organisationen. Gesteuert wird das Verhalten des Staates über politische Prozesse. Die Verwaltung wird subsidiär mit der Umsetzung des politischen Willens betraut.

### 4.1.3 Das Leistungsprogramm einer NPO

Eine weitere Kategorisierung der Austauschbeziehungen von NPO ist diejenige nach dem Zweck der Leistung:

1) *Ökonomisierungsleistungen*: NPO produzieren Leistungen, die ihre Mitglieder oder Klienten unmittelbar in ihrer Aufgabenerfüllung unterstützen. Dazu gehören Dienstleistungen im engeren Sinne, die als Individualgüter marktfähig sind, aber auch Kollektivleistungen wie das Einwirken auf die Märkte der Mitglieder, so beispielsweise die Durchführung von Gemeinschaftswerbung oder Messen im Sinne einer Auftragsdurchführung.
2) *Koordinationsleistungen*: Hierbei regelt oder koordiniert die NPO das Verhalten der Mitglieder durch verbindliche Beschlüsse, indem beispielsweise Standes- oder Verhaltensregeln aufgestellt werden.
3) *Vertretungsleistungen*: Die NPO wirkt auf die Rahmenbedingungen in den Umfeldern der Mitglieder oder Klienten ein, wo die Einzelnen dazu weder die Kapazität noch die Macht haben. Sie vertreten Interessen und lobbyieren im politischen System oder führen im Sinne eines Collective Bargaining Verhandlungen und schliessen Vereinbarungen mit anderen Organisationen.

Diese Gliederung in Leistungsprogramme bildet weitgehend die Systematik der Marketing-Einsatzbereiche in Abschnitt 4.4 ab.

**Praxistipps:**

1 Marketing wird in vielen NPO noch im traditionellen Sinne als "Verkaufen" verstanden. Sensibilisieren Sie Mitarbeitende wie Vorstände, dass Marketing viel mehr ist als Werbung und absatzbezogene Kommunikation.

2 Zeichnen Sie die Austauschbeziehungen ihrer NPO graphisch, es ergibt sich damit ein gutes Bild, wie komplex sich das Beziehungsgeflecht Ihrer NPO darstellt. Vergessen Sie dabei die Innenbeziehungen nicht wie beispielweise Kontakte zu Gremien oder Fach- und Regionalverbänden, denn auch diese müssen gepflegt werden.

Weiterführende Literatur

https://www.vmi.ch/de/npo-wissen/npo-themen/kapitel-4.1/

## 4.2 Marketing-Konzept

Gemäss dem System der Management-Instrumente bzw. der Planungslogik (Abbildung 21 in Kapitel 3.3) ist das Marketing-Konzept zwischen der normativen und strategischen Ebene einzuordnen. Es handelt sich um ein grundsätzlich für eine unbegrenzte Dauer geltendes System von aufeinander abgestimmten Grundsätzen, die den Rahmen für die Erfüllung einer betrieblichen Teilaufgabe – im vorliegenden Fall das Marketing – bilden.

### 4.2.1 Funktionen eines Marketing-Konzepts

Als langfristiger Rahmenplan stellt es einen ersten Schritt in Richtung Konkretisierung des übergeordneten Branchen- oder NPO-Leitbilds dar. Grundlegende Marketing-Entscheide in einem Konzept festzulegen ist insofern sinnvoll, als:

- sichergestellt werden muss, dass alle Marketing-Massnahmen die Gesamtpositionierung der Organisation stützen und damit eine abgestimmte Identität der Organisation gewährleisten. Dies soll zu einem positiven Image (vgl. Kap. 5.5 zu Legitimität und Reputation) bei den Zielgruppen führen;
- angesichts der Spezialisierung in Marketing-Teilbereichen (z. B. Spenden-Marketing, Lobbying) ein einheitliches Briefing für die verschiedenen Entscheidungsträger notwendig wird. Das Marketing-Konzept dient als Grundlage für sämtliche weiteren Planungen im Bereich Marketing;
- die Marketing-Massnahmen und -Instrumente ein harmonisches Ganzes bilden sollen;
- gewährleistet werden muss, dass im Zeitablauf die gleiche Linie eingehalten und nicht ein Zickzack-Kurs gefahren wird. Dieser Gefahr sind NPO mit ihren wechselnd zusammengesetzten Gremien besonders stark ausgesetzt.

Das Konzept stellt damit sicher, dass die Marketing-Instrumente ein harmonisches Ganzes bilden. Je nach Grösse der NPO und nach Bedarf kann dieses Konzept mit weiteren Marketing-Konzepten wie z. B. einem Corporate Identity-, einem Dienstleistungs- einem Fundraising-oder einem Sponsoring-Konzept ergänzt werden.

### 4.2.2 Aufbau und Inhalt eines Konzepts

In diesem Abschnitt ein Konzept, das den Marketing-Bereich umfassend abdeckt, im Überblick beschrieben. Die folgende Abbildung zeigt die einzelnen Elemente. Diese Positionen müssen nicht zwingend chronologisch abgearbeitet werden, sondern der Prozess kann durchaus auch iterativ erfolgen. Bevor die wichtigsten Marketing-Einsatzbereiche in Kapitel 4.4 detaillierter ausgeführt werden, sind vorab die einzelnen Elemente und Schritte eines Marketing-Konzeptes darzustellen:

**Abb. 38** – Elemente des Marketing-Konzepts

*Element 1) Austauschbeziehungen:*

Die wichtigsten Austauschpartner mit ihren Beziehungen zur NPO und die damit verbundenen Steuerungsmechanismen sind in einem Schema (Austauschsystem, Abbildung 6 in Kapitel 1.3). Daraus ergibt sich ein Überblick über die Vernetzung der NPO in ihrem Umfeld.

*Element 2) Analysen*

Gemäss der Planungslogik in Abbildung 21 sind im Rahmen der Erarbeitung der Leitbilder erste Analysen (Stärken und Schwächen der NPO, Chancen und Gefahren in den Umfeldern) erfolgt. Auf diese kann sich auch das Marketing-Konzept abstützen. Falls erforderlich sind ergänzend detailliertere Analysen in Bezug auf existierende oder vorgesehene Marketing-Aktivitäten sowie auf mögliche Mitbewerber vorzunehmen.

*Element 3) Vorgaben aus übergeordneten Management-Instrumenten*

In Leitbildern und weiteren Management-Konzepten können bereits marketing-relevante Aussagen gemacht worden sein. Diese Formulierungen sind als verbindliche Vorgaben im Marketing-Konzept zu berücksichtigen bzw. umzusetzen. Folglich sind alle dem Marketing-Konzept übergeordneten Dokumente sorgfältig auf entsprechende Aussagen hin zu analysieren.

*Element 4) Marketing-Leitsätze*
Gestützt auf die Analysen und Vorgaben aus übergeordneten Management-Instrumenten sind die Marketing-Leitsätze zu formulieren. Im Sinne einer Marketing-Politik sollen diese einige Grundaussagen über Leistungen und Kommunikation ausdrücken und verbindlich festlegen, was Marketing für die eigene NPO bedeutet, wie es interpretiert und definiert wird. Damit sollen Marketing-Philosophie und -Logik für die Mitglieder und Mitarbeitenden begreifbar gemacht sowie der Rahmen für das Marketing-Management abgesteckt werden. Diese Leitsätze ergänzen die Aussagen der übergeordneten Management-Instrumente.

*Element 5) Gesamtpositionierung der Organisation CI/COOPI*
Die Positionierung der Gesamtorganisation ist die Kernaufgabe eines Marketing-Konzeptes. Eine profilierte Positionierung ist wesentliche Grundlage zur Gestaltung der Organisationsidentität (CI). Austauschpartner nehmen eine Organisation selten isoliert bzw. unvoreingenommen wahr. Die Wahrnehmung steht meistens in Bezug zu vorhandenen semantischen Strukturen, einer Vor- oder Einstellung zu einer Konkurrenzorganisation oder zu einer persönlich gemachten Erfahrung. Diese Wahrnehmungsprozesse bei den Austauschpartnern sollen durch die Gestaltung der Organisationsidentität beeinflusst werden, damit bei ihnen ein positives Bild der Organisation entsteht. Die Identität wird im Namen der Organisation, einer verbalen Positionierung sowie im Positionierungskreuz ausgedrückt. Weitere Ausführungen dazu finden sich in Kapitel 4.3.

*Element 6) Festlegen der Marketing-Einsatzbereiche*
Ausgehend von den bisherigen Schritten der Checkliste wird festgelegt, in welchen Bereichen Marketing planmässig eingesetzt wird, das heisst, zu welchen Austauschpartnern Marketing-Brücken zu schlagen sind. Dies ist neben der Gesamtpositionierung ebenfalls ein wichtiger Teil des Marketing-Konzeptes. Analog zu den Austauschbeziehungen einer NPO wird dabei zwischen Marketing-Einsatzbereichen im Aussenbereich (Input und Output) sowie im Innenbereich unterschieden. Die für die einzelne NPO relevanten Einsatzbereiche sind gestützt auf die individuell festgelegten Marketing-Leitsätze, die Gesamtpositionierung sowie die zu lösenden Marketing-Aufgaben zu bestimmen. Gleichzeitig sind für jeden Einsatzbereich Ziele und Grundsätze, allenfalls Prioritäten zu formulieren, die als verbindliche Vorgaben für die Marketing-Teilkonzepte gelten, sofern solche erforderlich sind (z. B. Fundraising-Konzept) oder für die Marketing-Planung, wenn sich die NPO auf ein Marketing-Gesamtkonzept beschränkt.

*Element 7) Marketing-Organisation*

Organisatorisch ist festzulegen, welche Stellen oder Organe für die Entscheidungen und die Aktivitäten im Marketing verantwortlich sind. Grundsätzlich ist zu klären, ob eine Marketing-Stelle in Stabs- oder Linienfunktion einzurichten ist. Es ist zweckmässig, wenn sich jemand um Leistungen und Kommunikation kümmert, beratend und koordinierend in die NPO hineinwirkt und Aufgaben wie CI-Massnahmen, Öffentlichkeitsarbeit, interne Kommunikation, Werbung für Dienstleistungen usw. wahrnimmt bzw. koordiniert. Zudem soll diese Stelle oder Abteilung für das interne Marketing und den Marketing-Transfer in der Gesamtorganisation sorgen.

*Element 8) Prioritäten und Sofortmassnahmen*

Das Marketing-Gesamtkonzept wird in der Regel für einen zeitlichen Rahmen von vier bis sechs Jahren formuliert. Je mehr innovative Elemente es enthält, desto wichtiger ist es, zum Abschluss auch Prioritäten für die Umsetzung in der operativen Planung festzulegen. Zudem kann die Analyse Schwächen und Probleme zutage fördern, die unverzüglich – gestützt auf das Konzept – durch Sofortmassnahmen zu beheben sind.

Im Marketing-Konzept werden die Grundsätze und Richtlinien für die Erfüllung der Marketing-Aufgaben festgelegt. Für die einzelnen Einsatzbereiche wird je nach Grösse und Vielfalt der NPO dieses Marketing-Gesamtkonzept in je eigenen Teilkonzepten für wesentliche Austauschprozesse wie Fundraising, Sponsoring, Lobbying oder Dienstleistungen konkretisiert. Alle Konzepte sind danach auf Ebene der operativen Planung umzusetzen.

**Praxistipp:**

Erstellen Sie Ihr Marketing-Konzept unter Miteinbezug der Ehrenamtlichen und Mitarbeitenden. Beim Prozess geht es nicht nur um den eigentlichen Planungsprozess, sondern gleichzeitig um eine Sensibilisierung und Schulung der Beteiligten bezüglich der Aufgabe Marketing. Vielen ist es zu wenig bewusst, dass Marketing eine Aufgabe aller an einer NPO Beteiligten ist und sich entsprechend nicht einfach an eine Abteilung delegieren lässt.

## 4.3 Positionierung

Die Positionierung der Gesamtorganisation und Geschäftsfelder ist die Kernaufgabe eines Marketing-Konzepts. Damit legt die NPO fest wie sie sich in Bezug auf die eigene Mission versteht und wie sie von ihren Bezugsgruppen und austauschpartnern im Umfeld gesehen werden will.

### 4.3.1 Gesamtpositionierung

Die Positionierung der Gesamtorganisation ist die wesentliche Grundlage zur Gestaltung der Organisationsidentität. Entsprechend ist festzulegen, aus welchen Identitätselementen die Wahrnehmung der NPO bestehen soll. Zu diesen Elementen können der Name und die verbale Positionierung sowie weitere Identitätselemente der Organisation gehören. Die Elemente müssen überall und immer kommuniziert werden: Bei jeder PR-Aktion, bei jedem Leistungsangebot, bei jedem Spendenaufruf soll die Identität der NPO durchschimmern. Inhaltliche Quellen für die Identitätsaussagen sind die Leitbilder und Marketing-Leitsätze, welche das Profil der NPO prägen und mit denen die nachstehend präzisierten Positionierungselemente kompatibel sein müssen.

*Name der Organisation*

Meistens ist der Name der Organisation gegeben. Vor den häufig der Einfachheit halber verwendeten Abkürzungen im Verbandsbereich ist zu warnen. Abkürzungen sind im Kreis der NPO-Angehörigen gebräuchlich, im Umfeld aber eher wenig bekannt. Namensänderungen sind mit Vorsicht anzugehen, denn Namen bedeuten ein über Jahre aufgebautes Vertrauenskapital. Erfahrungen in der Praxis zeigen, dass bereits leichte Namensmodifikationen zur Profilierung beitragen können, indem zum Beispiel juristische Bezeichnungen weggelassen werden: statt "Stiftung Arbeitszentrum in Wettingen" einfach "Arbeitszentrum Wettingen". Bereits kleine Modifikationen können die Prägnanz des Namens wesentlich erhöhen.

*Verbale Positionierung im Mission-Statement*

Zur Identitätsbildung der Organisation lohnt es sich, die Kerntätigkeit in einer griffigen Kurzformel festzuhalten. Diese verbale Positionierung kann durch ein Mission-Statement ergänzt werden.

*Positionierungskreuz*

Mit einem markanten Namen, der verbalen Positionierung der Organisation und der Entwicklung von Mission-Statements sind die ersten Schritte zur Positionierung der Organisation getan. Mit dem Positionierungskreuz werden weitere Spezifika der Organisation herausgearbeitet:

- Das *Selbstverständnis* der Organisation: Was zeichnet sie speziell aus?
- Das *Leistungsangebot* und seine besonderen Stärken: Was macht das Leistungsangebot einmalig?
- Die *Konkurrenz*, und die Stärken im Wettbewerbervergleich: Was unterscheidet die NPO von der Konkurrenz?
- Die *Zielgruppen*: Wer sind die Zielgruppen? Wie soll die NPO von den wesentlichen Zielgruppen wahrgenommen werden?

**Abb. 39** – Das Positionierungskreuz

### 4.3.2 Positionierung auf Geschäftsfeldebene

Bei grossen NPO kann es sinnvoll sein, die Gesamtpositionierung durch eine Positionierung auf Geschäftsfeldebene der Organisation zu ergänzen. Dies ist insbesondere dann empfehlenswert, wenn die Organisation auf getrennten, völlig unterschiedlichen Märkten agiert, wenn z.B. zwei praktisch unabhängige Austauschsysteme existieren. Dies kann der Fall sein, wenn beispielsweise eine Stiftung für Menschen mit Beeinträchtigung sowohl Wohnheime wie Werkstätten führt. Die Organisation ist einerseits durch die Betreuung von Menschen mit Beeinträchtigung im Sozialmarkt tätig und steht im Austausch mit Angehörigen, den staatlichen Fürsorgestellen, oder staatlichen Versicherungen. Andererseits agiert sie auf Wirtschaftsmärkten, indem die Werkstätten ihre Produkte und Leistungen am Markt unter Wettbewerbsbedingungen anbieten.

Die Gesamtpositionierung muss folglich beide Märkte abdecken. Mit einer Positionierung pro Geschäftsfeld kann sich die NPO nun gezielt an eine der beiden Teilgruppen wenden. Das Mission Statement für die Gesamtpositionierung lautet weiterhin: *Wir bauen Brücken zwischen Menschen mit und ohne Behinderung.* Wenn die Organisation in Bezug auf die Teilmärkte nun durch Subpositionierungen zielgruppengerechter kommuniziert, gewinnt die Positionierung an Prägnanz. Für Wirtschaftsmärkte kann das beispielsweise wie folgt lauten: *Kalkulieren Sie knapp. Rechnen Sie mit uns!* Und für die Sozialmärkte arbeitet die Stiftung mit der Positionierung: *Wir lösen Probleme, die die Gesellschaft anders nicht lösen kann.*

Da die Aufgabenbereiche sehr unterschiedlich und die adressierten Märkte klar unterscheidbar sind, empfiehlt sich, eine spezifische Positionierung pro Teilbereich festzulegen, ohne dass diese den Positionierungen der Gesamtorganisation widersprechen.

### 4.3.3 Umsetzung der Positionierung in die CI/COOPI

Die Positionierungsinhalte sind über ein CI/COOPI-Programm an die Mitglieder, Mitarbeitenden und die übrigen Austauschpartner zu kommunizieren. Bei NPO mit Mitgliedern oder mitgliedschaftsähnlichem Charakter bestehen immer zwei Identitäten. Neben die Identität der Organisation als Gebilde (CI = Corporate Identity) tritt die Mitgliederidentität (COOPI = Cooperative Identity). Damit ist das Selbstverständnis, das Wir-Gefühl der Mitgliedergemeinschaft gemeint, welches sich aus der kollektiven Erfüllung gewisser Mitgliederaufgaben ergibt.

Für spendensammelnde Organisationen ist wichtig, dass zwischen der Organisation und den Spendenden ein Wir-Gefühl und eine Identifikation der Spendenden mit der Organisation entsteht. Für den Aufbau einer tragfähigen Spenderbeziehung und einer soliden Vertrauensbasis müssen den Spendenden positive Identifikationsmöglichkeiten geboten werden.

Diese beiden Organisationsidentitäten sind festzulegen und bilden eine kommunikative Grundlage (CI/COOPI-Konzept) für alle Marketing-Massnahmen. Je nach Situation tritt die eine oder andere Identität in den Vordergrund, sind die beiden Identitäten deckungsgleich oder gestaltet man zielgruppenspezifisch die CI/COOPI. Generell steht für die Leistungen im Innenbereich eher die CI, für jene im Outputbereich die COOPI im Vordergrund. Im Inputbereich sind CI und COOPI gleichermassen wichtig. Die CI/COOPI wird durch drei Faktoren geprägt:

- *Design*: Zum Design gehören alle gestalterischen Massnahmen, von Briefköpfen über die Raumgestaltung bis zur Architektur.
- *Kommunikation*: Der Bereich Kommunikation umfasst alle kommunikativen Massnahmen der Organisation wie Newsletter, Jahresberichte oder die Social Media-Präsenz.
- *Verhalten*: Das Verhalten der Organisation resultiert aus dem Verhalten des Ehren- und Hauptamts und aus dem Verhalten der Mitglieder.

CI/COOPI-Massnahmen sind zwar für die Schaffung eines positiven Images der NPO wichtig, die Leistungen (Inhalt, Qualität, Nutzen) haben aber einen ebenso wesentlichen Einfluss auf die Wahrnehmung von Dritten. Die Forderung "Werbung allein genügt nicht, das Produkt muss stimmen!" ist auch auf NPO übertragbar.

**Praxistipp:**
Wagen Sie eine Positionierung mit klaren Abgrenzungsentscheidungen: Viele NPO neigen zur Omnipräsenz, indem sie möglichst viele Ansprüche gleichzeitig zu erfüllen versuchen und so zu keinem eindeutigen Selbstverständnis gelangen. Hilfreich ist die Festlegung auf ausgewählte Konkurrenzorganisationen, um eine Klärung über konkrete Differenzierungen zu erreichen.

## 4.4 Marketing-Einsatzbereiche

Marketing-Einsatzbereiche bestehen sowohl auf der Beschaffungs-, wie auf der Leistungsabgabeseite, im Innen- genauso wie im Aussenbereich.

### 4.4.1 Beschaffungsmarketing

Beschaffungsaufgaben fallen im Aussenbereich (Märkte) wie im Innenbereich (Mitglieder) an. Die Kommunikation spielt dabei eine dominante Rolle. Einzelne dieser Marketing-Aktivitäten beruhen auf kommunikativen Massnahmen wie z. B. das Mitglieder-Marketing oder das Fundraising, während andere Beschaffungsbereiche wie das hauptamtliche Personal inhaltlich durch benachbarte Lehren wie die Personalwirtschaftslehre abgedeckt werden und somit dem Marketing nur die kommunikative Ebene der Beschaffungsaktivitäten (z. B. Stelleninserate) zuzurechnen ist.

*Mitglieder-Marketing*

In vielen NPO spielt das Mitglieder-Marketing eine wichtige Rolle. Überalterung der Mitglieder, Strukturbereinigungen in der Branche, Unzufriedenheit und andere Gründe führen laufend zu Austritten. Deshalb ist eine kontinuierliche Neugewinnung von Mitgliedern in fast allen mitgliederbasierten NPO erforderlich. Für viele NPO bedeutet eine hohe Mitgliederzahl respektive ein hoher Organisationsgrad auch eine verstärkte Repräsentativität und dadurch verstärkte Markt- und Verhandlungsmacht.

Mitglieder-Marketing einer NPO beinhaltet jedoch nicht nur die Gewinnung neuer Mitglieder, sondern auch die Bindung und Mobilisierung bestehender Mitglieder. Bei mitgliedschaftlich strukturierten NPO wie Vereinen und Verbänden wird die Rekrutierung von Ehrenamtlichen und freiwillig Engagierten primär dem Innenbereich zugerechnet, da Organe und Arbeitsgruppen hauptsächlich aus dem Kreis der Mitglieder bestellt werden. Bei nicht mitgliedschaftlichen NPO wie Stiftungen tritt die Rekrutierung von Ehrenamtlichen an die Stelle der Mitgliedergewinnung. Interessenten sind in beiden Fällen aufgrund von Anforderungsprofilen zu suchen und von der Übernahme eines Ehrenamts und der damit verbundenen Führungsverantwortung zu überzeugen.

*Finanz-Marketing*

Viele NPO finanzieren sich primär über Mitgliederbeiträge sowie Leistungen, die sie an ihre Mitglieder und Dritte verkaufen. Insbesondere Hilfswerke, Sozialinstitutionen und Gesundheitsorganisationen sind aber auch stark abhängig von Spendeneinnahmen und Beiträgen der öffentlichen Hand. Die Beschaffung von Finanzmitteln erfordert – speziell im Bereich des Fundraisings – den gekonnten Einsatz von Marketing-Instrumenten.

Es geht darum, vor allem auf dem Spendenmarkt durch Direct Mailing Mittel für die Tätigkeiten der NPO allgemein oder für einen bestimmten Zweck zu sammeln. Fundraising muss heute bei zunehmend kompetitiver werdenden Märkten sehr systematisch betrieben werden, um erfolgreich zu sein. Auch Sponsoring hat in den letzten Jahren an Bedeutung gewonnen, indem es nach dem Sport zunehmend auch in den Kultur- und Sozialbereichen Eingang gefunden hat. Profit-Unternehmen verpflichten sich vertraglich zur Unterstützung einer NPO, dies in ihren Manifestationen (z. B. Veranstaltungen, Leistungen, Kommunikation) den Namen des Geldgebers zum Ausdruck bringen. Der Leistung des Sponsors steht eine marktadäquate Gegenleistung des Gesponserten gegenüber.

Staatliche Zuwendungen wiederum sind oft nur über hartes Lobbying für entsprechende Gesetze zu erreichen oder bedürfen wie bei einer Projektfinanzierungen intensiver Verhandlungen auf Basis sachlicher Überzeugung. Im Bereich der öffentlichen Finanzierung schliessen NPO im Zuge des New Public Managements mit dem Staat Leistungsverträge ab. Damit findet ein Übergang statt von der Inputsteuerung, indem Ressourcen oder ein Defizitausgleich finanziert wird, zur Output-Steuerung, wo Entgelte gekoppelt an Leistungen entrichtet werden. NPO mit staatlichen Zuschüssen verfügen deshalb in der Regel über ausgereiftere Controlling- und Reporting-Systeme als Organisationen, die lediglich ihren Mitgliedern gegenüber Rechenschaft ablegen müssen.

*Personal-Marketing*

Das Personal-Marketing stützt sich inhaltlich im Kern auf Stellenbeschreibungen, Anforderungsprofile und das Angebot der Anstellungs- und Arbeitsbedingungen. Seine Aufgabe ist die kommunikative Umsetzung dieser Inhalte und die Vermittlung der dargestellten Positionierung der NPO gegenüber Interessenten auf dem Arbeitsmarkt im Sinne eines Employer Branding. Letztlich geht es darum, die NPO insgesamt als attraktive Arbeitgeberin darzustellen und von anderen Wettbewerbern im Arbeitsmarkt positiv abzuheben. Ideelle Orientierung, Image und Zielsetzungen der NPO können dabei so attraktiv sein, dass Interessenten auch nicht marktkonforme Angebote in Erwägung ziehen.

*Kooperationen*

Bei Kooperationen wird die Zusammenarbeit gesucht zwischen parallelen oder übergeordneten Organisationen in klar definierten Aufgabenbereichen, mit dem Ziel, durch gemeinsames Auftreten eine stärkere Wirkung und Synergieeffekte zu erzielen. Mit zunehmender Komplexität und Spezialisierung der Arbeitswelt gewinnen Kooperationen laufend an Bedeutung (vgl. auch Kapitel 5.6 zu Kooperationen als Ressource).

*Einkauf*

Bezüglich Beschaffung von Dienstleistungen und Waren besteht in vielen Märkten ein Angebotsüberhang, d. h. die Nachfrage ist geringer als das Angebot. Entsprechend einfach gestaltet sich eine Beschaffung. Um die Nachfragemacht weiter zu steigern und damit günstigere Einkaufskonditionen zu erzielen, schliesst man sich in NPO zu Einkaufskooperationen zusammen. Bei bestimmten Genossenschaften sind diese Kooperationen sogar Hauptzweck der NPO.

*Mitgliederaktivierung*

Die Beschaffung von Informationen bei den Mitgliedern sowie deren Verarbeitung und Weitergabe ist für viele Verbände eine wichtige Servicefunktion, wie z. B. die Erarbeitung und Herausgabe von Branchenstatistiken. Weiter sind bei den Mitgliedern auch Finanzmittel zu beschaffen. Hier kann es sich um allgemeine Mitgliederbeiträge oder Finanzmittel für spezifische Aktionen, wie zweckgebundene Sonderbeiträge und Umlagen handeln. Letztlich erfordert das Wesen der NPO die Mitarbeit von Mitgliedern in Organen, Kommissionen und Ausschüssen, teils auch als freiwillig Engagierte. Das Finden und Motivieren geeigneter Personen für diese Mitarbeit stellt eine wichtige Aufgabe dar, zu der auch das Marketing einen wesentlichen Beitrag leisten kann.

### 4.4.2 Leistungsabgabe-Marketing

Analog zur Beschaffung erfolgt die Leistungsabgabe einer NPO sowohl im Innenbereich an Mitglieder als auch im Aussenbereich auf Märkten und gegenüber der Öffentlichkeit. Die Kommunikation spielt wiederum eine dominante Rolle. Einzelne Marketing-Aktivitäten wie das Eigenmarketing, die Interessenvertretung oder auch das Marketing als Auftragsdurchführung beruhen stark auf kommunikativen Massnahmen, während sich andere Leistungsabgabebereiche, wie etwa das Produktmarketing und mit Einschränkungen auch das Dienstleistungsmarketing, stark dem Marketing profitorientierter Unternehmen annähern.

*Eigenmarketing*

Beim Eigenmarketing handelt es sich um Marketing-Aktivitäten im Innenbereich. Zum einen geht es darum, die im Marketing entwickelten Methoden, Aktivitäten und Verhaltensweisen NPO-intern zum Tragen zu bringen, sowohl in der eigenen Organisation als auch mittels Marketing-Transfer in sämtliche organisatorische Gliederungen der NPO. Zum andern sind Marketing-Kommunikationstechniken einzusetzen, um die Mitglieder, Angestellten und freiwillig Engagierten für die NPO zu erhalten und das marketingorientierte Verhalten aller Organisationsmitglieder zu fördern.

Das Interne Marketing dient als wesentliches Anliegen jeder NPO der Förderung der Dienstleistungsbereitschaft aller Mitarbeitenden. Es beinhaltet die bewusste Verhaltensbeeinflussung der Mitarbeitenden, um die Dienstleistungskompetenz zu erhöhen und damit die Marketing-Orientierung zu fördern. Internes Marketing wird dadurch zum unerlässlichen Bestandteil des Qualitätsmanagements. Strukturen, Prozesse und persönliches Verhalten haben sich konsequent an den Mitglieder- oder Klienten-Bedürfnissen auszurichten, wobei der Dienstleistungsvollzug und seine organisatorischen Rahmenbedingungen gleichzeitig die Zufriedenheit der Mitarbeitenden steigern sollen. Internes Marketing als Pflege der Leistungserbringer bzw. -vermittler bezieht sich somit auf Mitarbeitende, Ehrenamtliche und freiwillig Engagierte. Weiter bedarf es auch einer Mitgliederpflege. Die Organisation sollte sich nicht nur auf das Mitglieder-Marketing für neue Mitglieder beschränken, die bisherigen Mitglieder müssen ebenso gepflegt und laufend vom Nutzen der Mitgliedschaft und den gefassten Beschlüssen überzeugt werden. Der internen Kommunikation, aber auch der persönlichen Kontaktpflege zu den Mitgliedern kommt eine hohe Bedeutung zu.

In der Zentrale entwickelte Marketing-Konzepte nützen wenig, wenn in mehrstufigen NPO kein Marketing-Transfer stattfindet. Die Konzepte müssen auch von den regionalen Vereinen mitgetragen und gelebt werden. Oft geht der Marketing-Transfer bis zum einzelnen Mitglied, wenn beispielsweise im Rahmen der Lehrlingswerbung eines Gewerbeverbandes das einzelne Mitglied Schnupperlehren anbietet und die Verbandsplakate im Betrieb aufhängt. Diesem Marketing-Transfer ist deshalb grosse Beachtung zu schenken. Ihm kommt entscheidende Bedeutung für die Gewährleistung der CI/COOPI einer Gesamtorganisation zu.

Letztlich bedarf es im Rahmen des Eigenmarketings auch Koordinationsleistungen. Das sind die durch einen Verband erbrachte Abstimmung von Tätigkeiten oder Grundlagen für diese Tätigkeiten bei Mitgliedsbetrieben wie z. B. die Vereinheitlichung von technischen Normen, Wettkampfreglemente bei Sportverbänden oder Kalkulationsgrundlagen bei Gewerbeverbänden. Hauptzweck dieser Standardisierung ist die Reduktion von Komplexität, was die Zusammenarbeit zwischen den Mitgliedern und Dritten erleichtert. Grundsätzlich sollten die Koordinationsleistungen von NPO wettbewerbsneutral sein.

*Interessenvertretung*

Während bei Wirtschaftsunternehmen die Interessenvertretung im Regelfall nur eine untergeordnete Bedeutung hat – sozusagen als notwendige, aber ungeliebte Nebenerscheinung wirtschaftlicher Betätigung – nimmt sie bei NPO eine zentrale Stellung ein. Ohne aktive Beziehung zur Öffentlichkeit (Public Relations) kommt kaum eine NPO aus. Auch ein lokaler Verein oder eine kleinere Stiftung sind auf den Goodwill ihres näheren Umfeldes angewiesen. Folglich müssen sie ihr Image bewusst und systematisch pflegen. Öffentlichkeitsarbeit dient dem Erzielen von Akzeptanz für die NPO selbst wie auch für eine durch sie vertretene Branche. Weiter wird Medienarbeit als flankierende Massnahme in *Collective Bargaining-Prozessen* oder zur Unterstützung von Lobbyaktionen eingesetzt und gehört in diesem Falle zum Marketing-Mix einer NPO. Prägnantes Beispiel dafür sind die Wahl- und Abstimmungskampagnen bei politischen Entscheidungen.

*Social Marketing* bedeutet Marketing für gesellschaftliche Interessen und Ideen. Die NPO setzt sich beispielsweise ein für Nichtrauchen oder AIDS-Prophylaxen. Dabei handelt es sich um Ziele, die im Interesse der Allgemeinheit oder einer bestimmten Zielgruppe sind. Medien- und Kommunikationsarbeit stehen bei dieser Arbeit im Mittelpunkt. Mit ihrer Hilfe sollen Einstellungen oder Verhaltensweisen beeinflusst oder gar verändert werden. Oft wird im Social Marketing das *Campaigning* eingesetzt. Es handelt sich dabei um eine dynamische Form der Öffentlichkeitsarbeit. Campaigning ist schwierig zu planen, weil Interaktionen mit sehr vielen Stakeholdern stattfinden und ständig mit dem Unvorhergesehenen gerechnet werden muss. Neben einer zweckmässigen Rahmenplanung sind deshalb gute Improvisationsfähigkeiten gefragt.

Die Beziehung zum politischen System über *Lobbying* ist ebenfalls eine wichtige NPO-Aufgabe. Einzelne Mitglieder sind hier oft machtlos, da die Politik nur den Verband als legitimen Verhandlungspartner akzeptiert. Nicht mitgliedschaftliche NPO müssen sich um die für sie relevanten staatlichen Rahmenbedingungen und politischen Aktivitäten kümmern oder versuchen, politische Entscheidungen im Interesse ihrer Klientinnen und Klienten zu beeinflussen. Erfolgreiches Lobbying bedingt aber nicht nur ein permanentes Monitoring, sondern im Sinne eines *Stand-by-Lobbying* auch laufend einen Informationsaustausch mit der eigenen Basis, um Einschätzungen und Meinungen für geplante Lobbying-Aktivitäten einzuholen.

Erfolgreiches Lobbying beruht auf drei Elementen:

a) auf den permanenten persönlichen Beziehungen zu den zuständigen Personen in Verwaltung und Politik. Nur eine langfristig aufgebaute Vertrauensbasis ist ein Potenzial, das im Bedarfsfall beansprucht werden kann.
b) auf der Expertenmacht der Lobby-Organisation. Die Verwaltungen in den hoch differenzierten Industriegesellschaften sind auf die Expertise von Spezialistinnen und Spezialisten angewiesen. Die NPO verfügen über Informationen und Know-how, welche zur Ausarbeitung zielkonformer Entscheidungsalternativen unerlässlich sind.

c) auf der Beeinflussungs- und Durchsetzungsmacht der NPO in politischen Entscheidungsprozessen. Hier spielen die Beziehungen zum Parlament, die Finanzkraft für Medienarbeit sowie in der Schweiz die Referendumsfähigkeit einer NPO eine entscheidende Rolle.

Schliesslich ist das *interorganisationale Bargaining* als Verhandeln zwischen Verbänden, beispielsweise dasjenige zwischen Arbeitnehmern und Arbeitgebern, eine zentrale Verbandsaufgabe. Durch gemeinsam erarbeitete Verträge werden verbindliche Normen und Regeln für das Verhalten der Partnerorganisationen und deren Mitglieder festgelegt. Solche Verträge werden nicht nur zwischen den Sozialpartnern, sondern auch beispielsweise zwischen Lieferanten- und Abnehmerverbänden des Handwerks und Gewerbes abgeschlossen. In diesem Bargaining-Prozess treten die Verbände freiwillig nur dann ein, wenn gegenseitige Interessen bestehen wie z.B. an einem Arbeitsfrieden. Druck- und Kampfmassnahmen wie Boykott, Streik oder Aussperrungen können dabei nicht nur die Verhandlungen, sondern auch deren Ergebnisse erzwingen. Im Aushandlungsprozess spielen Taktik, Geschick und Überzeugungskraft eine wesentliche Rolle. Das Durchsetzen der im Aushandlungsprozess vereinbarten Normen und Regeln erweist sich letztlich oft als ebenso schwieriger Prozess wie die Verhandlungen selbst. Häufig hängt der Erfolg von der Möglichkeit von Sanktionen bei Nichteinhaltung gegenüber den eigenen Mitgliedern ab.

***Dienstleistungsmarketing***

Dienstleistungen weisen im Gegensatz zu materiellen Konsumgütern besondere Eigenschaften und Merkmale auf. Die Charakteristika der Immaterialität und Integrativität haben einen entscheidenden Einfluss auf die Dienstleistungserbringung: Die NPO hat zuerst mittels Personal, Finanzen und Infrastruktur ihre Dienstleistungsbereitschaft sicherzustellen, bevor sie Leistungen erbringen kann. Die Qualität der Dienstleistung hängt dabei entscheidend von den Fähigkeiten und der Motivation des Personals, das die Dienstleistung erbringt, ab. Die NPO kann also nur mit dem verfügbaren Know-how und positiven Referenzen früherer Klientinnen werben, nicht aber mit dem Produkt an sich. Schliesslich müssen die Leistungsnehmerinnen und -nehmer davon überzeugt werden, sich selbst als externe Faktoren in den Dienstleistungsprozess einzubringen. Sie treten mit bestimmten Erwartungen in den Prozess ein, deren Erfüllungsgrad sie erst im Prozess ermessen können. Auf diesen Eigenschaften hat die NPO ihre Angebote aufzubauen und zu gestalten. Kollektivgüter wie die gesamte Interessenvertretung haben ebenfalls diesen Dienstleistungscharakter und gehorchen der oben genannten Logik. Nachfolgend werden die individuellen Dienstleistungen erörtert, die von den Mitgliedern, der Klientel oder Dritten individuell und unmittelbar genutzt werden:

a) *Dienstleistungen an Mitglieder (Innenbereich)*: Die Bereitstellung von Dienstleistungen für Mitglieder ist die Kernaufgabe von Eigenleistungs-NPO. Die enge Mitgliederbeziehung ermöglicht, bedarfsgerechte Dienstleistungen zu entwickeln. Oft weisen NPO-Dienstleistungen Monopolcharakter auf, wie z. B. die Betriebsvergleiche oder Branchenstatistiken. Dienstleistungen können zu Markt- oder höheren Preisen angeboten werden, um der Organisation möglichst viele Mittel einzubringen. Diese Überschüsse lassen sich für eine Quersubventionierung von Kollektivgütern einsetzen. Umgekehrt kann man Dienstleistungen auch verbilligt anbieten, indem man für die ungedeckten Kosten andere Finanzmittel heranzieht, wie dies bei meritorischen Leistungen der Fall ist. Beides wird auch als interne Subventionierung bezeichnet.
b) *Dienstleistungen an Dritte oder Klienten (Aussenbereich)*: Marktfähige Dienstleistungen werden von Eigenleistungs-NPO je nach Politik auch an Nichtmitglieder und Dritte abgegeben. Meistens werden dafür Marktpreise, oftmals auch höhere Preise als für die Mitglieder verlangt. Nimmt das Dienstleistungsgeschäft grössere Ausmasse an, werden solche Sparten von der NPO häufig ausgegliedert in eigenständige Tochtergesellschaften, meist in der Rechtsform einer Kapitalgesellschaft. Dafür sprechen neben der Marktorientierung nicht selten auch steuerliche Erfordernisse und Vorschriften. Durch die Ausgliederung entzieht man dieses marktorientierte Angebot weitgehend der unmittelbaren demokratischen Steuerung durch Trägerschaftsorgane; das ehrenamtliche Führungsorgan übt lediglich noch die Funktion eines Aufsichts- oder Verwaltungsrats aus. In karitativen Organisationen werden Leistungen ohne Entgelt für Bedürftige erbracht. Die Finanzierung erfolgt über Spendeneinnahmen, Subventionen, Leistungsentgelte und andere Zuschüsse. Bei Drittleistungs-NPO im Gesundheits- und Sozialbereich stellen diese Dienstleistungen an Klienten den Hauptzweck der Organisation dar. Neben dem Wettbewerb unter den NPO um die Gunst der Geldgeber wirken auch staatliche Steuerungsmechanismen in wesentlichem Masse. NPO, Staat und Sozialversicherungen handeln Leistungsverträge mit Globalbudgets oder fixe Entgelttarife für klar definierte Leistungsangebote aus und steuern damit massgeblich Form und Umfang des Dienstleistungsangebots.

### *Marketing als Auftragsdurchführung*

Marketing als Auftragsdurchführung umfasst alle Marketing-Aufgaben, die ein Verband für seine Mitglieder löst. Beispielsweise organisiert er Messen, schaltet Gemeinschaftswerbung für Produkte, führt eine Kampagne durch, um die Marktbedingungen für die Verbandsmitglieder positiv zu beeinflussen oder um junge Menschen für einen Beruf zu begeistern.

**Praxistipp:**
Die Definition von Marketing-Einsatzbereichen verändert die Betrachtungsweise der Organisation auf die Beziehungspflege mit ihren Stakeholdergruppen. Es geht nicht primär darum, dass jede Abteilung individuell die Beziehungen mit ihren Stakeholdern pflegt. Vielmehr soll die Beziehungspflege aus Sicht der jeweiligen Zielgruppe gestaltet werden im Sinne eines Einsatzbereiches.

Weiterführende Literatur

https://www.vmi.ch/de/npo-wissen/npo-themen/kapitel-4.4/

## 4.5 Marketing-Planung

Um aktiv zu werden, muss die Planung weiter konkretisiert werden. Dies gilt für die Ausgestaltung der Positionierung, für die Umsetzung der CI/COOPI sowie für die Feinplanung der im vorangegangenen Kapitel definierten Marketing-Einsatzbereiche. Auf der operativen Ebene wird dabei für einen Zeithorizont von ein bis zwei Jahren geplant.

Zur Konkretisierung werden Projekte, Programme und Aktionen ausgearbeitet und beschlossen. Die Prioritätenliste, in welchen Einsatzbereichen primär Marketing zu betreiben ist, sollte dabei bereits im Marketing-Konzept festgelegt worden sein. Bei dieser sukzessiven Konkretisierung sind die Vorgaben und Grundsätze der Konzeptebene stets zu respektieren und die dort getroffenen Rahmenentscheidungen einzuhalten. Insbesondere soll die Gesamtpositionierung der Organisation durch alle Marketing-Massnahmen gestützt und kommuniziert werden. Nur so erhält die strategische Festlegung auf konzeptioneller Ebene ihren Sinn. Selbstverständlich ist es möglich, dass sich im operativen Bereich neue Erkenntnisse ergeben, die eine Überprüfung des Marketing-Konzepts oder einzelner Teile daraus als empfehlenswert erscheinen lassen. Diese Anpassungen passieren jedoch, wie bereits dargelegt, einmal im Jahr im Rahmen der Überprüfung des bestehenden Konzepts auf seine Aktualität und Gültigkeit.

Ziel der operativen Marketing-Planung ist es, die definierten Marketing-Aufgaben und die im Konzept festgelegten Grundsätze zielgerecht und koordiniert umzusetzen. Auch bei dieser Aufgabe wird wiederum ein entscheidungsorientierter, heuristischer Ansatz gewählt, indem die Planung in einzelne Teilschritte aufgeteilt wird. Der Planungsprozess wird idealerweise in zehn Schritten vollzogen, wie sie die folgende Abbildung zeigt:

### *Schritt 1) Marketing-Information*

Bereits für die Erarbeitung von Leitbildern und Marketing-Konzept(en) wurde eine Analysephase vorgeschaltet. Bezüglich der Entwicklung der Umfelder und Märkte sowie der NPO-internen Stärken und Schwächen liegen demnach bereits viele Informationen vor. Diese sind nach Bedarf durch weitere Marktforschungsaktivitäten zu vertiefen, wie beispielsweise durch Mitglieder- oder Klienten-Befragungen, interne Analysen, Zielgruppenanalysen oder Imagestudien. Wesentliche Erkenntnisse sind ausserdem aus der Detailanalyse bisheriger Leistungsprozesse zu gewinnen. Jede zusätzliche Informationsgewinnung sollte sich spezifisch auf die unterschiedlichen Einsatzbereiche beziehen und handlungsrelevante Informationen liefern. Entsprechend ist immer von der Frage auszugehen, welche Informationen die Qualität einer Entscheidung verbessern können.

Auf Grund von Effizienzüberlegungen sind Sekundäranalysen oftmals einer Primärerhebung von Daten vorzuziehen, bezüglich Objektivität, Reliabilität und Validität sind Beobachtungen eines Verhaltens meist besser als Befragungen.

**Abb. 40** – Marketing-Planungsprozess

| | |
|---|---|
| Schritt 1 | **Marketing-Information**<br>*Was wissen wir?* |
| Schritt 2 | **Festlegung der Bereichsziele**<br>*Was wollen wir erreichen?* |
| Schritt 3 | **Marketing-Segmentierung**<br>*Wen wollen wir ansprechen?* |
| Schritt 4 | **Marketing-Austauschsysteme**<br>*Wo gibt es im Austauschprozess entscheidende Momente?* |
| Schritt 5 | **Positionierung der Leistung und des Angebots**<br>*Was macht unsere Leistung besonders und unverwechselbar?* |
| Schritt 6 | **Marketing-Mix**<br>*Wie gestalten wir die Leistung bedürfnisgerecht?* |
| Schritt 7 | **Marketing-Organisation**<br>*Wer macht was?* |
| Schritt 8 | **Marketing-Budget**<br>*Welche Kosten fallen an?* |
| Schritt 9 | **Marketing-Kontrolle**<br>*Wie kontrollieren wir den Erfolg?* |
| Schritt 10 | **Definitive Festlegung der Planungsinhalte**<br>*Wie können wir die Entscheidungen übersichtlich festhalten?* |

***Schritt 2) Festlegen der Bereichsziele***

In einem zweiten Schritt sind die Bereichsziele bzw. Zielrichtungen festzulegen. Konkret sind pro Einsatzbereich die Fragen zu klären, welchen Nutzen soll eine Leistung erzeugen und welche Wirkungen soll damit für die Mitglieder oder Klienten erreicht werden? Eine Bildungsoffensive eines Verbandes kann beispielsweise nicht nur höhere Teilnehmendenzahlen an Weiterbildungsveranstaltungen anstreben, sondern durchaus auch den Kunden gegenüber Sicherheit vermitteln, dass sie durch Fachleute auf dem aktuellsten Wissensstand serviciert werden. Die Bereichsziele sind SMART zu definieren und zielgruppenspezifisch zu konkretisieren.

*Schritt 3) Marketing-Segmentierung*
Je nach Marketing-Einsatzbereich ist der Adressatenkreis einer Leistung sehr heterogen. Entsprechend bestehen bei den unterschiedlichen Kundengruppen auch differenzierte Bedürfnisse und Erwartungen. Der Gesamtmarkt ist deshalb in möglichst homogene Zielgruppen aufzuteilen, auf welche die Marketing-Instrumente in der Folge optimal ausgerichtet werden können. Ein Marketing-Segment besteht dabei immer aus einer bestimmten Zielgruppe, deren Mitglieder aufgrund ihres Verhaltens und ihrer Bedürfnisse mit identischen Konzepten bearbeitet werden können.

*Schritt 4) Marketing-Austauschsysteme*
Das Grobraster der Beziehungen zu den Austauschpartnern ist für ein Gesamt-Marketing-Konzept bereichsspezifisch zu konkretisieren, durch die Steuerungsmechanismen zu ergänzen und mit den Marketing-Instrumenten in Beziehung zu setzen. Dabei wird im Detail und über einen längeren Zeitraum geplant, wann und wie die Stakeholder die NPO wahrnehmen sollen. Dafür hat sich der Begriff des *customer journey* etabliert. Die Wahrnehmung soll die im Marketing-Konzept definierte Positionierung der NPO erlebbar machen und mit dieser übereinstimmen.

*Schritt 5) Positionierung der Leistung und des Angebots*
Referenzrahmen für die Positionierung der Leistungen bzw. des Angebots bildet die auf der Konzeptebene vorgenommene Positionierung der NPO. Sie behält ihre Gültigkeit, muss nun aber für das einzelne Leistungsangebot bzw. den spezifischen Verhandlungsgegenstand im Sinne einer Leistungspositionierung gegenüber den Stakeholdern für die spezifische Situation noch einmal verfeinert werden. Das bedeutet, dass einzelne Wesensmerkmale der NPO respektive die Vorteile und der Mehrwert bestimmter Leistungen und Angebote besonders hervorgehoben und betont werden.

*Schritt 6) Marketing-Mix*
Um die in Schritt 5 vorgenommene Positionierung für den Klientenkreis erlebbar zu machen, sind die Marketing-Instrumente der NPO entsprechend den im Schritt 4 definierten Berührungspunkten mit den einzelnen Stakeholdern zu einem Marketing-Mix zu kombinieren. Pro Leistungsbereich wird ein Mix definiert, der festlegt, zu welchem Zeitpunkt welches Instrument eingesetzt wird, um dem Stakeholder ein stimmiges Kundenerlebnis (*customer experience*) zu vermitteln. Die Konzeption dieses Mixes ist die wichtigste und zugleich auch anspruchsvollste Aufgabe der Marketing-Planung. Auf diesen Schritt wird entsprechend im Abschnitt 4.6 noch ausführlicher eingegangen.

*Schritt 7) Marketing-Organisation*
Sofern nicht bereits über die im Konzept festgelegte Struktur definiert, ist in einem nächsten Schritt festzulegen, wie die Umsetzung und Erfüllung einer konkreten Marketing-Aufgabe erfolgt. Sie kann durch den für ein Thema zuständigen Fachbereich übernommen werden, durch eine speziell für das Marketing eingesetzte Funktion oder Abteilung oder an eine externe Marketing-Partnerin übertragen werden. In vielen NPO wird es eine Mischform dieser Optionen sein. In einem solchen Fall sind insbesondere die Aufgabenteilung und Koordination sorgfältig zu regeln; vor allem bei neuen oder modifizierten Aktivitäten sind die Leistungserbringungsprozesse klar festzulegen.

*Schritt 8) Marketing-Budget*
Die für den jeweiligen Einsatzbereich festgelegten Massnahmen (Instrumenteneinsatz) sind ebenfalls zu budgetieren, finanziell wie auch vom Personalaufwand und den damit verbundenen Arbeitsstunden her. Sollte sich zeigen, dass sich die Institution im Rahmen des definierten Marketing-Mix überschätzt hat und gar nicht über die entsprechenden Ressourcen verfügt, um alle geplanten Marketing-Massnahmen umzusetzen, wird eine Plananpassung erforderlich. Diese kann darin bestehen, einzelne Marketing-Einsatzbereiche weniger hoch zu priorisieren und in ihrer Umsetzung auf einen späteren Zeitpunkt zu verlagern, oder es werden der Marketing-Mix korrigiert und die Interaktion mit den Stakeholdern und damit die Instrumente reduziert. Sinnvoller ist es, im Rahmen der Marketing-Planung weniger Stakeholder aktiv zu bearbeiten, dafür diese Kontakte professionell und im Einklang mit der Positionierung der NPO zu pflegen - dies im Sinne eines nachhaltigen, stimmigen Imageaufbaus gegenüber Dritten.

*Schritt 9) Marketing-Kontrolle*
Nun ist festzulegen, was während und nach der Durchführung der einzelnen Massnahmen zu kontrollieren ist. Dazu gehören die Einhaltung der Qualitätsstandards, die Zielerreichung und die Zufriedenheit bzw. Akzeptanz der Beteiligten und Betroffenen. Vielfach sind bereichsspezifische Indikatoren für die Erfolgsmessung zu definieren und zu überprüfen.

*Schritt 10) Definitive Festlegung der Planungsinhalte*
Abschliessend sollten die zu jedem Planungspunkt getroffenen Massnahmen und ausgewählten Instrumente zusammenfassend aufgelistet werden. Damit werden die getroffenen Entscheidungen übersichtlich und komprimiert festgehalten, was die Nachverfolgung und eine termingerechte Umsetzung der Marketing-Planung erleichtert.

**Praxistipp:**
Im Rahmen der Marketing-Planung geht es darum, von Einzelaktionen weg zu kommen hin zu einer systematischen Beziehungspflege. Eine gute Planung beinhaltet entsprechend einen Plan, in dem über einen längeren Zeitraum eine systematische Kontaktpflege, kontinuierlich und gleichzeitig nicht aufdringlich, sichergestellt wird.

## 4.6 Marketing-Instrumente

Unter Marketing-Instrumenten versteht man diejenigen Mittel und Massnahmen, die das Marketing bzw. die Leitung einer NPO einsetzen kann, um auf den Markt einzuwirken und diesen entsprechend den definierten Unternehmenszielen zu beeinflussen. Zu den im Modell verwendeten Marketing-Instrumenten gehören zunächst die vier klassischen Standardinstrumente (vier "P": product, promotion, price, place) aus dem Profit-Marketing.

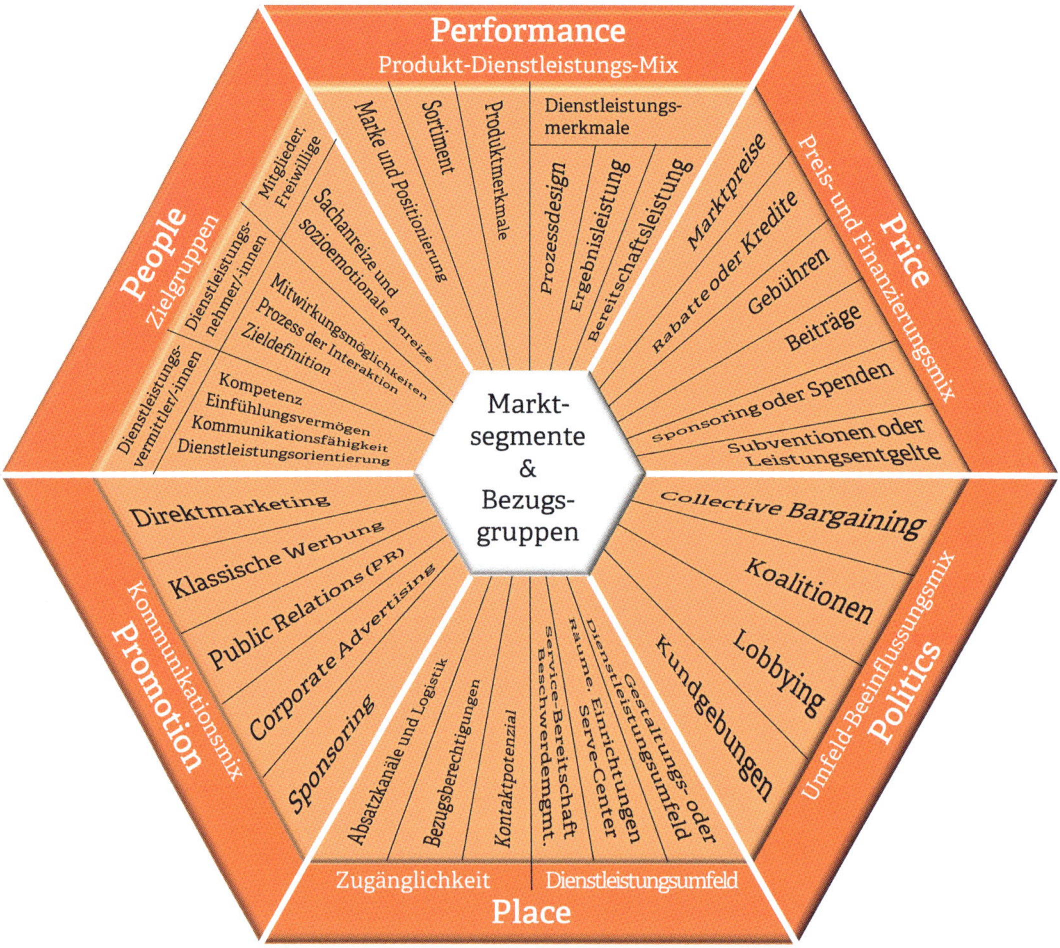


**Abb. 41** – Komponenten des Marketing-Mix im NPO-Betrieb

Diese Instrumente sind jedoch spezifisch für den Einsatz in der NPO anzupassen und teilweise stark zu modifizieren. Insbesondere sind über diese klassischen vier Marketing-Instrumente hinaus noch zwei weitere Instrumente, "people" und "politics", zu ergänzen:

*Komponente 1: Performance (Produkt-Dienstleistungs-Mix)*
Da NPO vor allem Dienstleistungen anbieten, die aus einem Leistungsbündel bestehen, wird im Modell statt von Product von Performance gesprochen. Das schliesst den gesamten Produkt- und Dienstleistungsmix mit ein.

*Komponente 2: Promotion (Kommunikation)*
Auch dieses Instrument ist der Charakteristik der Nonprofit-Güter wesentlich anzupassen. Die Kommunikation erhält in einzelnen Einsatzbereichen einen höheren Stellenwert als denjenigen von blosser Werbung. Vor allem die Instrumente der Öffentlichkeitsarbeit und der Werbung sind in ihrer Bedeutung für Unternehmen und NPO gerade umgekehrt proportional. Die Lösung von übergeordneten Public Relations-Aufgaben wird von Unternehmen in der Regel an Verbände delegiert. Diese abgeleiteten Aufgaben sind ein wichtiger Grund für die Existenzberechtigung von NPO. Die im Unternehmensmarketing zu Recht angestrebte strikte Trennung zwischen Werbung (für Produkte) und Public Relations (für Institutionen) ist im NPO-Bereich nicht erstrebenswert, da sich die NPO sehr stark über ihre Leistungen definiert und positioniert.

*Komponente 3: Price (Preis- und Finanzierungsmix)*
Neben den Marktpreisen kennen NPO weitere wichtige Finanzierungsmittel wie Gebühren, Beiträge oder Spenden. Damit gewinnt die Preispolitik im Vergleich zum Business-Marketing einige zusätzliche Dimensionen und wird zum eigentlichen Finanzierungsmix.

*Komponente 4: Place (Zugänglichkeit und Dienstleistungsumfeld)*
Bei der Distribution ist vor allem der Ort der Leistungserbringung – zentral oder dezentral – und damit die Nähe zum Mitglied oder Klienten von Bedeutung. Das Instrumentenktegorie "place" enthält aber im Dienstleitungsmarketing noch eine weitere Dimension, denn das Dienstleistungsumfeld der Empfangsumgebung, Warteräume, Schaffung einer angenehmen Arbeitsatmosphäre durch Raumgestaltung, Service Corner oder Ähnliches hat für die Leistungserstellung eine grosse Bedeutung.

*Komponente 5: People (in der Dienstleistungserbringung)*
Diese Komponente verdeutlicht, dass NPO als Dienstleistungsorganisationen und vielfach mitgliedschaftlich organisierte Gebilde die folgenden drei Personengruppen mit spezifischen Anreiz-Beitrags-Instrumenten bearbeiten können:

a) Die *Mitarbeitenden* sind im Dienstleistungsprozess direkt Beteiligte. Deshalb müssen die Leistungsbereitschaft, die Leistungskompetenz und die Ausführung dauernd beeinflusst werden.

b) Die *Dienstleistungsnehmenden* sind je nach Dienstleistungsart mehr oder weniger stark in den Dienstleistungsprozess zu integrieren. Deshalb müssen sie während des gesamten Leistungserstellungsprozesses motiviert werden.
c) Von *Mitgliedern, Ehrenamtlichen und freiwillig Engagierten* werden Beiträge in verschiedenster Form verlangt. Deshalb sind sie durch entsprechenden Anreiz-Beitrags-Ausgleiche zu motivieren.

***Komponente 6: Politics (Umfeld- und Beziehungsmix)***
NPO arbeiten in politischen Systemen und benötigen zu deren Beeinflussung spezifische Beeinflussungsinstrumente. Gerade die Beeinflussung der politischen Systeme ist für eine einzelne Organisation oder Person nicht oder nur beschränkt möglich. Sie wird deshalb an den Kooperationsbetrieb einer NPO delegiert.

Ergänzend ist darauf hinzuweisen, dass "promotion" (Kommunikation) und "politics" als Instrumente des Marketing-Mixes zu betrachten sind, wenn sie als flankierende Massnahmen neben anderen Instrumenten eingesetzt werden. Sie können aber auch den Stellenwert eines eigenen Marketing-Einsatzbereiches und damit einer selbstständigen Leistung der NPO haben, wie die Ausführungen in Kapitel 4.4 gezeigt haben.

**Praxistipp:**
Im Einsatz der Marketing-Instrumente ist zwischen den Marketing-Einsatzbereichen immer wieder nach Synergien zu suchen. Idealerweise lassen sich Instrumente in angepasster Kombination für die Beziehungspflege zu mehreren Stakeholdergruppen einsetzen.

## 4.7 Kommunikation

Die Kommunikation nimmt im NPO-Marketing eine zentrale Stellung ein. Wie bereits aufgezeigt, haben praktisch alle Austauschbeziehungen im Input-, Innen- und Output-Bereich eine mehr oder weniger weitgehende kommunikative Komponente. Die von NPO einzusetzenden Methoden und Techniken sind zu einem grossen Teil Übertragungen aus der Werbelehre, die wiederum viele Erkenntnisse aus der Kommunikationstheorie für die praktische Beeinflussung von Adressaten und Zielgruppen übernommen hat. Aus diesem Grunde ist es unerlässlich, Marketing und damit Kommunikation als Umsetzung der in übergeordneten Management-Instrumenten festgelegten Ziele und Grundsätze zu verstehen. Zudem ist einem emergenten Marketing durch die Formulierung eines Gesamtkonzepts (Kapitel 4.2) entgegenzuwirken, welche sämtliche Aktivitäten systematisch koordiniert. Für diese Marktgestaltung bzw. kommunikative Beeinflussung und deren Akzeptanz ist – neben dem konkreten Methoden- und Technik-Know-how – ein Grundverständnis von Kommunikationsprozessen erforderlich.

### 4.7.1 Kommunikationsebenen

Kommunikation findet als Beziehung zwischen Sender und Empfänger mit dem Zweck der Übermittlung einer Botschaft statt. Auf der Sachebene vermittelt der Sender Daten, Fakten und Sachverhalte und versucht seine Botschaft so klar und verständlich wie möglich zu kommunizieren. Der Empfänger seinerseits prüft die Nachricht nach den Kriterien der Relevanz, Hinlänglichkeit und Wahrheit. Diese primär intendierte Informationsebene ist unmittelbar mit der Beziehungsebene verbunden, auf welcher der Sender im Sinne der Autokommunikation etwas über sich selbst und seine Haltung gegenüber dem Empfänger mitteilt.

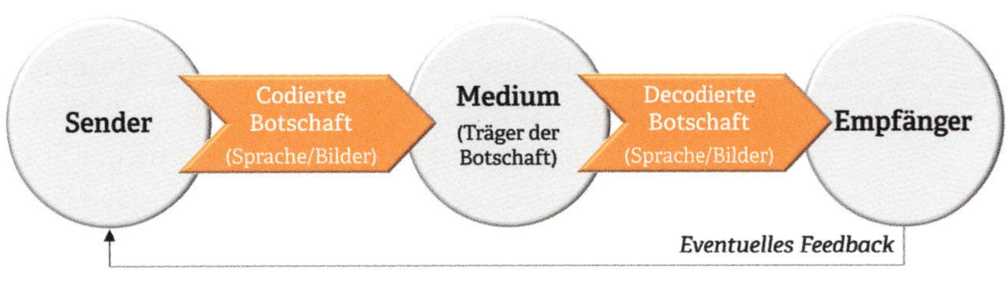


**Abb. 42** – Sender-Empfänger-Modell der Kommunikation

In jeder kommunikativen Äusserung, z. B. in den Medien, offenbart die NPO wesentliche Aspekte ihres Selbstverständnisses und ihrer Kultur, ihrer Persönlichkeit und ihrer Haltung. Von daher ist der hohe Stellenwert der Positionierung und der daraus abgeleiteten Corporate Identity CI als Bemühung zu verstehen, von den Austauschpartnern sowohl positiv als auch kohärent wahrgenommen zu werden. Deshalb ist es wichtig, standardisierte Informationen in alle kommunikativen Äusserungen einzubauen, da sich das angestrebte Image der NPO durch die Wiederholung konstanter Inhalte verfestigt. Auf der Beziehungsebene kommt zum Ausdruck, wie Sender und Empfänger sich zueinander verhalten und wie sie sich gegenseitig schätzen respektive einschätzen. Durch die Art der Formulierung, gegebenenfalls auch Körpersprache und Tonfall, drücken die Sendenden ihre Wertschätzung, den Respekt, Wohlwollen, aber auch Gleichgültigkeit oder Geringschätzung dem Gegenüber aus. Abhängig davon entstehen auf der Empfängerseite Eindrücke von Respekt und Akzeptanz oder auch Bevormundung oder Herabsetzung. Der Versuch zur Einflussnahme kann offen oder verdeckt unternommen werden. Offen sind explizite Bitten und Aufforderungen; verdeckt sind manipulative Äusserungen, mit denen versucht wird, das Empfinden und damit das Verhalten auf Empfängerseite zu beeinflussen.

Zu diesen Übermittlungsebenen der Kommunikation kommt das Problem der menschlichen Wahrnehmung bzw. der Fähigkeit der Informationsaufnahme hinzu. Zum einen nehmen wir selektiv wahr. Wir sehen und hören nur, was wir sehen und hören wollen, interpretieren Botschaften nach unseren Werten und Denkschemata und verdrängen das uns nicht Passende. Dabei akzeptieren wir eher das uns Vertraute als den Widerspruch, das Neue oder das Andere, und reden dann von einem Missverständnis. Zudem kennt das menschliche Hirn verschiedene Verarbeitungsstufen vom Kurzzeitgedächtnis bis zum Langzeitspeicher, der Informationen mit vorhandenen Einstellungen, Ideen und Werten verknüpft.

Ziel der NPO-Kommunikation ist es, personale oder organisationale Empfänger so zu aktivieren, dass sie sich mit einer Botschaft intensiv auseinandersetzen und es zu einer tieferen Verarbeitung und zu längerem Behalten kommt. Gefördert wird diese Leistung etwa durch Bilder und Wiederholungen, durch physische und emotionale Reize sowie durch kognitive Techniken. In Phasen der Informationsüberflutung werden Informationen nur sehr selektiv aufgenommen. Entsprechend müssen Aktivierungstechniken wie Schlüsselreize, aber auch Faktoren zur Steigerung des persönlichen Involvements eingesetzt werden. Sie sind im Marketing-Konzept und in der Marketing-Planung für die Kommunikation zu definieren.

### 4.7.2 Analoges und digitales Kommunikationsmanagement

Kommunikationsmanagement umfasst alle Massnahmen zur absichtsvollen Kommunikation zwischen der NPO und ihren Zielgruppen. Verbände und andere NPO sind ohne Kommunikation nicht denkbar. Wenn sie aktiv, lebendig und mobilisierungsfähig sind, dann stehen sie mit den Mitgliedern, ihrer Klientel und anderen Bezugsgruppen in einem ständigen kommunikativen Austausch. Über die Bereitstellung von Dienstleistungen und die Organisation gemeinschaftlicher Aktivitäten hinaus sind sie bestrebt, bei ihren Bezugsgruppen mit Fakten, Erfahrungen und Meinungen Interessen zu wecken, zu vertreten und weiterzuentwickeln. Ihre Mitglieder möchten sie dabei nicht nur mit Informationen versorgen, sondern bei ihnen Zustimmung zu den Verbandsaktivitäten und eine langfristige Bindung erreichen. Eine wichtige Aufgabe verbandlicher Kommunikation ist ausserdem, aus den Mitgliedern eine Gemeinschaft zu formen und zu pflegen und deren Integration sowie Identifikation mit der Organisation zu steigern.

Die Herausforderungen für das Kommunikationsmanagement gleichen denen von Wirtschaftsunternehmen, soweit sich der Verband als Dienstleistungserbringer in einem komplexen Umfeld mit unterschiedlichen Stakeholdern versteht. Eine wesentliche Besonderheit besteht darin, dass eine NPO über die individuelle Nutzenerzeugung hinaus sehr oft danach strebt, eine Mitgliedergemeinschaft und eine kollektive Identität zu entwickeln und zu erhalten. Eine Zielgruppenorientierung im Verbandsmanagement bedeutet deshalb nicht nur, mit differenzierten Interessengruppen in differenzierter Weise zu kommunizieren; es heisst auch, dass die Verbandskommunikation darauf abzielt, die verbindenden Elemente über alle Zielgruppen hinweg zu stärken.

*Medien und Kanäle im Kommunikationsmanagement*

Die Organisationskommunikation bedient sich verschiedener Medien und Kanäle. Dabei lassen sich primär interne Medien (z. B. Mitgliedermagazine, interne Newsletter oder Intranet) und primär externe Medien (z. B. Geschäftsberichte, Websites oder Organisations-TV) unterscheiden. Medien und Kanäle lassen sich zudem nach ihrem Charakter in drei Kategorien unterteilen: analog informierende, multimedial informierende und sozial interaktive Medien:

1) In die Kategorie der *analog informierenden Medien* fallen Print-Produkte wie die Verbandszeitschrift, Print-Newsletter oder der Jahresbericht. Dazu zählt im vorliegenden Fall auch die Online-Version der jeweiligen Publikation, sofern sie ohne zusätzliche interaktive oder multimediale Funktionalitäten ins Netz gestellt werden. Insbesondere als Print-Ausgaben ist die dialogische Leistung eingeschränkt und die Medien sind klar der Einwegkommunikation zuzuordnen.
2) Kennzeichnend für *digitale, multimedial informierende Medien* ist, dass sie auf dem Sender-Empfänger-Modell aufbauen – also auch Einwegkommunikation umfassen. Zwar bietet das Internet enorme Dialogmöglichkeiten. Allerdings variiert das Angebot an Interaktionsmöglichkeiten zwischen Websites unterschiedlicher Organisationen und kann von der reinen Angabe von Kontaktdaten bis zu moderierten

Chatforen oder personalisierten Kundenportalen reichen. Unter diese Kategorie fallen auch Online-Magazine und E-Newsletter.

3) Bei den *sozial interaktiven Medien*, sprich den Social Media-Aktivitäten, steht der Dialog mit den Stakeholdern im Zentrum. Über Unternehmensseiten setzen Organisationen mit ihren Text-Beiträgen, Bildern, Videos usw. zudem eigene inhaltliche Schwerpunkte. Social Media spielen für die Verbandskommunikation eine zunehmend wichtige Rolle: An erster Stelle steht traditionell Facebook; darauf folgen Twitter, Instagram, LinkedIn und YouTube.

Bei Social-Networking-Diensten wie Facebook oder LinkedIn stehen Aufbau und Pflege von Beziehungsnetzwerken im Zentrum. Als Organisation gilt es, auf der jeweiligen Plattform Inhalte zu liefern, die den Nutzerinnen und Nutzern einen Mehrwert bieten. Das können bspw. Hintergrundgeschichten, Interviews oder Unterhaltendes aus dem Organisationsalltag sein – was diese zugänglicher erscheinen lässt. Wichtig sind qualitativ hochstehende Postings, um Kompetenz zu signalisieren.

Multimediaplattformen wie YouTube, Instagram oder TikTok fokussieren stärker auf die Inhalte als Social Network-Dienste. Die Stärke von Videos liegt darin, dass sie relativ viel Inhalt und klare Botschaften in kurzer Zeit vermitteln können – *story telling* ist ihnen also quasi inhärent. Denn anhand von Geschichten lässt sich Komplexität reduzieren, was Inhalte wiederum leichter verständlich macht. Die Kommentarfunktion bietet eine unmittelbare Dialogmöglichkeit zwischen der Organisation und den Nutzerkreisen. Bei einem Medium wie Instagram steht hingegen die kunstvolle Inszenierung von Bildern im Vordergrund. Organisationen können ihren Followern persönliche Bilder, Kurzfilme und Hintergrundinformationen zukommen lassen.

Bei Microblogging-Diensten wie Twitter liegt der Fokus auf kurzen Botschaften mit ebenfalls kurzer Aktualitätsspanne – Nachrichten verbreiten sich rasch. Durch die Verschlagwortung (Hashtags) können Organisationen einen eigenen, temporären Nachrichtenkanal aufbauen, der auch gezielt beschickt werden kann. Die Kommunikation ist öffentlich, transparent und hierarchiefrei. Die Plattform erlaubt es, durch den direkten Kontakt eine persönliche Stakeholderbeziehung aufzubauen – was sich positiv auf das Organisationsimage auswirken kann.

Soziale Medien stellen eine Realität dar, der sich die meisten NPO kaum mehr entziehen können und die auch neue Möglichkeiten und Chancen eröffnet. Allerdings bringen soziale Netzwerke wie die genannten auch gewisse Einschränkungen und Gefahren mit sich. Nicht nur liegen die dort gesammelten Daten bei den Plattformbetreibern; auch werden die meisten Gestaltungsmöglichkeiten von diesen vorgegeben. Da sich die Stakeholder hier über die Organisation austauschen, auch ohne die Moderation ebendieser, sollten die Diskussionen ausserdem beobachtet werden, um allenfalls eingreifen zu können.

### 4.7.3 Bausteine einer integrierten NPO-Kommunikation

Mit einem integrierten Ansatz für ein Kommunikationsmanagement sollen die strategische Positionierung der Organisation unterstützt und das Entscheidungsverhalten der relevanten Zielgruppen positiv beeinflusst werden. Um dies zu erreichen, sind die eingesetzten Kommunikationsinstrumente und -mittel nach Bruhn (2012) in dreifacher Hinsicht zu integrieren: Die inhaltliche Integration bezieht sich auf die thematische Abstimmung, etwa anhand einheitlicher Botschaften. Unter der formalen Integration wird eine Vereinheitlichung des Erscheinungsbildes über die Anwendung derselben Gestaltungsprinzipien (z. B. Typografie, Logos) verstanden. Die zeitliche Integration verlangt eine zeitliche Abstimmung zwischen den verschiedenen Instrumenten sowie Kontinuität innerhalb der Instrumente.

Die Vielfalt an Kommunikationskanälen, die Verbänden heute zur Verfügung steht, nimmt laufend zu. Dadurch stellt sich die Frage, wo sich die Kommunikation abspielt, immer wieder neu: Jeder Kommunikationskanal eröffnet einen Raum, in dem die Organisation und die Zielgruppen ihrer Kommunikationsbemühungen zusammenkommen und in spezifischer Weise miteinander interagieren. Dem Aspekt eines ausbalancierten Medien-Mix wird bislang noch wenig Aufmerksamkeit beigemessen, doch gerade die Wahl bestimmter, eigener Kommunikationsmedien prägt das Erscheinungsbild einer Organisation mit und erfordert immer wieder Anpassungen, um zu einer ausgewogenen Verteilung zwischen den Kanälen zu kommen. Aus diesem Grund erscheint es naheliegend, die bisherigen drei Dimensionen der integrierten Kommunikation um eine vierte, nämlich die räumliche Dimension zu erweitern. Der Raumbegriff bezieht sich dabei auf Kommunikationsräume, in denen sich der Verband auf spezifische Weise mit seinen Zielgruppen austauscht.

Um unter den Bedingungen knapper Ressourcen einen hohen Effizienzgrad im Kommunikationsmanagement zu erreichen, sollten die nachfolgenden Gestaltungsoptionen beachtet werden:

#### *Einbau von Marketing-Aspekten*

Wenn Marketing mit der Beziehungspflege zu wichtigen Austauschpartnern umschrieben werden kann, so ist auch der gesamte Kommunikationsprozess zielgruppengerecht aufzubauen. Wichtig ist es deshalb zu definieren, welches Kommunikationsziel der Sender verfolgt und welche Absichten hinter seiner Kommunikation stehen. Weiter ist festzulegen, wer die Information auswählt, wie dieser Selektionsprozess organisiert ist, welche Kriterien bei der Selektion zur Anwendung kommen und inwieweit dabei die Anliegen der Zielgruppen mitberücksichtigt werden. Zu klären ist auch das Sender-Image: Mit zunehmender Glaubwürdigkeit des Kommunikators steigt die Wahrscheinlichkeit, dass die Kommunikation ihre Wirkung entfalten kann. Bezüglich Botschaft ist darauf zu achten, dass diese entsprechend der Optik des Empfängers ausgewählt und aufbereitet wird. Darstellungen komplexer Zusammenhänge, die den Wissensstand sowie die Aufnahmefähigkeit und -bereitschaft der Zielgruppen übersteigen, sind zu vermeiden. Weiter muss die Information sprachlich und bildlich so codiert werden, dass sie vom Empfänger verstanden wird. Ausserdem muss eine Botschaft zum Medium und das Medium zur Zielgruppe passen. Das Medium ist entsprechend dem Involvement der Zielgruppe zu wählen. Und letztlich funktioniert Kommunikation nur, wenn der Empfänger die erhaltene Botschaft entschlüsseln kann. Dies bedingt, dass er sich angesprochen fühlt, die Botschaft aufnimmt und die Inhalte gleich wie der Sender interpretiert. Entsprechend wichtig ist es ihm die Chance zu geben, reagieren zu dürfen und weitere Informationen einholen zu können, sollte er die Botschaft nicht verstehen.

*Berücksichtigung der Beziehungsebene*

Die Beziehungsebene stellt einen impliziten Kommunikationsvorgang dar, sie ist Kommunikation über die Kommunikation. Der Sender vermittelt während der Kommunikation Informationen über sich selbst (Selbstdarstellung, Autokommunikation), zudem lässt sich aus der zweiseitigen Kommunikation unschwer auch die Qualität der Beziehung zwischen Sender und Empfänger ablesen. Etwas wahrnehmen bedeutet immer auch etwas interpretieren und bewerten. Es wird versucht, vom beobachteten Ausdruck des andern auf die inneren Ursachen dieses Ausdruckes, der Kommunikation zu schliessen (Attribuierung). Mitteilungsebene und Beziehungsebene einer Kommunikation sollten möglichst kongruent sein, das Gleiche ausdrücken, um nicht widersprüchliche und verwirrende Effekte auszulösen. Die Austauschpartner und -partnerinnen sollen spüren, welche Art von Beziehung mit ihnen angestrebt wird, sie sollen ein positives Gefühl wie Sympathie gegenüber der NPO entwickeln.

*Einbau mehrstufiger Systeme*

Grundsätzlich besteht bei mehrstufigen Kommunikationssystemen zwischen Sender und Empfänger eine indirekte Beziehung über Medien, gleichzeitig aber auch eine direkte Kommunikationsbeziehung zwischen Medium und Empfänger. Diese Personen werden von der Zielgruppe als meinungsbildende Akteure angesehen. Ihnen wird die Funktion von *Induktoren* zugeschrieben, weil sie Einfluss auf der Überzeugungsebene nehmen. Das lässt sich bei der Mund-zu-Mund-Werbung, bei Kommentaren und Bewertungs-Plattformen sowie den Social Bookmarks und Likes in Social Media beobachten. Mit dem viralen Marketing hat sich eine Form des Marketings etabliert, die in systematischer Weise Influencer in sozialen Netzwerken und Medien als Multiplikatoren nutzt, um gezielt auf eine Marke, ein Produkt oder eine Kampagne aufmerksam zu machen.

Die Wirkung mehrstufiger Systeme beruht auf dem verstärkenden Faktor der persönlichen Kommunikation. NPO haben zahlreiche Möglichkeiten, diese zweistufige Kommunikation für sich zu nutzen. Bei allen mitgliedschaftlich strukturierten Organisationen haben die Mitglieder, das Ehrenamt sowie freiwillig Engagierte die Möglichkeit, als Multiplikatoren zu wirken oder systematisch in dieser Funktion eingesetzt zu werden.

NPO verfügen über eine Vielzahl von komplexen mehrstufigen Kommunikationsprozessen: So sind bei den Vertretungsleistungen sowie den Organisationsleistungen nebst den Mitgliedern meist auch Dritte als Kommunikationspartner in den Prozess eingebunden. Solche mehrschichtigen Kommunikationsprozesse erfordern eine gute Abstimmung zwischen den Massnahmen des Verbands und denjenigen der Mitglieder respektive der Kommunikation zwischen dem Verband und Dritten.

### 4.7.4 Kommunikationsinstrumente

Unter einem Kommunikationsinstrument wird ein Bündel ähnlicher Kommunikationsaktivitäten verstanden. Wie bereits in Abbildung 41 zu den Marketing-Instrumenten gezeigt, werden bei der Gestaltung des Kommunikations-Mix folgende für NPO zentrale Kommunikationsinstrumente unterschieden:

- *Medienwerbung*: Einsatz spezifischer, bezahlter Werbemedien zur Kommunikation über Produkte und Dienstleistungen oder über die NPO selbst (Corporate Advertising).
- *Public Relations (PR) bzw. Öffentlichkeitsarbeit*: (Meist) unbezahlte Medienkommunikation über die Organisation und ihre Anliegen als Ganzes.
- *Direct Marketing* (persönlicher Verkauf, Telefonwerbung, Direct Mail, Veranstaltungen, Events): Einsatz diverser Formen der direkten und individuellen Kommunikation zwischen der NPO und ihren Zielgruppen.
- *Sponsoring*: Eine kommunikative Leistung der NPO als Gegenleistung für einen Finanzbeitrag des Sponsors mit dem Ziel der (gegenseitigen) Imageverstärkung.

Beim Einsatz dieser Kommunikationsinstrumente ist einerseits zu beachten, dass die gewählten Kommunikationskanäle und -medien selbst reputationsbildend wirken, etwa indem sie signalisieren, dass die Organisationen für Werbezwecke einen hohen Kostenaufwand betreibt. Andererseits ist die (Auto-)Kommunikationsfunktion weiterer Marketing-Instrumente zu berücksichtigen, wie z.B. die Ausgestaltung und Einrichtung von Gebäuden, die Wahl von Räumlichkeiten für Veranstaltungen oder auch Erscheinung, Auftritt und Verhalten der Mitarbeitenden.

Die dynamische Entwicklung der digitalen Kommunikation mit dem Trend zu Personalisierung, Individualisierung, Dialog- und Netzwerkkommunikation eröffnet eine Vielzahl von neuen Möglichkeiten, um mit Zielgruppen zu interagieren. Gleichzeitig gestaltet sich deren effiziente und effektive Erreichung sowie die konsistente Vermittlung eines stimmigen Bildes der NPO und ihrer Leistungen auf allen Kanälen als zunehmend herausfordernd. Ein systematisches Vorgehen bei Planung und Umsetzung, insbesondere der koordinierte und widerspruchsfreie Einsatz von Kommunikations-Instrumenten, ist angesichts der steigenden Kosten von qualifizierten Kommunikationskontakten erfolgsentscheidend.

**Praxistipp:**
Kommunikation ist heute mehr als die Übermittlung von Informationen, vielmehr geht es um den Aufbau eines Dialogs mit den Bezugsgruppen. Ziel ist es, über den kommunikativen Austausch das Involvement und damit die Beziehungsbasis mit dem Gegenüber zu stärken.

Weiterführende Literatur

https://www.vmi.ch/de/npo-wissen/npo-themen/kapitel-4.7/

# 5 Ressourcen-Management

Das Ressourcen-Management umfasst im Freiburger Management-Modell alle Managementaktivitäten, mit denen die zur Leistungserbringung notwendigen Ressourcen als Potenziale aufgebaut und mit Blick auf die Zielerreichung der Organisation gestaltet werden. Die verschiedenen Ressourcen werden dabei einerseits spezifisch, andererseits in ihrer wechselseitigen Beziehung und unter dem Aspekt gegenseitiger Substitutionsmöglichkeiten betrachtet.

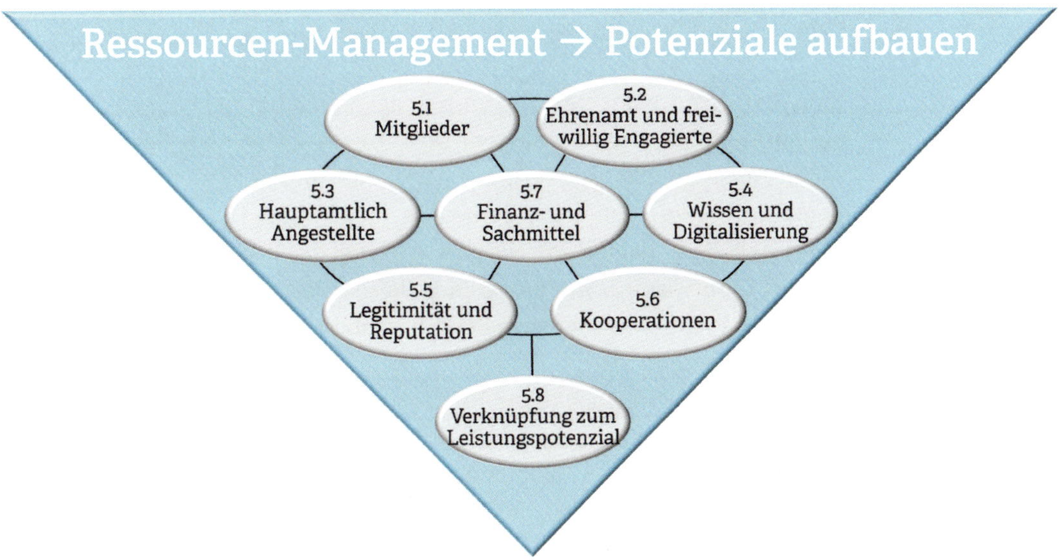


**Abb. 43** – Das Ressourcen-Management im Überblick

Bei Ressourcen handelt es sich generell um Potenziale und Mittel, mit deren Hilfe die NPO ihre Aufgaben erfüllt. Die Volkswirtschafts- wie die Betriebswirtschaftslehre sprechen auch von Produktionsfaktoren und beschränken diesen Begriff auf diejenigen Güter, die knapp sind und auf Märkten beschafft werden müssen. Dazu gehören Boden, (materielles und finanzielles) Kapital und (leitende wie ausführende) Arbeit. Diese Faktoren sind –

wenn auch in unterschiedlichem Ausmass und zum Teil mit abgewandelten bzw. erweiterten Inhalten – für die NPO ebenfalls relevant.

Die Betriebswirtschaftslehre verwendet den Ressourcenbegriff seit längerer Zeit in einem umfassenderen Sinn und berücksichtigt insbesondere auch Potenziale immaterieller Natur, die sich einerseits dadurch ergeben, dass die klassischen Produktionsfaktoren systematisch verknüpft, kombiniert und integriert werden, andererseits dadurch, dass die NPO gezielt mit ihren Stakeholdern und der gesellschaftlichen Öffentlichkeit interagiert. Dazu zählt z. B. das verfügbare Wissen, während es in den Aussenbeziehungen die Kooperationen und ihre Grundlagen der Legitimität und Reputation sind. Solche immateriellen Ressourcen (z. B. Reputation und Legitimität) sind oft die Grundlage bzw. Voraussetzung dafür, dass eine NPO erfolgreich Humanressourcen, materielle Ressourcen und finanzielle Ressourcen (wie z.B. Spenden und öffentliche Förderungen) mobilisieren kann.

Die Strategielehre sieht in wertvollen, knappen und nicht substituierbaren Ressourcen verschiedene Quellen für Wettbewerbsvorteile und zukünftigen Erfolg. In diesem erweiterten Sinn haben z. B. bestimmte strategische Erfolgspotenziale, innovative Strukturen oder Kernkompetenzen die Eigenschaft einer Ressource. Die zuletzt genannten werden zwar im Folgenden nicht explizit behandelt, auf die diesbezüglichen Ausführungen zum System-Management sei jedoch verwiesen.

Eine Abgrenzung des Ressourcen-Managements hat gegenüber dem Marketing-Management zu erfolgen. Dort wurde unter dem Begriff des Beschaffungsmarketings bereits ein Aspekt der Ressourcenbeschaffung, die kommunikative Dimension behandelt. Bei Mitgliedern, Ehrenamtlichen und freiwillig Engagierten, teils aber auch bei der Beschaffung von Finanzmitteln wie etwa im Fundraising, kann diese Kommunikation von so grosser Bedeutung sein, dass der ganze Ressourcenbereich sinnvollerweise im Marketing dargestellt wird.

Der inhaltliche Aspekt von Ressourcen steht in diesem Kapitel im Vordergrund, wie die nachfolgende Tabelle zeigt. Sie gibt einen Überblick über die Komponenten und Elemente des Ressourcen-Managements, ergänzt um die Zielsetzungen, welche die NPO in den einzelnen Ressourcenbereichen generell verfolgen. Die Zielformulierungen zeigen eine für den Beschaffungsbereich diametral dem Marketing-Bereich entgegengesetzte Problemstellung. Im Marketing wird konsequent von einer Aussenorientierung ausgegangen. Die Leistungen und die Kommunikation werden nach den Bedürfnissen und Erwartungen der Austauschpartner ausgestaltet. Bei der Ressourcenbeschaffung steht hingegen folgende Frage im Mittelpunkt: Welche Ressourcen benötigt eine NPO in welcher Quantität, Qualität und zeitlichen Dauer, um ihre Aufgaben sinnvoll erfüllen zu können?

Definiert wird demnach der erwartete Ressourcenbedarf, bevor auf dem Markt oder in anderen gesellschaftlichen Sektoren die entsprechenden Potenziale gesucht werden. Erst wenn die NPO in die Phase der konkreten Ressourcenbeschaffung übergeht, kommt die Marketing-Orientierung wieder zum Tragen, weil dann wiederum die Ressourcenquellen so anzusprechen sind, dass ihre Bedürfnisse und Erwartungen erfüllt werden und so eine Bereitschaft entsteht, der NPO die erforderlichen Ressourcen zur Verfügung zu stellen.

| | Humanressourcen | Finanzmittel | Sachmittel | Wissen | Legitimität & Reputation | Kooperationen |
|---|---|---|---|---|---|---|
| **Elemente** | - Mitglieder<br>- Ehrenamtliche Leitung<br>- Hauptamtliches Management<br>- Hauptamtlich Angestellte<br>- Freiwillig Engagierte | - Beiträge<br>- Preise<br>- Gebühren<br>- Zuwendungen<br>- Subventionen<br>- Leistungsentgelte<br>- Vermögenserträge | - Administrative Hilfsmittel<br>- Infrastruktur (Bauten, Anlagen)<br>- Informations- und Kommunikationstechnologie (Hard- und Software) | - Daten<br>- Informationen<br>- Inhalte expliziten und impliziten Wissens | Öffentliche Anerkennung und Unterstützungsbereitschaft | - Dach- und Spitzenverbände<br>- Arbeitsgemeinschaften<br>- Kooperative Betriebe<br>- Social Franchising |
| **Zielsetzungen** | Durch reifegradgerechte Anreize und Förderung Personen mit den von der NPO benötigten Einstellungen und Fähigkeiten zur Teilnahme bzw. Mitwirkung in den festgelegten Aufgabenfeldern motivieren und befähigen. | Die für die Mobilisierung bzw. Beschaffung der benötigten nicht-finanziellen Ressourcen erforderlichen Geldmittel bei Mitgliedern und Dritten beschaffen und effizient verwalten. | Die für die Aufgabenerfüllung erforderlichen Realobjekte kostengünstig beschaffen, effizient einsetzen und unterhalten. | Die erforderlichen Daten und Informationen effizient sammeln und verknüpfen, das gewonnene Wissen aufbereiten sowie verfügbar machen. | Eine positive Wahrnehmung der NPO bei ihren externen Austauschpartnern erreichen und damit den effizienten Zugang zu den anderen Ressourcen erreichen. | In Zusammenarbeit mit anderen NPO gleiche Interessen und Teilaufgaben in gemeinsam getragenen Institutionen effektiver und effizienter bearbeiten. |

**Tab. 15** – NPO-Ressourcen im Überblick

Die einzelnen Ressourcenbereiche werden im Folgenden in ihren Grundzügen beschrieben. Dabei konzentrieren sich die Ausführungen auf die NPO-spezifischen Aspekte, also vor allem auf jene Fragestellungen, die nicht in weitgehend gleichem Masse Gegenstand der allgemeinen Betriebswirtschaftslehre sind.

NPO haben bis zu einem gewissen Umfang die Möglichkeit, Ressourcen zu substituieren (also z. B. bezahlte Mitarbeit durch ehrenamtliches oder freiwilliges Engagement zu ersetzen oder auch umgekehrt) und stehen zudem vor der Aufgabe, die beschafften bzw. mobilisierten Ressourcen effizient zum organisationalen Leistungspotenzial zu verknüpfen. Diese Aspekte stehen im abschliessenden Kapitel 5.8 im Zentrum der Ausführungen.

## 5.1 Mitglieder

Mitglieder sind Verbänden, Vereinen und Genossenschaften eine wichtige Ressource, weil sie durch ihre verschiedenen Rollen unterschiedliche Beiträge beisteuern. Diese Rollen und Beiträge auszuformulieren und gezielt anzusprechen sowie zu mobilisieren, ist eine Aufgabe im Ressourcenmanagement. Es sind hauptsächlich Eigenleistungs-NPO, die über mitgliedschaftliche Strukturen verfügen; Drittleistungs-NPO hingegen wählen öfter die Stiftungsform. Die folgenden Ausführungen befassen sich deshalb primär mit den typischen mitgliedschaftlichen Strukturen von Eigenleistungs-NPO und der Rollenvielfalt ihrer Mitglieder.

### 5.1.1 Mitgliederrollen

Ausgehend von den unterschiedlichen Rollen und Funktionen, die Mitglieder in einer Eigenleistungs-NPO wahrnehmen können, werden diese nachfolgend einzeln beschrieben, obwohl Mitglieder in den meisten Fällen mehrere dieser Rollen gleichzeitig wahrnehmen.

**Tab. 16** – Mitgliederrollen

| Mitgliederrollen (Beiträge) | Handlungsleitende Fragen aus Mitgliederperspektive (Anreize) |
|---|---|
| Die NPO in ihrer Existenz mittragen | - *Stimmen die Ziele und Grundsätze der Organisation mit meinen eigenen Interessen und Erwartungen überein und kann ich mich damit identifizieren?*<br>- *Kann ich die Grundsätze an Mitgliederversammlungen mitbestimmen?* |
| Finanzielle Beiträge zur NPO leisten | - *Kann ich mir die Beiträge finanziell leisten?*<br>- *Sind die Mitgliedsbeiträge im Vergleich zu den Leistungen, Aktivitäten und sonstigen Mitgliedschaftsvorteilen angemessen?*<br>- *Empfinde ich die Verteilung der Beiträge unter den Mitgliedern als gerecht?* |
| Bei Entscheidungen für die NPO mitwirken | - *Habe ich die Chance, in Leitungsgremien oder Ausschüsse gewählt zu werden?*<br>- *Gibt es für mich interessante Ämter und etablierte partizipative Entscheidungsprozesse?*<br>- *Erfüllt die Mitwirkung für mich meine Bedürfnisse nach Anschluss, Prestige, Macht oder Möglichkeiten zur persönlichen Weiterentwicklung?* |
| Sich an Kollektivleistungen der NPO beteiligen | - *Werden die mir wichtigen Kollektivgüter erzeugt?*<br>- *Werden damit vor allem meine eigenen Interessen unterstützt, und nicht etwa diejenigen anderer Gruppen?* |
| Individualleistungen der NPO beziehen | - *Welchen ideellen und materiellen Nutzen bringt mir das Individualleistungsangebot?*<br>- *Sind die Leistungen der Organisation auch im Vergleich zu anderen Anbietern attraktiv?*<br>- *Ist die Selektivität gewahrt, d.h. sind diese Leistungen möglichst nur den zahlenden Mitgliedern vorbehalten?* |
| NPO-Normen vollziehen | - *Besteht in der Mitgliederbasis die Bereitschaft, den Grundsätzen und Beschlüssen der Organisation Folge zu leisten?*<br>- *Sind die Organisationsnormen verständlich, und stiften sie auch einen Nutzen?*<br>- *Gibt es angemessene und zuverlässige Sanktionen im Fall von Nichtbefolgung?* |

#### *Mitglieder als Trägerschaft der NPO*

Mitglieder, die sich bereit erklären eine NPO mitzutragen, erleben i.d.R. den Zweck der NPO übereinstimmend mit ihrem persönlichen Wertekompass.

Die Mitgliederkategorien und Aufnahmebedingungen leiten sich aus dem Zweck der NPO ab und werden in Satzungen oder Statuten präzise und transparent festgelegt. Eine volle Mitgliedschaft mit allen Rechten und Pflichten wird den ordentlichen Mitgliedern zuerkannt. Diese können natürliche Personen wie Mitglieder einer Gewerkschaft oder Partei sein, es können aber auch Organisationen wie Unternehmen oder Dachverbände in einem Branchenverband zusammengeschlossen sein und die Rolle einer Trägerschaft der NPO wahrnehmen. Sie bilden das oberste Macht- und Entscheidungszentrum der Organisation und entscheiden direkt in einer Vollversammlung bzw. indirekt über Delegierte oder Abgeordnete über die grundsätzlichen Ziele, Aufgaben, Leistungen, Ressourcen und Strukturen der NPO auf normativer Ebene.

Neben dem Status als *ordentliches Mitglied* eröffnen viele NPO weiteren Personen oder Organisationen die Option einer *eingeschränkten Mitgliedschaft*, die auch als *ausserordentliche Mitgliedschaft* bezeichnet wird. Diese Mitglieder haben meistens reduzierte Rechte und Pflichten. Sie sind an einzelnen NPO-Leistungen interessiert oder wollen die NPO fördern und unterstützen, ohne die vollen Mitwirkungsrechte wahrnehmen oder ordentliche Beiträge zahlen zu können oder zu müssen.

Bei den *Nicht-Mitgliedern* handelt es sich um jene Personen, Organisationen, Unternehmen oder Haushalte, die vom Verbandszweck und der statutarischen bzw. satzungsmässigen Definition des Rekrutierungsbereiches her gesehen zwar ebenfalls Mitglieder sein könnten, die aber aus unterschiedlichen Gründen nicht beitreten. Alle, die grundsätzlich nicht Verbandsmitglieder werden können, werden als *Dritte* bezeichnet. Sie können für die NPO gegebenenfalls mit Spendenbeiträgen oder durch den Bezug von Dienstleistungen bedeutsam sein.

### *Mitglieder als Beitragsleistende*

Durch ihren Beitritt zu einer NPO übernehmen die Mitglieder bestimmte Pflichten. Dazu gehört insbesondere die Entrichtung von Mitgliedsbeiträgen. Deren mögliche Ausprägungsformen werden unter den Finanzmitteln behandelt. Die zentrale Stellung dieser Inputleistung wird dadurch dokumentiert, dass eine Nichtbezahlung des Beitrags trotz wiederholten Mahnens in vielen NPO als Ausschlussgrund gilt.

### *Mitglieder als Mitwirkende*

NPO erwarten jedoch von ihren Mitgliedern nicht nur die Entrichtung der Mitgliedsbeiträge, sondern auch eine mehr oder weniger intensive Mitwirkung beziehungsweise Mitarbeit. Sport- und Freizeitvereine könnten beispielsweise ihren Zweck nicht erfüllen, wenn nicht einige bis viele Mitglieder bei der Organisation und Durchführung des Vereinslebens wie bei

Veranstaltungen mitmachten. Wirtschaftsverbände sind sowohl auf eine Teilnahme ihrer Mitglieder an Versammlungen und die Übernahme von Ehrenamtsfunktionen angewiesen als auch auf ein Mitwirken bei der Erfüllung bestimmter Verbandsaufgaben wie z. B. dem Erarbeiten einer Branchenstatistik, und bei karitativen Organisationen stellen freiwillig Engagierte eine wichtige Stütze bei der Leistungserbringung dar.

*Mitglieder als Beteiligte an Kollektivgütern*
Neben den individuellen Dienstleistungen produzieren die meisten NPO insbesondere durch ihre Interessenvertretung Kollektivgüter. Mit ihren Aktivitäten und Aktionen will die NPO bestimmte Dritte zu einem Verhalten beeinflussen, das entweder ihren Mitgliedern zugutekommt oder zur Verwirklichung des NPO-Zweckes dient. Je heterogener die Bedürfnisse und Interessen der Mitglieder sind, desto weniger kann jedes Mitglied die Gewähr haben, dass gerade seine Präferenzen und nicht die anderer Mitgliedergruppen vertreten werden. Daher kann das Mitglied durch das von der NPO produzierte Kollektivgut sowohl positiv wie negativ betroffen sein. Von Kollektivgütern können Nicht-Mitglieder nicht ausgeschlossen werden. Gelingt beispielsweise eine Interessenvertretung, profitieren sie mit, ohne dass sie etwas beigetragen haben (Mitgliederbeiträge, Wissen, Netzwerk, Willensbildung).

Das Anreiz-Beitrags-Prinzip ist im Falle von Kollektivgütern ursächlich für das Phänomen des *Trittbrettfahrens* (free riding) von Nicht-Mitgliedern. Diese überlassen den beitragszahlenden Mitgliedern die Finanzierung von Kollektivgütern, von deren Nutzung sie nicht ausgeschlossen werden können und mitprofitieren. NPO, die mit einer hohen Zahl von Trittbrettfahrern konfrontiert sind, so z. B. Gewerkschaften oder Bürgerinitiativen, müssen versuchen, die Nicht-Mitglieder durch selektive Anreize zu einer Mitgliedschaft zu bewegen. Selektive Anreize sind beispielsweise Individualleistungen mit Monopolcharakter, welche für die Nicht-Mitglieder attraktiv oder gar unerlässlich sind, die aber nur über eine Mitgliedschaft erhältlich sind. Selektiv können aber auch soziale oder ethisch-ideologische Anreize wirken. Es empfiehlt sich deshalb für NPO, ihrem Handeln das Anreiz-Beitrags-Denken zugrunde zu legen und immer wieder monopolartige, exklusive Dienstleistungen zu entwickeln, um Mitglieder und damit Beiträge zu gewinnen und zu halten.

*Mitglieder als Leistungsbeziehende*
NPO erfüllen ihren Zweck durch Erbringen von Leistungen gegenüber ihren Mitgliedern: Der Alpenclub organisiert Bergtouren, der Wirtschaftsverband ist als Dienstleister in den Bereichen Information, Beratung und Schulung tätig. Nur in Ausnahmefällen besteht für die Mitglieder ein Ab-

nahmezwang, in der Regel entscheiden sie freiwillig über die Leistungsbeanspruchung, wodurch das Element des Marktes in die NPO hineingetragen wird. Typisch für eine Eigenleistungs-NPO ist zudem die Identität zwischen Mitgliedern und Kundinnen oder Leistungsbezügern.

*Mitglieder als Normenvollziehende*
Die Mitgliedschaft kann die Pflicht zur Einhaltung bestimmter, von der NPO als verbindlich festgelegter oder mit anderen Organisationen ausgehandelter Normen umfassen: Unternehmen haben die in Tarifverträgen vereinbarten Leistungen zu erbringen; Anwältinnen und Anwälte, Angehörige von Gesundheitsberufen und andere Selbstständigerwerbende sind zur Einhaltung von Standesregeln verpflichtet; von Kirchenmitgliedern werden bestimmte ethisch-moralische Verhaltensweisen erwartet. Nicht selten werden solche Normen durch Sanktionen gestützt: Wer sie nicht einhält, kann bestraft werden, zum Beispiel durch Bussen oder Ausschluss.

Die verschiedenen Mitgliederrollen variieren in ihrer Bedeutung zwischen unterschiedlichen NPO und auch innerhalb ein und derselben Organisation über die Zeit. Zu erkennen, welchen Rollenbeitrag die NPO gerade besonders benötigt, ist ein wesentlicher Erfolgsfaktor und eine strategische Aufgabe. So sind bereits bei der Festlegung der Mitgliederkategorien zwecks Bestellung der Trägerschaft zwei grundlegende Strategien möglich:

- Bei gezielter und selektiver Mitgliederaufnahme strebt die NPO den Status eines klar positionierten und ggf. exklusiven Clubs an. Die Eintrittsanforderungen sollen die Aufnahme einer definierten homogenen Mitgliedergruppe bewirken. Diese Strategie versucht einen grösstmöglichen Organisationsgrad innerhalb des definierten Bereiches zu erreichen, um für die jeweilige Gruppe möglichst repräsentativ und damit einflussreich auftreten zu können.
- Andere NPO versuchen eine grösstmögliche Mitgliederzahl zu erreichen und auf diese Weise Einfluss zu erlangen. Bei vielen mitgliedschaftlichen Drittleistungs-NPO wie Sozial- oder Umweltverbänden ist z. B. die Mitgliedschaft offen definiert. Hier soll ein Maximum an Personen und Organisationen gewonnen werden, die sich mit dem NPO-Zweck identifizieren können und diesen unterstützen wollen. Zudem müssen sämtliche strategischen Überlegungen zur Gewichtung der Mitgliederrollen aktuelle gesellschaftliche Entwicklungen einbeziehen.

In vielen Bereichen des dritten Sektors sind in der Beziehung zu den Mitgliedern bedeutsame Verschiebungen zu beobachten:

- Mitglieder werden zu *Kundinnen und Kunden* (Stichwort Konsumhaltung): Diese Verschiebung zeigt sich, indem individuelle Leistungen vermehrt nachgefragt und dem Mitgliederbeitrag gegenübergestellt werden. Parallel dazu sinkt die Bereitschaft, Kollektivleistungen mitzufinanzieren sowie aktiv in der NPO mitzuwirken.

- *Crowdfunding anstatt Mitgliederbeitrag*: Nicht nur die Generierung von Spenden, sondern auch die Bereitschaft, einen regelmässigen Mitgliederbeitrag zu zahlen, verändert sich. In vielen NPO wird diskutiert, ob Mitglieder nicht anstelle eines unspezifischen Mitgliederbeitrags für Projekte finanzielle Beiträge leisten können. In Dachverbänden lehnen es Sektionen zunehmend ab, Dachleistungen mitzufinanzieren. Im Sinne eines Crowdfunding wären sie jedoch bereit Projekte finanziell mitzutragen, wenn sie diese als sinnvoll erachten.
- *Punktuelle Mobilisierung anstelle einer stabilen Mitgliederbasis*: Ähnlich wie beim projektbezogenen Crowdfunding binden sich v. a. in NPO, die politische Interessen vertreten, Mitglieder seltener auf unbestimmte Zeit. Sie lassen sich vermehrt projekt- bzw. kampagnenbezogen mobilisieren. Dies führt dazu, dass sogar diskutiert wird, ob mitgliedschaftlich organisierte NPO in der bisherigen Form noch zukunftsfähig sind oder ob sie durch Organisationen, die eher den Charakter einer sozialen Bewegung haben, abgelöst werden.

### 5.1.2 Mitgliedernutzenanalyse

Die Mitgliedschaft in NPO kann freiwillig oder Pflicht sein, wie z. B. bei Kammern in Deutschland und Österreich. Für NPO mit gesetzlich geregelter Mitgliedschaft entfällt zwar das Problem der Mitgliedergewinnung. Aber auch sie kommen auf Dauer nicht um die Befriedigung der Bedürfnisse ihrer Mitglieder und das Schaffen von Akzeptanz und Identifikation herum. Sie sind zu ihrem Funktionieren von Mitgliederbeiträgen abhängig.

Weil die Mitgliederbindung enger als eine reine Kundenbindung ist, bestehen zur Analyse meistens bereits detaillierte Daten über die Charakteristika der einzelnen Mitgliedsgruppen (u. a. Alter, Dauer der Mitgliedschaft, Ausbildungsstand) sowie über Fluktuations- und Ausscheidungsraten (u. a. Wegzug, Tod). Neben diesen mehrheitlich soziodemografischen Merkmalen ist im Hinblick auf die Anreizgestaltung eine Bedürfnis- und Erwartungsanalyse zweckmässig. Ausgehend von klassischen Ansätzen der Motivationsforschung (Maslow 1954, McClelland 1961, Max-Neef 1991) lässt sich ein Spektrum von zwölf Grundbedürfnisse bilden, die Menschen grundsätzlich antreiben und deshalb Elemente der Bedürfnisstruktur von Mitgliedern sein können.

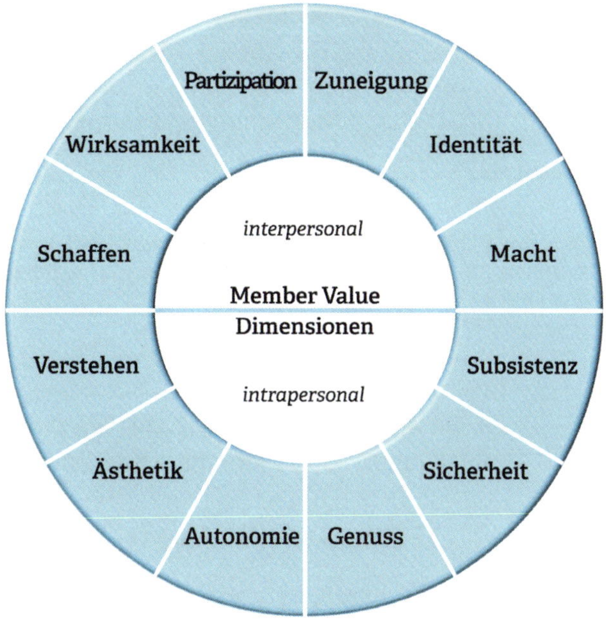


**Abb. 44** – Dimensionen des organisationalen Member Value

| Grundbedürfnis | Ausprägungen |
|---|---|
| Schaffen | Eigene Ideen realisieren und etwas erschaffen oder gestaltend verändern können. |
| Wirksamkeit | Persönliche Ziele erreichen, Erfolg haben und sich selbst bestätigen können. |
| Partizipation | Zu einer Gemeinschaft beitragen und mit eigener Meinung in Entscheidungen einbezogen sein. |
| Zuneigung | Teil einer Gemeinschaft sein können, in der man Geselligkeit, Anerkennung und Respekt erlebt. |
| Identität | Eigene Norm- und Wertvorstellungen teilen und über die gemeinsam geschaffene Kultur gegen aussen eine positive Wahrnehmung und Reputation erreichen. |
| Macht | Eine soziale Stellung innehaben, Einfluss ausüben und über andere die eigenen Ideen durchsetzen. |
| Subsistenz | Die überlebensnotwendigen Bedürfnisse, wie Hunger, Wärme, Ruhe o. ä. erfüllen. |
| Sicherheit | Schutz und Gewissheit, Vertrauen und Verlässlichkeit, Fürsorge und Solidarität erfahren. |
| Genuss | Wohlbefinden steigern durch Spiel, Spass, Unterhaltung oder gutes Essen, die Seele baumeln lassen |
| Autonomie | Eigene Wege gehen, flexibel und mobil sein, keine äusseren Einschränkungen erleben. |
| Ästhetik | Ordnung, Struktur oder Schönheit erfahren, im Umfeld alles an seinem Platz befindlich sehen. |
| Verstehen | Zugang zu Wissen und Information haben und sich über wichtige Angelegenheiten im Klaren sein. |

Für die NPO ist es wichtig zu erkennen, wie bedeutend die einzelnen Bedürfnisse für die unterschiedlichen Ausprägungen von Mitgliedertypen sind und wie gross die jeweilige Gruppe ist. Zu oft wird davon ausgegangen, dass Mitglieder überwiegend zweckrational handeln. Auswertungen des Leistungsbezugs von Mitgliedern in diversen Verbänden zeigen hingegen, dass viele Mitglieder selten bis nie Leistungen des Verbandes beanspruchen. Folglich kann ihre Mitgliedschaft nicht rein aus ökonomischen Überlegungen motiviert sein.

Eine fundierte Bedürfnis- und Erwartungsanalyse dient der faktenbasierten Gestaltung der Anreize auf Ebene der Dienstleistungen, Struktur und Kultur der NPO. Da die zwölf unterschiedlichen Bedürfnisse teilweise miteinander verknüpft sind, können oftmals gleichzeitig mehrere Bedürfnisse befriedigt werden. So kann z. B. eine Generalversammlung mit anschliessendem Abendessen gleichzeitig die Bedürfnisse nach Partizipation in Form von Mitentscheidungsmöglichkeit, Zuneigung in Form von Geselligkeit und das Verstehen in Form von Informationen zu Sachverhalten befriedigen.

Zur Vereinfachung kann deshalb die nachfolgende Mitgliedertypologie herangezogen werden. Die Segmentierung in vier Mitgliederbedürfniscluster dient entsprechende Anreizgruppen zuzuordnen und dadurch die Bereitstellung und Bewerbung zu erleichtern.

| Mitgliedertyp | Dominante Bedürfnisse | Attraktive Verbandsanreize |
|---|---|---|
| Ökonomischer Typ | Materielle Bedürfnisse<br>Machtbedürfnis | Sachanreize:<br>Individualleistungen der NPO mit geldwertem Nutzen<br>Beeinflussungschancen durch Mitwirkung |
| Ideeller Typ | Wertebasierte Bedürfnisse | Identifikationsanreize:<br>Zweck, Mission und Wertebasis der NPO |
| Geselliger Typ | Soziale Bedürfnisse | Sozio-emotionale Anreize:<br>Freundschaftliche Bindung und Kollegialität, persönliche Anerkennung und Wertschätzung |
| Entwicklungstyp | Selbstverwirklichungsbedürfnis | Selbstverwirklichungsanreize:<br>Lern- und Entwicklungsmöglichkeiten<br>Angebote zur Übernahme einer bedeutsamen Rolle |

**Tab. 17** – Mitgliedertypen

Die Herausforderungen von Seiten der Mitglieder zeigen sich bei allen mitgliedschaftlichen NPO ähnlich: Es gilt, hinreichend attraktive Anreize zu schaffen, damit potenzielle Mitglieder dem Verband beitreten, im Verband verbleiben, Verbandsnormen mitgetragen werden oder Interessierte zur Übernahme eines Ehrenamts neigen. Dieser Gedanke entspricht der in Kapitel 1.2 vorgestellten Anreiz-Beitrags-Theorie: NPO müssen etwas bieten, das von der Zielgruppe als Anreiz empfunden wird. Es soll sie dazu veranlassen, die in der NPO zu erfüllenden Rollen zu übernehmen und möglichst intensiv mitzuarbeiten. Die NPO hat davon auszugehen, dass Interessierte, Nicht-Mitglieder oder Mitglieder dabei Kosten-Nutzen-Überlegungen anstellen. Die von der NPO angebotenen Anreize werden den erwarteten Leistungen gegenübergestellt. Nur bei einem als positiv bewerteten Nutzensaldo (*Member Value*) sind die Mitglieder bereit, die gewünschten Beiträge auch zu leisten.

Diese mitgliederseitigen Herausforderungen müssen deshalb auf zwei Ebenen angegangen werden: durch bedürfnis-, interessen-, erwartungsgerechte Gestaltung der Anreizinhalte und durch eine positive Kommunikation dieser Anreize. Insofern ist es auch eine Marketingaufgabe, die im übergeordneten Marketingkonzept (vgl. Kapitel 4.2) verankert werden sollte.

**Praxistipps und Denkanstösse:**

1 Mitglieder sind aufgrund ihrer verschiedenen Rollen und Beiträge eine wichtige Ressource für Verbände, Vereine und Genossenschaften. Häufig steht deren Gewinnung im Vordergrund. Es empfiehlt sich jedoch vorab strategische Überlegungen zu machen, welche Rollen die NPO gerade jetzt besonders nötig hat, und darauf aufbauend Zielsetzungen abzuleiten.

2 Die Mitgliedergewinnung und -bindung ist auch eine Marketing-Aufgabe und bedarf einer sorgfältigen Analyse der Bedürfnisse und Erwartungen. Zudem wird oft vorschnell angenommen, dass eine NPO zusätzliche Leistungen anbieten müsse, um Mitglieder zu gewinnen. Allerdings gibt es neben den ökonomischen Bedürfnissen weitere, die es zu erkennen und zu adressieren gilt.

Weiterführende Literatur

https://www.vmi.ch/de/npo-wissen/npo-themen/kapitel-5.2/

## 5.2 Ehrenamtliche Leitung und freiwillig Engagierte

Ehrenamtliches und freiwilliges Engagement sind ein Wesensmerkmal von NPO. Viele gesellschaftlich notwendige Leistungen, die in traditionellen Gesellschaften noch von der Familie und später zunehmend vom Staat erbracht wurden, können nur noch mit Hilfe von zivilgesellschaftlichem Engagement gewährleistet werden. Mitglieder und Drittpersonen, die sich freiwillig für solche Aufgaben zur Verfügung stellen, sind eine zentrale Ressource für NPO. Sie investieren ihre freie Zeit für etwas, das sie gerne tun und das ihnen am Herzen liegt.

### 5.2.1 Kennzeichnende Merkmale und Differenzierungen

Ehrenamtliche stellen sich für NPO-Leitungsaufgaben in Organen, Kommissionen und Ausschüssen zur Verfügung. Gremien, in denen Mitglieder oder Dritte ehrenamtliche Leitungs-, Entscheidungs- und Beratungsaufgaben wahrnehmen, werden unter dem Begriff des Ehrenamts-Systems zusammengefasst. Davon zu unterscheiden ist die formale Freiwilligenarbeit in Sportvereinen, Sozialinstitutionen, Kirchen usw., wo freiwillig Engagierte einen Dienst an den Mitmenschen im Interesse der NPO leisten bzw. durch ihre Mitarbeit an der Erfüllung des NPO-Zwecks mitwirken. Freiwillig Engagierte sind neben den angestellten Mitarbeitenden an der konkreten Umsetzung der Beschlüsse beteiligt. Sie leisten unbezahlte Arbeit, tun also etwas ausserhalb ihrer täglichen beruflichen Beschäftigung und setzen sich damit in ihrer Freizeit für Dritte oder eine Sache ein. Freiwilligenarbeit gibt es selbstverständlich auch ausserhalb des institutionellen Settings von NPO: Familienarbeit und Nachbarschaftshilfe machen einen grossen Teil dieser *informellen Freiwilligenarbeit* aus.

Beiden Formen gemeinsam sind folgende typische Merkmale:

1) Das Amt oder Engagement wird freiwillig übernommen und ausgeübt.
2) Den Einsätzen wird als nebenberufliches Engagement nachgekommen.
3) Das Engagement erfolgt grundsätzlich ohne oder gegen eine geringe finanzielle Gegenleistung.
4) Es wird motiviert durch einen Bezug zur NPO, d. h. einer Identifikation mit ihrem Zweck und ihren Werten. Ehrenamtliche bzw. freiwillig Engagierte sind oft ausgeprägt sachzielorientiert.
5) Die Aufgabe oder das Amt werden übernommen, ohne dass spezifische Fachkompetenz oder§ langjährige Erfahrungen vorliegen. So entscheiden beispielsweise Juristinnen und Coiffeure, die in ihrem eigenen Beruf selbstverständlich fachkompetent sind, im Ehrenamt eines Vereins über die pädagogische Gestaltung eines Ausbildungslehrgangs oder

das journalistische Konzept einer Verbandszeitschrift. Oder sie begleiten als freiwillig Engagierte einen Seniorenausflug oder betreuen einen Verpflegungsposten bei einem Sportevent. Demzufolge können Ehrenamtliche und freiwillig Engagierte im eigentlichen Sinn des Wortes als Amateure bezeichnet werden.

**Abb. 45** – Ehrenamt und freiwilliges Engagement im Vergleich

Weder die Abgrenzung, noch die Benennung der beiden Gruppen wird einheitlich gehandhabt. Eine Trennung ist aber notwendig, unabhängig ihrer Bezeichnungen, weil die beiden Gruppen unterschiedliche Funktionen in NPO erfüllen. Sie unterscheiden sich zudem durch ein weiteres Element: Freiwilliges Engagement basiert auf mündlichen Absprachen oder schriftlichen Vereinbarungen, die direkt mit der zuständigen Ansprechperson bzw. dem operativen Betrieb getroffen werden. Freiwillig Engagierte sind nicht durch Wahl von der Mitgliederbasis legitimiert, und ihr Engagement folgt nicht dem Rhythmus von Wiederwahlen und Wahlperioden. Sie engagieren sich einmalig oder auch langfristig. Sowohl Dauer, Beginn wie auch Beendigung des Engagements werden durch bilaterale Gespräche und Verhandlungen markiert. In mitgliedschaftlich organisierten NPO werden die Ehrenamtlichen hingegen von den Mitgliedern meistens aus ihrem eigenen Kreis in ihre Ämter gewählt. NPO ohne Mitglieder wie Stiftungen gehen den Weg der Berufung oder Kooptation, um ihre Organe zu bestellen. Beides kann dazu führen, dass nicht die Fähigkeiten über die Aufnahme in ein Gremium entscheiden, sondern Repräsentanz, Popularität oder persönliche Verbindungen.

Möglicherweise stimmt das berufliche Fachprofil gut mit der Aufgabe überein (z. B. eine Journalistin als Ressortleiterin Kommunikation in einem Vereinsvorstand); dennoch fehlt den Ehrenamtlichen oft eine NPO-spezifische Managementmethodik und -erfahrung. Selbst wenn sie in ihrer hauptamtlichen Tätigkeit eine Führungsposition innehaben, werden sie feststellen, dass demokratische Strukturen, kollegiale Organe, partizipationsorientierte Mitarbeitende sowie das organisationsinterne Streben nach Repräsentativität und Akzeptanz in der Meinungsbildung und Entscheidungsfindung eine Anpassung ihres von profitorientierten Unternehmen geprägten Führungsstils bedingen sowie NPO-spezifisches Managementwissen erfordert.

### 5.2.2 Ausgestaltungsformen des freiwilligen Engagements

Davon ausgehend, dass Ehrenamt und freiwilliges Engagement als Ressource betrachtet werden, empfiehlt es sich, die Variationen nicht dem Zufall zu überlassen. Die überlegte Ausgestaltung von Ehrenamtspositionen und freiwilligem Engagement bedeutet, die Ressource aktiv zu managen.

*Unentgeltliches oder vergütetes Engagement*

In vielen NPO wird zunehmend von der prinzipiellen Unentgeltlichkeit, d.h. dem Verzicht auf finanzielle Entschädigung, abgewichen, indem den Ehrenamtlichen und teilweise auch den freiwillig Engagierten (geringfügige) Vergütungen bezahlt werden. Bezüglich der Höhe der Entschädigung zeigen sich je nach NPO-Typ grosse Unterschiede: In Wirtschafts- und Berufsverbänden geht man soweit, dass lohnähnliche Entgelte bezahlt werden. Damit wird auf den gesellschaftlichen Trend der abnehmenden Bereitschaft zur Übernahme von unbezahlten Ämtern reagiert. In philanthropischen NPO hingegen ist die Unentgeltlichkeit nach wie vor ein wichtiges Prinzip, um kongruent mit den Leitwerten zu zeigen, dass es sich um ein Engagement im Sinne einer Zeitspende handelt.

Entschädigungen werden häufig bezahlt, wenn die berufliche Erwerbstätigkeit durch die Übernahme des Amtes erheblich eingeschränkt wird (im Sinne von eigentlichen Lohnausfallentschädigungen). Dies trifft man häufig in Berufsverbänden an, bei denen ehrenamtliche Vorstandsmitglieder ihre Pensen als Angestellte senken bzw. ihre freiberufliche Tätigkeit reduzieren, um das Amt übernehmen zu können. Eine finanzielle Gegenleistung hilft zudem auch, eine effiziente und qualitativ hochstehende Leistung einzufordern. Nachteilig ist jedoch, dass teilentschädigte Ehrenamtliche finanziell von ihrem Amt abhängig werden können. Solange Leistung und Engagement stimmen ist dies nicht problematisch, doch es erschwert den Diskurs über eine zweckmässige personelle und strategische Erneuerung.

Ein Sonderfall der Entgeltlichkeit liegt vor, wenn eine Arbeitgeberin Mitarbeitende für die Arbeit in NPO freistellt, dies bei fortlaufender Lohnzahlung. Somit wird der Person kein finanzielles Opfer abverlangt. Die NPO kann den Lohnausfall erstatten; dem Ehrenamtlichen bzw. der freiwillig Engagierten wird dann i. d. R. ausser einer Erstattung von Spesen keine finanzielle Gegenleistung entrichtet.

### *Passung von Person und Aufgabe*

Obwohl der Amateurstatus den Regelfall im Ehrenamt und im freiwilligen Engagement darstellt, eröffnen sich für NPO nicht selten besondere Zugänge zur Fachkompetenz: Das ist etwa der Fall, wenn hauptamtlich Tätige, welche z. B. bei einer Sektion oder einem Landesverband angestellt sind, in die Organe der zentralen NPO gewählt oder delegiert werden. Diese bringen oftmals NPO-spezifisches Managementwissen und Erfahrung in ihre Ehrenamtsarbeit mit ein. Zudem finden sich immer wieder freiwillig Engagierte, die beispielsweise nach ihrem Austritt aus dem Berufsleben ihre ursprüngliche Profession unentgeltlich in NPO ausüben. Ebenso stellen aktive Berufstätige ihre Fachkompetenz wie z. B. Programmierkenntnisse oder juristisches Fachwissen in ihrer Freizeit auch NPO zur Verfügung (*skill-based volunteering*).

Zunehmend werden verantwortungsvolle Ehrenämter analog Stelleninseraten mit einem Anforderungsprofil versehen ausgeschrieben, und die Kandidierenden durchlaufen Selektionsverfahren. Dies soll einerseits die interprofessionelle Zusammensetzung eines Vorstands oder Stiftungsrats gewährleisten, andererseits wird damit der anspruchsvollen Verantwortung für Compliance und Good-Governance Rechnung getragen.

Grundsätzlich gilt, dass passende Fachlichkeit einen Mehrwert im Ehrenamt bringt. Entsprechend sind jedoch die Aufgaben, Kompetenzen und Verantwortlichkeiten genau festzulegen, damit die Rollen korrekt ausgeübt werden. Ansonsten drohen Konflikte zwischen Ehrenamtlichen, angestellten Mitarbeitenden und freiwillig Engagierten aufgrund von Doppelspurigkeiten oder Fachstreitigkeiten.

### *Corporate Volunteering*

Beim so genannten Corporate Volunteering stellen Unternehmen ihren Mitarbeitenden die Zeit für einen Freiwilligeneinsatz zur Verfügung, ohne dass die NPO den Lohnausfall der Arbeitgeberin zurückerstatten muss. Dieser Trend aus den USA erfreut sich auch in Kontinentaleuropa zunehmender Beliebtheit und wird insbesondere von grösseren NPO gefördert. Hier kann nicht mehr von Freiwilligkeit im engeren Sinne gesprochen werden, denn der Einsatz wird von den Firmen oftmals erwartet bzw. sogar gefordert. Dies kann dazu führen, dass die Pflichteinsätze ohne grosse Motivation und Identifikation mit dem Zweck, den Werten und den Sachzielen der NPO absolviert werden.

### *Ehrenamt oder Freiwilligeneinsatz als Hauptbeschäftigung*

Eine letzte Variation sind jene Ehrenamtlichen, die zunächst im Nebenamt aktiv sind, später aber ihre ursprüngliche Berufstätigkeit aufgeben, um hauptamtlich ihre Ehrenamtstätigkeit auszuüben, z. B. als vollamtliche

Präsidentin einer Berufsorganisation. In diesem Falle wird das nebenberufliche, unentschädigte Ehrenamt zu einer Anstellung. Diese "hauptamtlich Ehrenamtlichen" bleiben jedoch Ehrenamtliche im traditionellen Sinn, weil sie NPO-Leitungsaufgaben übernehmen, weiterhin gewählt und regelmässig wiedergewählt werden und allenfalls auch einer Amtszeitbeschränkung unterliegen. Der Vorteil dieser Variante liegt im Fachwissen und der Verfügbarkeit. Herausfordernd ist meist das Zusammenspiel mit der ebenfalls hauptamtlichen Geschäftsführung und den weiteren Vorstandsmitgliedern. Hier müssen die Rollen und Erwartungen geklärt werden. Zudem braucht es Lösungen, um den Wissensvorsprung und die Machtkumulation im Sinne von *checks and balances* auszugleichen.

Freiwilliges Engagement als Hauptbeschäftigung trifft man an, wenn die beruflichen und familiären Pflichten wegfallen. Häufig werden diese freiwillig Engagierten zu wichtigen Stützen des NPO-Betriebs: Sie engagieren sich womöglich über mehrere Jahre, werden entsprechend erfahren und fachkundig, sind oftmals flexibel abrufbar und hochgradig identifiziert mit dem Zweck und den Werten der NPO. Es empfiehlt sich gerade aufgrund ihrer Wichtigkeit, sich mit diesen freiwillig Engagierten regelmässig und umsichtig über ihre Perspektiven im Sinne einer sorgfältigen Austrittsplanung auszutauschen. Dies ist eine Aufgabe im Rahmen des Risikomanagement (vgl. Kapitel 3.3.6).

### 5.2.3 Freiwilligengewinnung

Wie bei den Mitgliedern und Mitarbeitenden handelt es sich bei der Gewinnung von freiwillig Engagierten und Ehrenamtlichen um eine Marketingaufgabe. Es gilt, Interessierte aufgrund von Anforderungsprofilen zu suchen und von der Übernahme eines Ehrenamts und der damit verbundenen Führungsverantwortung zu überzeugen. Bei freiwillig Engagierten spricht man auch von einer Zeitspende als Pendant zur Geldspende, zu der Interessierte bewegt werden sollen. Bei nicht mitgliedschaftlichen NPO wie Stiftungen hat die Gewinnung am Markt zu erfolgen. In mitgliedschaftlich organisierten NPO wie Vereinen, Verbänden und Genossenschaften wird diese Gewinnung primär dem Innenbereich zugerechnet, da die Ehrenamtlichen und freiwillig Engagierten hauptsächlich aus dem Kreis der Mitglieder bestellt werden. Aber auch bei ihnen wird ab und zu extern gesucht.

Ein attraktives Ehrenamt bzw. eine interessante Freiwilligentätigkeit müssen sich – abgesehen von den NPO-Zielen – an den Bedürfnissen der Ehrenamtlichen und freiwillig Engagierten ausrichten. Grundsätzlich ist von einer Bedürfnis- und Motivstruktur auszugehen, wie sie auch einer motivationsorientierten Gewinnung von Mitgliedern zugrunde liegt. Neben dem Bedürfnis, sich für den Zweck zu engagieren, spielen Elemente der Selbstverwirklichung, des sozialen Anschlusses, aber insbesondere bei den

Ehrenamtlichen auch Prestige und Macht eine entscheidende Rolle. Auch hier gilt: Motivstrukturen sind unterschiedlich, weshalb die Anreize individuell und differenziert auszugestalten sind. Neben dem Setzen von Anreizen ist beim Ehrenamt zu beachten, dass bei der Besetzung eines Amts die Ämterkumulation und damit eine Arbeitsüberlastung vermieden und die Amtszeit beschränkt werden. So generiert die NPO eine stetige Fluktuation und somit eine Gewohnheit der Nachwuchsbildung.

Alle diese Eigenschaften und Erfordernisse stellen hohe Anforderungen an das Auswahlverfahren von Ehrenamtlichen und je nach Aufgabe auch von freiwillig Engagierten. Im Sinne einer Bestenauslese ist in jedem Fall der Fachkompetenz der Kandidatinnen und Kandidaten und der zeitlichen Verfügbarkeit Vorrang zu geben, insbesondere vor dem häufig in Ehrenamtsgremien anzutreffenden Kriterium der geographischen Repräsentativität, das zu zufälligen und fachlich nicht angemessen Besetzungen führen kann. Es empfiehlt sich deshalb für das Ehrenamt und für Freiwilligentätigkeiten, präzise Anforderungsprofile zu formulieren, um die Selektionsverfahren überlegt und sachgerecht zu gestalten.

### 5.2.4 Professionalisierung der ehrenamtlichen Leitung

Wird von einer Professionalisierung des Ehrenamts gesprochen, so ist damit nicht gemeint, dass Ehrenamtliche zu hauptamtlichen Mitarbeitenden werden. Die Professionalisierung bezieht sich auf die Art der Ausübung der Leitungsaufgaben. Ziel muss es sein, dass die Ehrenamtlichen ihre beschränkte Zeit so nutzen, dass ihnen eine effektive Lenkung und Steuerung der NPO gelingt. Dazu ist es erforderlich, jene Instrumente und Methoden zu erarbeiten, welche die Grundlage für eine effiziente Ehrenamtsarbeit bilden. Es gilt zudem, die Ehrenamtlichen einzuführen und zu befähigen, diese Werkzeuge zu kennen und zu handhaben, also effiziente Ehrenamtsarbeit zu leisten. Deren Anforderungen unterscheiden sich prinzipiell nicht von denjenigen an das hauptamtliche Management. Die *besonderen Rahmenbedingungen ehrenamtlicher Tätigkeit* bringt allerdings eine Reihe von Herausforderungen und Spannungen mit sich:

1) Ehrenamtliche tun oft das Falsche: Sie kümmern sich um Details, mischen sich in die Geschäftsführung ein und vernachlässigen dabei die Auseinandersetzung mit Grundsatz- und Zukunftsfragen.
2) Ehrenamtliche nicken oft nur noch Anträge ab: Dieses Spannungsfeld zwischen entscheidungsvorbereitender und entscheidender Instanz akzentuiert sich als Stab-Linien-Problem, insbesondere zwischen Vorstand/Stiftungsrat und der Geschäftsführung. Je ausgereifter die Geschäftsführung im Sinne von *completed staffwork* Anträge ausgearbeitet hat, desto mehr hat sie über die Vorarbeit die damit verbundenen

Entscheidungsinhalte geprägt. Das Ehrenamtsorgan kann dann das Dossier nur noch genehmigen oder verwerfen, jedoch kaum mehr inhaltlich mitprägen.

3) Ehrenamtliche wissen oft nicht, was Sache ist: Durch das Tagesgeschäft haben die angestellten Mitarbeitenden einer NPO einen Informationsvorsprung. Wenn diese z. B. zur Absicherung ihrer Machtposition den strukturell bedingten Informationsvorsprung mittels selektiver Informationsweitergabe (auch *gate keeping* genannt) einsetzen, erschweren sie den Ehrenamtlichen zusätzlich, bei Geschäften substanziell mitreden zu können.

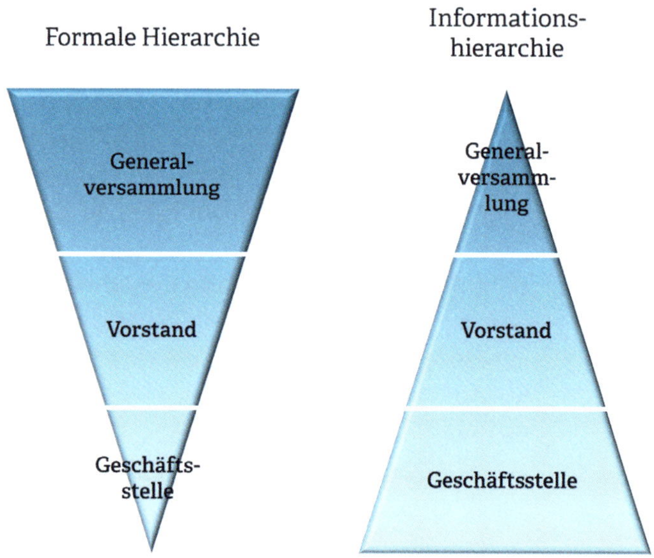


**Abb. 46** – Das Gegenstromprinzip von formaler und Informationshierarchie

4) Ehrenamtliche führen oft autoritär: Spüren sie ein Machtungleichgewicht zu ihren Ungunsten und kommen sie sich auf die Dauer manipuliert vor, so versuchen sie manchmal, dem Hauptamt das Machtübergewicht zu entziehen. Sie nehmen möglichst viele Kompetenzen aus der Geschäftsführung zurück in ihren eigenen Entscheidungsbereich. Sie führen autoritär ohne Rücksicht auf die Realitäten der Geschäftsstelle, überfordern sich dabei und lähmen bzw. demotivieren letztlich die operativen Mitarbeitenden.

Solche *Herausforderungen und Spannungen* führen zu Konflikten, Unsicherheiten und letztlich Ineffizienz. Sollen Ehrenamt und Geschäftsführung eine grundsätzlich unteilbare Verantwortung für die Leitung der NPO wahrnehmen, dann müssen professionelle Lösungen für das Zusammenwirken dieser zwei Elemente gefunden werden.

*Ausgestaltungsempfehlungen*

Die Zusammenarbeit zwischen dem strategischen Leitungsgremium und der hauptamtlichen Geschäftsführung wurde bereits im Kapitel 3.1.2 zur Governance behandelt. Die zentrale Fragestellung besteht darin, wie zwischen haupt- und ehrenamtlichen Gremien ein Machtausgleich zu schaffen ist, der insbesondere dem Ehrenamt erlaubt, seine ihm zugewiesene Rolle in der politisch-strategischen Steuerung einer NPO wahrzunehmen und gleichzeitig die Hoheit über die operative Ausgestaltung der Geschäftsführung überträgt. Es gehört zu einem erfolgreichen Management des Ehrenamts als Ressource, dass eine NPO folgende Ziele verfolgt:

1) ein rollenkonformes und gleichgewichtiges Zusammenwirken von Ehrenamt und Hauptamt und damit verbunden eine gemeinsame Wahrnehmung der unteilbaren Leitungs- und Problemlösungsverantwortung für die NPO insgesamt;
2) eine Fokussierung der Ehrenamtlichen auf die strategische Führungsaufgabe. Diese beinhaltet – neben dem Fällen von Entscheiden in akuten Krisen – die Weiterentwicklung von Strategie, Innovation und Grundsätzen und die damit verbundene Willensbildung;
3) eine partizipative Erarbeitung der Grundsätze und Strategien, damit der politisch-strategische Gehalt dieser Rahmenentscheidungen durch gewählte Ehrenamtliche bestimmt wird und sie gleichzeitig durch das Wissen der Geschäftsführung operativ umsetzbar werden;
4) eine wirkungsvollere Nutzung der beschränkten Kapazitäten an Zeit des Ehrenamts durch einen geeigneten Rhythmus von Sitzungen und der Schaffung von Vertiefungszeiten wie beispielsweise Retraiten und Strategieklausuren;
5) eine stufengerechte interne Kommunikation von der Geschäftsführung zu den Ehrenamtlichen, um sie mit den relevanten Informationen auszustatten und ihnen dadurch die strategische Steuerung zu ermöglichen.

Entscheidungen sind im Sinne der *Kooperativen Interaktion* aus Kapitel 1.2.2 in einem offenen, kooperativen Prozess gemeinsam mit dem Geschäftsführungsteam zu erarbeiten. Das Controlling liefert die erforderlichen Informationen in einer Form und einem Umfang, die dem ehrenamtlichen Gremium eine wirkungsvolle Steuerung ermöglichen. Die professionelle Ehrenamtsarbeit im Sinne eines effektiven und effizienten Zusammenwirkens mit der hauptamtlichen Geschäftsführung gilt es stets zu überwachen. Da das Trägerschaftsorgan meist erst spät bemerkt, wenn die ehrenamtliche Leitungsarbeit nicht mehr funktioniert, gehört es zu den Aufgaben des Ehrenamts sich periodisch selbst zu evaluieren und entsprechende Professionalisierungsmassnahmen einzuleiten.

Die hier beschriebene Ausgestaltung der ehrenamtlichen Arbeit beinhaltet eine typisch normative Forderung der dualen Leitung von NPO. Dieses Konzept ist jedoch nicht unumstritten. In bestimmten praxisnahen Kreisen wird zunehmend in Frage gestellt, ob Ehrenamtliche heute überhaupt noch in der Lage sind, die zunehmend grösser und komplexer werdenden NPO zu führen. Dies wird teilweise zum Anlass genommen, die Ehrenamtsgremien zu Aufsichtsgremien umzuformen. Diese Entwicklung birgt v. a. in mitgliedschaftlichen NPO Gefahren, denn die politisch-strategische Steuerung durch die gewählten Ehrenamtsorgane als Exekutiven der Trägerschaft entspricht einer konstituierenden Eigenart von NPO.

### 5.2.5 Freiwilligenmanagement

Wie eingangs beschrieben, sind freiwillig Engagierte neben den angestellten Mitarbeitenden an der konkreten Umsetzung von Beschlüssen und der Dienstleistungserbringung beteiligt. Ihre Gewinnung gilt es als Marketing- und Kommunikationsfrage anzugehen. Zuvor muss die NPO jedoch im Rahmen eines Freiwilligenkonzepts Leitsätze und Grundsatzfragen klären, um die Zusammenarbeit von freiwillig Engagierten mit allen anderen Beteiligten optimal zu gestalten. Viele Vereine und Verbände basieren seit jeher auf dem Einsatz von Freiwilligen, insbesondere Kultur- und Sportvereine, Parteien sowie der Sozialbereich. Heute wird nicht zuletzt aus Personalknappheit vermehrt auf diese Ressource zurückgegriffen. Von entscheidender Bedeutung ist, dass insbesondere die hauptamtlichen Mitarbeitenden die freiwillig Engagierten als gleichberechtigt akzeptieren, da diese ergänzend – und nicht substituierend – zu ihnen gesellschaftlich notwendige und deshalb voll anzuerkennende Arbeit leisten. Freiwilligenengagement als Einsatz billiger Helferinnen und Helfer zu betrachten wäre verhängnisvoll, dies würde dem Stellenwert ihrer Arbeit in keiner Weise gerecht. Neben den Leit- und Grundsätzen der Freiwilligenarbeit gilt es in einem professionellen Freiwilligenkonzept auch Ressourcen, Einsatzbereiche und Profile, rechtliche und strukturelle Rahmenbedingungen sowie die Kommunikation und Qualitätssicherungsprozesse zu klären. Erst auf dieser Basis können freiwillig Engagierte gesucht werden, und die Freiwilligenplanung bzw. Freiwilligenkoordination beginnt.

Unter dem Begriff der *Freiwilligenplanung* wird die operative Umsetzung zusammengefasst. Sind freiwillig Engagierte erst einmal gewonnen, gilt es sie einzuführen, zu schulen und zu qualifizieren. Ihr Einsatz ist analog zu angestellten Mitarbeitenden zu planen und zu organisieren, denn meistens sind freiwillig Engagierte nur in einem begrenzten Masse zeitlich verfügbar. Sie sind laufend zu betreuen, sie müssen Ansprechpersonen haben, die sie in fachlichen und persönlichen Fragen beraten und unterstützen, ihnen aber auch Feedback geben, um ihre Motivation zu stärken und allenfalls Konflikte zu lösen. Bei der Führung von freiwillig Engagierten gelten zwar die Grundsätze, wie sie in Kapitel 3.5 zur Führung beschrieben wurden. Doch sie ist von einer Reihe von Besonderheiten gekennzeichnet:

- Freiwilligenarbeit ist unentgeltlich und erfolgt in der Freizeit. Der Anerkennung und Wertschätzung der freiwillig Engagierten kommt deshalb ein sehr hoher Stellenwert zu. Neben der Würdigung von Freiwilligeneinsätzen ist eine relevante Form der Anerkennung, dass freiwillig Engagierte von den hauptamtlichen Mitarbeitenden ernst genommen und akzeptiert werden. Dieses Kulturelement ist einer der wesentlichen Gelingensfaktoren und bedeutet, dass freiwillig Engagierte partizipativ mitwirken und mitgestalten.
- Freiwilligenarbeit ist nicht in Form von klassisch arbeitsrechtlichen Verträgen eingebunden. Dies führt dazu, dass Elemente, die in der Führung von angestellten Mitarbeitenden selbstverständlich sind, stets ausgehandelt und besprochen werden müssen. Deutlich zeigt sich dies beispielsweise, wenn sich die NPO von freiwillig Engagierten trennen möchte: Es gibt kein Kündigungsverfahren, sondern der Weg führt über Gespräche und der ehrlichen Darlegung der Situation.
- Es ist jedoch wichtig die Kommunikation mit den freiwillig Engagierten nicht nur auf Krisenzeiten zu beschränken. Da sie oftmals nicht in die Standardprozesse der internen Kommunikation eingebunden sind, müssen sie wissen, wer ihre Ansprechperson ist, und diese muss vorausschauend die freiwillig Engagierten über für ihre Tätigkeit relevante Sachverhalte informieren. In sozialen Institutionen können die emotionalen und psychischen Belastungen zu Überforderungen führen. Regelmässige Gespräche beugen dem vor.

**Praxistipps und Denkanstösse:**

1 Unterscheiden Sie die strategische Leitungsfunktion der Ehrenamtlichen vom operativen Einsatz der freiwillig Engagierten und betrachten Sie beide als Ressource. Die Differenzierung der beiden Rollen unterstützt das Verständnis der jeweiligen Herausforderungen und die Ressourcenoptik den Diskurs, wie diese Rollen in Ihrer NPO am besten zum Tragen kommen.

2 Professionalisieren Sie das Ehrenamt im beschriebenen Sinne. Ein ausbalanciertes Zusammenspiel von gewähltem Ehrenamt und angestellter Geschäftsführung mit aufeinander abgestimmten Aufgaben, Kompetenzen und Verantwortlichkeiten ist der Schlüssel zu einer effektiven und effizienten Steuerung Ihrer NPO. Dazu gehört, die passenden Ehrenamtlichen für sich zu gewinnen. Wenn der Tenor vorherrscht, dass man dankbar sein müsse, wenn sich überhaupt jemand finden liesse, empfehlen wir eine Selektion und Auswahl. Denn gut passende Ehrenamtliche ziehen ihrerseits Nachwuchs an.

3 Begegnen Sie freiwillig Engagierten wertschätzend und anerkennend. Sie sind keine "Gratis-Arbeitskräfte" und sie sind kompetent, motiviert und loyal, auch wenn sie evtl. zunächst fachfremd sind und eingeführt werden müssen. Richten Sie deshalb ein professionelles Freiwilligenmanagement ein und schaffen Sie eine Kultur der Begegnung auf Augenhöhe.

Weiterführende Literatur

https://www.vmi.ch/de/npo-wissen/npo-themen/kapitel-5.3/

## 5.3 Hauptamtliche Leitung und Angestellte

Der Begriff des Hauptamts umfasst alle Führungs- und Fachkräfte einer Organisation, die arbeitsvertraglich an die Organisation gebunden sind und für ihre Arbeitsleistungen eine marktübliche Vergütung erhalten. Differenziert wird zwischen dem leitenden Management (Geschäftsführung) als Organ und in NPO oftmals als Gegenüber des in der Regel ehrenamtlichen strategischen Organs (Vorstand oder Stiftungsrat), den Führungskräften des mittleren Managements und den Fachkräften ohne Führungsverantwortung.

Unter dem Begriff Human Resources Management (HRM) werden alle Aufgaben zusammengefasst, die dabei zu erfüllen sind. Zwar bezieht sich der HRM-Begriff im Freiburger Management-Modell und in seiner weiter gefassten Bedeutung auch auf die entsprechenden Funktionen in Bezug auf die haupt- und ehrenamtliche Leitung sowie gegebenenfalls auf freiwillig Engagierte und Mitglieder, soweit auf diese bewusst mit Blick auf die Organisationsziele Einfluss genommen wird. An dieser Stelle werden die wichtigsten Funktionen nur in Bezug auf die festangestellten Mitarbeitenden erläutert. Unter den Spezifika des HRM in Nonprofit-Organisationen sind insbesondere folgende zu nennen:

- NPO verfolgen ideelle Sachziele, deren Erreichung unbestimmt oder schwer messbar ist. Das setzt beispielsweise leistungsorientierten Vergütungssystemen enge Grenzen und kann sich in einer bewussten Abgrenzung auch gegenüber anderen HRM-Managementpraktiken aus dem Wirtschaftssektor niederschlagen.
- Im Zusammenhang mit den ideellen Zielen ist die Tätigkeit von Verbänden auch durch Normen und Werte in der Art der Zielverfolgung und der internen Zusammenarbeit geprägt. Gegenseitige Unterstützung unter den Mitarbeitenden wird oftmals besonders betont; individualistische Haltungen in der Aufgabenerfüllung oder im Karriereaufstieg werden abgelehnt. Auf der anderen Seite stellt eine ausgeprägte Identifikation der Mitarbeitenden mit den Zielen und Werten der NPO eine besondere Humanressource dar.
- Repräsentativ- oder basisdemokratische Entscheidungsprozesse kennzeichnen die Entscheidungsfindung in vielen NPO und färben entsprechend auf die Erwartungen der Angestellten an flache Hierarchien und eine Mitwirkung in den Führungsbeziehungen ab.

Wird von Personalressourcen (Human Resources) gesprochen, sind nach dem hier zugrunde gelegten Verständnis nicht etwa die Mitarbeitenden als Personen gemeint, sondern die Qualifikationen und Motivationen, die sie im Rahmen ihres Engagements für die NPO und deren Ziele einsetzen.

Der Begriff der Qualifikation umfasst als Personalressource alles, was eine Person zur Aufgabenbewältigung befähigt: eine formale Ausbildung, erworbenes Wissen, Berufs- oder Branchenerfahrungen, ihre kognitive und emotionale Intelligenz oder ihr soziales Netzwerk, auf das sie im Bedarfsfall zurückgreifen kann. Motivationen sind entsprechend Personalressourcen, die eine Person dazu bewegen, eine Aufgabe zu bewältigen: Es sind aktuelle Bedürfnisse, Motive oder Einstellungen zur Aufgabe selbst, zu anderen Mitgliedern der Organisation oder zur NPO als Ganzes. Erst wenn in einer Person Qualifikationen und Motivationen zusammentreffen, ergibt sich daraus eine Leistung, die zur Zielerreichung der NPO beiträgt; Mitarbeitende, die zwar hochqualifiziert, aber frustriert sind, oder solche, die bei aller Leistungsmotivation mit den ihnen übertragenen Aufgaben fachlich überfordert sind, können einen solchen Beitrag nicht leisten.

Das Human Resources Management im FMM umfasst sechs Kernfunktionen. Davon sind zwei Funktionen, die Gestaltung der Arbeitsorganisation und die Stellenbesetzung, in ihrer Wechselbeziehung von vorrangiger Bedeutung dafür, ob bei den Mitarbeitenden ein bestmöglicher Fit von Aufgabenprofilen in der Organisation und Kompetenzprofilen der Mitarbeitenden und dadurch eine hohe intrinsische Motivation erreicht werden kann. Mit den übrigen vier Kernfunktionen wird auf dieser Basis anschliessend eine fortlaufende Angleichung und eine extrinsisch motivierende Steuerung der Leistungsbeiträge verfolgt.

### *Arbeitsorganisation*

Die Arbeitsorganisation ist eng verknüpft mit der System-Managementaufgabe der Organisation und Strukturgestaltung (Kapitel 3.5). In Bezug auf die Personalressourcen geht es um Fragen des optimalen Stellenzuschnitts: Sollen die einzelnen Stellen eher eine fachliche Spezialisierung der Mitarbeitenden erlauben, oder sollen sie eine breitere und damit ganzheitliche Problemlösungskompetenz, beispielsweise gegenüber den Anliegen von Mitgliedern oder Klienten, verlangen? Sollen Aufgaben eher in Einzelverantwortung erfüllt werden, oder ist eine flexible, selbstorganisierende Teamverantwortung erwünscht? Sollen die Arbeitsprozesse ausführlich und verbindlich dokumentiert sein, oder sollen die Stelleninhaber Problemstellungen individuell und situativ angepasst angehen?

Diese und weitere Entscheidungen zur Arbeitsorganisation stellen einen Rahmen zur Aufgabenerfüllung und Zielerreichung dar; sie prägen mittel- und langfristig aber auch die darin Arbeitenden in ihren Qualifikationen und Motivationen – dies vielleicht in erwünschter, möglicherweise aber auch in unerwünschter Weise.

### *Arbeitsmarktstrategie und Stellenbesetzung*

Unter einer Arbeitsmarktstrategie versteht man die Positionierung der zu besetzenden Stellen durch die NPO gegenüber potenziellen Bewerbern. Dazu zählt in erster Linie die Entscheidung, ob bestimmte Stellen in der Organisation vor allem aufgrund fachlicher Qualifikationen (berufsfachliche Arbeitsmarktstrategie), genereller Fähigkeiten (Spotmarkt-Strategie) oder einschlägiger Erfahrungen in der eigenen Organisation (betriebliche Arbeitsmarktstrategie) besetzt werden sollen. Das lässt sich am Beispiel einer Fundraising-Position illustrieren: Im ersten Fall würden vor allem Bewerber mit einer speziellen Fundraising-Ausbildung angesprochen, im zweiten Fall Interessenten mit ausgeprägter Intelligenz, Sozialkompetenz oder persönlicher Flexibilität. Im dritten Fall würde die Position mit Mitarbeitern aus anderen Bereichen der NPO besetzt, weil man vor allem von den Hintergrunderfahrungen mit bisherigen Spenden und der genauen Kenntnis der spezifischen Werte und Arbeitsweisen in der eigenen NPO zu profitieren können glaubt. Für die Personalwerbung werden gezielt Interessenten der gewählten Arbeitsmarktstrategie angesprochen und über die Besonderheiten und Vorteile der Organisation informiert. Dafür hat sich inzwischen der Begriff des *Employer Branding*, also der Markenbildung als Arbeitgeberin, durchgesetzt.

An die Arbeitsmarktstrategie schliesst sich die Funktion der Stellenbesetzung an, die sich als Prozess von der Ausschreibung über die Sichtung eingehender Bewerbungen, die Eignungsdiagnostik der vorab ausgewählten Kandidaten bis zur Anbahnung einer arbeitsvertraglichen Vereinbarung und die Einarbeitung und Integration in die Organisation beschreiben lässt. Schliesslich wird hier die Beendigung von Arbeitsverhältnissen im Sinne eines geordneten Freistellungsprozesses zugeordnet.

Arbeitsorganisation und Stellenbesetzung stehen in einer Wechselbeziehung im Hinblick auf das anzustrebende Ziel eines optimalen Fit zwischen Stellenanforderungen und personellen Voraussetzungen. Stellt eine Organisation fest, dass ihr ein solcher Fit überwiegend nicht mehr gelingt, kann sie folglich auch wahlweise auf einer der beiden Seiten eine Änderung einleiten.

### *Personalentwicklung*

Diese Funktion umfasst alle Massnahmen, mit denen die Qualifikationen einzelner Mitarbeitenden, von Arbeitsgruppen oder der gesamten NPO als System weiterentwickelt werden. Das Spektrum der Ansätze und Instrumente reicht von der kurzfristigen individuellen Personalentwicklungsmassnahme (z. B. ein vorbereitendes Training für Standaktionen im Rahmen einer Informationskampagne) bis zu einem langfristig angelegten Organisationsentwicklungsprozess. Die dabei eingesetzten Massnahmen werden danach unterschieden, wie sie sich zum Arbeitsplatz und der täglichen Aufgabenerfüllung verhalten: Massnahmen on-the-job unterstützen ein Lernen am Arbeitsplatz; dazu lassen sich beispielsweise Coaching und Mentoring, das Prinzip der Job Rotation oder der Einsatz von Sprachlernsoftware zur Unterstützung bei der Korrespondenz zählen. Der unmittelbare Transfer des Gelernten in den Arbeitsalltag hat dabei Priorität. Massnahmen off-the-job finden hingegen gezielt ausserhalb der vertrauten Arbeitsumgebung statt und sollen eine grundlegende Reflexion fördern. Das Spektrum reicht dabei von traditionellen Weiterbildungskursen und Studiengängen bis zu Outdoor-Trainings oder Organisationsaufstellungen, die dem Grundgedanken der systemischen Intervention folgen.

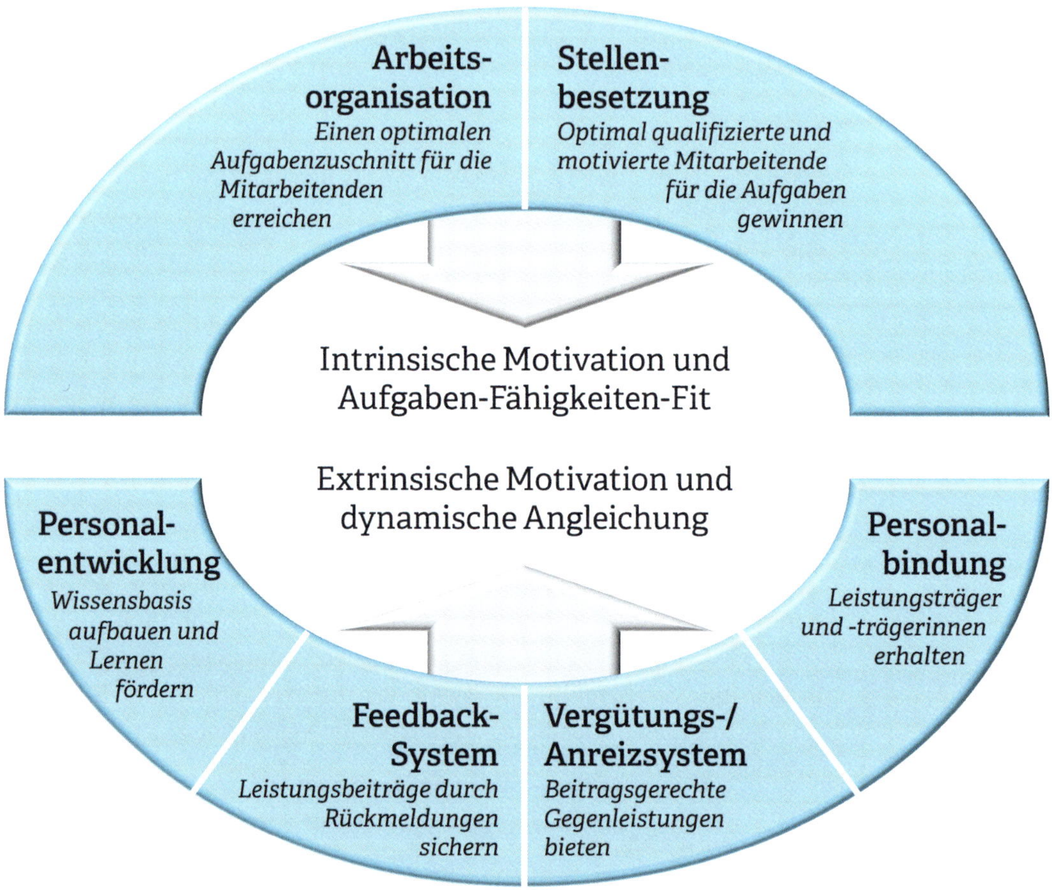


**Abb. 47** – Human Resources Management im Überblick

Ein zweites Differenzierungsmerkmal ist die Grösse der Zielgruppe, wobei Massnahmen, die sich an einzelne Personen wenden, solchen gegenüberstehen, die ganze Teams (z. B. ein Workshop oder ein Organisationsplanspiel) oder Grossgruppen (z. B. die Methoden des World Café oder des Open Space) einschliessen. In der Prozessbetrachtung umfasst die Funktion der

Kompetenzentwicklung die Identifizierung des Entwicklungsbedarfs, die Durchführung der Massnahmen und die Evaluation der Entwicklungsergebnisse.

*Feedback-System*
Dazu zählen alle periodischen durchgeführten Verfahren, mit denen die Mitarbeiter in der Organisation eine Rückmeldung (Beurteilung) über den Entwicklungsstand ihrer Potenziale, über ihr Verhalten oder ihre erbrachten Leistungen erhalten. Aus einem Feedback-System sollen wiederum Steuerungswirkungen auf die Einstellungen der Mitarbeiter, ihr Verhalten und ihre zukünftigen Leistungen erreicht werden. In der Praxis sind Feedback-Systeme danach zu unterscheiden, wie stark sie in den Beurteilungen der Mitarbeiter Potenziale, Verhalten und Leistungen gewichten. In der Regel wird in NPO im Vergleich zu Wirtschaftsunternehmen ein stärkeres Gewicht auf ein Verhalten, das mit den Zielen und Werten der Organisation in Übereinstimmung steht, im Vergleich zu den messbaren Ergebnissen gelegt werden. Über die Festlegung der Kriterien, die einem Feedback zugrunde liegen, hinaus ist festzulegen, durch wenn das Feedback erfolgt. Neben der traditionellen Vorgesetztenbeurteilung sind inzwischen Organisationen dazu übergegangen, einen Ansatz der 360-Grad-Beurteilung zu verfolgen. Dabei können je nach Zielsetzung, Bedeutung und Gegebenheiten im Sinne einer Rundum-Beurteilung auch nächsthöhere Vorgesetzte, Kollegen, Klienten oder Mitglieder, Mitarbeiter oder externe Berater einbezogen werden.

*Vergütungs- und Anreizsystem*
Dies umfasst alle finanziellen und nicht-finanziellen, geldwerten (und gegebenenfalls auch ideellen) Leistungen, mit denen eine Organisation die bisherige Aufgabenerfüllung entlohnt bzw. zukünftiges Engagement zu fördern versucht. Wichtigstes Referenzkriterium in der Vergütungspolitik von NPO ist die Fairness, in der Anreizpolitik neben der situativen Angemessenheit vor allem die Attraktivität der in Aussicht gestellten Leistungen. Um mit dem Vergütungssystem das Fairnessziel zu erreichen, muss eine Organisation eine ganze Reihe von Gerechtigkeitsprinzipien beachten und in ein ausgewogenes Verhältnis bringen: Nach dem Prinzip der Anforderungsgerechtigkeit ist die Vergütung so anzusetzen, dass Personen mit höheren oder niedrigeren Anforderungen in ihrer Aufgabe (z. B. Ausbildung, Erfahrung, Denkleistung, Verantwortung, Stress usw.) auch ein entsprechend höheres oder niedrigeres Gehalt beziehen. Im Gegensatz dazu verlangt das Prinzip der Leistungsgerechtigkeit, dass Unterschiede in der Vergütung gerechtfertigt werden durch dementsprechend unterschiedliche Beiträge der Mitarbeitenden zur Erreichung der Organisationsziele – und dies unabhän-

gig von den individuellen Voraussetzungen, die der oder die Einzelne mitbringt. Das Prinzip der Marktgerechtigkeit legt hingegen nahe, dass sich die Vergütung am marktüblichen Niveau für eine bestimmte Aufgabe bewegt; dieses Prinzip wurde im Dritten Sektor bislang häufig zurückgestellt, um in einzelnen Bereichen ein tieferes Lohnniveau legitimieren zu können, gewinnt aber mit wachsender Arbeitskräftemobilität zunehmend an Gewicht. Neben diesen drei differenzierenden Prinzipien ist insbesondere in NPO auch das Egalisierungsprinzip zu berücksichtigen, wonach Unterschiede generell so gering wie möglich gehalten werden sollen. Das kann insbesondere in Bereichen wirtschaftskritischer NPO und genossenschaftlichen Betrieben mit Selbstverwaltungscharakter angenommen werden.

Die Gestaltung von Anreizsystemen ist vor allem mit der Frage der variablen – und hier insbesondere leistungsabhängigen – Vergütung verbunden. Auch wenn variable Vergütungsformen im Dritten Sektor im Vergleich zu Wirtschaftsunternehmen noch wenig verbreitet sind und entsprechend auch nur moderate Anteile an der finanziellen Gesamtvergütung ausmachen, ist auch hier eher von einer zunehmenden Bedeutung auszugehen. Bei der Gestaltung des Anreizsystems sind Entscheidungen vor allem auch darüber zu treffen, welche Kriterien zur Bestimmung der Höhe herangezogen werden und ob im Fall einer leistungsabhängigen Vergütung die individuelle Leistung oder die eines Teams zugrunde gelegt wird. Ausserdem stellt sich die Herausforderung für eine NPO, dass mit einem solchen System nicht etwa eine starke intrinsische Motivation durch extrinsisch wirkende Anreize verdrängt wird.

#### *Personalbindung*

Die Personalbindung ist im Rahmen eines strategischen HRM-Konzepts darauf gerichtet, die Zahl der mitarbeiterseitigen Kündigungen generell niedrig zu halten und insbesondere die Mitarbeitenden in Schlüsselfunktionen in der Organisation zu halten: Personen in Führungs- oder Fachfunktionen, die den Verband und seine Werte verkörpern, über betriebsspezifisches Wissen verfügen, enge Beziehungen zu wichtigen Stakeholdern unterhalten, als Leistungsträger wirken oder deren Potenziale mit besonderem Aufwand entwickelt wurden. Eine schwache Personalbindung stellt für Verbände ein Personalrisiko dar, wenn der Weggang einzelner Personen oder das vorübergehende Fehlen ihres Engagements und Wissens nicht kompensiert werden können und der Organisationserfolg gefährdet ist.

Die organisationale Bindung von Mitarbeitenden kann auf affektivem, normativem oder kalkulativem Commitment aufbauen (Meyer & Allen 1990). Affektives Commitment beruht auf emotionalen Empfindungen wie Freude, Stolz oder Zuneigung, die mit der Organisation, dem sozialen Netzwerk oder der Arbeitsaufgabe in Verbindung gebracht werden.

Normatives Commitment beruht ebenfalls auf emotionalen, in ihrer Qualität aber ambivalenten Empfindungen: Die Person fühlt sich gegenüber der Organisation, ihren Werten und Zielen oder anderen Mitarbeitenden verpflichtet, obwohl das ihren persönlichen Präferenzen widersprechen mag, weil es etwa mit grossen Anstrengungen und geringer Belohnung verbunden ist. Kalkulatives Commitment ist das Ergebnis einer rationalen Abwägung von Vor- und Nachteilen der aktuellen Anstellung im Vergleich zu alternativen Positionen. Es beruht auf der Überzeugung, dass bei einem Weggang Nachteile in Kauf genommen werden müssten, die durch die in Aussicht stehenden Vorteile nicht aufgewogen würden. Je nachdem, welches Bindungsmuster vorliegt, sind die Personalmaßnahmen zur Erhaltung entsprechend auszurichten.

Aufgrund der ausgeprägten Werteorientierung sind viele NPO darauf eingestellt, ein starkes affektives und normatives Commitment zu erreichen. Beide bauen auf ihre Weise auf einer starken Identifikation mit der Organisation, ihren Leistungen und der Wertebasis auf. Dagegen steht das kalkulative Commitment im Hintergrund. Das liegt einerseits an der Vergütungsstruktur mit vergleichsweise geringen finanziellen Vorteilen und an den beschränkten beruflichen Aufstiegs- und Entwicklungsmöglichkeiten in den überwiegend kleinen Verbänden. Andererseits wird in weiten Bereichen des Dritten Sektors eine Kultur der Selbstbeschränkung gepflegt, wonach alle verfügbaren Mittel dem Sachzweck zu Gute kommen und persönliche Bereicherungen unterbunden werden sollen. Für die Organisationen resultiert daraus ein zwar kostengünstiges, aber risikoreiches Bindungspotenzial, weil insbesondere das normative Commitment mit hohen Erwartungen an die Integrität der Organisation und ihrer Exponenten verbunden ist, die im Falle einer Enttäuschung zur unmittelbaren Abwendung von der Organisation führen können.

Personalwirtschaftliche Aufgaben sind arbeitsteilig zu erfüllen, im Zusammenwirken zwischen den Linienvorgesetzten und der für Personalfragen zuständigen Stelle. Es ist wichtig, dass die wesentlichen Personalentscheidungen, wie z. B. die Auswahl, eine Weiterbildung oder eine Freistellung von der Linie getroffen werden. Die spezialisierte Personalstelle, sofern diese überhaupt besteht, hat deshalb in vielen Bereichen ausschliesslich Unterstützungs- und Dienstleistungsfunktionen für die Linie zu erfüllen. Bezüglich der Gestaltung der Prozesse hat die Personalstelle jedoch ein funktionales Weisungsrecht gegenüber den Linienverantwortlichen, damit die Abläufe nach einheitlichen Regeln erfolgen.

**Praxistipps:**

1 Wenn Sie wiederkehrende Personalprobleme lösen wollen, sollten Sie immer erst die Arbeitsorganisation und die Stellenbesetzungsroutinen in Ihrer Organisation prüfen: Eine ineffiziente Organisationsstruktur und systematische Fehler in der Personalrekrutierung lassen sich allenfalls vorübergehend mit Weiterbildungsbemühungen, wiederholten Feedbacks, veränderten Anreizstrukturen oder Bindungsbemühungen beheben.

2 Machen Sie sich Ihr gegenwärtiges Employer Brand bewusst: Wie erleben Ihre Mitarbeitenden die Organisation, was würden Sie Dritten davon vermitteln und wie attraktiv macht das Ihre Organisation in den Augen Ihrer bevorzugten Zielgruppen auf dem Arbeitsmarkt?

3 Achten Sie darauf, dass Ihre Personalpolitik konsistent ist: Stimmt das generelle Profil der bevorzugten Motivationen und Qualifikationen in der Stellenbesetzung mit den Beurteilungskriterien bei Beförderungsentscheidungen, im Mitarbeiterjahresgespräch, bei Differenzierungen im Vergütungs- und Belohnungssystem und bei den Bindungsbemühungen überein?

Weiterführende Literatur

https://www.vmi.ch/de/npo-wissen/npo-themen/kapitel-5.3/

## 5.4 Wissen und Digitalisierung

Wissen ist eine der wichtigsten Ressource von Dienstleistungsorganisationen, denen die meisten NPO zuzuordnen sind. Nur durch permanentes Lernen und Weiterentwickeln der Wissensbasis sind Erhalt und Erfolg der Organisation gesichert. Die NPO als lernende Organisation bedeutet unter dem Gesichtspunkt des Managements, das vorhandene und das neu generierte inhaltliche wie prozedurale Wissen so aufzubereiten und verfügbar zu machen, dass es in der Organisation langfristig und unabhängig von der Zugehörigkeit einzelner Personen zum System erhalten bleibt.

In föderal strukturierten NPO ist diese Herausforderung noch akzentuiert. Es gilt, das Lernen und den Wissenserhalt über zentrale und dezentrale Einheiten hinweg zu koordinieren und hierbei auch die Besonderheiten des Hauptamts, der ehrenamtlichen Leitung, der Mitglieder und freiwillig Engagierten zu berücksichtigen. Wirtschaftsverbände verfügen beispielsweise über zusammengefasstes Wissen für Mitglieder und Nichtmitglieder (etwa aus dem politischen Umfeld). Sie tragen das Wissen von ihren Mitgliedsunternehmen zusammen und geben es an Politik und Öffentlichkeit weiter; sie informieren ihre Mitglieder, beraten sie und teilen ihnen Wissen mit. Insbesondere Geschäftsstellen von Verbänden können somit als Wissensspeicher und Wissensvermittler verstanden werden.

### 5.4.1 Wissen als Produkt kollektiver Lernprozesse

Wissen ist das Endprodukt von Lernen. Es kommt zustande über (1) das Wahrnehmen und Sammeln von Daten über bestimmte Sachverhalte, (2) die persönliche Verwertung von einzelnen Daten zu Informationen, die für das Individuum eine Bedeutung haben und sich anwenden lassen und (3) die Verarbeitung dieser Informationen im menschlichen Denkprozess im Sinne des Einbauens, der Verankerung und Speicherung als individuelles Wissen, das altes Wissen ersetzt oder ergänzt und neue, verbesserte Handlungsmöglichkeiten oder auch ein besseres Verstehen von Sachverhalten eröffnet.

Wissen ruht erst einmal in den einzelnen Köpfen der haupt-, ehrenamtlichen und freiwilligen Mitarbeitenden als Produkt individueller Lernprozesse. Als implizites Wissen ist es zwar im organisationalen Raum vorhanden, aber für die Organisation und ihre Leistungen und Aktivitäten nicht ohne weiteres verfügbar. Damit eine lernende Organisation entsteht, muss dieses Wissen externalisiert, d. h. in speicherbare Daten (explizites Wissen) umgewandelt werden. Unterstützend sind dabei moderne Informatiktechnologien und die fortschreitende Digitalisierung, unter der eine Überführung von Geschäftsprozessen und -daten aus einem analogen in den digitalen Modus verstanden wird.

Davon abzugrenzen ist die umfassendere *digitale Transformation* (vgl. Kapitel 6.3), die nicht nur die Digitalisierung analoger Daten, Abläufe und Leistungen umfasst, sondern die durch den Einsatz von Technologien Innovationen hervorbringt und einen umfassenden Wandel für die NPO darstellt.

Speicherfähige Daten sind kommunizierbar und können von anderen Individuen in der Organisation wiederum als Information aufgenommen und bestenfalls zu weiterem Wissen verarbeitet werden. Erst durch diesen Übergang vom individuellen zu einem partizipativen, kooperativen oder kollektiven Lernen kann eine lernende Organisation entstehen. NPO müssen daher Lernprozesse unterstützen und ein systematisches Wissensmanagement betreiben, d. h. die Wissensarbeit fördern. Lernprozesse werden seit Argyris & Schoen (1978) in zwei Lernebenen differenziert, die in Anlehnung an Bateson (2000) anschliessend um eine dritte Ebene ergänzt wurden (vgl. auch Kapitel 3.7):

1) *Anpassungslernen (single loop learning)* basiert auf Lückenanalysen, also auf der Feststellung von Abweichungen beim Vergleich von einem Ist- mit einem Soll-Zustand. Diese Diskrepanz verlangt Anpassungs- oder Korrekturmassnahmen, etwa zur Behebung von Fehlerquellen, ohne dass dabei die angestrebten Soll-Zustände (Ziele, Werte, Normen) selbst hinterfragt werden.
2) *Veränderungslernen (double loop learning)* bedeutet, es wird nicht nur gefragt, ob etwas richtig (fehlerfrei, zielorientiert) getan wird, sondern ob auch das Richtige getan wird, ob etwa die zugrundeliegenden Ziele, Werte und Normen überholt sind und einer Veränderung bedürfen. Dazu hat sich die Organisation neues Wissen darüber anzueignen, was die richtigen Dinge sein könnten. Mit diesem neuen Bezugsrahmen werden die bisher als richtig erachteten Dinge konfrontiert (der sogenannte Soll-Soll-Vergleich) und aus allfälligen Diskrepanzen neue Ziele und Strategien abgeleitet, welche der NPO ein besseres Überleben in einem schwierigen Umfeld ermöglichen sollen.
3) *Prozesslernen (deutero learning)* heisst, das Lernen zu lernen und verweist auf die Fähigkeit zur stetigen Organisationsentwicklung und eine permanente Weiterentwicklung im Wissensmanagement. Insbesondere agile bzw. selbstorganisierte Strukturen sind hierfür förderlich. Zudem beinhaltet Prozesslernen die Fähigkeit zu wissen, in welchen Situationen Anpassungslernen genügt und wann grundsätzliche Reflexionen in Richtung tiefgreifender Veränderungen notwendig oder zwingend sind.

### 5.4.2 Wissensmanagement

Die einzelnen Aufgaben des Wissensmanagement lassen sich als Zyklus darstellen. Allerdings sind die Schritte nicht immer ganz trennscharf, sondern überlappend, und sie beeinflussen sich teilweise gegenseitig.

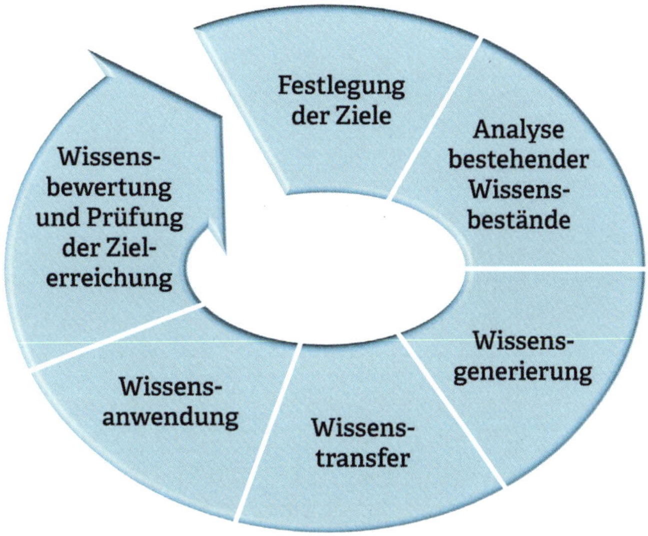


**Abb. 48** – Aufgaben im Wissensmanagement

Zunächst stellt sich für jede NPO die Frage, welche Ziele mit dem Wissensmanagement erreicht werden sollen. Diese sollten sich an der Zwecksetzung der NPO orientieren. Ein Ziel kann etwa sein, dass die Wissensbestände soweit als möglich einfach und transparent zugänglich gemacht werden. So ist beispielsweise – bedingt durch die Zusammenarbeit von Ehren- und Hauptamt oder auch von freiwillig Engagierten und Angestellten – den Beteiligten oftmals nicht bekannt, über welche Kompetenzen und Ressourcen die einzelnen Personen verfügen bzw. was die anderen Funktionen tun.

Neben der Bestimmung der Wissensziele lassen sich weitere Aufgaben des Wissensmanagements benennen. So ist es z. B. notwendig, sich einen Überblick zu verschaffen, welche Wissensbestände schon vorhanden sind. Ausgehend davon gilt es die kollektive Wissensgenerierung systematisch zu unterstützen und zu honorieren. Das bedeutet, dass Massnahmen eingeleitet werden, um das individuelle zu einem allgemein verfügbaren und geteilten, expliziten Wissen zu machen. Dazu ist das Wissen einerseits zu speichern, so dass darauf zugegriffen werden kann, andererseits ist ein gezielter Wissenstransfer zu organisieren und sicherzustellen. Die Digitalisierung ist diesbezüglich eine grosse Errungenschaft. Der Kreis schliesst sich, wenn durch Wissensanwendung auch tatsächlich eine bessere Problemlösung erzielt wird. Auf dieser Basis kann dann ermittelt werden, inwieweit die anvisierten Wissensziele erreicht wurden.

### 5.4.3 Handlungsfelder zur Förderung der Wissensarbeit

Für das Wissensmanagement stehen zahlreiche Instrumente und Methoden zur Verfügung, wobei dieselben oft multifunktional sind und einen Beitrag zur Erfüllung von zwei oder mehreren der oben benannten Aufgaben leisten. Sie lassen sich grundsätzlich in drei Handlungsfelder unterteilen: (1) den Menschen als lernendes Individuum, (2) die Organisation mit ihren Strukturen und Prozessen sowie (3) die Informations- und Kommunikationstechnologie (Digitalisierung).

*Handlungsfeld Mensch*

Die Wissensarbeit verlangt von den Beteiligten zunächst, dass sie ihr Wissen als Arbeitsressource verstehen. Sie sind verantwortlich, ihr Wissen laufend zu überprüfen, bei Bedarf zu erweitern und weiterzugeben. Dazu brauchen Wissensarbeitende entsprechende Handlungsspielräume und eine Entscheidungsautonomie, was wiederum eine situative Führung verlangt (vgl. Kapitel 3.6.6). Förderlich ist zudem eine verstärkte Teamorientierung bzw. ein Verständnis, dass die Leistung der NPO das Ergebnis aller einzelnen Beiträge ist. Es gilt eine Kultur zu schaffen, die psychologische Sicherheit gewährleistet. Diese ist ein Grundbedürfnis jedes Menschen und damit entscheidend für die Lern- und Veränderungsfähigkeit einer Organisation. Zudem ist eine Kultur notwendig, bei welcher der Fokus statt auf individuellen Aufgaben auf dem Sinn und Zweck der Zusammenarbeit und der gemeinsam erreichten Teamergebnisse liegt. Je besser verstanden wird, für wen und warum Arbeit geleistet wird, desto eher wird Wissen geteilt. Dies gilt in föderalen NPO auch für die Zusammenarbeit zwischen Sektionen und Zentralverband.

Im Rahmen des *Human Resource Management* (vgl. Kapitel 5.3) sind zunächst die Rekrutierung und die Einführung entscheidend für das in der NPO verfügbare Wissen. Dies trifft auch auf das Ehrenamt und die freiwillig Engagierten zu (vgl. Kapitel 5.2). In Anforderungsprofilen sollte möglichst klar definiert werden, welches fachliche und überfachliche Bildungs- und Erfahrungswissen für die Auswahl massgeblich ist. Zudem bringen divers zusammengesetzte Teams und Gremien verschiedene Kompetenzen in Kombination miteinander und entwickeln somit die organisationale Wissensbasis weiter. Auch die spätere Personalentwicklung und Qualifizierung der Mitarbeitenden dient dazu, notwendige Kompetenzen für die NPO aufzubauen bzw. Wissen zu teilen. Beispiele dafür sind Arbeitsplatzwechsel (*job rotation*), die Ausdehnung der Arbeitsinhalte (*job enlargement*) oder die Erweiterung von Ausführungstätigkeiten durch Entscheidungs- und Kontrollkompetenzen (*job enrichment*). Insgesamt ergibt sich daraus eine Horizonterweiterung, welche die Mitarbeitenden zu effektiveren, weil bereichsübergreifenden Lösungen befähigt.

Dazu gehören koordinierende Strukturen in föderal organisierten Verbänden, die partizipatives, kooperatives und kollektives Lernen fördern, wie beispielsweise eine Präsidialversammlung von Sektionspräsidien oder eine Geschäftsführungskonferenz, in der Benchmarks gesetzt werden und ein Transfer von Ideen stattfindet.

*Handlungsfeld Organisation*
Auf der Basis der definierten Wissensziele ist es eine wichtige Führungsaufgabe festzulegen, welches implizite Wissen nach Möglichkeit zu kodifizieren und damit allgemein zugänglich zu machen ist.

Im *Qualitätsmanagement* (vgl. Kapitel 3.1.3) gilt das Prinzip der ständigen Verbesserung von Prozessen, wodurch Wissensgenerierung und -transfer institutionalisiert werden. Durch die schriftliche Festlegung von Prozessen wird das in den Köpfen der Prozessbeteiligten vorhandene implizite Wissen (gegebenfalls digital) kodifiziert; es überdauert als explizites Wissen auch allfällige personelle Wechsel. Dazu gehört die Veröffentlichung von Management-Instrumenten wie Leitbildern, Strategien, Führungsgrundsätzen oder Planungssystemen. Indem die Mitglieder und andere Anspruchsgruppen wissen, was die NPO will und tut, wird eine Demokratisierung der Organisation erreicht.

Im Rahmen der *Controlling-Aufgaben* (vgl. Kapitel 3.4) wird ein die Entscheidungs- und Kontrollprozesse unterstützendes Informationssystem aufgebaut. Dieses liefert Informationen auf der operativen und der strategischen Ebene, Informationen über den Grad der Erreichung von Zielen und Standards sowie über Abweichungen und Situationsänderungen in der NPO und in ihren Umfeldern (Problemfrüherkennung). Das Controlling leistet somit einen wichtigen Beitrag für die Gewinnung und Diffusion von Wissen, das in Anpassungs- und Veränderungsentscheidungen umgesetzt wird.

*Organisationsmethoden und -formen* (vgl. Kapitel 3.5) nehmen nachhaltigen Einfluss auf das Lernen der Beteiligten. Agiles Projekt-Management als Methode der Bearbeitung episodischer, komplexer Herausforderungen dient ebenfalls dem Wissensmanagement (vgl. Kapitel 3.7.2). In Projekten, wie etwa der Entwicklung von Leitbildern oder Strategien erfahren und lernen die Beteiligten mit neuen Fragestellungen umzugehen sowie innovative Lösungsansätze zu entwickeln, zu akzeptieren und umzusetzen. Schliesslich sind in diesem Zusammenhang auch die agilen und selbstorganisierten Strukturen als Ausgestaltungsformen der Aufbauorganisation zu nennen (vgl. Kapitel 3.5.5), in welchen die Führungsverantwortung vollständig verteilt wird. Hier übernehmen die einzelnen Mitarbeitenden die komplette Selbstverantwortung für ihr Handeln und entscheiden selbstständig im Rahmen der definierten Rollen und Zuständigkeiten und in vorgegebenen Entscheidungsprozessen. Diese Organisationsformen sind darauf ausgerichtet, dass eine Organisationsentwicklung im Sinne eines stetigen Lernprozesses und Erkenntnisgewinns stattfindet (deutero learning).

***Handlungsfeld Informations- und Kommunikationstechnologie***
In Dienstleistungsbetrieben kommt der Informations- und Kommunikationstechnologie eine besondere Stellung zu. Insbesondere in mitgliedschaftlich strukturierten Vereinen und Genossenschaften, die durch regionale Untergruppierungen oder überregionale Zusammenschlüsse geprägt sind, ist die Vernetzung der Informations- und Kommunikationssysteme bzw. deren Kompatibilität für eine effiziente Zusammenarbeit bedeutsam. Solche universell kompatiblen Informationsnetzwerke sind in mehrstufigen NPO zunehmend in Entwicklung oder bereits eingeführt. So können z. B. Materialien für die Arbeit von freiwillig Engagierten zentral bereitgestellt werden und deren Schulung kann internetbasiert stattfinden. Gleichzeitig können freiwillig Engagierte ihr Wissen zu einem Sachverhalt oder einer regionalen Besonderheit ins zentrale Informationssystem einpflegen.

Zur Förderung der Wissensarbeit empfiehlt es sich, wenn Informations- und Kommunikationstechnologien vier grundlegende Funktionalitäten (Eppler & Hoffmann 2012) bieten; die nachfolgend aufgeführten Beispiele erfüllen in aller Regel mehr als eine dieser Funktionen:

1) *Unterstützung der Zusammenarbeit und Kommunikation*: Groupware (themengentrennte Unterhaltungen/Kanäle, Chats, E-Mail, Messengerdienste, Videokonferenzen); Projektmanagement-Software (Aufgaben, Zeitplanung, Ressourcenzuteilung), Prozess-Management (Benachrichtigungen, Freigaben, Lenkung) bis hin zur digitalgestützten Automatisierung ganzer Prozesse (z.B. Rechnungseingang und Verbuchung);
2) *Verwaltung von Daten: Mitglieder- und Spenderdatenbanken* (Kontaktlisten, Mutationen, Mitgliederliste), Dokumentenhaltung (Versionierung und Historie, Lenkung, kooperative Zugriffsmöglichkeiten, Archivierung); Finanz- und Rechnungswesen (Budgetierung, Buchführung, Beitragsinkasso, Rechnungsstellung, Kosten- und Leistungsrechnung, Jahresabschluss); Terminkalender für Organe, Gremien, Geschäftsführung und Mitarbeitende; organisationsinterne Wikis, Wissenslandkarten oder Blogs;
3) *Darstellung und Aggregation von Daten*: Portale, die Informationen kuratiert und selektiv darstellen; Verzeichnisse zu Expertinnen und Experten innerhalb der NPO; Führungsinformationssysteme (Zusammenzug von Daten aus verschiedenen Systemen, Statistiken der NPO, Branchendaten, Auswertung von periodischen Befragungen (von Mitgliedern, Mitarbeitenden, Spenderinnen und Spendern); Anomalie- und Fehlererkennung durch künstliche Intelligenz;

4) *Suchen und Finden von Daten*: Suchfunktionen über gesamte Datenbestände, Filterung von Daten, Rangierungen, Strukturieren und Klassifizieren von Daten, automatische Erstellung von Inhaltsangaben oder Zusammenfassungen.

Diese knapp gefasste und nicht vollständige Umschreibung zeigt auf, dass sich Wissensmanagement weitgehend auf bekannte und bewährte Instrumente und Methoden aus anderen Management-Bereichen abstützt. Sein spezifischer Beitrag liegt deshalb in einer Systematisierung und konzeptionellen Vernetzung dieser wissensorientierten Bemühungen sowie in der Digitalisierung.

### 5.4.4 Die Organisationskultur als Erfolgsfaktor

Die NPO als lernende Organisation (Argyris & Schoen 1978) zu konzipieren und zu gestalten, setzt mehrerlei voraus: die Einsicht in die Notwendigkeit des Lernens, individuelle und kollektive Lernfähigkeit unterstützt durch Management-Instrumente und eine lernorientierte Kultur. In einem strukturierten Kontext, wie es eine institutionalisierte NPO darstellt, stehen dem Lernen zahlreiche Hindernisse entgegen. Solange der Zugang zu Wissen mit Machtchancen verbunden ist, ergeben sich aus bestehenden Routinen Sicherheit und damit Trägheit. Durch Anpassungen und Veränderungen sind Positionen bedroht und Zusatzanstrengungen sind gefordert. Dadurch werden Lernprozesse blockiert und Innovationsanstrengungen hintertrieben.

Die NPO-Kultur muss demnach nicht nur offen für das Lernen sein, sondern dieses auch als Basisprinzip einfordern und die dazu erforderlichen Rahmenbedingungen bereitstellen. Dazu bedarf es der Freiräume für alle ehren-, hauptamtlichen und freiwilligen Mitarbeitenden, sich Wissen anzueignen, über Anpassungen und Veränderungen nachzudenken, innovative Lösungen zu generieren sowie einer schrankenlosen Kommunikationskultur für den Austausch und das gemeinsame Erarbeiten von Wissen.

In traditionsverhafteten, hierarchischen und damit eher innovationsfeindlichen Strukturen lässt sich ein solches Konzept kaum verwirklichen. Der Übergang zur lernenden Organisation dürfte deshalb in vielen NPO ein tiefgreifender Wandlungsprozess sein. Dieser kann bis hin zur Einführung von Selbstorganisation und der Etablierung von agilem Projektmanagement und agilen Methoden führen, denn diese Formen der Aufbauorganisation und des Projektmanagement sind für eine lernende Organisation förderlich.

**Praxistipps und Denkanstösse:**

1 Zur Ermittlung der Ziele des Wissensmanagements in der NPO können folgende Leitfragen hilfreich sein: Welches Wissen ist wichtig für unsere Existenz, unseren Erfolg und die Sachzielerreichung? Steht für Entscheidungssituationen relevantes, faktenbasiertes und aktuelles Wissen zur Verfügung? Welches Wissen haben wir heute, welches Wissen benötigen wir in Zukunft?

2 Damit eine lernende Organisation entsteht, muss implizites Wissen externalisiert, d.h. in speicherbare Daten (explizites Wissen) umgewandelt werden. Unterstützend sind dabei moderne Informatiktechnologien und die fortschreitende Digitalisierung, unter der eine Überführung von Geschäftsprozessen und -daten aus einem analogen in den digitalen Modus verstanden wird. Wie weit ist Ihre NPO dabei? Welche Prozesse und Wissensbestände lassen sich bei Ihnen wie digital ablegen und zugänglich machen?

3 Eine lernorientierte Kultur fördert die Wissensarbeit. Wenn durch das Teilen von Wissen Positionen bedroht oder Zusatzanstrengungen abgefordert werden, werden Lernprozesse blockiert und Innovationsanstrengungen hintertrieben. Es lohnt sich zu analysieren, wo Wissenssilos bestehen, was die Gründe dafür sind und einen Kulturwandel herbeizuführen.

Weiterführende Literatur

https://www.vmi.ch/de/npo-wissen/npo-themen/kapitel-5.4/

## 5.5 Legitimität und Reputation

Die Attraktivität einer NPO für hauptamtliches Personal und für Menschen, die bereit wären, sich ehrenamtlich oder freiwillig zu engagieren, hängt ebenso wie ihr Zugang zu den notwendigen finanziellen Ressourcen von ihrer Aussenwahrnehmung und den damit verbundenen Bewertungen ab. Im Freiburger Management-Modell werden diese Bewertungen mit den Konzepten der Legitimität und der Reputation erfasst. Beides steht für das Erreichen von Zustimmung bei den wesentlichen Austauschpartnern. Das stellt nicht nur ein ideelles Ressourcenpotenzial für die Organisation dar, um leichter Zugang zu anderen Ressourcen zu erlangen, sondern unterstützt auch die wirksame Zielverfolgung im Marketing-Management und letztlich die Existenzsicherung im System-Management. Die Legitimität bezieht sich dabei auf die Leistungen und Aktivitäten der NPO, die Reputation auf die Bewertung der Organisation als Ganzes.

### 5.5.1 Die Legitimität von Leistungen und Aktivitäten

Die Handlungsfähigkeit einer NPO im Spannungsfeld diverser Interessenlagen beruht in dieser Perspektive auf ihrer Fähigkeit, sich gegenüber von einflussstarken Anspruchsgruppen legitimieren zu können. Die Aktivitäten und das Leistungsangebot einer NPO sind legitimiert, wenn die NPO damit den in sie gesetzten Erwartungen, die aus ihrem Umfeld an sie gerichtet werden, zu entsprechen vermag. Dies kann sie in Anlehnung an Suchman (1995) auf vier verschiedenen Wegen erreichen:

- Eine *direkte Zwecklegitimierung* besteht darin, dass die Organisation für einen bestimmten Personenkreis Leistungen erbringt, welche einen unmittelbaren Nutzen darstellen (z. B. Interessenvertretung durch einen Berufsverband). Diese Form der Legitimierung ist insbesondere für Eigenleistungs-NPO von zentraler Bedeutung. Bei Drittleistungs-NPO spielt sie im Verhältnis zu den Klienten und Klientinnen eine wichtige Rolle.
- Die *indirekte Zwecklegitimierung* ist vor allem für Hilfswerke, Bildungseinrichtungen und andere Drittleistungs-NPO kennzeichnend, deren Ressourcengeberinnen nicht identisch mit dem Nutzerkreis der primären Organisationsleistungen sind. Die Legitimierung beruht darauf, dass die NPO einen Nutzen für Personen stiftet, denen andere die Berechtigung zur Nutzung zusprechen (z. B. Legitimierung gegenüber Spendern, welche die Organisation im Bemühen um hilfsbedürftige Dritte unterstützen).
- Eine *Wertelegitimierung* bedeutet, dass eine Organisation ihre Ziele auf eine Art und Weise verfolgt, die den Werthaltungen der legitimierenden Personenkreise entsprechen. Die Legitimierung ist unabhängig

von den erzielten Ergebnissen (z. B. die breite Anerkennung für eine Organisation, deren Mitglieder sich unter grossen persönlichen Opfern für ein Ziel engagieren). Die Wertelegitimierung ist eng verknüpft mit der Überzeugungskraft des Zweck- und Werthaltungssystems, auf dem die NPO selbst aufbaut, und mit dem Grad seiner Übereinstimmungen mit ihren gesellschaftlichen Pendants.
- *Traditionslegitimierung* drückt sich in einer tief verwurzelten Verankerung der Organisation in der Gesellschaft aus und ist Ergebnis eines in aller Regel mehrjährigen Institutionalisierungsprozesses, bei dem eine Organisation mit ihren Aktivitäten zu einem festen Bestandteil der gesellschaftlichen Realität wird. Die Anspruchsgruppen können sich gar nicht mehr vorstellen, dass die Organisation eines Tages nicht mehr Teil dieser Realität sein könnte.

Organisationen unterscheiden sich nicht nur dadurch voneinander, in welchem Ausmass ihre Aktivitäten legitimiert sind, sondern auch durch die Art und Weise, wie sie sich gegenüber ihren Stakeholdern legitimieren. Ob diese eine effektive und effiziente Zielerreichung unterstützen oder behindern, hängt vom jeweiligen Legitimierungsanker ab.

*Anker der organisationalen Legitimierung*
Legitimierungsanker sind Bezugspunkte für die Legitimierung von Organisationen. Einzelne oder Gruppen von Organisationen geben sich Strukturen oder unterwerfen sich Regelwerken, mit denen sie ihre Legitimität zu erhalten oder gar zu steigern versuchen. Beispiele für solche Regelwerke im NPO-Sektor sind Governance Codes für Verbände und Stiftungen. Sie wurden geschaffen, um Ordnungsmässigkeit und Transparenz und damit die Vertrauenswürdigkeit von Nonprofit-Organisationen zu sichern. Die nähere Betrachtung der Regelungen zeigt, dass es gleich mehrere denkbare Legitimierungsanker gibt:
- *Rechtliche Legitimierungsanker* (Legalität): Gesetzestexte und die Aktivitäten von Aufsichtsbehörden widerspiegeln die Rechtsordnung. Sie beschränken die Handlungsspielräume, wobei oft zwischen kleineren und grösseren Organisationen differenziert wird. Ein Beispiel dafür sind abgestufte Revisionspflichten für Vereine und Stiftungen in Abhängigkeit von Bilanzsumme, Beschäftigtenzahl oder Eigenkapital. NPO-spezifische Kodizes formulieren Empfehlungen für die Struktur- und Prozessgestaltung von Organisationen, welche nach allgemeiner Erfahrung die Rechtmässigkeit im Handeln gewährleisten. Beispiele dafür sind Ausschlusskriterien für ehrenamtliche Leitungspersonen aufgrund verwandtschaftlicher Beziehungen zu hauptamtlichen Führungskräften.

- *Gesellschaftspolitische Legitimierungsanker*: Über die gesetzlichen Regelungen hinaus beruhen Gesellschaften auf ungeschriebenen Normen und Werten, welche das Management von NPO berühren und in entsprechenden Kodizes zum Ausdruck kommen. Sie sind historisch gewachsen und widerspiegeln Aushandlungsprozesse zwischen gesellschaftlichen Gruppierungen. So spielen z. B. die Repräsentativität nach Landesteilen oder die Anteile von Männern und Frauen eine wichtige Bedeutung bei der Beurteilung von NPO.
- *Demokratische Legitimierungsanker*: Kennzeichnendes Merkmal von Vereinen, Verbänden oder Genossenschaften ist die demokratische Willensbildung. Eine Organisation legitimiert sich demokratisch, indem sie gewährleistet, dass alle berechtigten Interessenträger der Organisation die Möglichkeit erhalten, ihre Rechte geltend zu machen. Beispiele dafür sind die Erwartung, dass eine Organisation für vollständige Transparenz in finanziellen Belangen gegenüber ihren Mitgliedern oder Geldgebern zu sorgen habe oder als Voraussetzung für öffentliche Subventionierung Wirkungen nachweisen können soll.
- *Professionelle Legitimierungsanker*: Die professionelle Legitimierung erfolgt durch Mitglieder einer Profession, also die Ausübenden eines Berufs, der im Regelfall durch einen akademischem Abschluss, einen entsprechenden gesellschaftlichen Status sowie signifikante Haltungen und Verhaltensnormen gekennzeichnet ist. Professionen sind sektorspezifisch (z. B. Ärzte und Pflegekräfte in Krankenhäusern) oder funktionsspezifisch (z. B. Fundraiser und Fundraiserinnen mit zertifizierter Fachausbildung). Berufsverbände und Dachorganisationen für soziale Einrichtungen spielen eine wichtige Rolle in der selbstorganisierten Aufsicht, indem sie Standards für die Aus- und Weiterbildung, Leitsätze für die individuelle Berufsausübung oder Anforderungen an individuelle Leistungsanbieter unter dem gemeinsamen institutionellen Dach anbieten. Auf die Bedeutung professioneller Legitimierung weist die "*worker control*" Theorie (Pauly & Redisch 1973) hin: Der Wettbewerbsvorteil von NPO gegenüber erwerbswirtschaftlichen Unternehmen besteht darin, dass der Nonprofit-Status signalisiert, dass professionelle Standards grösseres Gewicht haben als ökonomische Interessen.
- *Wirtschaftliche Legitimierungsanker*: Wie bei der professionellen Legitimierung setzt auch die wirtschaftliche Legitimierung am Leistungsangebot an. Die relevante Interessengruppe sind in diesem Fall aber nicht die Peers innerhalb der eigenen Profession, sondern wirtschaftliche Austauschpartner, die an die Organisation die Erwartung richten, dass sie die Ziele mit einem möglichst sparsamen Mitteleinsatz erfüllt. Das Kriterium der Effizienz findet sich in den meisten Governance

Codes des Dritten Sektors. Sein Stellenwert ist als Hinweis darauf zu werten, welche Bedeutung formalen ökonomischen Kriterien in Relation zu den traditionellen Sachzielen zugesprochen wird.

- *Pragmatische Legitimierungsanker*: Es ist eine weit verbreitete Praxis, Effizienz und Effektivität oder Wirksamkeit an gleicher Stelle als Kriterium guter Praxis im Management von NPO zu nennen. Die pragmatische Legitimierung durch Effektivität geht über eine enge ökonomische Perspektive hinaus. Organisationen sind effektiv, indem sie Wirkungen in ihrem Handlungsfeld erzeugen, welche den externen Erwartungen entsprechen. Indem der Begriff der Wirksamkeit die Effektivität verdrängt, wird verdeutlicht, dass die organisationsexterne Bewertung über dem organisationsinternen Kalkül steht.

Die Anker tragen in unterschiedlicher Weise zur Legitimierung von NPO bei. Während die Zwecklegitimierung vor allem pragmatisch verankert ist, dienen die übrigen Anker vor allem zur Wertelegitimierung, weil sie in erster Linie auf die Prozesse der Entscheidungsfindung und Leistungserstellung in NPO zielen.

***Zielkonflikte im Legitimitätsaufbau***

Eine Herausforderung beim Aufbau von Legitimationsressourcen besteht darin, dass ein starkes Legitimierungsbemühen ambivalente Effekte hat: Zwar werden dadurch die Austauschbeziehungen mit dem Umfeld der NPO gestärkt. Oftmals bestehen aber Widersprüche zwischen externen Erwartungen einerseits und dem internen Ressourcenbedarf und den Effizienzerfordernissen andererseits. Nicht alles, was eine Mitgliederbasis als nützlich erachtet, lässt sich auch effizient zur Verfügung stellen. Nicht alle Normen, die eine Akkreditierung im Sinne von Good Governance vorschreiben, erlauben der Organisation, ihre Potenziale effektiv einzusetzen.

Nicht nur Zielkonflikte setzen den organisationalen Legitimierungsbemühungen Grenzen, sondern auch deren Institutionalisierung in den organisationalen Strukturen und Abläufen. Wenn sich eine NPO gegenüber Erwartungen wichtiger Interessengruppen festlegt, vermindert sie ihre Anpassungsfähigkeit. Verbindliche Leistungsversprechen über einen längeren Zeitraum oder Akkreditierungsvorgaben sind in vielen Fällen mit der Einführung neuer Regeln, der Installierung von Kontrollschleifen und einer periodischen Berichterstattung und damit einer Erhöhung des Bürokratisierungsgrads in der NPO verbunden. Zusammenfassend ist also festzuhalten, dass Legitimität eine Ressource mit beschränkter Flexibilität in der Nutzung darstellt.

## 5.5.2 Die Reputation als Organisationsmerkmal

Die Reputation einer NPO ist die Summe aller Zuschreibungen, die ihr das Umfeld zukommen lässt, aus dem sie ihre Ressourcen bezieht und in dem sie mit ihren Leistungen und Aktivitäten wirksam sein möchte, um die eigene Mission zu erfüllen. Das bedeutet, dass die Reputation auf zwei Dimensionen abzutragen ist, wie es die nachfolgende Abbildung zeigt. Sie ist umso höher, je bekannter die Organisation ist, je ausgeprägter die Bewertungen sind und je stärker unter diesen Bewertungen die zustimmenden gegenüber den kritischen sind. Darin drückt sich auch ihr Ressourcencharakter aus.

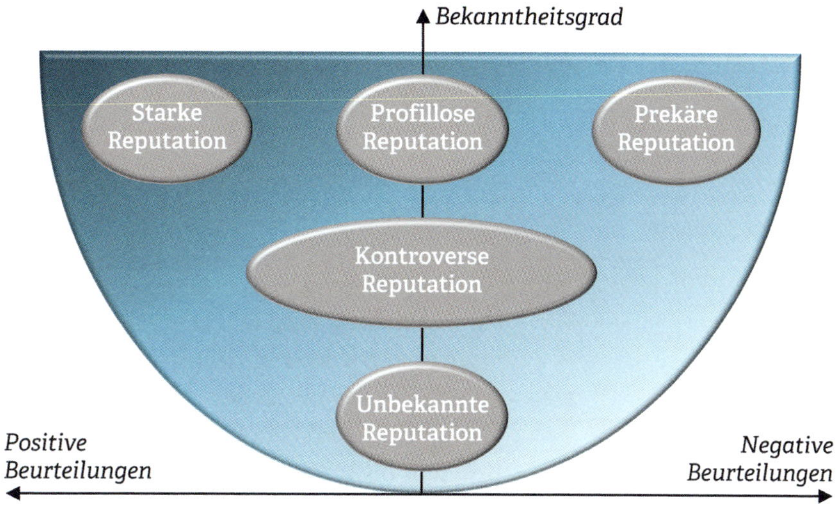


**Abb. 49** –Dimensionen der Reputation

Die Reputation einer NPO kann man als stark bezeichnen, wenn sie vielen Austauschpartnern und -partnerinnen bekannt ist und diese vor allem eine positive Wahrnehmung haben und der Organisation dadurch ein starkes Vertrauen entgegenbringen. Das kann das Ergebnis einer wirksamen Leistungserbringung sein, einer sachgerechten Ressourcenverwendung, von transparenten Entscheidungs- und Leistungsprozessen oder einer überzeugenden Kommunikation darüber im persönlichen Austausch in den analogen wie digitalen Medien. Wenn die Reputation stabil ist, verfügt die NPO über Wettbewerbsvorteile auf den Ressourcenmärkten: Sie ist attraktiv für ehrenamtlich und freiwillig Engagierte, und es gelingt ihr, hauptamtliche Führungs- und Fachkräfte anzuziehen und in der Organisation auch längerfristig zu halten; sie bekommt leichter Zugang zu finanziellen Mitteln auf dem Spendenmarkt und über Leistungsverträge mit der öffentlichen Hand; andere Organisationen bringen ihr eine Bereitschaft zur Kooperation entgegen.

Und schliesslich ist sie auch in der Lage, vorübergehende Ansehensverluste zu überstehen: sei es, weil ihre Exponenten sich fehlerhaft verhalten oder weil die Organisation ihr Leistungsversprechen nur ungenügend erfüllt. In solchen Fällen führt eine vormals starke Reputation dazu, dass die wahrgenommenen Fehler eher den handelnden Personen oder ungünstigen Umständen zugeschrieben werden als dem Unvermögen der Organisation.

Wenn eine NPO über keine starke Reputation verfügt, kann sich das in unterschiedlicher Weise zeigen, wobei dafür in der Regel jeweils andere Ursachen massgeblich sind:

- *Unbekannte Reputation*: Wenn eine NPO jung ist und eine geringe Reichweite hat, sind auch ihre Chancen zum Reputationsaufbau beschränkt. Sie muss dann besondere Anstrengungen unternehmen, um überhaupt sichtbar zu werden, und sie muss erst einmal Anlass zu positiven Erfahrungen und Bewertungen geben. Das kann sie etwa durch Legitimierungserfolge mit ihren Leistungen erreichen, aber auch dadurch, dass Dritte mit einer hohen eigenen Reputation der Organisation in der Öffentlichkeit oder gegenüber besonders relevanten Zielgruppen ihr Vertrauen aussprechen.
- *Profillose Reputation*: Eine NPO kann aufgrund ihrer Grösse und langen Geschichte zwar in einer Gesellschaft oder einer bestimmten sozialen Gruppe fest verankert sein, aber ihr Bild ist nicht klar. Ursache dafür ist dann meistens ein weit verzweigtes und wenig fokussiertes Leistungs- und Aktivitätsspektrum. Der Organisation fehlt es an einer geklärten Wertebasis oder an einer selektiven strategischen Ausrichtung; die Mission ist ebenso wenig klar wie die gesellschaftliche Vision, die damit adressiert wird; die Repräsentanten und Repräsentantinnen sind nur in geringem Masse mit der Organisation identifiziert, und dementsprechend verschwommen ist ihr äusseres Erscheinungsbild.
- *Prekäre Reputation:* Diese geht meistens auf vorübergehendes oder wiederholtes Scheitern einer NPO zurück, auf Fehlverhalten ihrer Repräsentanten oder ein latentes Fehlen von Professionalität in der Leitung und in den Prozessen der Leistungserbringung. Wenn die NPO nicht über eine reputationsimmune Ressourcenbasis verfügt, wie z. B. ein grosses Stiftungsvermögen oder eine gesetzlich verankerte Pflichtmitgliedschaft, dann ist sie in ihrem Bestand existenziell gefährdet, sofern es ihr nicht gelingt, neue Legitimationsgrundlagen aufzubauen.
- *Kontroverse Reputation*: Es liegt geradezu in der Natur von Interessenverbänden, dass ihre Reputation je nach Lebenslage oder politischem Standpunkt der Bewertenden sehr unterschiedlich ausfällt. Aber auch Drittleistungs-NPO können sich mit ihren Leistungen und Aktivitäten soweit exponieren, dass sie von staatlichen Stellen oder der Mehrheits-

gesellschaft abgelehnt werden, wie etwa die Beispiele von Hilfswerken zeigen, die sich für die Rettung von Flüchtlingen an den europäischen Aussengrenzen engagieren, oder von Kulturinstitutionen, die provokante künstlerische Ausdrucksformen fördern. Die Herausforderung ist hier, das Gewicht positiver gegenüber den negativen Zuschreibungen gross genug zu erhalten, die negativen Bewertungen zu relativieren oder gezielt dazu zu nutzen, um sich auf der positiven Seite eine besonders engagierte Unterstützerbasis aufzubauen.

Reputation ist das Ergebnis einer Interaktion zwischen der NPO und den reputationsgebenden Institutionen und Personen. Sie ist durch die NPO in zweifacher Weise beeinflussbar: Erstens bestimmt sie durch ihre strategische Ausrichtung im Ressourcen- und im Marketing-Management, welchen Austauschgruppen sie sich aussetzt, und zweitens kann sie durch ihre Legitimierungsbemühungen zumindest bis zu einem gewissen Grad ihr Reputationsprofil beeinflussen.

**Praxistipps:**

1 Machen Sie sich klar, auf welchen Grundlagen die Legitimität Ihres Leistungsangebots beruht und mit welchen Legitimitätsankern die NPO diese Legitimität aufrechterhält. Es ist durchaus möglich, dass die Legitimierung je nach Bezugsgruppe eine andere ist, auch kann sie sich im Zeitverlauf verschoben haben.

2 Achten Sie darauf, dass bei allen Legitimierungsbemühungen die positiven Effekte gegenüber möglichen Einschränkungen in der Effizienz oder der Effektivität überwiegen, und greifen Sie frühzeitig korrigierend ein, bevor die Organisation ihre Agilität und Wandelfähigkeit verliert.

3 Begründen Sie ein Reputationsprofil für Ihre NPO und sorgen Sie für einen gleichgewichtigen Aufbau von Quantität und Qualität: Vermeiden Sie, dass Ihre Zielgruppen zu viele profillose Erfahrungen mit der Organisation machen; sorgen Sie dafür, dass Ihre positiv reputationsträchtigen Impulse eine entsprechende Sichtbarkeit erlangen.

Weiterführende Literatur

https://www.vmi.ch/de/npo-wissen/npo-themen/kapitel-5.5/

## 5.6 Kooperationen

Kooperationen mit anderen Organisationen stellen für eine NPO in dem Masse eine Ressource dar, wie sie zu ihrer Zielerreichung beitragen, eigene personelle oder finanzielle Ressourcen schonen und zumindest teilweise steuerbar sind. NPO bewegen sich in der Regel auf Feldern, in denen sie von anderen Organisationen sowohl auf der Leistungs- wie auch auf der Ressourcenseite umgeben sind. Sie können diesen Organisationen ignorierend, konkurrierend oder kooperierend begegnen:

- *Ignoranz* ist eine organisationale Einstellung, die in einer Fokussierung auf die eigene Mission und eine Gewissheit über die eigenen Ressourcen begründet ist. Auch wenn sich andere Organisationen im Umfeld bewegen, zu denen es Anknüpfungspunkte gäbe, entscheidet sich die NPO dafür, ihren Weg allein zu verfolgen. Kooperationen werden aus prinzipiellen Erwägungen nicht angestrebt.
- *Kooperation* als Einstellung bedeutet, Vorteile für die Verfolgung der eigenen Ziele und für die Ressourcenbeschaffung in einem gemeinsamen oder gegenseitig abgestimmten Vorgehen zu erkennen.
- *Konkurrenz* resultiert aus der Wahrnehmung anderer Organisationen als Gefahr für die eigene Zielerreichung oder Ressourcenbeschaffung. Die NPO strebt danach, sich im Wettbewerb durchzusetzen und andere Organisationen aggressiv zurückzudrängen.

Im Wirtschaftssektor werden Unternehmen für potenziell lukrative Marktsegmente gegründet, auch wenn es dort bereits etablierte Anbieter gibt, zu denen eine Konkurrenzposition aufgebaut wird. Im Dritten Sektor füllen neu gegründete Organisationen dagegen Angebotslücken, die für erwerbswirtschaftliche Betriebe nicht attraktiv sind und für die es von staatlicher Seite keine politischen Mehrheiten gibt. Bei Vereinen und Verbänden stehen am Beginn die vereinten Kräfte einer Personengruppe, bei Stiftungen ein gewidmetes Kapital; in beiden Fällen sind sie auf einen vermeintlich einzigartigen Zweck ausgerichtet. Das erklärt eine starke Tendenz zu ignoranten Einstellungen im organisationalen Feld.

Bei NPO, die sich mit ihrem Umfeld mehr als ignorant auseinandersetzen, ist ihre Präferenz für Kooperation oder Konkurrenz in der Regel eine Widerspiegelung ihrer Wettbewerbslage oder Organisationskultur: Organisationen, die sich unternehmerisch in einem Markt ähnlicher Leistungsanbieter oder als Interessensvermittler einer spezifischen Mitglieder- oder Klientengruppe verstehen, werden vergleichsweise konkurrenzorientiert agieren. Organisationen mit einer karitativen Mission und solche, die vor allem gemeinschaftsbildende Ziele verfolgen, werden dagegen eher Kooperationen eingehen.

Empirische Studien haben gezeigt, dass ein kooperatives Verhalten einer NPO umso wahrscheinlicher ist, wenn es bereits persönliche Beziehungen von Mitgliedern des Ehrenamts gibt und wenn dieses Gremium eher weiblich besetzt ist (Shaffer 2000, AbouAssi et al. 2016).

*Kooperationsmotive*

Abgesehen von der Grundhaltung einer Organisation gibt es eine Reihe von Anlässen zur Kooperationsbildung:

- *Eine schwache oder schwindende Marktstellung*: Der missionsgetriebene Anspruch einer NPO kann ihre Fähigkeiten übersteigen, oder sie ist aufgrund ungünstiger Bedingungen mit einem Rückgang des Organisationsgrads oder des Ressourcenzuflusses konfrontiert. Durch Kooperation können Anspruchslücken geschlossen und durch einen Zusammenschluss der Mitglieder- bzw. Ressourcenrückgang zumindest vorübergehend ausgeglichen werden.
- *Gescheiterte Konkurrenzlage*: Wenn sich eine NPO in der Ressourcenbeschaffung oder der Leistungserbringung im Wettbewerb zu anderen Organisationen befindet, kann sie durch diese Herausforderung mobilisiert oder ermüdet werden. Wenn ein Ermüdungseffekt überwiegt und Ineffizienz nach sich zieht, kann eine Lösung im Eingehen einer Zusammenarbeit mit den konkurrierenden Organisationen bestehen. Damit werden im besten Fall Synergien erreicht, zumindest wird aber Ineffizienz vermieden.
- *Alternative zu Wachstum*: Wenn eine Organisation expansive Ziele für ihre Mission oder Leistungen verfolgt und ihr dazu die notwendigen finanziellen Ressourcen, die politische oder gesellschaftliche Unterstützung oder die geographische Reichweite fehlen, können Kooperationspartner die Lücken schliessen. Das kann sowohl zu einer Steigerung des Umfangs als auch zu einer Erweiterung des Angebots beitragen.
- *Streben nach Bekanntheit und Reputation*: Die Bekanntheit oder das öffentliche Ansehen von Kooperationspartnern können sich zumindest teilweise auf die eigene Organisation übertragen. Allerdings wird damit auch das Risiko eingegangen, im Falle eines Reputationsverlusts mitbetroffen zu sein.
- *Konzentration auf Kernkompetenzen*: Mit zunehmendem Alter oder konfrontiert mit immer neuen Ansprüchen von Seiten der Mitgliederbasis oder der Klientenschaft neigen Organisationen dazu, ihr Leistungsspektrum fortlaufend auszuweiten. Das kann zu einer Verzettelung in den Anstrengungen und Ineffizienz im Ressourceneinsatz führen. Eine Kooperation mit komplementären Partnerorganisationen kann Wege eröffnen, eigene Schwerpunkte zu bilden und nachrangige Felder den Partnerinnen zur Bearbeitung zu überlassen.

- *Reaktion auf Kostendruck*: In Kooperationen können steigende Kosten in der Ressourcenbeschaffung, in der Leistungserbringung oder der allgemeinen Administration über quantitative Steigerungen ausgeglichen werden; Einkaufs- oder Vermarktungsgemeinschaften, gemeinsam genutzte Infrastrukturen oder Servicezentren sind dafür Beispiele.

*Kooperationsformen von NPO*

*Dach- oder Spitzenverbände*, wie man sie meist auf nationaler oder internationaler Ebene findet, bündeln Interessen ihrer Mitgliedsorganisationen und koordinieren ihre Aktivitäten in der Ressourcenbeschaffung oder der Leistungserbringung. Die rechtliche Selbstständigkeit der Mitglieder bleibt erhalten; die wirtschaftlichen und sachzweckbezogenen Aktivitäten werden aber koordiniert. Der politischen Interessenvertretung für die angeschlossenen NPO wird hier gegenüber der Dienstleistungsfunktion eine grössere Bedeutung beigemessen. Spitzenverbände sind deshalb sehr häufig politische Lobby-Organisationen: Sie pflegen Beziehungen zu staatlichen Behörden, handeln Leistungsrahmenverträge aus, nehmen als Initiantinnen oder Expertinnen am politischen Willensbildungsprozess teil und koordinieren ggf. Lobbyaktivitäten ihrer Mitgliedsorganisationen, pflegen den Austausch mit anderen Spitzenverbänden und informieren Medien und die breite Öffentlichkeit. Dienstleistungen erbringen sie nur dort, wo sie gegenüber ihren Mitgliedsorganisationen nicht in einem Konkurrenzverhältnis stehen beziehungsweise wo sie gemeinsame übergeordnete Bedürfnisse haben. Dazu zählen insbesondere Ordnungs- und Koordinierungsaufgaben für die Mitgliedsorganisationen, die Koordination oder Organisation von Aus- und Weiterbildung auf politischer Ebene, die Bereitstellung und Pflege der Informations- und Kommunikationsinfrastruktur, übergreifende Marketingfunktionen und im Fall spendensammelnder Organisationen das Fundraising.

*Arbeitsgemeinschaften* sind Verbindungen von einzelnen, grundsätzlich gleichgestellten NPO oder meist wenigen Dach- und Spitzenverbänden, teils ohne eigene Rechtspersönlichkeit, um gemeinsame Ziele zu verfolgen und spezielle Aktivitäten zu entwickeln. Im Unterschied zum Dachverband werden nicht bestimmte Aufgaben auf eine höhere Ebene ausgelagert, sondern in einer zwischenverbandlichen Zusammenarbeit gelöst. Arbeitsgemeinschaften können sowohl den Charakter von institutionalisierten Qualitätszirkeln haben, als auch zur Realisierung konkreter Projekte für eine bestimmte Dauer eingesetzt werden. In der Regel beschränken sich jedoch Arbeitsgemeinschaften auf einzelne Bereiche bzw. Aktivitäten von NPO, beispielsweise eine gemeinsame Aktion zu einem politisch brisanten Thema.

*Contracting Out* bezeichnet die Auslagerung von bisherigen Aktivitäten einer Gruppe von NPO und Übertragung an eine dritte Organisation. Diese Kooperationsform bietet sich einerseits für administrative Aufgaben, etwa in der Bereitstellung der technischen Infrastruktur oder in der Personaladministration, andererseits für die finanzielle Ressourcenbeschaffung an.

*Kooperative Betriebe* sind auf Dauer angelegte, institutionalisierte Formen der Kooperation, die meist klar abgegrenzte Aufgaben im Dienstleistungsbereich erfüllen. In der Regel sind einige wenige NPO mit gleichen Interessen die Träger. Als Rechtsform wird nicht selten die AG oder GmbH gewählt, aber auch die Stiftungsform ist gebräuchlich. Die Träger finanzieren diese Betriebe primär durch Kapitalanteile. In der Folge sollen sie aber selbsttragend oder einen Überschuss erbringend arbeiten. Beispiele sind etwa Forschungseinrichtungen, Beratungs- und Treuhandfirmen, Ausbildungsstätten oder Versicherungen.

*Social Franchising* ist eine Kooperationsform, bei der mehrere Organisationen ihre Leistungen nach demselben Muster und unter derselben Dachmarke erbringen. Beispiele dafür findet man bei sozialen Beratungsdiensten und Integrationsbetrieben. Die Franchisegeberin, nicht selten eine Stiftung oder eine Kapitalgesellschaft, übernimmt dabei eine ähnliche Funktion wie eine Dachorganisation, greift aber mit Organisationsvorgaben und Schulungen direkt und standardisierend in die Tätigkeiten der Franchisebetriebe ein. Alternativ kann ein Social Franchising auch aus Standards entstehen, die ein Netzwerk bestehender Organisationen selbst entwickelt und über ein Zertifizierungsverfahren verbreitet.

Eine Besonderheit von Kooperationen im Kreis der potenziellen Ressourcen besteht darin, dass damit nicht nur vielfältige Chancen, sondern auch erhebliche Risiken verbunden sind. Das ist darin begründet, dass die Eigenwilligkeit von Kooperationspartnern als Ressourcenquelle besonders hoch und die Kontrollierbarkeit durch die NPO dadurch entsprechend niedrig ist. Insbesondere bei der Schaffung von Dach- und Spitzenverbänden zeigt sich das Spannungsfeld der Organisationsfrage (vgl. Kapitel 1.3) mit ihren zentripedalen und -fugalen Kräften. Um die Unsicherheit zu reduzieren, die mit Kooperationsbeziehungen verbunden ist, nutzen Organisationen neben vertraglichen Vereinbarungen oder der Einrichtung von Koordinationsgremien die Möglichkeit zur ein- oder wechselseitigen Einsitznahme in Leitungsgremien.

**Praxistipps:**

1 Stellen Sie sicher, dass die gewählte Kooperationsform im Einklang mit dem spezifischen Kooperationsanlass steht, damit die angestrebten Ziele erreicht werden können.

2 Wägen Sie Chancen und Risiken einer Kooperation gegeneinander ab, und sichern Sie das reibungslose Funktionieren der eingegangenen Kooperationen durch geeignete Massnahmen ab.

Weiterführende Literatur

https://www.vmi.ch/de/npo-wissen/npo-themen/kapitel-5.6/

## 5.7 Finanz- und Sachmittel

Jede NPO benötigt Finanz- und Sachmittel, um ihre spezifischen Leistungen erstellen zu können. Die folgenden Ausführungen widmen sich daher vor allem der komplexen Finanzierungsstruktur von NPO sowie der Analyse und Gestaltung des Finanzierungs- bzw. Ressourcen-Mix. Unter Finanzierung ist die Beschaffung von Finanzmitteln zu verstehen. Letztere können in der Folge für die Beschaffung von personellen, materiellen und immateriellen Ressourcen verwendet werden, die eine NPO für die Produktion ihrer Leistungen bzw. die Erfüllung ihrer Aufgaben einsetzen muss.

Verglichen mit der Welt der Wirtschaftsunternehmen zeigen sich die nachfolgenden zwei Besonderheiten: Zu den klassischen Finanzquellen der For-Profit-Welt treten weitere hinzu, wie z.B. Spenden und öffentliche Beiträge. Diese Ressourcen stehen der NPO nicht verbunden mit der Erwartung einer Rückzahlung bzw. Verzinsung zur Verfügung, sondern in Form von gewissermassen verlorenen Zuschüssen. Zudem haben NPO vielfach die Möglichkeit, Ressourcen in Form von Sachspenden und freiwilliger Mitarbeit direkt von bestimmten Stakeholdern zu mobilisieren und unmittelbar in die Leistungserstellung einzubringen.

Die Herausforderungen der Finanzierung haben in den letzten Jahren in den NPO stark an Bedeutung gewonnen. Mitglieder von Verbänden und Vereinen stellen zunehmend Kosten-Nutzen-Überlegungen an und sind selten bereit, substanzielle Beitragserhöhungen auf sich zu nehmen. Der Konkurrenzkampf auf dem Spendenmarkt ist härter geworden, und die Mittel der öffentlichen Hand fliessen weniger ergiebig als früher. Bei der Analyse der Finanzierung interessiert deshalb der gesamte Bereich der Mittelherkunft. Die Frage der Beschaffung von Finanzmitteln ist in engem Zusammenhang mit dem Adressatenkreis und den Güterarten zu untersuchen. Die Leistungsadressaten und -adressatinnen können zumindest teilweise als Finanzgeber zur Finanzierung beigezogen werden. Die Güterarten bestimmen weitgehend die Finanzierungsart.

### 5.7.1 Güterarten

Schon in Kapitel 4.1.3 wurden im Zusammenhang mit Austauschsystemen und Steuerungsmechanismen verschiedene Güterarten angesprochen. Die von NPO erstellten Leistungen lassen sich in nicht marktfähige Güter (öffentliche oder kollektive Güter) und marktfähige Güter (private, individuelle oder Clubgüter) unterteilen. Grundsätzliches Abgrenzungskriterium für die beiden Kategorien ist das Ausschlussprinzip.

Nicht marktfähig sind Güter, bei denen niemand von der Nutzung des Gutes ausgeschlossen werden kann, sobald das Gut einmal produziert ist, unabhängig davon, ob ein Beitrag zu den Kosten geleistet wurde oder nicht.

Der Nutzen ist also nicht teilbar und auf Einzelne zu beschränken, wie dies bei einem marktfähigen Gut, das als individuelles oder privates Gut bezeichnet wird, der Fall ist. Kommt der Nutzen nur einer Gruppe als Teil einer Gesellschaft zu, so wird von einem Kollektivgut gesprochen. Profitiert die Gesamtheit einer räumlich abgegrenzten Population, liegt ein öffentliches Gut vor.

Private Individualgüter können von Einzelnen oder Gruppen genutzt werden. Letzteres ist z. B. bei einer Tagung oder einer Theatervorstellung der Fall, wo die gemeinsame Nutzung möglich ist, weil keine Rivalität des Konsums besteht und somit alle Teilnehmenden gleichzeitig die Darbietung nutzen können. Diese Privatgüter werden oft auch als Clubgüter bezeichnet.

| Güterarten | | Finanzquellen | | | |
|---|---|---|---|---|---|
| | | **Mitglieder** | **Nicht-Mitglieder** (auch potenzielle Mitglieder) | **Dritte** (NPO, Unternehmen, Private) | **Staat** (öffentlich-rechtliche Institutionen) |
| Nicht-marktfähige Güter | 1. Öffentliche Güter | Verbandsbeitrag | *(free-riding)* | Spende | Subvention |
| | 2. Kollektivgüter | Verbandsbeitrag<br>ggf. Sonderbeiträge für Bereitstellung, Nutzung | *(free-riding)*<br>ggf. Solidaritätsbeiträge | | Subvention, zweckgebunden |
| Marktfähige Güter | 3. Private Güter<br>3.1 Individualgüter<br>3.2 Clubgüter<br>jeweils der Marktkontrolle unterstellt (als Konkurrenzgut oder Monopolgut) oder nicht unterstellt | Marktpreise<br>Monopolpreise<br>oder Entgelt im Verbandsbeitrag enthalten | Preis, Gebühr oder Ausschluss von der Nutzung | Preis, Gebühr oder Ausschluss von der Nutzung | Subvention oder leistungsbezogene Abgeltung (Tarife, Globalbudget mit Leistungsvertrag) |
| | 4. Meritorische Güter (der Marktkontrolle nur teilweise unterstellt) | Gebühr | | | |

**Tab. 18** – Finanzierungsquellen von NPO im Überblick

Zu unterscheiden von den drei genannten Güterarten sind die *meritorischen und die unentgeltlichen Güter*. Diese sind grundsätzlich marktfähig, wobei aber eine Gruppe oder der Staat mit dem am Markt erzielten mengen-, qualitäts- oder preismässigen Resultat nicht zufrieden ist und deshalb meritorisierend durch Subventionen (Landwirtschaft) oder demeritorisierend durch prohibitive Steuern (z. B. bei Alkohol oder Tabak) lenkend einwirkt. Meritorische Güter sind, weil ihr Entgelt manipuliert ist, nur teilweise der Marktkontrolle unterworfen. Ähnliches gilt für unentgeltliche Güter, die insbesondere im karitativen Bereich an Bedürftige abgegeben werden, für die aber grundsätzlich eine Gebühr oder ein Preis verlangt werden könnte.

Die Güterart ist nun insofern bestimmend, als sie einzelne Finanzierungsarten und -mittel entweder zulässt oder ausschliesst, wie nachfolgend gezeigt wird.

### 5.7.2 Finanzierungsarten

Abhängig davon, auf welcher Basis einer NPO finanzielle Mittel zufliessen, unterscheidet man die nachstehenden Finanzierungsarten:

1) *Finanzierung im Zusammenhang mit der Güterproduktion*: Die NPO kann je nach ihrer Zwecksetzung und Struktur sowohl die Nutzniesser bzw. Benutzer der von ihr erstellten Leistungen zur Übernahme der Kosten heranziehen und bestimmte Entgelte für ihre Tätigkeit verlangen (Beiträge, Gebühren, Preise), als auch diese Güterproduktion von Dritten (Spenden) oder dem Staat (Subventionen) unterstützen lassen. Die Finanzierung aus der Güterproduktion steht in den folgenden Ausführungen im Mittelpunkt, kommt diesen Finanzierungsmitteln doch in der NPO die grösste Bedeutung zu.
2) *Anteilsfinanzierung*: Rechtlich selbstständige, von der NPO selbst oder in Kooperation mit anderen getragene Betriebe (Schulen, Institute, Verlage in der Rechtsform der GmbH oder AG) können mit Eigenkapitalanteilen finanziert werden. Dies gilt auch für Betriebe, z. B. in der Form der Genossenschaft, die parallel zu einem Verband von dessen Mitgliedern getragen werden.
3) *Kreditfinanzierung*: Sie dient der Überbrückung von vorübergehenden Liquiditätsengpässen oder zur Finanzierung langfristiger Investitionen (z. B. Verwaltungsgebäude, Informations- und Kommunikationssysteme).
4) *Erlös und Ertrag aus Vermögen (Kapitalanlagen)*: Vermögensbestandteile können veräussert oder Dritten gegen Entschädigung zur Nutzung überlassen werden. Ein Kapitalertrag resultiert aus der Anlage von Rechnungsüberschüssen auf Sparkonten, in Wertschriften (z. B. Aktien, Obligationen) oder Immobilien. In Vergabestiftungen ist diese Finanzierungsart dominant, das Stiftungsvermögen kann wohl erhöht, darf aber häufig nicht reduziert werden.

### 5.7.3 Finanzquellen

Folgende Kategorien von Finanzquellen können der NPO Finanzmittel zur Produktion von Gütern und Leistungen zur Verfügung stellen:

1) Die erste Gruppe stellen *Mitglieder* von Eigenleistungs-NPO und mitgliedschaftlichen Drittleistungs-NPO bzw. die Gründer einer Stiftung dar.
2) Die zweite Kategorie bilden für Verbände die *Nicht-Mitglieder*, also jene Personen, Organisationen, Unternehmen oder Haushalte, die vom Verbandszweck und der statutarischen Definition her gesehen Mitglieder sein könnten, die aber dem Verband nicht beitreten. Sie können gegebenenenfalls – meist auf rechtlicher Grundlage – zu Solidaritätsbeiträgen, z. B. für die Berufsbildung, herangezogen werden.

3) Als dritte Kategorie sind die *übrigen Wirtschaftssubjekte und -institutionen* anzusehen, die grundsätzlich nicht NPO-Mitglieder werden können (Dritte) beziehungsweise die NPO ausschliesslich durch Geld und nicht durch Mitwirkung unterstützen wollen (z. B. Gönner, Spenderinnen), möglicherweise aber auch die Dienstleistungen der NPO als Klienten beanspruchen.
4) Schliesslich ist der *Staat* anzuführen, der in zweierlei Hinsicht als Finanzgeber auftritt: Er kann einerseits selbst NPO-Leistungen konsumieren, andererseits kann er als Hoheitsträger ein öffentliches Interesse an der Produktion der Leistung haben beziehungsweise eine solche an die NPO zur Erfüllung übertragen, womit er in vielen Fällen auch die Pflicht zur (Mit-)Finanzierung übernimmt. Es kommt zu einem Contracting-out mit Leistungsverträgen und Globalbudgets bzw. tarifierten Leistungsentgelten.

### 5.7.4 Finanzierungsmittel

Die *Beitragsfinanzierung* ist in Eigenleistungs-NPO (Verbänden) gesamthaft gesehen die bedeutendste Finanzierungsart. Dies schliesst allerdings nicht aus, dass bei ausgeprägten Dienstleistungsverbänden der grösste Teil der Mittelherkunft aus Preisen und Gebühren stammt.

1) *Beiträge* sind Finanzmittel, die von den Nutzniessern öffentlicher oder kollektiver Güter mit dem Zweck der gemeinsamen Kostentragung geleistet werden. In der Regel wird der Beitrag des einzelnen Zahlers nicht nach der oft kaum feststellbaren Intensität seiner Dienstleistungs- oder Güternutzung, sondern nach Gesichtspunkten der Gleichheit als Pro-Kopf-Beitrag oder nach der wirtschaftlichen Leistungsfähigkeit, z. B. als nach der Lohnsumme gestaffelter Beitrag, festgelegt. Neben dem allgemeinen Verbandsbeitrag sind auch Sonderbeiträge für Teilleistungen oder für Untergruppen denkbar. Unter gewissen Bedingungen können Nicht-Mitgliedern Teil- oder Solidaritätsbeiträge abverlangt werden. Weniger bedeutsam sind Beiträge in Karitativverbänden, sofern die Mitwirkung der Mitglieder ein Hauptanliegen ist.
2) Im Gegensatz zu den Beiträgen sind *Preise* die von einzelnen Nutzern geleisteten Entgelte für individuelle Leistungen. Preise sind, sofern das Produkt in Konkurrenz zu gleichen oder ähnlichen, substitutiven Produkten steht, Marktpreise. Hat das Gut Monopolcharakter und wird es nur von einer einzigen NPO in dieser Art angeboten, so handelt es sich um Monopolpreise. Preisfinanzierung bedeutet, dass langfristig die Entgelte mindestens kostendeckend sein müssen. Sofern beim Verkauf eines Gutes ein Überschuss erzielt werden soll, muss der Preis kostenüberdeckend sein und damit auch eine Gewinnkomponente enthalten.

Gemäss dem "*non-distribution constraint*" können aber allenfalls erzielte Gewinne nicht an Kapitaleigner ausgeschüttet werden, sondern sind den Leistungsbezügern zurückzuerstatten oder in der NPO zu reinvestieren bzw. zur Deckung von Finanzierungslücken bei anderen Leistungen einzusetzen. Für Verbände ist die Strategie der Preisdifferenzierung zwischen Mitgliedern und Nicht-Mitgliedern wichtig. Kann auch ein Nicht-Mitglied Verbandsleistungen zum gleichen Preis wie die Mitglieder beziehen, so entfällt ein wesentlicher Anreiz für das Eingehen oder Erhalten einer Mitgliedschaft. Als Alternative zu höheren Preisen ist ein grundsätzlicher Ausschluss der Nicht-Mitglieder vom Leistungsbezug anwendbar.

3) *Gebühren* werden als nicht kostendeckende Entgelte für meritorische Güter verstanden, wobei der Verzicht auf Kostendeckung und damit der Einbezug anderer Finanzierungsquellen bewusst erfolgt. Für die NPO bedeutet das, dass sie gewisse Leistungen teils aus Gebühren, teils aus den allgemeinen Mitgliederbeiträgen, aus externen Mitteln wie Spenden oder Subventionen bzw. anderweitig erzielten Überschüssen finanziert, was als interne Subventionierung bezeichnet wird. Gebühren können einen mehr oder weniger hohen Kostendeckungsgrad erreichen. Am Ende dieses Kontinuums stehen die unentgeltlichen Leistungen, also der bewusste Verzicht des Anbieters auf jegliche Entschädigung. Dies ist bei karitativen Leistungen häufig der Fall. Wirken bereits Gebühren manipulierend auf die Marktkontrolle ein – die Beanspruchung soll durch geringe Entgelte gefördert werden – so führt die unentgeltliche Abgabe direkt in Nicht-Markt-Verhältnisse hinein. Da Leistungsbezüger keine Kosten-Nutzen-Überlegungen anstellen müssen, kommen andere Motive und Präferenzen zum Tragen mit dem Effekt einer Überbeanspruchung des Gutes. Entsprechende Phänomene sind auch im Gesundheitswesen erkennbar.
4) *Spenden* sind freiwillige Zuwendungen Dritter an die NPO, um entweder einzelne Leistungen zweckgebunden zu unterstützen oder die Gesamtaktivität der NPO zu fördern. Differenzierter ist das Sponsoring zu sehen. Mobilisierte Sponsoring-Einnahmen ermöglichen es der NPO zwar, die ideellen Leistungen mitzufinanzieren. Im Gegensatz zur reinen Spende ist sie dem Sponsor gegenüber jedoch zu einer unmittelbaren Gegenleistung verpflichtet. Meistens werden dem Sponsor Werbemöglichkeiten eingeräumt.
5) *Subventionen* sind Zuwendungen staatlicher Hoheitsträger und können zweckgebunden sein oder nicht. Sie können zudem für die Produktion marktfähiger und nicht marktfähiger Leistungen abgegeben werden, sofern seitens der NPO-Leistung eine Erfüllung öffentlicher Interessen oder öffentlicher Aufgaben verdeutlicht werden kann.

Eine Analyse der Mittelherkunft gibt Aufschluss über ihre Entwicklung im Zeitablauf und im zwischenbetrieblichen Vergleich. Insbesondere interessiert dabei, ob die anteilsmässige Verteilung der einzelnen Finanzmittel für die NPO sinnvoll ist, ob alle Möglichkeiten von Finanzgebern und Finanzierungsmitteln ausgeschöpft wurden, und ob sich durch neue Leistungen nicht auch neue Finanzgeber finden liessen. Eine solche Analyse der Mittelherkunft erhält allerdings nur dann ihre volle Bedeutung, wenn sie mit einer detaillierten, zweckmässigen Analyse der Mittelverwendung gekoppelt ist. Hierfür ist ein fundiertes Rechnungswesen im Sinne einer Kosten- und Leistungsrechnung erforderlich.

### 5.7.5 Das Ressourcen-Portfolio

Für eine systematische Ressourcenanalyse bietet sich als Analyseinstrument das Ressourcen-Portfolio an. Es ermöglicht einen umfassenden Überblick über Art, Herkunft, Kontinuität und Verpflichtungscharakter der Ressourcen einer NPO.

| Merkmale | Ausprägungen (IST und SOLL) | |
|---|---|---|
| Art der Finanzressource | **Finanzmittel:**<br>- aus den Leistungsprozessen: Erlöse, Gebühren, Beiträge, zweckgebundene Spenden, Leistungsvertragserlöse<br>- ausserhalb der Leistungsprozesse: Kredite, Kapitalsubventionen, zweckungebundene Spenden | **Finanzsurrogate:**<br>- Sachgüter<br>- Nutzungsrechte<br>- Arbeitsleistungen<br>- Ehrenamtliches und freiwilliges Engagement |
| Herkunft | **Intern:**<br>- Umsatzerlöse<br>- Vermögenserträge<br>- Mitgliedsbeiträge | **Extern:**<br>- Privatpersonen<br>- Unternehmen und andere NPO<br>- Staatliche Körperschaften (als Hoheitsträger oder Konsumentinnen) |
| Kontinuität | **Kontinuierlich:**<br>z.B. Mitgliedsbeiträge, fixe Subventionen | **Diskontinuierlich:**<br>z.B. Legate, Projektaufträge |
| Verpflichtungscharakter | **Obligatorisch:**<br>z.B. Beiträge bei Pflichtmitgliedschaft | **Fakultativ:**<br>z.B. freie Spenden, Legate |

**Tab. 19** – Ressourcen-Portfolio einer NPO

Anhand der Ergebnisse dieser Analyse ist zu fragen, ob die Anteile der einzelnen Ressourcen bzw. Finanzmittel sinnvoll sind, ob im Bereich der Ressourcengeber alle Möglichkeiten ausgeschöpft sind, und ob durch neue Leistungen wieder neue Ressourcenquellen zugänglich werden. Aus der Analyse der Ist-Situation kann auf zu verfolgende Finanzstrategien bzw. Strategien zur nachhaltigen Ressourcenbereitstellung geschlossen werden.

Der Ressourceninput setzt sich demnach aus finanziellen Zuflüssen wie den ebenso bedeutsamen Finanzsurrogaten (wie z. B. ehrenamtliche und freiwillige Arbeit, Sachspenden, Bereitstellung von Informationen und Nutzungsrechten) zusammen. Letztere werden auch als geldwerte Güter bezeichnet. Dieser nicht-finanzielle Zufluss sollte in Anwendung kalkulatorischer Grundsätze zumindest in Mengengrössen quantifiziert und nach Möglichkeit auch ein Wertansatz ermittelt werden. Trotz der damit verbundenen Bewertungsprobleme (z. B. welche Stundensätze sind anzuwenden bzw. wie sind Nutzungsrechte zu bewerten?) lässt sich auf diese Weise grob der gesamte Ressourceneinsatz abbilden und nach Herkunftsarten aufspalten. Zudem sollte das Ressourcenaufkommen auch nach der Zahl und der Verteilung der einzelnen Ressourcenlieferanten und nach der Stetigkeit (Volatilität) des Ressourcenzuflusses analysiert werden.

Die Abhängigkeit von einzelnen wenigen Ressourcenquellen erhöht tendenziell die *ressourcenbezogenen Risiken*, bis hin zum Konkurs- oder Liquidationsrisiko. Eine breite Streuung der Ressourcenarten unterstützt daher das Bestreben, die Existenz einer NPO langfristig zu sichern. Wie im folgenden Kapitel noch genauer erläutert wird, steht diese Diversifikation der Ressourcenquellen jedoch in einem gewissen Spannungsfeld zur Effizienz der Ressourcenmobilisierung. Risiken in bezug auf die Ressourcenmobilisierung lassen sich über die Bildung von Reserven vermindern. Letztere verschaffen, insbesondere bei einem plötzlichen Ausfall einer Ressourcenquelle oder einer drastischen Verminderung des Ressourcenzuflusses, einen zeitlichen Handlungsspielraum und eröffnen die Möglichkeit, notwendige Adaptionen in Leistungsprogramm und Ressourcenausstattung überlegt, schrittweise und geordnet vorzunehmen. Beide Aspekte lassen sich auch verbinden. Ist z. B. bei einer NPO die Diversifikation von Ressourcenquellen entweder von der Sache her schwierig oder von der strategischen Positionierung her nicht angestrebt, erscheint ein gewisses Mass an Reserven umso erforderlicher.

Die Analyse der Mittelverwendung wiederum könnte zum Ergebnis führen, dass ein allzu hoher Kostenanteil aus generellen Mitteln (Beiträgen, Spenden, Subventionen) für die Finanzierung von grundsätzlich marktfähigen Gütern aufgewendet wird. In solchen Fällen drängt sich ein Übergang von der Beitragsfinanzierung bisheriger Gratisleistungen zur Gebührenfinanzierung auf oder die Herausnahme eines Individualgutes (z.B. Verbandszeitschrift) aus der Beitragsfinanzierung und die Anwendung der Gebühren- beziehungsweise Preisfinanzierung. Solche Umstellungen sind jedoch heikel, können Widerstände oder ungewollte Nachfrageeinbussen zeitigen und sind deshalb sorgfältig zu überlegen. Sie stellen allemal eine wichtige NPO-politische Entscheidung dar.

Die ganzheitliche Sicht verschiedenster Aspekte der Mittelherkunft und -verwendung schafft eine wichtige (informatorische) Basis für ein systematisches Ressourcen-Management. Sie ermöglicht die Erfassung der strategischen Position der Ressourcenquellen und unterstützt eine NPO dabei, ihrerseits ihr eigenes strategisches Verhaltens den wichtigsten Quellen gegenüber festzulegen.

## 5.7.6 Die Wahl des Ressourcen-Mix

Jede NPO steht vor der Aufgabe (in einem strategischen Entscheidungsprozess), den für sie optimalen Ressourcenmix zu finden. Dabei können unterschiedliche Ziele im Vordergrund stehen. Eine ganze Reihe von Faktoren üben einen wesentlichen Einfluss aus:

**Abb. 50** – Einflussfaktoren der Finanzierungsstrategie

*1) Übereinstimmung mit der Mission*

Vor allem Organisationen, die politische Ziele im Inland oder Ausland verfolgen, entschliessen sich unter Umständen dazu, bestimmte Finanzierungsquellen mit Blick auf ihre Zielsetzungen bewusst auszubauen bzw. abzulehnen. Sie entscheiden sich beispielsweise aus grundsätzlichen Erwägungen für oder gegen staatliche, privatwirtschaftliche oder besonders vermögende Geldgeber oder dafür, einen bestimmten Anteil durch Leistungsentgelte zu erwirtschaften.

*2) Unterstützung von Wachstumszielen:*

Der Finanzierungsmix einer Organisation kann Ausdruck von Wachstumserwartungen sein. Bei dieser Überlegung spielt nicht nur die Entwicklung der Hauptmärkte (privater Spendenmarkt, öffentlicher Subventionsmarkt, Güter- und Dienstleistungsmarkt) mit ihren jeweiligen Segmenten eine wichtige Rolle. Auch die Konkurrenz zwischen den nach Finanzierungsmöglichkeiten suchenden Wettbewerbern und die eigenen Wettbewerbsvorteile sind dabei zu berücksichtigen.

*3) Berücksichtigung von Multiplikator- oder Verdrängungseffekten*
Die Mobilisierung von Ressourcen führt zu Interaktionseffekten. Multiplikatoreffekte sind sowohl innerhalb der drei Hauptfinanzierungsquellen (private Spenden, öffentliche Subventionen, Leistungsentgelte) als auch zwischen ihnen zu erwarten. Im Bereich des Matchings, das z. B. vorliegt, wenn eine öffentliche Institution die von privater Seite gespendeten Beträge verdoppelt (oder mit einem anderen Faktor multipliziert), ist eine Hebelwirkung explizit angestrebt und wird als Anreiz eingesetzt. Bezüglich der Verdrängungseffekte ist z. B. noch nicht abschliessend geklärt, ob sich die Höhe staatlicher Beiträge auf das Spendenaufkommen von Drittleistungs-NPO auswirkt. Für die Befürchtung, dass eine Zunahme staatlicher Beiträge die privaten Spendeneinnahmen reduzieren könnte, weil private Geldgeber einen geringeren Unterstützungsbedarf sehen oder weil die Organisation ihre Mobilisierungskraft einbüsst, gibt es Anhaltspunkte. Demgegenüber können öffentlichkeitswirksame Beiträge an junge und noch wenig etablierte Hilfswerke ein Legitimierungssignal sein und Folgespenden auslösen. Die Analyse möglicher Verdrängungseffekte spielt im Bereich der Aufnahme bzw. Intensivierung kommerzieller Aktivitäten eine nicht unwesentliche Rolle. Im Bereich der Freiwilligentätigkeit wird intensiv diskutiert, ob und unter welchen Bedingungen materielle Vorteile eine ursprünglich existierende intrinsische Motivation entweder verdrängen oder möglicherweise sogar verstärken.

*4) Kontrolle über die kritischen Ressourcen*
Das Überleben einer Organisation hängt davon ab, wie gut es ihr gelingt, die für sie kritischen Ressourcen zu kontrollieren. Kritische Ressourcen einer Organisation können über die finanziellen Mittel hinaus das Engagement von Haupt- und Ehrenamtlichen sowie Freiwilligen, gute Kontakte zu politischen Akteuren oder die Reputation der Organisation sein. Mit Blick auf die finanziellen Ressourcen stellt sich die Frage, welche Finanzierungsquellen in welchem Umfang durch die Organisation kontrolliert werden können. Die Pflege von Kontaktnetzwerken zu Grossspendern, Förderstiftungen oder anderen privaten Geldgebern ist dabei ebenso als Ansatz zur Ressourcenkontrolle zu verstehen wie ein intensiver Austausch mit öffentlichen Stellen zur Aushandlung von Leistungsverträgen oder Subventionen. Die Entscheidung einer Organisation, ihren Finanzierungsmix zugunsten von Leistungsentgelten zu verlagern, beruht zudem häufig auf der Annahme, dass der Vertrieb von Produkten und Dienstleistungen gegen Entgelt besser kontrollierbar ist als die Abhängigkeit von Spendengeldern.

*5) Erhaltung strategisch-struktureller Freiheitsgrade*
Die Kontrolle über kritische Ressourcen im Markt steht in einem umgekehrten Verhältnis zur Einflussnahme der Geldgeber auf die Organisation. Mit der Wahl eines bestimmten Finanzierungsmix trifft die Organisation eine Entscheidung darüber, welchen Einflüssen sie sich in ihrer Leitung und den strategischen Entscheidungen aussetzt. In diesem Zusammenhang spielt es eine Rolle, ob und in welchem Ausmass einzelne Ressourcenquellen bereit sind, ihre Mittel ohne eine spezielle Zweckbindung zur Verfügung zu stellen.

*6) Minimierung von Unsicherheiten und Finanzierungsrisiken*
Jede Finanzierungsquelle ist mit bestimmten Unsicherheiten und Risiken verbunden. Diese Risiken beziehen sich einerseits auf Effekte vergangener Zuflüsse, andererseits auf die Wahrscheinlichkeit ihrer langfristigen Stabilität. Manche Quellen stellen ihre Ressourcen unregelmässig zur Verfügung oder verändern ihre Dispositionen (so kann z. B. eine plötzliche Veränderung des Förderschwerpunktes seitens staatlicher Institutionen oder bestimmter privater Stiftungen eine an sich effizient und effektiv geführte NPO in Finanznöte bringen). Zu den vergangenheitsbezogenen Risiken zählen Reputationswirkungen aus ursprünglich unauffälligen Zuflüssen, die sich später als reputationsschädlich herausstellen. Risikogesichtspunkte lassen es als sinnvoll erscheinen, die Finanzierungsstruktur in einer NPO auf eine breite Basis zu stellen und somit einseitige Abhängigkeiten zu vermeiden.

*7) Erhöhung oder Erhaltung der Effizienz*
Die Mobilisierung von Ressourcen stellt eine Transaktion dar und setzt ihrerseits einen Einsatz von Ressourcen voraus. Als wertmässiges Spiegelbild dieses Ressourceneinsatzes ergeben sich Transaktionskosten, die den jeweiligen Brutto-Ressourcenzufluss vermindern. Unter betriebswirtschaftlichen Gesichtspunkten sollten Organisationen so geführt werden, dass sie ihre Ziele mit einem möglichst geringen Mitteleinsatz erreichen. Sowohl öffentlich subventionierte als auch spendensammelnde oder beitragsfinanzierte NPO sind entsprechenden Erwartungen ihrer Geldgeber ausgesetzt und sehen sich unter dem Druck, eine hohe Effizienz ausweisen zu können. Im Detail unterscheidet die einschlägige Literatur verschiedene Arten von Transaktionskosten, insbesondere Anbahnungskosten (z. B. Kosten für die Miete einer Adressdatei im Zuge eines Mailing), Vereinbarungskosten (z. B. Kosten für den Abschluss eines Sponsoringvertrages), Abwicklungskosten (z. B. Kosten für die Produktion, die Vervielfältigung und den Versand eines Spendenbriefs), Kontrollkosten (z. B. Kosten für Revisionen im Zusammenhang mit einem Spendengütesiegel) und Anpassungskosten (z. B. Kosten

für eine Rechtsberatung im Falle eines Prozesses nach einer Testamentsspende). Bei den geschilderten Einflussfaktoren kann es auch zu einem "trade-off" kommen. Risikogesichtspunkte legen es z. B. nahe, eine Mischfinanzierung und eine möglichst breite, d. h. diversifizierte Finanzierungsstruktur anzustreben. Eine grössere Anzahl an Ressourcenquellen bedeutet aber auch, dass mehr Stakeholder ins Spiel kommen, die jeweils eigene (und möglicherweise auch wenig harmonische) Erwartungen, Interessen und Ansprüche haben. In der Regel ergeben sich zusätzliche Berichtspflichten und zusätzliche Massnahmen des Beziehungsmanagements sind erforderlich. Tendenziell steigen damit die Transaktionskosten.

In der strategischen Entscheidung über den Finanzierungsmix einer NPO sind diese sieben Kalküle gegeneinander abzuwägen. Ihre Bedeutung mag dabei von Bereich zu Bereich variieren; so stellt sich die Ausgangslage für einen Wirtschaftsverband grundlegend anders dar als für einen Wohlfahrtsverband oder einen Sportverein.

NPO weisen in ihrer Finanzierungsstruktur ein mehr oder weniger ausgeprägtes Mass an *Hybridität* auf. Deren Ausmass variiert von Organisation zu Organisation und wird im Prozess der normativen und strategischen Planung festgelegt. Hybridität wird besonders deutlich bei grossen NPO mit einzelnen Geschäftsfeldern, die für sich betrachtet staatsnah, marktnah oder vom zivilgesellschaftlichen Solidaritätsgedanken geprägt agieren. Wie lokal und regional tätige Sportvereine oder Kultureinrichtungen zeigen, können auch kleine Organisationen über ein hohes Mass an ressourcenbezogener Hybridität verfügen. Selbst wenn in derartigen Vereinen das freiwillige Engagement die zentrale Ressource darstellt, können sie ihre Aktivitäten oft nur dadurch ausüben, dass sie das zivilgesellschaftliche Engagement mit öffentlichen Förderungen, Sponsoring-Einnahmen, Geld- und Sachspenden sowie Einnahmen aus kommerziellen Aktivitäten (z. B. im Merchandising bzw. im gastronomischen Bereich) verbinden.

### 5.7.7 Infrastruktur und Sachmittel

Die Erstellung von Dienstleistungen benötigt eine materielle Basis im Bereich der Sachmittel und der Infrastruktur. Art und Ausgestaltung dieser Mittel in NPO unterscheiden sich nur unwesentlich von erwerbswirtschaftlichen Unternehmen, sie ist jedoch stark sektor-, betriebsgrössen- und tätigkeitsabhängig. Man vergleiche in diesem Zusammenhang nur ein grösseres Krankenhaus mit einem Schach-Club.

Werden Sachmittel und Infrastruktur nicht als geldwerte Güter mobilisiert, führt dies in einem ersten Schritt zur Umwandlung finanzieller Ressourcen in materielle. Gerade im Bereich der Infrastruktur sind damit Investitionsentscheidungen verbunden, die nur bedingt reversibel sind und einen Entscheidungsprozess voraussetzen, der qualitative Faktoren mit den Ergebnissen geeigneter Wirtschaftlichkeitsrechnungen verknüpft. Einige aus dem erwerbswirtschaftlichen Bereich bekannte Modelle und Verfahren sind prinzipiell einsetzbar, sie müssen jedoch in einzelnen Aspekten modifiziert werden. Bei einer Reihe von Infrastrukturgütern stellt sich die Frage, ob eine Kauf- oder Leasing-Variante gewählt werden soll. Die ökonomische Vorteilhaftigkeit lässt sich dabei nur im konkreten Einzelfall beurteilen.

Da die Kommunikation in der Leistungserstellung von NPO eine tragende Rolle spielt, sind die *Informations- und Kommunikationssysteme* inklusive der notwendigen Hard- und Software von besonderer Bedeutung. Mitgliedschaftlich strukturierte NPO sind zudem durch vielfältige regionale Untergruppierungen oder überregionale Zusammenschlüsse geprägt. Die Vernetzung der Informations- und Kommunikationssysteme bzw. deren Kompatibilität ist für eine effiziente Zusammenarbeit der verschiedenen Organe und Stellen in der Willensbildungs- und Entscheidungsfindung sowie bei der Leistungserbringung sehr wichtig.

Von besonderem Interesse sind die *Liegenschaften* und das damit verbundene Liegenschafts- und Immobilienmanagement. In diesem Bereich sind Kapazitätsauf- oder -abbauentscheidungen von besonderer Tragweite. Möglicherweise verfügt eine NPO über Liegenschaften, die sie nicht für ihre missionsorientierte Leistungserstellung benötigt. Diese werden vielfach vermietet und die Erträge für die interne Subventionierung anderer Leistungen verwendet.

*Materielle Infrastrukturgüter* verfügen über eine Kapazität, die mehr oder weniger ausgelastet sein kann (vgl. dazu auch Kapitel 5.8). Eine mangelnde Kapazitätsauslastung zieht jedoch Leerkosten nach sich. Profitorientierte Unternehmen trachten danach, derartige Leerkosten zu vermeiden, da sie den Gewinn vermindern. Auch im Nonprofit-Bereich sind sie oft ein Zeichen für mangelnde Effizienz. Dennoch werden in bestimmten Fällen Kapazitäten bereitgestellt, verbunden mit der Hoffnung, sie nicht tatsächlich in Anspruch nehmen zu müssen (z. B. Infrastruktur für die Katastrophenhilfe oder in der Lebensrettung). Solche Infrastrukturgüter sind mit einem Bereitstellungsnutzen verbunden, die Festlegung von Art und Ausmass der vorgehaltenen Kapazitäten ist vielfach auch eine politische Entscheidung.

**Praxistipps:**

1 Analysieren Sie regelmässig Ihre Finanzierungsstruktur: Welche Einnahmen sind sicher bzw. relativ sicher, welche sind unsicher bzw. relativ unsicher? Sind die fixen Ausgaben durch relativ sichere Einnahmen gedeckt? Könnte eine bestehende Finanzierungsquelle intensiver ausgeschöpft werden und wo ergeben sich Chancen, eine neue Finanzierungsquelle zu erschliessen?

2 Bedenken Sie, dass eine zusätzliche Finanzierungsquelle nicht nur neue Einnahmen in Aussicht stellt, sondern auch zusätzliche (Transaktions-)Kosten verursacht.

3 Führen Sie von Zeit zu Zeit einen Stresstest durch: Welche Konsequenzen würden sich ergeben, falls es bei einer wichtigen Finanzierungsquelle zu einem unerwarteten substanziellen Einnahmenausfall kommt?

4 Beachten Sie das Ausmass der von Ihnen mobilisierten geldwerten Güter wie die Sachspenden und die freiwillige Mitarbeit: Welcher zusätzliche Finanzbedarf würde sich ergeben, wenn es zu Rückgängen in diesem Bereich kommt? Was wären die Konsequenzen?

Weiterführende Literatur

https://www.vmi.ch/de/npo-wissen/npo-themen/kapitel-5.7/

## 5.8 Ressourcenkombination und -substitution

Bisher wurden die Ressourcenquellen einzeln beschrieben und Überlegungen zur Wahl des Ressourcenmix angestellt. Im Alltag der NPO werden die mobilisierten (und teilweise substituierbaren) finanziellen, materiellen, Human- oder extern erworbenen immateriellen Ressourcen jedoch erst dadurch wirksam, dass sie miteinander kombiniert und zum organisationalen Leistungspotenzial verknüpft werden.

Das durch die *Kombination von Ressourcen* gewonnene organisationale Leistungspotenzial stellt eine eigenständige Grösse in der Erstellung von NPO-Leistungen dar und fungiert als Bindeglied zwischen Ressourcen und Leistungen. Es hängt einerseits davon ab, welche Ressourcen in welchem Umfang überhaupt zur Verfügung stehen, andererseits auch davon, wie effizient die bereitstehenden Ressourcen aufeinander abgestimmt und miteinander kombiniert werden. In diesem Zusammenhang ist nicht nur die rein mengenmässige Dimension von Interesse. Im dynamischen Prozess der Ressourcenkombination bilden sich vielmehr auch immaterielle Ressourcen und organisationale Kompetenzen heraus, welche das organisationale Leistungspotenzial in qualitativer Hinsicht prägen.

NPO haben in einem weit grösseren Ausmass als profitorientierte Unternehmen die Möglichkeit, einzelne Ressourcen wechselseitig zu substituieren. Bestimmte Tätigkeiten können z. B. sowohl von bezahlten als auch von unbezahlten Kräften ausgeführt werden. Bestimmte Ressourcen werden von den Stakeholdern als geldwerte Güter (z. B. Sachspenden, Pro Bono-Leistungen) bereitgestellt. Zudem stellt sich vielfach die Frage, wie stagnierende und rückläufige Einnahmen bei einer Ressourcenquelle durch ein intensiveres Ausschöpfen anderer Ressourcenquellen ausgeglichen werden können.

### 5.8.1 Potenzialgüter und Kapazitäten für Dienstleistungen

Im Hinblick auf die Ressourcen (Einsatzgüter) unterscheidet die betriebswirtschaftliche Literatur solche, die beim einmaligen Einsatz im Produktionsprozess untergehen (Verbrauchsgüter wie z. B. Materialien, Energie) und solche, die mehrfach (über einen längeren Zeitraum hinweg) für die Leistungserstellung genutzt werden. Letztere werden auch als Potenzialgüter (bzw. Potenzialfaktoren) bezeichnet und verfügen über ein bestimmtes Ausmass an Kapazität.

Der Begriff der *Kapazität* bezeichnet das Leistungsvermögen einer wirtschaftlichen oder technischen Einheit – beliebiger Art, Grösse und Struktur – in einem Zeitabschnitt. Eine Kapazität bringt damit ein Potenzial zum Ausdruck, das durch seine Nutzung im Zeitablauf technische oder wirtschaftliche Leistungen erbringen kann (Kern 1975, Sp. 2084). Im Einzelnen ist zwischen der quantitativen und der qualitativen Kapazität eines Potenzialfaktors zu unterscheiden (Corsten & Gössinger 2007, S. 160f.):

- Die *quantitative Dimension* bringt ein mengenmässiges Leistungsvermögen zum Ausdruck. Ein Veranstaltungssaal verfügt z. B. über eine maximale Besucherkapazität, die er aufnehmen kann, eine Licht- und Tonanlage über eine maximale Wattleistung und freiwillig Engagierte verfügen über eine maximale Stundenanzahl, die sie der NPO für spezifische Arbeitsleistungen zur Verfügung stellen.
- Die *qualitative Dimension* stellt auf die Art und die Güte des Leistungsvermögens ab. Bei Personalkapazitäten z. B. setzt der qualitative Kapazitätsbegriff beim individuellen Wissen, den Kenntnissen und Fähigkeiten, den Qualifikationen und der Eignung zur Erfüllung einer bestimmten Aufgabe an.

Die Bereitstellung von Kapazitäten ist ein wesentliches Merkmal bei der Erstellung von Dienstleistungen. Zudem müssen verschiedene personelle, infrastrukturelle und weitere Kapazitäten aufeinander abgestimmt werden. Dabei können Engpässe bei einer Kapazität die Nutzung der anderen Kapazitäten beeinträchtigen, wie dies z. B. in einem Pflegeheim der Fall ist, in dem mangels ausreichender Verfügbarkeit von qualifiziertem Pflegepersonal nicht alle Stationen geöffnet werden können.

*Kapazitätsanpassungen*

Das erforderliche Kapazitätsniveau leitet sich vom geplanten Leistungsprogramm ab, wofür eine Prognose der Nachfrage erstellt werden muss. Es kann durch Investitionen und Desinvestitionen verändert werden. Die kurzfristige Kapazitätssteuerung auf der operativen Ebene soll für eine optimale Auslastung eben dieser strategisch dimensionierten Kapazitätsausstattung sorgen. In diesem Zusammenhang werden Auslastungsanalysen eingesetzt; sie signalisieren die Notwendigkeit von Kapazitätsanpassungen intensitätsmässiger, zeitlicher oder quantitativer Natur:

- Bei der *intensitätsmässigen Anpassung* arbeiten die Kapazitäten – um einer sich verändernden Nachfrage zu entsprechen – schneller oder langsamer. Verändert wird also die Leistung pro Zeiteinheit. Damit können einerseits kurzfristige Spitzenbelastungen ausgeglichen, andererseits bei geringer Nachfrage tatsächlich vorhandene Unterauslastungen verdeckt werden. Längerfristig andauernde Überbelastungen ziehen häufig Beeinträchtigungen der eingesetzten Potenziale nach sich und verlangen nach anderen Formen der Anpassung.
- Bei der *zeitlichen Anpassung* steht ein bestimmter Potenzialfaktor länger oder weniger lang zur Verfügung. Verändert wird also die Einsatzzeit der Ressource. Im Personalbereich wird z. B. vielfach auf flexible Arbeitszeiten und längere Durchrechnungszeiträume abgestellt, damit

sich der Einsatz der Personalressourcen besser an die Schwankungen der Nachfrage anpasst.

- Bei der *quantitativen Anpassung* wird der Bestand der eingesetzten Kapazitäten an sich verändert, was mit Massnahmen des Kapazitätsauf- oder -abbaus bzw. der Kapazitätsverlagerung zwischen einzelnen Bereichen verbunden ist. Während sich bei einem intendierten Kapazitätsaufbau die Frage stellt, ob die dazu notwendigen Ressourcen kurzfristig zur Verfügung stehen, beeinflussen eventuelle Abbauhemmnisse und damit verbundene Kostenremanenzen einen Kapazitätsabbau.

Auch Aspekte der qualitativen Kapazität beeinflussen geplante Aktionen der Kapazitätsumschichtung, denn falls andere Leistungsbereiche anders gelagerte qualitative Anforderungen stellen, erfordert eine angestrebte Verlagerung personeller Kapazitäten z. B. entsprechende Schulungs- und Qualifizierungsmassnahmen.

### 5.8.2 Das Leistungspotenzial als Kombinationsergebnis

Dienstleistungen, die von NPO im Hinblick auf angestrebte Wirkungen erstellt werden, sind von den Merkmalen der Immaterialität und der Integrativität geprägt. Der Aspekt der Immaterialität bringt zum Ausdruck, dass in die Dienstleistungsproduktion regelmässig zwar materielle Güter integriert sind, die Dienstleistungen jedoch selbst nicht physisch greifbar und damit auch nicht speicherbar sind (die Ausnahme der auf speziellen Trägermedien speicherbare Kommunikationsdienstleistung bestätigt die Regel).
Der Aspekt der Integrativität berücksichtigt die Tatsache, dass eine Dienstleistung nicht in der alleinigen Disposition des Dienstleistungsproduzenten liegt, sondern dass der Dienstleistungsempfänger (Klientinnen bzw. Klienten) als so genannter externer Produktionsfaktor an ihrer Erstellung mehr oder weniger aktiv mitwirken muss. Somit werden bei der Dienstleistungserstellung zwei Phasen unterschieden:

- In der *Phase der Vorkombination*, die regelmässig ohne Mitwirken der Klientinnen und Klienten erfolgt, stellt die Dienstleistungsorganisation durch die Kombination interner Ressourcen (Produktionsfaktoren) das organisationale Leistungspotenzial und damit auch die grundsätzliche Leistungsbereitschaft her.
- In der *Phase der Endkombination* wird die ex ante aufgebaute Leistungsbereitschaft genutzt, um mithilfe weiterer interner Ressourcen (Produktionsfaktoren) und der (aktiven oder passiven) Mitwirkung des externen Faktors die finale Leistung zu erstellen.

Für das Ressourcenmanagement ist die Phase der Vorkombination von primärem Interesse. Um die angesprochene adäquate Leistungsbereitschaft zu schaffen, werden in einem ersten Schritt diverse Ressourcen mobilisiert. Dies kann einerseits in Form von geldwerten Gütern erfolgen, andererseits ist vielfach eine Mobilisierung finanzieller Ressourcen und deren anschliessende Umwandlung in Human-, materielle und immaterielle Ressourcen erforderlich, was den zweiten Prozessschritt darstellt. Im dritten Schritt werden die genannten Ressourcen aufeinander abgestimmt und zum eigentlichen organisationalen Leistungspotenzial verknüpft.

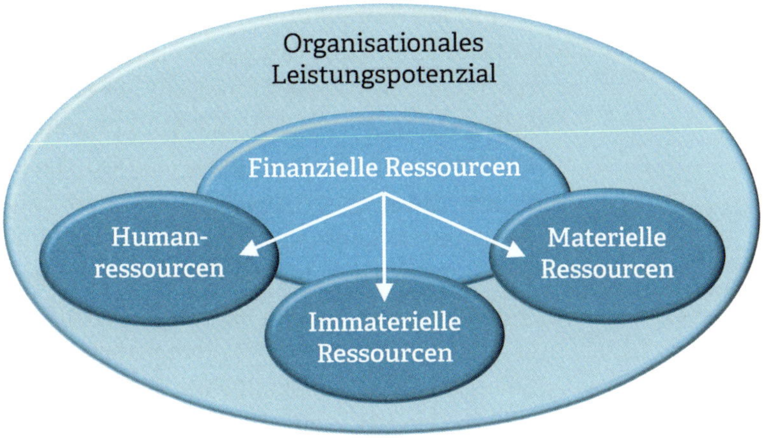


**Abb. 51** – Das organisationale Leistungspotenzial

Das organisationale Leistungspotenzial (in der Folge auch Gesamtpotenzial genannt) bringt also ein systemisches Leistungsvermögen zum Ausdruck, welches auf dem kumulierten Leistungsvermögen der verschiedenen Ressourcen aufbaut und analog zu den einzelnen Potenzialfaktoren eine quantitative und qualitative Dimension hat:

- In seiner *quantitativen Dimension* bestimmt das Leistungspotenzial die (maximale) Menge an Leistungen (z. B. Beratungsstunden, Pflege- oder Behandlungsfälle, Konzertplätze usw.), die in einem Zeitabschnitt produziert werden können.
- In seiner *qualitativen Dimension* bezieht sich das Leistungspotenzial auf die Art und Weise, in der eine NPO in der Lage ist, ihre missionsorientierten Leistungen zu erstellen. Es spiegelt somit ein organisationales Fähigkeitspotenzial wider, das im Prozess der Ressourcenkombination entwickelt wird.

Das Gesamtpotenzial einer NPO wird in einem mehrstufigen Prozess aufgebaut. In einem ersten Schritt werden die vorhandenen Ressourcen (bzw. die mit ihnen verbundenen Kapazitäten) zu organisationalen Teilpotenzialen verknüpft, welche somit eine Zwischengrösse im Kombinationsprozess darstellen. Sie beschreiben das quantitative und qualitative Leistungsvermögen einer NPO in einem bestimmten abgrenzbaren Tätigkeitsfeld. Derartige Teilpotenziale können mit bestimmten Bereichen der organisatorischen Struktur (z.B. einer Abteilung oder Projektgruppe) übereinstimmen. Sie werden im Hinblick auf einzelne abzuwickelnde Projekte (z. B. ein spezielles Integrationsprojekt oder einen Benefizevent) wie auch im Hinblick auf ganze Leistungsfelder (z. B. eine Blutspendezentrale) aufgebaut.

Das *Gesamtpotenzial* einer NPO ist in der Folge ein organisatorisches und kapazitatives Netz von Teilpotenzialen, welche zueinander in Beziehung stehen und deren Ausgestaltung, Steuerung und Entwicklung einer Abstimmung im Hinblick auf die übergeordneten Zielsetzungen der Organisation bedarf. Daraus lassen sich folgende vier Punkte ableiten:

- Erstens kann eine Verbesserung des Gesamtpotenzials dadurch erreicht werden, dass Reformen auf der Ebene der Teilpotenziale in Angriff genommen werden und das Zusammenspiel der Teilpotenziale effizienter und effektiver gestaltet wird. Die Prozesse, in denen die Potenziale wirksam werden, und die bereitgestellten Kapazitäten sind integrativ zu betrachten. Prozessinnovationen führen vielfach dazu, dass sich der gesamte Kapazitätsbedarf verringert.
- Zweitens können nicht nur beim Gesamtpotenzial an sich, sondern auch bei den einzelnen Teilpotenzialen Überkapazitäten vorliegen. Eine solche Überkapazität kann abgebaut werden, soweit sie nicht auf eine andere Weise zur Verbesserung des Gesamtpotenzials eingesetzt werden kann.
- Drittens kann sich bei expansiven Organisationen mit einem wachsenden Gesamtpotenzial – auf Grund von Verschiebungen in den Zielsetzungen und im davon abgeleiteten Leistungsprogramm – die Notwendigkeit ergeben, dass einzelne Teilpotenziale aufgelassen und die darin gebundenen personellen und materiellen Ressourcen abgebaut oder in andere Bereiche umgeschichtet werden müssen.
- Viertens zeigt sich, dass eine NPO in der Gewährleistung eines organisationalen Gesamtpotenzials nicht nur auf interne Ressourcen, sondern auch auf externe Potenziale zurückgreifen kann. Dies wirft letztlich die Frage auf, in welchen Bereichen und unter welchen Bedingungen ein Out- oder Co-Sourcing bestimmter Leistungen sinnvoll erscheint bzw. von Vorteil ist.

### *Co-Sourcing und Outsourcing*

Erfolgt ein Co-Sourcing in einer NPO intern, so führt dies (insbesondere im sogenannten Backstage-Bereich) zur Bildung kooperativer Einheiten als Betriebe wie Kompetenzzentren oder Shared Service Centers, in denen bestimmte Aufgaben konzentriert werden. In quantitativer Hinsicht ist damit die Chance verbunden, Kapazitäten besser auszulasten und den Kapazitätsbestand insgesamt zu verringern. Bereits bestehende Leerkosten sollen abgebaut oder der Aufbau neuer vermieden werden. In qualitativer Hinsicht ermöglicht dieser Konzentrationsprozess den gezielten Aufbau und die Weiterentwicklung von Spezialwissen und damit verbundener Kompetenzen. Ein ähnlicher Effekt kann erzielt werden, wenn in einer föderal aufgebauten NPO bestimmte Aufgaben von einer einzigen dezentralen Einrichtung übernommen und jeweils für die anderen dezentralen Einrichtungen miterledigt werden. Kooperative Einrichtungen können dabei rechtlich verselbständigt und auch für externe Leistungsabnehmer tätig werden (so genanntes Insourcing).

Werden organisationsexterne Potenziale oder Kapazitäten für die Schaffung des Leistungspotenzials genutzt, spricht man in der Regel von *Outsourcing*. Die langfristige Fremdvergabe von Leistungen ersetzt die interne hierarchische Koordination. Outsourcing führt zu Kooperationen und strategischen Allianzen. Im Hinblick auf die Beurteilung seiner Vorteilhaftigkeit stellen sich vor allem Fragen der strategischen Relevanz, der Spezifität und der Transaktionskosten.

***Potenziallücken und -spiralen***

Die optimale Erfüllung der Mission erfordert in der Regel ein bestimmtes organisationales Leistungsprogramm, das wiederum bestimmte Anforderungen an das im Hinblick auf eben dieses Leistungsprogramm erforderliche Potenzial stellt. Mission, Leistungsprogramm und Potenziale müssen miteinander in Einklang gebracht werden. So genannte *Potenziallücken* sind demnach eine grosse Herausforderung für das Management.

Als weitere Metapher kann die *Potenzialspirale* dienen, bei der – dynamisch betrachtet – sich positiv und sich negativ verstärkende Entwicklungen denkbar sind. Ausreichende Potenziale ermöglichen attraktive Leistungen und eine optimale Erfüllung der Mission, was wiederum dazu führen kann, dass in der Folge die Potenziale steigen. Vice versa kann auch ein Negativtrend einsetzen. Mangelnde Potenziale (z. B. im Personalbereich) führen zu Überlastungen (z. B. der verbleibenden Mitarbeiterinnen und Mitarbeiter). In der Folge kann es zur zusätzlichen Verringerung von Potenzialen kommen (z. B. weil weitere Mitarbeiterinnen und Mitarbeiter die Organisation verlassen und nicht adäquat ersetzt werden können).

Droht ein kritisches Potenzial in seiner Verfügbarkeit gefährdet zu sein, ist Krisenmanagement (vgl. Kapitel 3.3.6) angesagt: Wie kann die Abwärtsspirale durchbrochen werden, wo ist eine Anpassung im Leistungsprogramm erforderlich, welche Innovationen wären möglich und welche mentalen Modelle stehen ihnen eventuell entgegen?

### 5.8.3 Herausforderungen der Ressourcensubstitution

Einer NPO steht prinzipiell eine vielfältige Palette an Ressourcen zur Verfügung. Sie hat vielfach die Möglichkeit, diese auch als geldwerte Güter zu mobilisieren (z. B. freiwilliges Engagement, Sachspenden, externe *pro bono* Dienstleistungen), und sie kann diese teilweise wechselseitig substituieren. In der Folge stellt sich jedoch die Frage, welche Konsequenzen sich für das organisationale Leistungspotenzial ergeben. An drei Aspekten soll dies im Folgenden exemplarisch diskutiert werden.

Der Wandel in der Freiwilligkeit bewirkt, dass eine steigende Zahl an Menschen nicht mehr bereit ist, längerfristige, zeitintensive Engagements einzugehen. Freiwillige konzentrieren sich vermehrt auf Tätigkeiten, bei denen die inhaltlichen Anforderungen klar abgegrenzt sind und die mit ihnen verbundene zeitliche Belastung einigermassen vernünftig abgeschätzt werden kann. Zeitintensive Tätigkeiten, die oft auch zentrale Koordinationsfunktionen gewährleisten, laufen Gefahr, nicht mehr adäquat wahrgenommen zu werden.

Eine Reihe von NPO sieht daher für solche Positionen ein bestimmtes Ausmass an finanzieller Honorierung vor. Dies kann auch in einem längerfristigen, schleichenden Prozess erfolgen, in dem z. B. pauschale Spesenersätze eingeführt und schrittweise in einem überdurchschnittlichen Mass erhöht werden. Das ursprünglich reine Ehrenamt bekommt zunehmend einen Mischcharakter. Die freiwillig Engagierten und die bezahlten hauptamtlichen Arbeitskräfte werden somit durch einen dritten Mitarbeitendentyp ergänzt, der zwar mehr oder weniger marktadäquat entlohnt wird, für den die Tätigkeit in der NPO jedoch nicht die Haupteinkunftsquelle darstellt.

In diesem Zusammenhang werden nicht nur motivationsbezogene Folgen und mögliche Verdrängungseffekte zwischen intrinsischer und extrinsischer Motivation diskutiert. Die steigenden Personalausgaben erfordern auch zusätzliche Finanzmittel, wodurch sich neue Herausforderungen für das Funding ergeben. Die Veränderung der Personalstruktur bewirkt zudem, dass auf der ausführenden Ebene unterschiedliche Typen von Mitarbeitenden zusammenarbeiten müssen, was z. B. Probleme der Rollendefinition und -abgrenzung und des konkreten prozessualen Zusammenwirkens aufgrund der unterschiedlichen zeitlichen Verfügbarkeit aufwirft.

Andere NPO sind unter Ressourcendruck gezwungen, bisher bezahltes Personal durch ehrenamtlich und freiwillig Engagierte zu ersetzen. In der Folge stellt sich nicht nur die Frage, ob überhaupt eine ausreichende Zahl an Freiwilligen mobilisierbar ist, sondern auch jene, ob die Freiwilligen, die sich zur Verfügung stellen, den Anforderungsprofilen entsprechen und zuverlässig in ihrem Engagement sind. Falls nicht, sind negative Auswirkungen auf das organisatorische Leistungspotenzial zu befürchten.

Ein zweiter Aspekt sind *pro bono Leistungen*. Sie sind vielfach als eine besondere Form der Fremdvergabe bzw. des Outsourcing anzusehen. Unternehmen stellen spezielle externe Leistungen (z. B. ein Werbekonzept, eine Rechts- oder Steuerberatung, eine handwerkliche Tätigkeit usw.) unentgeltlich zur Verfügung. Damit wollen sie ein zivilgesellschaftliches Verantwortungsgefühl öffentlichkeitswirksam zum Ausdruck bringen. Für NPO stellen solche Leistungen geldwerte Güter dar und ersparen ihnen eigene Ausgaben; sie haben somit einen kostengünstigen unmittelbaren Zugang zu Spezialkompetenzen.

Der dritte Aspekt betrifft die Frage der Kompensation eines rückläufigen Ressourcenaufkommens bei einer Ressourcenquelle durch *Erschliessen zusätzlicher Ressourcenquellen*. Als Beispiel möge die Kompensation stagnierender oder rückläufiger Subventionen durch eine Intensivierung des Fundraisings oder der kommerziellen Aktivitäten dienen. Mit der Verbreiterung der Ressourcenstruktur kommen zusätzliche Erwartungen, Interessen, Handlungslogiken und Massnahmen des Beziehungsmanagements ins Spiel, was die Transaktionskosten steigen lässt. Muss der entsprechende Bereich (z. B. eine Fundraising-Abteilung) neu aufgebaut werden, sind zudem die anfallenden Investitionsausgaben zu finanzieren. Die zusätzlichen Handlungslogiken bergen das Risiko von Verdrängungseffekten und verlangen von der Führung der NPO, sich gegenüber einer vermehrten Anzahl an Stakeholdern zu positionieren, möglicherweise wenig harmonische Interessen auszugleichen und gegebenenfalls auch eine klare Priorisierung vorzunehmen.

Im Bereich der Intensivierung kommerzieller Aktivitäten können sich darüber hinaus spezielle steuerliche Fragen ergeben. Eine klare Abgrenzung der ideellen von den kommerziellen Leistungsbereichen erfordert eine organisatorische Trennung und möglicherweise rechtliche Verselbständigungen. Die damit verbundene Fragmentierung der NPO und die Herausbildung konzernartiger Strukturen schaffen zusätzliche Herausforderungen für die Governance und die strategische Steuerung – vor allem auch mit Blick auf die Tatsache, dass die NPO in ihrer Gesamtheit eventuelle Fehlschläge in den kommerziellen Bereichen von ihrer Reputation her und gegebenenfalls auch finanziell mitverantworten muss.

Diese Beispiele verdeutlichen, dass die Möglichkeiten der Ressourcensubstitution den Handlungsspielraum von NPO in der Ressourcenmobilisierung tendenziell vergrössern. Ob tatsächlich und inwieweit, lässt sich aber nur im Einzelfall beurteilen. Wird eine Ressourcensubstitution vorgenommen bzw. ins Auge gefasst, so hat dies vielfach Auswirkungen auf andere Managementbereiche.

**Praxistipps:**

1 Analysieren Sie, ob die Ressourcen bzw. Kapazitäten optimal aufeinander abgestimmt sind: Gibt es bei einer bestimmten Ressource Engpässe, die dazu führen, dass das Leistungsvermögen anderer Ressourcen nicht optimal genutzt werden kann?

2 Machen Sie Auslastungsanalysen und prüfen Sie, ob die bereitgestellten Kapazitäten optimal ausgelastet sind oder ob partielle Über- bzw. Unterkapazitäten vorliegen: Durch welche Massnahmen der Kapazitätsanpassung können solche Über- und Unterkapazitäten zukünftig vermieden werden?

3 Analysieren Sie, ob und in welchem Umfang bestimmte Leistungen und damit auch Ressourcen (Kapazitäten) in Service- und Kompetenzzentren konzentriert werden können.

# 6 Trends im NPO-Management

Das Freiburger Management-Modell erhebt den Anspruch, alle wesentlichen Aufgabenbereiche im Management von NPO in ein umfassendes Ganzes eingeordnet zu haben. Sämtlichen Managementaufgaben im System-, im Marketing- und im Ressourcen-Management liegt die Annahme zugrunde, dass sie von grundlegender und zeitüberdauernder Bedeutung sind.

Jede Neuauflage des Modellbands entsteht aber in einem eigenen historischen Kontext, der durch Veränderungen, insbesondere sozialer und technologischer Natur, im Dritten Sektor und seinem Umfeld geprägt ist. Solche Veränderungen wirken sich auf die Managementlehre und -praxis aus. Sie rücken bestimmte Herausforderungen an das Management in den Vordergrund und stellen nicht selten tradierte Modelle und Überzeugungen in Frage. Ob sie ihre Relevanz auf Dauer behalten oder ob sie sich in der Rückschau als Modewellen mit Verfallsdatum entpuppen werden, ist zum Zeitpunkt der Veröffentlichung noch nicht absehbar.

Das abschliessende Hauptkapitel unter dem Titel der Trends vereinigt drei solcher Themen: Zu Beginn werden einige gesellschaftliche, teilweise technologisch angetriebene Entwicklungen skizziert, die vor ein paar Jahren eingesetzt und sicher noch einige Zeit anhalten werden. Danach werden die inzwischen weit gestreute Forderung nach Nachhaltigkeit aufgegriffen und ihre Chancen und Risiken aufgezeigt. Schliesslich wird die Digitalisierung in ihrer Umsetzung für das NPO-Management thematisiert. Die digitale Transformation prägt nicht nur die Weltgesellschaft der 2020er Jahre, sondern auch jede NPO, die in ihr aktiv und wirksam sein will.

## 6.1 Gesellschaftliche Trends im Dritten Sektor

Gesellschaftliche, wirtschaftliche, politische, rechtliche, technologische und ökologische Entwicklungen verändern das Umfeld und damit die Rahmenbedingungen, in denen sich NPO bewegen. Sie bieten immer wieder neue Gestaltungsspielräume, stellen aber auch Herausforderungen dar, welche die Organisationen und ihr Management proaktiv angehen sollten. Folgenden Trends gilt es bei der strategischen Weiterentwicklung einer NPO Rechnung zu tragen.

*Durchlässige Sektorengrenzen und hybride Organisationsmodelle*
Der Dritte Sektor definiert sich traditionell über seine Abgrenzung gegenüber staatlicher Steuerung zur einen und erwerbswirtschaftlichem Streben zur anderen Seite. Verbände und andere NPO entstehen, wo zivilgesellschaftliche Gruppierungen wirtschaftlich nicht verwertbare Ziele in Eigenregie und auf Dauer verfolgen. Die Grenzen zwischen zivilgesellschaftlichem Engagement und marktwirtschaftlicher Erfolgsorientierung werden zunehmend durchlässig. Grosse Wohlfahrtsverbände sehen sich in angestammten Bereichen, wie beispielsweise der mobilen und der stationären Gesundheitsversorgung, mit kommerziellen Wettbewerbern konfrontiert; Hilfsorganisationen mit Initiativen von Privatpersonen; Sozialunternehmerinnen und Sozialunternehmer (*social entrepreneurs*) lancieren eigene Projekte nicht selten in expliziter Abgrenzung zu etablierten Hilfswerken. Aber auch die NPO selbst verwischen diese traditionellen Sektorengrenzen. Um ihre Attraktivität als Mitgliederorganisation zu steigern, bieten sie Individualgüter an und treten damit in Konkurrenz zu Wirtschaftsunternehmen: Berufsverbände kommerzialisieren ihre Beratungs- und Serviceleistungen, Museen erweitern ihre traditionellen Kartenständer zu ausdifferenzierten Museumshops und bauen ihr gastronomisches Angebot aus, Betreuungseinrichtungen suchen nach Absatzkanälen für handwerkliche Produkte oder übernehmen einfache Sortier-, Verpackungs- oder andere Dienstleistungsaufträge. Um das strukturell und kulturell zu bewältigen, schaffen sie hybride Strukturen. Damit versuchen sie, mögliche Spannungen durch das Nebeneinander von bislang unvereinbaren Aktivitäten und Logiken zu bewältigen.

*Better Governance*
NPO können sich immer weniger auf die kognitive Legitimierung ihrer blossen Existenz oder die nicht hinterfragte moralische Legitimierung ihrer Aktivitäten und Leistungen verlassen. Das Grundvertrauen, das der Staat und die Bevölkerung den NPO und ihren Aktivitäten entgegenbringen, schwindet. Fragwürdige Vergütungen für haupt- und ehrenamtliche

Führungskräfte, intransparente Entscheidungsprozesse wie der Verdacht der Elitebildung ohne demokratische Legitimierung sind Ausgangspunkte für diese Kritik. Die gesellschaftliche Entzauberung der "guten Tat" ist eine Herausforderung für NPO, die sich bislang als fest verankert geglaubt hatten. Im Dritten Sektor wurde in den letzten Jahren mit der Institutionalisierung von Mechanismen zur Selbstkontrolle reagiert. Die Zahl und Varianz von Qualitätsnormen und Gütesiegeln nimmt zu, hält aber nur schwer Schritt mit dem lauter werdenden Ruf nach mehr Transparenz und Gewaltenteilung im Sinne funktionierender Mechanismen der "*checks and balances*".

### *Unausweichliche Wirkungsnachweise*

Viele Sachziele galten lange Zeit als so schwer operationalisierbar, dass es als unzumutbar erschien, NPO bzw. ihr Management am Grad der Zielerreichung zu messen. Allenfalls das Erreichen von Zielen im Fundraising oder die Effizienz des Ressourceneinsatzes wurden zur Beurteilung einer professionellen Führung oder für die Vergabe von Leistungsverträgen, öffentlichen Subventionen oder anderer Fördermittel herangezogen. Inzwischen hat eine Veränderung in den Erwartungshaltungen eingesetzt: Öffentliche und private Geldgeber, Mitglieder und andere Fördererinnen und Förderer erwarten zunehmend Nachweise über die Wirksamkeit von Organisationen. Effektiver Altruismus ist zur Tugend erhoben worden. Professionelles Management ohne Wirkungsnachweisbefähigung ist mittlerweile schwer vorstellbar. Öffentliche Geldgeber wie Stiftungen sind dazu übergegangen, in ihre Leistungsverträge und Projektvergaben detaillierte Spezifikationen der Leistungserwartung mit Wirkungsnachweisen aufzunehmen. Ganz generell ist eine Verlagerung von der Effizienz- hin zur Effektivitäts- und Wirkungsorientierung zu beobachten. Entsprechend stellt sich immer weniger die Frage, was eine NPO tut, als vielmehr, was sie mit ihrem Tun bewirkt.

### *Unternehmerische Haltung und Mobilisierungskraft*

Als sich die Managementlehre in den 1970er Jahren den Organisationen des Dritten Sektors zuwandte, wurde in diesen ein mangelnder Professionalismus konstatiert. Wenn diese Organisationen auch häufig von einem starken persönlichen und solidarischen Engagement getragen wurden, so gelang es nicht, damit entsprechende Wirkungen zu entfalten. Das zeigte sich zum Beispiel in Ineffektivität in der Entscheidungsfindung, Ineffizienz im Ressourceneinsatz oder Frustration im ehrenamtlichen Engagement. Management-Modelle sollten dazu beitragen, diese Defizite zu beseitigen und NPO trotz ihrer komplexen Ziele und Aufgaben ähnlich professionell zu leiten, wie man es den privatwirtschaftlichen Unternehmen unter stetem Konkurrenz- und Kostendruck zusprach. Fünfzig Jahre später ist festzustellen, dass viele NPO ein hohes Mass an Professionalität erreicht haben. Selbst kleine Verbände und NPO können auf einen betriebswirtschaftlichen Reifegrad verweisen, der auch einer KMU gut anstünde. Dieser Erfolg hat aber seinen Preis, und die managerialistischen Erträge sind mit einer Schwächung von charismatischer Kraft, lebendigem Engagement, von Innovations- und Erneuerungsfähigkeit oder Mitgliedermobilisierung verbunden. Die gegenwärtige Mischung von betriebswirtschaftlicher Professionalität und mobilisierungsstarker Dynamik scheint nicht selten ihr Optimum zu verfehlen. Verbände und andere NPO werden sich vermehrt dieser Herausforderung stellen müssen.

***Diversifizierung der Wissens- und Kommunikationsplattformen***

Die Möglichkeit, Gleichgesinnte in einem institutionalisierten Netzwerk zu treffen, ist seit jeher eine der zentralen Aufgaben von NPO. Elektronische Kommunikationsplattformen und soziale Medien erlauben heute die schnelle, unkomplizierte Bildung informeller Netzwerke. Diese werden genutzt, um Erfahrungen auszutauschen oder gemeinsame politische wie wirtschaftliche Interessen wahrzunehmen. Facebook, WhatsApp, Instagram, Twitter, LinkedIn und andere virtuelle Netzwerke, gepooltes Einkaufen über Internet oder auch "*public movement*" Aktionen, um politischen Druck aufzubauen, zeigen eindrücklich die Möglichkeiten und das Potenzial der Technologien. Virtuelle Kommunikation schafft neuartige zivilgesellschaftliche Organisationen; gleichzeitig bietet sie ebenso Chancen für die traditionellen Organisationen, welche sich damit auseinandersetzen müssen. Viele Funktionalitäten dieser Instrumente decken sich in vielerlei Hinsicht mit den traditionellen Funktionen von NPO. Dies zeigt einerseits, wie gross nach wie vor die Nachfrage nach NPO-nahen Leistungen ist, andererseits aber auch, wie sich diese Bedürfnisse heute leicht ausserhalb der teilweise erstarrten Strukturen der NPO befriedigen lassen. Entsprechend wichtig ist es für NPO, sich dieser Technologien zu bedienen, neu entstehende, lose Netzwerke zu identifizieren und diese mit der eigenen Organisation strategisch zu verknüpfen.

***Individualisierung und vermehrte Mobilität***

Menschen binden sich zunehmend ungern, was die Mitgliederbasis der Eigenleistungs-NPO wie der Drittleistungs-NPO gefährdet. Diese geringere Bindungsbereitschaft lässt sich auf gesellschaftliche Entwicklungen zurückführen, auf die NPO zum Teil nur bedingt Einfluss nehmen können: eine anhaltende Individualisierung sowie eine zunehmend überregionale und internationale Mobilität. Vor allem jüngere Menschen, oft auch als Generation Y oder Z bezeichnet, suchen beruflich wie privat nach sinnvollen und sinnstiftenden Aufgaben und Herausforderungen. Sie wollen etwas

Neues lernen, mitgestalten und sich einbringen können. NPO können einen Raum für identifikationsfähiges Arbeiten bieten, aber auch Teamarbeit und die Möglichkeit, Neues auszuprobieren, zu lernen und Erfahrungen zu sammeln. Mit ihren überwiegend flachen Hierarchien und direkten Kommunikationswegen können sie attraktive Rahmenbedingungen bieten.

Durch Migration findet zudem eine gesellschaftliche Durchmischung statt, sodass der Bevölkerungsanteil von Personen, die von ihrem kulturellen Hintergrund her nicht über ein korporatistisches Staatsverständnis verfügen, in unserer Gesellschaft laufend zunimmt. Dies bedeutet, dass diese Personen ein anderes Verständnis für die Notwendigkeit eines gesellschaftlichen Engagements in Form der Ehrenamtlichkeit haben. Entsprechend herausfordernd ist es für NPO, diese Personen als Mitglieder oder Ehrenamtliche zu gewinnen. Die Tendenz hin zu häufigen, überregionalen Wohnortswechseln begünstigt den Trend der Individualisierung und führt dazu, dass die Verbundenheit mit einer Gemeinschaft gerade in der ersten Lebenshälfte einer Person nur bedingt und für eine beschränkte Zeit aufgebaut wird. Dies bedeutet für NPO, dass es zunehmend schwieriger wird, Ehrenamtliche und Freiwillige zu rekrutieren und zu binden. Hier sind neue Konzepte gefragt, die eine temporäre Einbindung von Personen in die Strukturen der NPO erlauben. Dies kann beispielsweise vermehrt mittels projektbezogener und daher zeitlich befristeter Einsätze und Einbindungen angegangen werden.

*Neue Aufgabenfelder als Zukunftsvision*

In einer individualisierten und mobilisierten Gesellschaft bietet sich für NPO die Chance, als lokale und überregionale Integrationseinrichtungen Gesellschaften jenseits von politischer Steuerung und Marktbedürfnissen zusammenzuhalten und gemeinsam gestaltungsfähig zu machen. Dies bedingt jedoch, dass traditionelle Wege verlassen und neue Trends aufgenommen und kreativ als Chancen genutzt werden: NPO haben, als Gruppen von Gleichgesinnten zwischen Familie und Staat situiert, seit jeher eine integrative Funktion. Durch die zunehmende Mobilität steigt der Bedarf an Integration, dies nicht nur hinsichtlich Personen mit Migrationshintergrund, sondern auch von Menschen, die neu in eine Region ziehen und entsprechend gerne ein neues, soziales Netzwerk aufbauen möchten. Hier bieten sich für NPO viele interessante Möglichkeiten. Das bedingt jedoch, dass NPO ihre abwartende Einstellung, dass Mitglieder um einen Anschluss bei der Organisation nachfragen, ablegen und aktiv auf diesen Personenkreis zugehen.

## 6.2 Nachhaltigkeit

In jüngster Vergangenheit hat Nachhaltigkeit als gesellschaftliche Idee und Vision auffallend stark an Bedeutung gewonnen. Angesichts der globalen Herausforderungen in den Bereichen Umwelt (Stichwort Klima- und Biodiversitätskrise), Wirtschaft (Einkommens- und Vermögensungleichheit) und Soziales (Sensibilisierung für diskriminierende Strukturen) wird heute vom Privat- wie auch vom NPO-Sektor gleichermassen nachhaltiges Verhalten gefordert. Nachhaltigkeit kann somit als Mega-Trend verstanden werden, mit dem sich NPO-Führungskräfte befassen müssen und zwar unabhängig davon, ob sie den normativen Anspruch der Nachhaltigkeitsbewegung teilen oder nicht.

Aus Sicht der NPO führt der Nachhaltigkeitstrend einerseits zu institutionellen *Einschränkungen*. Die NPO sieht sich mit zusätzlichen Erwartungen konfrontiert. Es besteht eine moralische Verpflichtung zu nachhaltigem Verhalten. Mit dem gesellschaftlichen und politischen Druck steigen auch die Anforderungen an die Erfüllung von Rechenschaftspflichten (Dokumentation, Reporting usw.) und es sind zusätzliche regulatorischen Vorgaben zu berücksichtigen. Andererseits ergeben sich aus dem Nachhaltigkeitstrend auch institutionelle *Möglichkeiten*. Rund um die Thematik der Nachhaltigkeit entsteht ein neuer Wachstumsmarkt mit Chancen für NPO in den Bereichen Imagegewinn, Positionierung, neue Aufgabenfelder, zusätzliche Kooperationsmöglichkeiten mit dem Privatsektor usw.

Der Trend der Nachhaltigkeit löst somit einen Veränderungsbedarf innerhalb der NPO aus. Nachfolgend werden dieser Bedarf, die damit verbundenen Management-Aufgaben aus Sicht des Freiburger Management-Modells sowie eine Reihe von Ansatzpunkten für Massnahmen auf der normativen, strategischen und operativen Ebene erläutert.

### *Der Nachhaltigkeitsbegriff*

Das Prinzip der Nachhaltigkeit stammt ursprünglich aus der Forstwirtschaft. Es besagt, dass nur so viel Holz geschlagen werden soll, wie kontinuierlich nachwächst. Später wurde der Begriff ausgedehnt und erhielt nebst der ökologischen auch eine ökonomische und soziale Komponente.

Gemäss dem Drei-Säulen-Modell ist eine nachhaltige Entwicklung nur zu erreichen, wenn umweltbezogene, wirtschaftliche und soziale Ziele gleichzeitig und gleichberechtigt umgesetzt werden. Die drei Säulen bedingen sich gegenseitig. Bildlich gesprochen bedeutet dies, dass sich der Nachhaltigkeitsbegriff auf die Schnittmenge der drei Säulen beschränkt. Die ökologische, soziale oder ökonomische Komponente jeweils für sich macht noch keine Nachhaltigkeit aus. Aus Management-Sicht ergibt sich daraus die Herausforderung, dass potenziell vorhandene Zielkonflikte zwischen den Säulen aufgelöst werden müssen. Eine Organisation, deren Zweck einer der drei Säulen der Nachhaltigkeit zuzuordnen ist, den sie aber nur auf Kosten einer anderen Säule erfüllen kann, verletzt das Prinzip der Nachhaltigkeit.

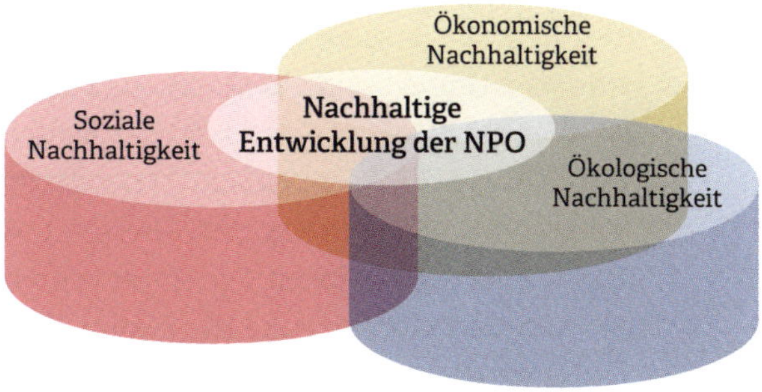


**Abb. 52** – Drei Säulen der Nachhaltigkeit

Das Drei-Säulen-Modell ist weit verbreitet, aber nicht unumstritten. Ein Kritikpunkt ist, dass die Säulen faktisch nicht gleichrangig sind, da die ökologische Säule in der modernen Gesellschaft bislang vernachlässigt wurde. Im Modell der starken Nachhaltigkeit ist das Ziel der ökologischen Nachhaltigkeit daher vorrangig, da der Schutz der natürlichen Lebensbedingungen auch die Grundvoraussetzung für ökonomische und soziale Stabilität ist. Tatsächlich wird der Begriff der Nachhaltigkeit in der breiten Öffentlichkeit oft mit ökologischer Nachhaltigkeit gleichgestellt. Daher wird nachfolgend der Fokus auf die ökologische Dimension der Nachhaltigkeit gerichtet. Dabei darf die gegenseitige Abhängigkeit der drei Säulen aber nicht vergessen werden.

### *Die Klimakrise als Weckruf*

Die von der Wissenschaft hervorgebrachte Evidenz kombiniert mit den überall sichtbaren klimatischen Veränderungen haben dazu geführt, dass das Thema Klimawandel (als wesentlicher Aspekt der Nachhaltigkeit) in Politik und Gesellschaft angekommen ist. Das Spektrum der politischen Reaktionen auf die Klima-Herausforderungen reicht von unverbindlichen Absichtserklärungen über die Publikation von Klimastrategien mit langfristigen Zielen bezüglich der Reduktion von $CO_2$-Emissionen bis hin zu konkreten Gesetzesanpassungen und schärferen regulatorischen Vorgaben für Industrie und Haushalte.

Dass sich der Privatsektor in letzter Zeit verstärkt mit dem Thema der Nachhaltigkeit auseinandersetzt, wird bereits anhand der zahlreichen Beispiele von nachhaltigen Produkten in der Werbung deutlich. Hier besteht zuweilen der Verdacht, dass bloss *greenwashing* betrieben wird. Der Privatsektor dürfte sich aber tatsächlich in einem tiefgreifenden Wandel befinden. Immer mehr Unternehmen bemühen sich um ressourcenschonende Produktionsverfahren. Sie überprüfen die Lieferketten der eingesetzten Rohmaterialen und halbfertigen Produkte auf Aspekte der sozialen Nachhaltigkeit (wie z. B. Arbeitsbedingungen oder Kinderarbeit). Sie befassen sich mit Kreislaufwirtschaft und entwickeln neue Lösungen für die Entsorgung bzw. Rezyklierbarkeit der am Ende des Lebenszyklus angelangten Produkte. Die Firmen reagieren damit zum einen auf das veränderte regulatorische Umfeld und auf staatliche Fördermassnahmen. Sie reagieren damit aber auch auf eine veränderte Nachfragesituation. So steigt beispielsweise die Nachfrage nach umweltfreundlichen, klimaschonenden, biologischen, abbaubaren, rezyklierten und entsprechend gelabelten Produkten in allen Bereichen. Die Unternehmen versprechen sich von der vermehrten Berücksichtigung der ökologischen und sozialen Nachhaltigkeit signifikante Wettbewerbsvorteile.

*Die Relevanz der Nachhaltigkeit für NPO*

Angesichts der Entwicklung im Privatsektor stellt sich die Frage, inwiefern das Thema für den NPO-Sektor relevant ist. Zunächst lässt sich festhalten, dass Nachhaltigkeit bereits heute bei vielen NPO tief verankert ist. NPO verfolgen per Definition einen ideellen, nicht-monetären, oftmals einen gemeinnützigen Zweck. Ihre Sachziele lassen sich praktisch ausnahmslos einer der drei Säulen der Nachhaltigkeit zuordnen. So setzt sich eine soziale Institution (z. B. für Menschen mit Beeinträchtigungen) per Definition für soziale Nachhaltigkeit ein. Ein Branchenverband fördert das wirtschaftliche Wohlergehen seiner Mitglieder und verfolgt damit Ziele im Bereich der ökonomischen Nachhaltigkeit. Die meisten NPO leisten also bereits heute – jeweils in ihrem angestammten Bereich – einen Beitrag zu mindestens einer Säule der Nachhaltigkeit. Das Postulat der Nachhaltigkeit erfordert jedoch, dass ökonomische, soziale und ökologische Ziele gleichrangig behandelt werden. Es suggeriert, dass NPO – über ihr Kernziel hinaus – einen zusätzlichen Beitrag zur Nachhaltigkeit leisten. Dabei handelt es sich weniger um eine normative Vorgabe oder moralische Verpflichtung, sondern – wie oben gezeigt – um die Notwendigkeit einer Anpassung an veränderte gesellschaftliche Ideen und Visionen.

Ausserhalb des angestammten Bereichs einen Beitrag zur Nachhaltigkeit zu leisten, bedeutet beispielsweise, dass ein Alters- und Pflegeheim Massnahmen zur Verbesserung der Energieeffizienz seiner Gebäude ergreift. Eine Institution, deren Zweck in der sozialen Nachhaltigkeit anzusiedeln ist, verschreibt sich zusätzlich Zielen der ökologischen Nachhaltigkeit; dass sie dabei auch die finanzielle Tragbarkeit, also die ökonomische Nachhaltigkeit, berücksichtigen muss, versteht sich von selbst. Ein weiteres Beispiel wäre eine Vergabestiftung, die gemäss Stiftungszweck soziale und ökologische Projekte unterstützt, bei der Anlage ihres Stiftungsvermögens dieselben Aspekte aber ausser Acht lässt. Eine ganzheitliche und widerspruchsfreie Zweckerfüllung im Sinne der Nachhaltigkeit impliziert, dass die Stiftung bei der Vermögensanlage nebst ökonomischen auch soziale und ökologische Kriterien berücksichtigt. Konkret hiesse das, dass sie nur noch in sogenannt nachhaltige Anlagen investiert und folglich umweltbelastende und sozial schädliche Anlagen vermeidet (z. B. Erdöl und Erdgas, Tabak oder Kinderarbeit).

### *Die Relevanz der NPO für die Nachhaltigkeit*

Das Nachhaltigkeitsthema ist für NPO relevant. Aber sind NPO umgekehrt auch relevant für die Nachhaltigkeit? Oder anders ausgedrückt: Können NPO überhaupt eine nennenswerte ökologische Nachhaltigkeitswirkung erzielen? Tatsächlich handelt es sich bei NPO typischerweise um Dienstleistungsbetriebe. Energie- und Ressourcenverbrauch, die Bedeutung von Lieferketten, Recycling etc. sind deutlich geringer als etwa in der verarbeitenden Industrie. Das lässt vermuten, dass der Impact von NPO in Bezug auf die ökologische Nachhaltigkeit relativ gering ausfällt.

Die Sichtweise berücksichtigt jedoch nur den direkten Impact. Der wahre Impact des NPO-Sektors entfaltet sich indirekt über die Beeinflussung des Verhaltens Dritter, d.h. von Mitgliedern und weiteren Zielgruppen. Dies lässt sich am besten am Beispiel einer Branchenorganisation aufzeigen: Sie vertritt die wirtschaftlichen Interessen der angeschlossenen Unternehmen in der Politik, fördert das Image der Branche in der Öffentlichkeit. Wenn sie sich zusätzlich für Massnahmen im ökologischen Nachhaltigkeitsbereich (z.B. Standards für umweltfreundlichere Produktionsverfahren) einsetzt, kann sie indirekt eine viel grössere Nachhaltigkeitswirkung erzielen als dies direkt innerhalb der eigenen Organisation (z. B. mittels Umweltschutzmassnahmen auf der eigenen Geschäftsstelle) möglich wäre, was aber nicht heisst, dass die Organisation ihre eigenen Hausaufgaben vernachlässigen darf. Berufs- und Branchenverbände haben typischerweise einen grossen Hebel, da sie das Verhalten ihrer Mitgliedsunternehmen beeinflussen können. Doch dieser Hebel ist für sämtliche Typen von NPO (also auch Sozial-, Kultur-, Gesundheits- oder Sportverbände) von Bedeutung. Sie alle können ihr jeweiliges Sachziel nur gemeinsam mit ihren Mitgliedern und durch die Beeinflussung ihrer Zielgruppen erreichen. Über denselben Mechanismus können sie nachhaltiges Verhalten fördern.

### *Nachhaltigkeit als Chance*

NPO sind also aufgefordert, einen Beitrag zur Nachhaltigkeit zu leisten und sind aufgrund des oben beschriebenen Hebeleffekts in der Lage, Wirkung zu erzielen. Darüber hinaus profitieren sie selber von zahlreichen Vorteilen, wenn sie sich dem Thema annehmen.

| Vorgaben erfüllen | Kosten und Risiken reduzieren | Innenwirkung erzielen | Aussenwirkung erzielen |
|---|---|---|---|
| **Regulatorische Vorgaben** (z.B. Lärm, Abwasser)<br>**Rechenschaftspflicht** (Dokumentation, Reporting) | **Risiken minimieren** (Schadensersatz, Reputationskrisen)<br>**Kosten einsparen** (z.B. Energie, Ressourcen, Abfall) | **Identität stiften** (bei Mitarbeitenden bzw. Mitgliedern)<br>**Aktivierung** (Dynamisierung innerhalb der Organisation) | **Imagegewinn** (ggü. Austauschgruppen)<br>**Bessere Positionierung**<br>**Vermarktungspotenziale**<br>**Employer Branding**<br>**Zugang zu jüngeren Generationen**<br>**Neue Aufgabenfelder erschliessen**<br>**Kooperationen mit dem Wirtschaftssektor** |
| *Rückstand aufholen* | | *Chancen nutzen* | |

**Tab. 20** – Chancen der Nachhaltigkeit für NPO

In den Kategorien "Vorgaben erfüllen" und "Kosten & Risiken reduzieren" geht es zunächst darum, nicht abgehängt zu werden und allfällige Wettbewerbsnachteile gegenüber anderen Akteuren zu verringern. Die nachhaltige Transformation der NPO geht jedoch weit über die Reaktion auf institutionelle Einschränkungen (Erwartungen, moralische Verpflichtungen, gesellschaftlicher und politischer Druck usw.) hinaus. Chancen ergeben sich aus Sicht der NPO vor allem in den Kategorien "Innenwirkung erzielen" und "Aussenwirkung erzielen". Durch die Verfolgung von Nachhaltigkeitszielen erhält die NPO eine Identität, aus der die Mitarbeitenden und die Mitglieder Motivation schöpfen. Das kann zu einer Dynamisierung innerhalb der NPO führen: Mitarbeitende und Mitglieder entwickeln neue Ideen, teilen sie mit anderen und setzen sich mit neuem Elan für den ganzheitlichen Organisationszweck ein. Diese neue Dynamik wird nach aussen hin sichtbar. Der damit verbundene Imagegewinn und die klarere Positionierung führt zu einer gesteigerten Attraktivität als Arbeitgeberin, zu einem besseren Zugang zur Zielgruppe der jungen Generation sowie zu privaten und staatlichen Fördermitteln, denn staatliche Stellen und private Vergabestiftungen knüpfen die Vergabe von finanziellen Beiträgen zunehmend an die Erfüllung von Nachhaltigkeitskriterien. Win-win-Situationen entstehen, wenn es der NPO darüber hinaus gelingt, bestehenden oder neuen Mitgliedern bzw. Zielgruppen neue, innovative Leistungen im Nachhaltigkeitsbereich anzubieten und Kooperationen mit dem Privatsektor einzugehen. Der Nachhaltigkeitstrend wird damit zum Katalysator für die Entwicklung gänzlich neuer Geschäftsmodelle (vgl. Porter, 2011).

Damit die NPO diese Chancen ergreifen kann, muss sie den Nachhaltigkeitsgedanken vollständig verinnerlichen, da ansonsten die Glaubwürdigkeit und somit das Fundament für die weiteren Schritte fehlen. Das heisst, die Organisation muss sich mitsamt ihren Mitarbeitenden und Mitgliedern mit dem innersten Kern der NPO, der Mission und den Werten, auseinandersetzen und sich im Rahmen eines umfassenden Leitbild- und Strategieprozesses mit der Frage befassen, wie sie Nachhaltigkeit in ihr Schaffen integrieren kann. Bei der Verankerung von Nachhaltigkeit im Kern der Organisation handelt es sich somit um einen transformativen Prozess. Die Überzeugung, den NPO-Zweck ganzheitlich, widerspruchsfrei und im Sinne der Nachhaltigkeit zu erfüllen, ist eine Grundvoraussetzung.

*Nachhaltigkeit als Management-Aufgabe*
Aus Sicht von NPO-Führungskräften stellt sich die Frage, welche Schritte in diesem Transformationsprozess konkret zu unternehmen sind. Es existieren zahlreiche Management-Ansätze zum Thema Nachhaltigkeit. Das Grundmuster bei diesen Ansätzen ist stets dasselbe: Die Führungsaufgabe besteht aus dem Analysieren, Planen, Umsetzen, Kontrollieren und Verbessern der eigenen Tätigkeit unter dem Blickwinkel der Nachhaltigkeit. Wie bereits im Kapitel 2 dieses Buchs erläutert, umfassen die Management-Bereiche die normative, strategische und operative Ebene. Zunächst gilt es, auf der normativen Ebene die Voraussetzungen für die nachhaltige Transformation der NPO zu schaffen. Dies beginnt mit einer Umfeld- und Organisationsanalyse sowie mit einer intensiven Auseinandersetzung mit der eigenen Mission und den eigenen Werten:
- Welche Bedeutung hat der Nachhaltigkeitstrend für die eigene NPO?
- Welches sind die sich daraus ergebenden institutionellen Einschränkungen und institutionellen Möglichkeiten?
- Welches sind die heutigen Stärken der NPO hinsichtlich der Nachhaltigkeit, auf denen aufgebaut werden kann?
- Welches sind die heutigen Schwächen der NPO hinsichtlich der Nachhaltigkeit? Wo bestehen Lücken und Handlungsbedarf?

Sofern dem Aspekt der ökologischen Nachhaltigkeit besondere Beachtung geschenkt werden soll, ist die Umweltwirkung, insbesondere die Auswirkung auf das Klima, der eigenen Tätigkeit abzuschätzen. Bei der Durchführung der Organisationsanalyse sind daher vorhandene Kennzahlen aus der Finanzbuchhaltung und – falls vorhanden – aus der Kostenrechnung heranzuziehen, da sie viele Informationen über Energie- und Materialverbrauch oder gefahrene Kilometer beinhalten und somit Schätzungen zumindest zu den direkten $CO_2$-Emissionen ermöglichen. Die indirekten $CO_2$-Emissionen, die sich in Form von sogenannter grauer Energie in Rohstoffen, Vorprodukten oder bezogenen Leistungen verbergen, sind schwieriger zu messen. Allerdings gibt es auch hier Audit-Angebote von Firmen, die sich auf die Messung und Rapportierung der Umweltwirkung von Organisationen spezialisiert haben.

Die Ergebnisse der Umfeld- und Organisationsanalyse liefern die Grundlage für die anschliessende Überarbeitung von Mission und Werten. Das Sachziel der NPO dürfte in den meisten Fällen einer der drei Säulen der Nachhaltigkeit zuzuordnen sein. Die Herausforderung besteht darin, allen drei Dimensionen der Nachhaltigkeit gerecht zu werden und einen ganzheitlichen, in sich widerspruchfreien Organisationszweck im Sinne der Nachhaltigkeit zu definieren. Die Auseinandersetzung mit dem Kern der NPO darf dabei nicht in einem engen Personenkreis bestehend aus Leitungsgremium und Geschäftsleitung erfolgen, sondern sollte in Form eines partizipativen Prozesses unter Miteinbezug der Mitarbeitenden, Mitglieder und der wichtigsten Zielgruppen ausgestaltet werden.

Auf der *strategischen Ebene* werden – im Einklang mit der überarbeiteten Mission und den neu definierten Werten – die Stossrichtungen für die zukünftigen Aktivitäten der NPO festgelegt. Dabei sind die konkreten Handlungsfelder zu identifizieren, in denen die NPO in Zukunft verstärkt aktiv werden will. Für die identifizierten Handlungsfelder sind anschliessend die entsprechenden strategischen Ziele zu definieren. Diese geben vor, welchen Zustand bzw. welche Verbesserung die NPO innerhalb einer bestimmten Frist erreichen will. Als Orientierungshilfe für die Festlegung dieser zusätzlichen oder neuen strategischen Ziele dienen unter anderem die *17 Ziele für Nachhaltige Entwicklung der UNO* (UN Sustainable Development Goals, UN SDG).

**Abb. 53** – UNO-Ziele für Nachhaltige Entwicklung

Im Rahmen eines Strategieprozesses könnte sich das Leitungsgremium der NPO zum Beispiel mit der Frage auseinandersetzen, in welchen der 17 SDG die NPO (unter Berücksichtigung des Ressourceneinsatzes) den grössten Impact erzielen kann. Die so definierten Nachhaltigkeitsziele sind in die allgemeine NPO-Strategie zu integrieren.

In diesem Kontext kommt den Instrumenten der strategischen Erfolgskontrolle eine zentrale Bedeutung zu . Die strategischen Ziele sollten, wenn immer möglich, quantifizierbar und damit auch messbar sein. Es gilt, bereits bei der Formulierung der strategischen Ziele geeignete Indikatoren und Kennzahlen zu definieren, anhand derer die Annäherung an diese Ziele und damit der Erfolg der Strategie bzw. die Erfüllung der Mission überhaupt erst gemessen werden kann. Die Erfahrung aus der Praxis zeigt, dass dieser Aspekt häufig vernachlässigt wird und dass es dem Leitungsgremium schwerfällt, quantifizierbare Ziele und entsprechende Messgrössen zu definieren. Neben der Auflösung von Zielkonflikten zwischen den verschiedenen Säulen der Nachhaltigkeit besteht wahrscheinlich die grösste Management-Herausforderung darin, ein mit dem Rechnungswesen vergleichbares Monitoring-System zu installieren, welches es erlaubt, die richtigen Steuerungsinformationen zu generieren, die es braucht, um den beschriebenen Zyklus konsistent zu schliessen. Des Weiteren wird durch die strategische Erfolgsmessung eine Kommunikation über die Nachhaltigkeitswirkung der NPO überhaupt erst möglich. Will die NPO die erwähnten Chancen der Nachhaltigkeit nutzen und nebst der Innenwirkung auch Aussenwirkung erzielen (z. B. durch Reputationsgewinn oder strategische Positionierung), dann ist die Kommunikation gegenüber Mitarbeitenden, Mitgliedern und weiteren Zielgruppen über die erzielten Erfolge entscheidend.

Auf der *operativen Ebene* ist es schliesslich Aufgabe der Geschäftsleitung, ggf. in Zusammenarbeit mit dem Leitungsgremium, pro Geschäftsfeld konkrete Massnahmen zu definieren, die sich aus den strategischen Stossrichtungen und den dazugehörigen Nachhaltigkeitszielen ableiten. Diese Massnahmen finden ihren Niederschlag in der operativen Jahresplanung der Geschäftsführung, möglicherweise aber auch in den Jahreszielen der einzelnen Mitarbeitenden. Es gilt, die personellen und finanziellen Ressourcen zur Verfügung zu stellen und die notwendigen organisatorische Vorkehrungen zu treffen (Zuordnung von Aufgaben, Kompetenzen und Verantwortung), damit die operative Umsetzung der strategischen Ziele überhaupt erfolgen kann. Ohne diesen Operationalisierungsschritt bleibt die Nachhaltigkeitsstrategie ein Papiertiger und somit wirkungslos.

Auch der Controlling-Prozess muss auf operativer Ebene sichergestellt werden. Wie bereits bei der eigentlichen Umsetzung, so müssen auch hier die erforderlichen personellen Ressourcen eingeplant und die Verantwortlichkeiten geklärt werden. Zwecks Vergleichbarkeit der Ergebnisse der strategischen Erfolgsmessung muss die Vorgehensweise bei der Erhebung der Nachhaltigkeitswirkung dokumentiert werden, und es ist die Zuständigkeit für die Folgejahre festzulegen. Die Ergebnisse sind danach periodisch an das Leitungsgremium zu rapportieren, damit dieses die Zielerreichung überprüfen und gegebenenfalls korrigierend eingreifen kann.

**Praxistipp und Denkanstoss:**

1 Alle NPO sind dazu aufgefordert, sich mit dem Thema der Nachhaltigkeit auseinanderzusetzen. NPO haben vor allem dann einen Hebel, wenn sie bei ihren Mitgliedern und Zielgruppen eine Verhaltensänderung herbeiführen.

2 Um die mit der Verfolgung von Nachhaltigkeitszielen verbundenen Chancen zu nutzen, braucht es innerhalb der NPO die Überzeugung, den Zweck ganzheitlich und im Sinne der Nachhaltigkeit widerspruchsfrei erfüllen zu wollen. Entsprechend stellt die Steuerung des dazu notwendigen Transformationsprozesses eine wichtige Management-Aufgabe dar.

## 6.3 Digitale Transformation

Digitalisierung ist ein Megatrend, der bereits langfristig und weltweit gesellschaftliche, wirtschaftliche und politische Veränderungen in zahlreichen Lebensbereichen hervorgerufen hat. Insbesondere die Auseinandersetzung mit der Covid-19-Pandemie haben das ins Bewusstsein gebracht.

Mit dem Begriff Digitalisierung werden sowohl Chancen als auch Risiken verbunden. Oft genannte Risiken sind etwa die Verdrängung von analog orientierten Berufsfeldern, das Risiko von Cyberattacken und damit verbunden die Zunahme von Cyberkriminalität oder die psychische Überforderung der Mitarbeitenden durch die Navigation und Kommunikation auf multiplen Kanälen. In der folgenden Tabelle sind einige der wesentlichen Chancen der Digitalisierung für NPO aufgeführt, gegliedert nach den wesentlichen Managementaufgaben. Gerade die Eigenheiten von NPO sind vorteilhaft, um die Veränderungen der Digitalisierung im Sinne der Mission sowie des Zwecks nutzen zu können.

| System-Management | Marketing-Management | Ressourcen-Management |
|---|---|---|
| • Innerorganisatorische Steigerung der Effizienz beispielsweise durch Prozessoptimierung<br>• Vereinfachung der Willensbildung und -sicherungprozesse<br>• Flexibilisierung der Arbeitsmodelle und Ermöglichung neuer Organisationsformen und Führungsstile | • Vielfältigere Möglichkeiten für den Dialog mit den Auschtauschpartnerinnen<br>• Als Mitwirkende können die Leistungsbezügerinnen zu Mitproduzierenden bei der Dienstleistungserbringung werden<br>• Vereinfachte Nutzung grosser Datenmengen durch vernetzte Datenbanken | • Neue Wege der Mitteleinwerbung (Online-Fundraising, Crowdfunding)<br>• Ausdehnung der Mitgliederansprache und Rekrutierung von freiwillig Engagierten<br>• Digitale Sicherung und Verfügbarkeit des Wissens<br>• Geografisch unbegrenzte Möglichkeiten zur Kooperation |

**Tab. 21** – Chancen der Digitalisierung für das NPO-Management

Mit der Diskussion über das Trendthema Digitalisierung hat die Begriffsvielfalt zugenommen, was eine laufende Klärung und Abgrenzung erfordert. Im Freiburger Management-Modell werden drei Begrifflichkeiten unterschieden (Maring & Erpf 2022).

- Eng gefasst beschreibt *Digitization* die blosse Umwandlung von analogen in digitale Daten beispielsweise durch das Einscannen von Dokumenten oder den Einsatz von Online-Formularen. Folglich sind davon vor allem Dokumentations-, nicht aber Wertschöpfungsprozesse betroffen. Im Fokus steht die Digitalisierung der Daten.
- Im weiteren Sinne bezeichnet *Digitalization* die Überführung analoger Geschäftsprozesse in einen digitalen Modus mittels neuer Informations- und Kommunikationstechnologien. Dies ist der Fall, wenn eine

NPO beispielsweise soziale Medien als neue Kommunikationskanäle einsetzt. Im Fokus steht die Digitalisierung der Prozesse.
- *Digitale Transformation* beschreibt den strategischen, andauernden und umfassenden Veränderungsprozess einer NPO durch den kombinierten, abgestimmten Einsatz von Informations-, Kommunikations-, Rechner- sowie Vernetzungstechnologien mit der Absicht, zum einen die Erreichung der Mission und des Zwecks insgesamt zu verbessern und zum anderen das langfristige Fortbestehen der NPO zu sichern. Im Fokus steht die Digitalisierung der gesamten NPO.

Digitization, Digitalization und digitale Transformation können auch als drei aufeinanderfolgende Phasen betrachtet werden. Im Freiburger Management-Modell wird die digitale Transformation als Organisationsentwicklung verstanden. Um diese erfolgreich anzugehen, sollte sich eine NPO auf Methoden des Change-Managements stützen (vgl. Kapitel 3.7 zu Wandel, Agilität und Innovation) und ein Projektkonzept formulieren, das Ziele, Ressourcen und Controlling definiert sowie ein Transformationsteam einsetzen. Diese parallele Sekundärorganisation sollte sich am Promotoren- und Episodenmodell orientieren und Sachpromotoren, Macht- sowie Sozialpromotoren einbeziehen.

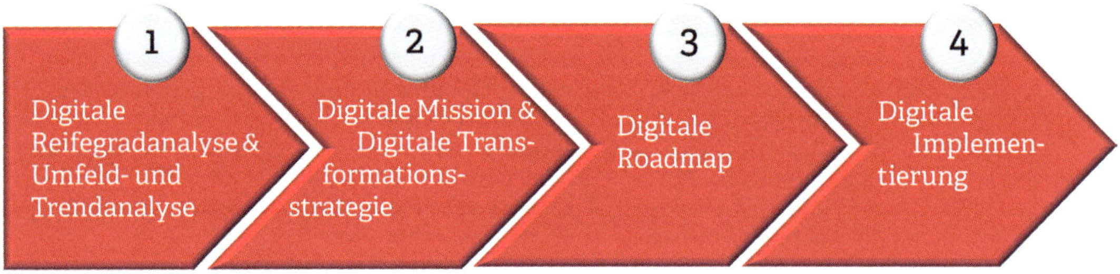


**Abb. 54** – Digitaler Transformationsprozess

Der idealtypische Transformationsprozess umfasst vier Phasen. Er stützt sich auf den "relatio-Prozess der digitalen Transformation" (Stumpf 2020), hat als Grundlage Elemente des Freiburger Management-Modells und bezieht Erkenntnisse des Change-Prozesses nach Lewin (1948) und Kotter (2011) ein.

***Phase 1: Digitale Reifegradanalyse sowie Umfeld- und Trendanalysen***
Die Organisationsanalyse dient dazu, Stärken und Schwächen der eigenen NPO zu reflektieren. Im Zentrum der Organisationsanalyse steht die Erfassung des digitalen Reifegrads. Er zeigt auf, wie weit die digitale Transformation in einer Organisation vorangeschritten ist. Ein spezifisch auf mitgliedschaftliche NPO ausgerichtetes Reifegradmodell stammt von Schlegel & Lichtsteiner (2020). Die Umfeldanalysen helfen, das Organisationsumfeld

besser zu verstehen und neue Entwicklungen sowie Trends nachzuvollziehen. Die Erkenntnisse aus den internen sowie externen Analysen werden in einer SWOT-Matrix zusammengeführt.

*Phase 2 - Digitale Mission und digitale Transformationsstrategie*
In einer zweiten Phase entwickelt das Transformationsteam die digitale Transformationsstrategie. Sie beinhaltet eine digitale Mission der NPO, Ziele sowie das Controlling des digitalen Transformationsprozesses und dient als Grundlage für die Koordination der vielfältigen Digitalisierungsaktivitäten. In der Praxis haben sich zur Erarbeitung der Transformationsstrategie folgende Leitfragen bewährt: Welche Zielsetzungen verfolgen wir mit unserer digitalen Kommunikation und wen wollen wir damit erreichen? Wie können wir unsere Mitglieder zur aktiven Teilnahme an den Meinungsbildungsprozessen im Verband bewegen? Wie können wir bei unseren Angeboten und Dienstleistungen den Nutzen durch den Einsatz digitaler Möglichkeiten für unsere Mitglieder oder Klientinnen und Klienten steigern? Wie können wir durch digitale Tools die ehrenamtliche Leitung effektiv unterstützen und die ehrenamtliche Arbeit dadurch attraktiver gestalten? Aus der vorangehenden Analysephase und der digitalen Mission werden schliesslich strategische Optionen für die NPO im digitalen Kontext abgeleitet, die es kritisch zu prüfen, hinsichtlich Ressourcenaufwand zu gewichten und dann auszuwählen oder zu verwerfen gilt. Ist die Transformationsstrategie definiert, so sollte sie organisationsintern sowie gegenüber ausgewählten Stakeholdern transparent kommuniziert werden. Dies schafft eine gemeinsame Basis im Sinne von Willensbildung und -sicherung.

*Phase 3 - Digitale Roadmap*
Die digitale Transformation beansprucht Ressourcen, weshalb sie oft in einzelnen Teilschritten, ähnlich dem Splitting-Verfahren, umgesetzt wird. Aus diesem Grund wird die digitale Transformationsstrategie in der dritten Phase in einen greifbaren Umsetzungsplan, die digitale Roadmap, transferiert, welche die verschiedenen Teilprojekte mit ihren spezifischen Aufgaben, Zuständigkeiten, Terminen und Ressourcen dokumentiert. Bis die übergeordnete digitale Mission erreicht wird, können fünf bis acht Jahre eingeplant werden, die in rund vier Zeitabschnitte untergliedert sind.

*Phase 4 - Digitale Implementierung*
Bei der Realisierung der definierten Massnahmen implementiert die NPO zuerst die Grundlagen, etwa in Form neuer IT-Systeme und veränderter Strukturen. Wichtig ist dabei die Befähigung der Mitarbeitenden, wofür oft Personalentwicklungsmassnahmen sowie Weiterbildungsangebote not-

wendig sind. Kurzfristige Erfolge sind ein wirksames Mittel, um die Motivation und Unterstützung der Beteiligten zu sichern und das Dringlichkeitsgefühl hochzuhalten. Ausserdem liefern sie Feedbacks zum eingeschlagenen Weg und ermöglichen somit eine Verfeinerung der Massnahmen. Längerfristig wird die Aufbau- und Ablauforganisation der NPO nun entlang der digitalen Mission umgebaut. Der Fortschritt wird vom Umsetzungscontrolling begleitet, das mit seinen Feedbackschleifen einen kontinuierlichen Lern- und Verbesserungsprozess ermöglicht. Während der digitalen Transformation wandelt sich die Organisationskultur, und neue Einstellungen und Verhalten werden gefestigt, wenn die Betroffenen die positiven Auswirkungen sehen und sie mit der Veränderung in Verbindung bringen.

**Praxistipps:**

1 Da sich die digitalen Veränderungen im Umfeld der Organisationen immer wieder als kaum kontrollierbar herausstellen, sollte versucht werden, den Fokus auf Chancen für Potenzialaufbau, Leistungswirksamkeit und Systemerhalt zu legen, um die NPO anpassungsfähig zu erhalten.

2 Überlegen Sie sich für die drei Management-Bereiche mit möglichst hohem Konkretisierungsgrad, wo sich digitale Chancen für Ihre NPO ergeben und nutzbar gemacht werden können.

3 Folgen Sie bei einer umfassenden digitalen Transformation den vier Entwicklungsschritten, um eine möglichst hohe Akzeptanz und Partizipation aller Träger und Betroffenen zu erreichen.

# Literaturverzeichnis

AbouAssi, Khaldoun; Makhlouf, Nadeen & Whalen, Page (2016). NGOs' Resource Capacity Antecedents for Partnerships. In: Nonprofit Management & Leadership 26(4): 435-451.

Allen, Nancy J. & Meyer, John P. (1990). The Measurement and Antecedents of Affective, Continuance and Normative Commitment to the Organisation. In: Journal of Occupational Psychology 63(1): S. 1-18.

Argyris, Chris & Schoen, Donald (1978). Organizational Learning: A Theory of Action Perspective. Reading: Addison-Wesley.

Bass, Bernard M. & Avolio, Bruce (1994). Improving Organizational Effectiveness Through Transformational Leadership. Thousand Oaks: Sage.

Bateson, Gregory (2000). Steps to an Ecology of Mind. Chicago, University of Chicago.

Bruhn, Manfred (2012). Marketing für Nonprofit-Organisationen: Grundlagen, Konzepte, Instrumente. Stuttgart: Kohlhammer.

Cameron, Kim; Quinn, Robert E.; DeGraff, Jeff & Thakor, Anjan V. (2006). Competing Values Leadership: Creating Value in Organizations. Cheltenham: Edward Elgar.

Corsten, Hans & Gösssinger, Ralf (2007). Dienstleistungsmanagement (5. Auflage), München/Wien: Oldenbourg.

Cyert, Richart M. & March, James G. (1963). A Behavioral Theory of the Firm. Englewood Cliffs: Prentice-Hall.

Deci, Edward L. & Ryan, Richard M. (1985). Intrinsic Motivation and Self-Determination in Human Behavior. Berlin: Springer Science & Business Media.

Eppler, Martin & Hoffmann, Friederike (2012). Design Thinking im Management: Zur Einführung in die Vielfalt einer Methode. Düsseldorf: Solutions by Handelsblatt Media Group.

Evers, Adalbert & Laville, Jean-Louis (Hrsg.) (2004). The Third Sector in Europe. Cheltenham: Edward Elgar.

Gänßlen, Siegfried; Losbichler, Heimo; Niedermayr, Rita; Rieder, Lukas; Schäffer, Utz & Weber, Jürgen (2016). Controlling-Philosophie: Leitbild für die Unternehmenspraxis. In: Becker, Wolfgang & Ulrich, Patrick (Hrsg.). Handbuch Controlling. Wiesbaden: Springer: S. 71-78.

Gmür, Markus (2022): Entwicklungslinien der BWL von privaten nicht-erwerbswirtschaftlichen Organisationen (NPO). In: Wenzel Matiaske & Dieter Sadowski (Hrsg.): Ideengeschichte der BWL (Band II). Wiesbaden: Gabler, S. 411-445.

Greenleaf, Robert K. (1970). The Servant as Leader. South Orange: The Greenleaf Center for Servant Leadership.

Grochla, Erwin (1959). Betriebsverband und Verbandbetrieb: Wesen, Formen und Organisation der Verbände aus betriebswirtschaftlicher Sicht. Berlin, Duncker & Humblot.

Hansmann, Henry B. (1980). The Role of Nonprofit Enterprise. In: Yale Law Journal 89(5): S. 835-901.

Hersey, Paul & Blanchard, Kenneth H. (1977). Management of Organizational Behavior: Utilizing Human Resources. Upper Saddle River: Prentice-Hall.

Kaplan, Robert S. & Norton, David P. (1997). Balanced Scorecard: Strategien erfolgreich umsetzen. Stuttgart: Schäffer-Poeschel.

Kern, Werner (1975). Kapazität und Beschäftigung, in: Handwörterbuch der Betriebswirtschaft (4. Auflage). Stuttgart: Poeschel, Sp. 2083-2089.

Kotter, John P. (2011). Leading Change: Wie Sie Ihr Unternehmen in acht Schritten erfolgreich verändern. München: Franz Vahlen.

Laloux, Frédéric (2015). Reinventing Organizations: Ein Leitfaden zur Gestaltung sinnstiftender Formen der Zusammenarbeit. München: Franz Vahlen.

Leach, Darcy K. (2005). The Iron Law of What Again? Conceptualizing Oligarchy across Organizational Forms. In: Sociological Theory 23(3): S. 312-337.

Lewin, Kurt (1948). Resolving Social Conflicts: Selected Papers on Group Dynamics. New York: Harper.

Maring, Nathalie C. & Erpf, Philipp (2022). Digitale Transformation – strategischer Prozess des digitalen Wandels in Verbänden. In: Marcus Stumpf (Hrsg.): Verbandsmanagement. Stuttgart: Schäffer Poeschel, S. 449-478.

Maslow, Abraham (1954). Motivation and Personality. New York: Harper.

Max-Neef, Manfred (1991). Human Scale Development. Conception, Application and Further Reflections. New York: Apex.

McClelland, David C. (1961). The Achievement Motive. Princeton: Van Nostrand.

Michels, Robert (1911). Zur Soziologie des Parteiwesens in der modernen Demokratie. Untersuchungen über die oligarchischen Tendenzen des Gruppenlebens. Leipzig: Klinkhardt.

Morgan, Gareth (2006). Images of Organization (3rd ed.). Beverly Hills: Sage.

Newman, William H. & Wallender, Harvey W. (1978). Managing Not-for-profit Enterprises. In: Academy of Management Review 3(1): S. 24-31.

Pfeffer, Jeffrey & Salancik, Gerald R. (1978). The External Control of Organizations. New York: Harper & Row.

Probst, Gilbert J. B.; Raub, Steffen & Romhardt, Kai (1999). Wissen managen: Wie Unternehmen ihre wertvollste Ressource optimal nutzen. 3. Auflage. Frankfurt am Main/Wiesbaden: FAZ/Gabler.

Purtschert, Robert (1979). Marketing in Verbänden. In: Die Unternehmung 33(1): S. 61-82.

Putnam, Robert D. (2000). Bowling Alone. The Collapse and Revival of American Community. New York, Simon & Schuster.

Schauer, Reinbert (2000). Rechnungswesen für Nonprofit-Organisationen. Bern/Stuttgart/Wien: Paul Haupt Verlag.

Schwarz, Peter (1979). Morphologie von Kooperationen und Verbände. Tübingen, J.C.B. Mohr (Paul Siebeck).

Senge, Peter M. (1994). The Fifth Discipline: The Art & Practice of the Learning Organization. New York: Doubleday Business.

Shaffer, Martin B. (2000). Coalition Work Among Environmental Groups. In: Research in Social Movements, Conflicts and Change 22: 111-126.

Sprenger, Reinhart (1991). Mythos Motivation: Wege aus der Sackgasse. Frankfurt am Main: Campus.

Stumpf, Marcus (2020). Digitale Transformation von Verbänden – Entwicklung einer passenden Digitalisierungsstrategie. Vortrag anlässlich des 17. Deutschen Verbändekongresses der Deutschen Gesellschaft für Verbandsmanagement (DGVM). Berlin.

Suchman, Mark C. (1995). Managing Legitimacy: Strategic and Institutional Approaches. In: Academy of Management Review 20(3): S. 571-610.

Van Dierendonck, Dirk & Nuijten, Inge (2011). The Servant Leadership Survey: Development and Validation of a Multidimensional Measure. In: Journal of Business and Psychology 26(3): S. 249-267.

Vroom, Victor H. & Jago, Arthur G. (1991). Flexible Führungsentscheidungen: Management der Partizipation in Organisationen. Stuttgart: Poeschel.

Weber, Max (1922). Wirtschaft und Gesellschaft: Grundriss der verstehenden Soziologie. Tübingen: Mohr.

Womack, James; Jones, Daniel & Roos, Daniel (1992): Die zweite Revolution in der Autoindustrie. Frankfurt am Main: Campus.

# Stichwortverzeichnis

# Autorin und Autoren

**Prof. Dr. Markus Gmür**

Direktor Forschung des Instituts für Verbands-, Stiftungs- und Genossenschaftsmanagement (VMI) sowie Inhaber des Lehrstuhls für NPO-Management an der Wirtschafts- und Sozialwissenschaftlichen Fakultät der Universität Freiburg/CH. Studium an den Universitäten St. Gallen und Bamberg mit Abschluss des Lizentiats in Betriebswirtschaft HSG. Promotion und Habilitation an der Universität Konstanz mit einer Dissertation über Unsicherheit als Managementproblem und einer Habilitationsschrift über Betriebswirtschaftliche Forschung im Wandel. 2002/03 Lehrstuhlvertreter für Öffentliche Betriebswirtschaftslehre an der Universität Konstanz; ab 2003 Professurvertreter und ab 2006 Lehrstuhlinhaber für HRM sowie Prorektor für Lehre an der European Business School (ebs), Oestrich-Winkel bis zur Berufung 2008 an die Universität Freiburg/CH. 2015 bis 2019 Vize-Rektor für Weiterbildung, Fundraising und Alumni-Beziehungen. Seit 2010 Präsident der Ernst-Bernd Blümle-Stiftung.

**Prof. tit. Dr. Hans Lichtsteiner**

Gründer und Partner der Beratungsfirma verbandsberatung.ch ag. Titularprofessor der Wirtschafts- und Sozialwissenschaftlichen Fakultät der Universität Freiburg/CH sowie Lehrgangsleiter und Dozent am Institut für Verbands-, Stiftungs- und Genossenschaftsmanagement (VMI). Promotion bei Prof. Dr. Ernst-Bernd Blümle zum Thema Freiwilligenarbeit im Alter. Von 1996 bis 2001 Geschäftsleitungsmitglied des Schweizerischen Spenglermeister- und Installateur Verbands, anschliessend 5 Jahre Direktor des Schweizerischen Verbands der Strassen- und Verkehrsfachleute VSS. Von 2006 bis 2018 Direktor Weiterbildung des VMI. Mitglied diverser Stiftungsräte und Vorstände, u.a. Vizepräsident von PluSport Behindertensport Schweiz, Stiftungsrat von Swiss Paralympic sowie der Stiftung Cerebral. Seit 2019 zudem Sportrat des Fürstentums Liechtenstein.

**Dr. Karin Stuhlmann**

Geschäftsführende Partnerin und Beraterin bei der internationalen Beratungsgruppe für Verbands-Management (B'VM). Sie promovierte in pädagogischer Psychologie an der Universität Zürich und ist Absolventin des Diplom-Lehrgangs Verbands-/NPO-Management am Institut für Verbands-, Stiftungs- und Genossenschaftsmanagement (VMI), wo sie seit 2010 Dozentin in verschiedenen Lehrgängen ist. Sie führt nebst der NPO-Beratungstätigkeit Verbände im Mandat: So zum Beispiel von 2010 bis 2021 den Schweizerischen Verband für Ernährungsberater/innen (SVDE) und aktuell den Schweizerischen Verband der Berufsorganisationen im Gesundheitswesen (SVBG). Daneben wirkt sie seit 2001 ehrenamtlich in Verbänden und Genossenschaften im Vorstand mit und ist aktuell Co-Präsidentin der Fachstelle für Vereine Vitamin B.

**Dr. Philipp Erpf**

Direktor Weiterbildung des Instituts für Verbands-, Stiftungs- und Genossenschaftsmanagement (VMI) der Universität Freiburg/CH. Neben seiner Geschäftsführungsfunktion Forschung und Lehre zu den Themen Social Entrepreneurship im internationalen Kontext sowie unternehmerische Kultur und Führung in Nonprofit-Organisationen. Davor Berater für Human Resources Management, Projekt- und Prozessmanagement in Bern (Empiricon), Change-Management in München (Ketchum) sowie Markenführung und -strategie in Zug (Hotz Brand Consultants). Medien- und Kommunikationstrainer für militärische und zivile Anspruchsgruppen. Freiwilligenarbeit für das Blinden- und Behindertenzentrum in Bern.

**Prof. Dr. René Andeßner**

Stellvertretender Vorstand des Instituts für Public und Nonprofit Management an der Johannes Kepler Universität (JKU) Linz/A. Studium der Betriebswirtschaftslehre an der Wirtschaftsuniversität Wien und der JKU Linz. Nach einer dreijährigen Beschäftigung als Bonitätsprüfer in einer Regionalbank seit 1995 an der JKU Linz tätig; Promotion mit einer Dissertation zum Management in freien Kulturinitiativen und Habilitation mit einer Schrift zum Potenzialmanagement in Nonprofit-Organisationen. Lehrgangsleiter und Dozent am Institut für Verbands-, Stiftungs- und Genossenschaftsmanagement (VMI) sowie in verschiedenen anderen universitären und ausseruniversitären Weiterbildungsprogrammen.